凝煉知識品味閱讀

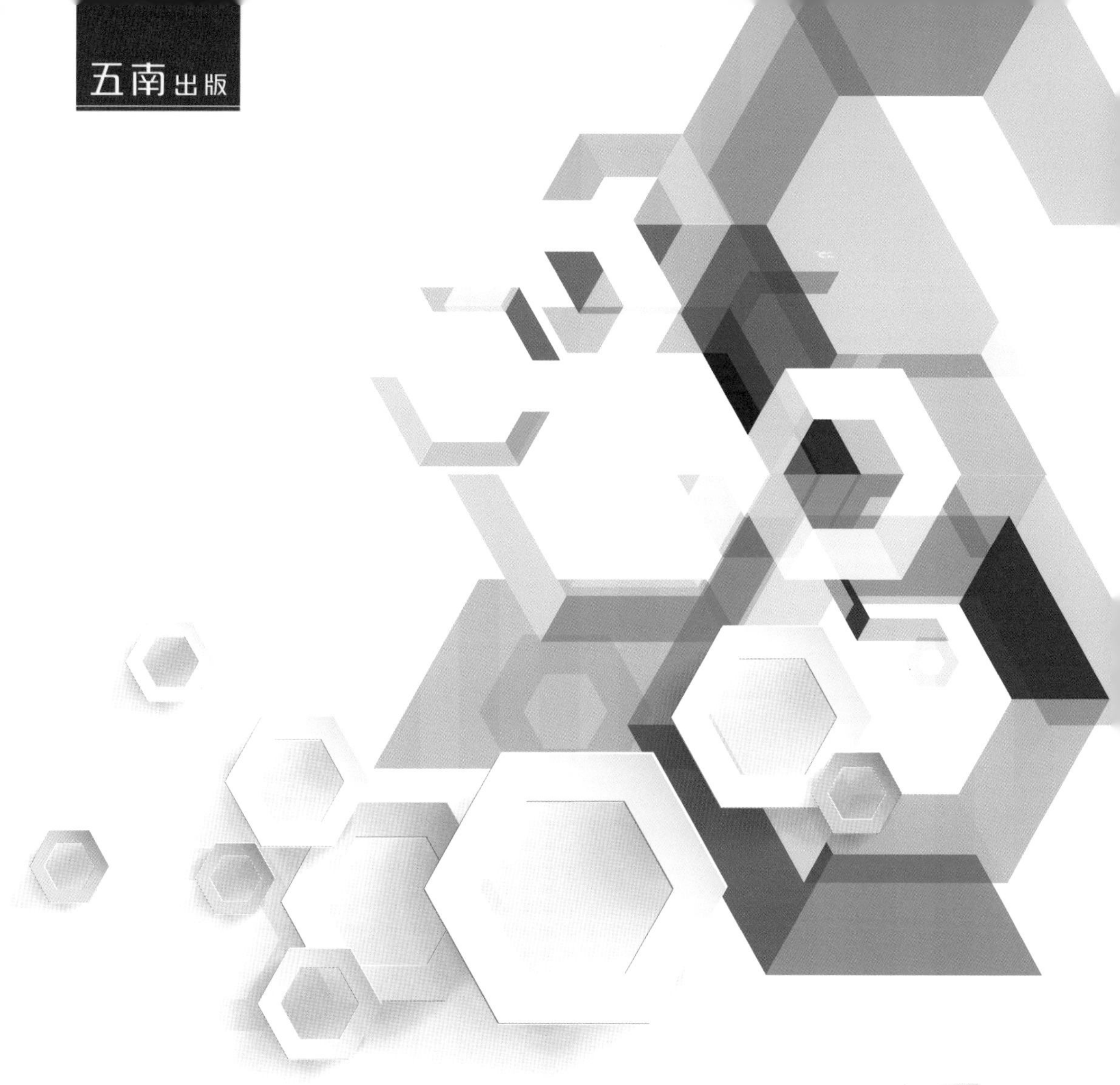

The Fundamentals, Characterizations and Applications of Graphene

石墨烯技術

劉偉仁　主編

劉偉仁｜蘇清源｜江偉宏｜郭信良｜吳定宇｜陳貴賢｜許新城
孫嘉良｜許淑婷｜沈　駿｜邱鈺蛟｜蕭碩信｜張峰碩　著

作者序

石墨（Graphite）是生活中常見的材料，最常出現在鉛筆的筆芯中，而單一層的石墨即為號稱「神奇材料」（Wonder material）的石墨烯（Graphene）。石墨烯是目前世上最薄（厚度為 0.335 nm，僅一個碳原子直徑）、同時也是最堅硬的奈米材料，它幾乎是完全透明的（只吸收2.3%的光），由於石墨烯具有許多優異的性質，包括楊氏模數 >1060 GPa、導電率高——載子移動率 104 S/m、熱傳導性質佳——導熱係數 ~3000 W/m K、重量輕且價格便宜，目前已被廣泛應用於光電、儲能、複合材料、透明導電膜、半導體元件、傳感器、癌症標靶治療載體、散熱、功能性塗料等等。本書集結了國內工業界與學術界在石墨烯研究多年之專家學者，從技術面、應用面以及實務面進行深入淺出的介紹。

全書共分為十一章，前三章主要針對石墨烯的基本特性、檢測方法以及製備技術進行介紹，第四章解說石墨烯的摻雜技術，並詳述摻雜石墨烯在感測器、複材、能源材料以及半導體元件等相關應用，第五章則是石墨烯在鋰電池、超級電容、鋰硫、燃料電池和太陽能電池等相關能源材料之最新研究趨勢，第六章為石墨烯在透明導電膜之應用概況，第七章探討氧化石墨烯在光觸媒之相關應用，第八章主要著墨石墨烯在燃料電池以及生物感測器之相關應用，第九章則從複材的角度切入，從分散技術探討石墨烯在導電漿料、導熱膠以及纖維紡織之相關應用，第十章為完整的石墨烯專利地圖分析，第十一章是以石墨烯在半導體材料以及在高頻元件之最新研究概況進行剖析。

最後感謝沈駿博士、蘇清源教授、江偉宏教授、郭信良博士、陳貴賢教授、孫嘉良教授、吳定宇博士、許淑婷總經理、邱鈺蛟、蕭碩信等相關專家學者對於本書的鼎力相助，使本書更趨完善。

本書內容適合目前從事石墨烯相關產業的工程師，以及大專院校研究石墨烯相關技術之科普教材，希望藉由此書協助國內大專院校學生進入石墨烯奈米材料的研究殿堂。

目　錄

第九章　石墨烯在複合材料上的應用　▌吳定宇

第十章　石墨烯專利地圖分析　▌許淑婷　張峰碩

第十一章　石墨烯在半導體材料之應用　▌邱鈺蛟　蕭碩信

第一章 石墨烯簡介

作者　沈駿

1.1 發現及研究進展

石墨（Graphite）是生活中常見的材料，最常出現在鉛筆的筆芯中（圖 1.1），而單一層的石墨即為號稱「神奇材料」（Wonder material）的石墨烯（Graphene）。自從鉛筆問世後，人們幾乎天天都在製造石墨烯，原因是每當我們以鉛筆或炭筆在紙上寫字或畫圖時，石墨會以層狀的方式剝落下來，其中就含有石墨烯。除了鑽石結構之外，這些同素異形體都可以透過石墨烯的剪、堆疊、捲曲等方法加以組成（圖 1.2）。碳擁有相當多的同素異形體，例如：零維的碳六十（C60）、捲成圓桶形成一維的奈米碳管（Carbon nanotubes, CNTs）、12 個五角形石墨烯會共同形成富勒烯，與奈米石墨帶（Graphene nanoribbon）、二維的石墨烯，以及三維的石墨與鑽石等。這些相關系統已經在實驗與理論上被廣泛地研究相當多年了。

圖 1.1　鉛筆在紙上畫圖時，石墨會以層狀式剝落

1.2 結構

早在 1947 年，理論學家 P. R.Wallace 就曾利用緊束模型（Tight-binding model）研究石墨烯的電子性質，石墨烯（Graphene）是一種

由碳原子以 sp^2 雜化軌道組成六角形呈蜂巢晶格（Honeycomb crystal lattice）排列構成的單層二維晶體平面薄膜（圖 1.3），只有一個碳原子厚度的二維材料，不僅如此，石墨烯還可以看作是形成所有 sp^2 雜化碳質材料的基本組成單元。石墨烯可想像為由碳原子和其共價鍵所形成的原子網格。石墨烯被認為是平面多環芳香烴原子晶體，它的命名來自英文的 Graphite（石墨）+ -ene（烯類結尾）。

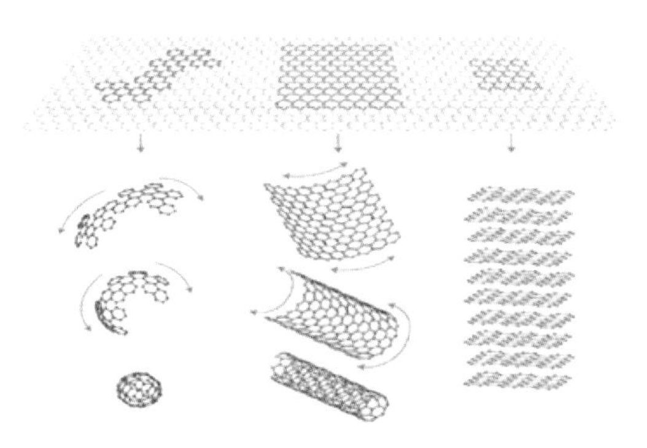

圖 1.2　碳的同素異形體—碳六十、奈米碳管、奈米石墨帶及三維的石墨，在幾何上都能利用石墨烯製成

圖 1.3　石墨烯由碳原子形成的原子尺寸蜂巢晶格結構

石墨烯過去一直被認為是假設性的結構，無法單獨穩定存在，直至 2004 年，英國曼徹斯特大學物理學家安德烈．海姆（Andre Geim）和康斯坦丁．諾沃肖洛夫（Konstantin Novoselov）才在實驗室中利用力學剝離的方式，成功將它分離出來（圖 1.4），證實它可以單獨穩定存在。這兩位科學家因利用獨創的實驗分離出二維石墨烯材料，共同獲得 2010 年諾貝爾物理學獎。

實際中的石墨烯並不能有如此完美的晶形。2007 年 , J. C. Meyer 等人在 TEM 中利用電子衍射對石墨烯進行研究時，發現了一個有趣的現象：當電子束偏離石墨烯表面法線方向入射時，可以觀察到樣品的衍射斑點隨著入射角的增大而不斷展寬，並且衍射斑點到旋轉軸的距離越

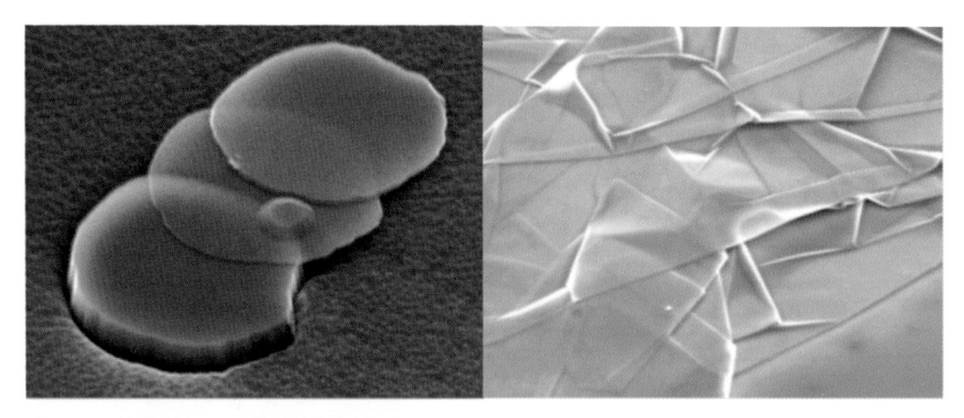

圖 1.4　科學歷史上石墨烯的首次分離是由安德烈・海姆（Andre Geim）和康斯坦丁・諾沃肖洛夫（Konstantin Novoselov）採用從石墨層撕裂這個出奇簡單的方法，表面用膠帶，通過重複地剝去較薄的層（即單原子厚的片材，圖左），得到如右圖所示褶皺表面的掃描電子顯微照片

遠，其展寬越嚴重。此一現象在單層樣品中最為明顯，在雙層樣品中顯著減弱，在多層樣品中則觀察不到。

J. C. Meyer 等人對他們觀察到的這一現象提出了理論模型：石墨烯並不是絕對的平面，而是存在一定的小山丘似的起伏。隨後 Meyer 等人又研究了單層石墨烯和雙層石墨烯表面的褶皺，發現單層石墨烯表面褶皺程度明顯大於雙層石墨烯，褶皺程度隨著石墨烯層數而減小。Meyer 等推測這是因為單層石墨烯為降低其表面能，由二維向三維形貌轉換，褶皺是二維石墨烯存在的必要條件（圖 1.4）。

1.3 檢測方法

石墨烯的檢測方法有：原子力顯微鏡、光學顯微鏡、拉曼（Raman）光譜、XRD原子力顯微鏡（AFM）等。由於單層石墨烯厚度只有 0.335nm，在掃描式電子顯微鏡（SEM）中很難觀察到，原子力顯微鏡是確定石墨烯結構最直接的辦法。

光學顯微鏡：單層石墨烯附著在表面，覆蓋著一定厚度（300nm）

的 SiO_2 層 Si 晶片上，可以在光學顯微鏡下觀測到。這是因為單層石墨層和襯底對光線產生的干涉有一定對比度，受空氣－石墨層－SiO_2 層間的介面影響。

Raman 光譜：Raman 光譜的形狀、寬度和位置與其測試的物體層數有關，為測量石墨烯層數提供了一個高效率、無破壞的表徵手段。石墨烯和石墨本體一樣在 1,580cm 吸收峰，相比石墨本體，石墨烯在 1,580cm 處的吸收峰強度較低，而在 2,700cm 處的吸收峰強度較高，並且不同層數的石墨烯在 2,700cm 處的吸收峰位置略有移動（圖 1.5）。

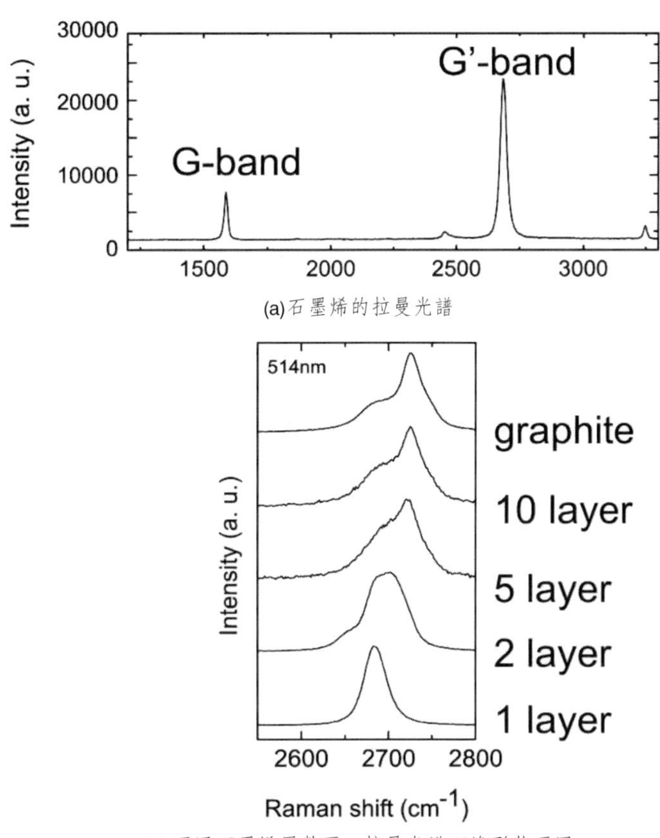

(a)石墨烯的拉曼光譜

(b) 不同石墨烯層數下，拉曼光譜G'峰形狀不同

圖 1.5　石墨烯的拉曼光譜

1.4 特性

1.4.1 電學特性

石墨烯具有無與倫比的高電子遷移率。最先分離出石墨烯，來自曼徹斯特的小組，測量了他們分離出的單層石墨烯分子的電子遷移率後，發現電荷在石墨烯中的遷移速率達到 $10{,}000\text{cm}^2/\text{V}\cdot\text{s}$，這個測量結果還是在未除去雜質與襯底，保持室溫的條件下進行。相比之下，現代電晶體的主要材料矽的電子遷移率不過 $1{,}400\text{cm}^2/\text{V}\cdot\text{s}$。當然，這個資料紀錄並沒有保持多久，在 2008 年，由 Geim 領導的小組聲稱電子在石墨烯中遷移速率可以到達前所未有的 $200{,}000\text{cm}^2/\text{V}\cdot\text{s}$。而不久之後，來自哥倫比亞大學的 Kirill Bolotin 將這個數值提高到 $250{,}000\text{cm}^2/\text{V}\cdot\text{s}$，超過矽 100 倍以上。石墨烯在電子遷移率上另一個優異性質，是它的遷移率大小幾乎不隨溫度變化而改變。電子遷移率之所以受溫度影響，是因為電子在傳遞過程中受晶體晶格震動的散射作用，導致電子遷移率降低，而晶格震動的強度與溫度成正比。即溫度越高，電子遷移率越低。然而石墨烯的晶格震動對電子散射很少，幾乎不受溫度變化影響，馬里蘭大學的研究人員在 50K 和 500K 之間測量了單層石墨烯的電子遷移率，發現無論溫度如何變化，電子遷移率大約都是 $15{,}000\text{cm}^2/\text{V}\cdot\text{s}$。

石墨烯電阻較銅與銀低，為目前已知材料中，於室溫下電阻最低的，常溫下其電子遷移率超過 $15{,}000\text{cm}^2/\text{V}\cdot\text{s}$，又比奈米碳管或矽晶體（Monocrystalline silicon）高，而電阻率僅約 $10^{-6}\Omega\cdot\text{cm}$，比銅或銀更低，為目前世上電阻率最小的材料。因為它的電阻率極低，電子移動的速度極快，因此被期待可用來發展出更薄、導電速度更快的新一代電子元件或電晶體。由於石墨烯實質上是一種透明、良好的導體，也適合用來製造透明觸控螢幕、光板、甚至是太陽能電池。

石墨烯的超強導電性與它特殊的量子隧道效應有關，量子隧道效應允許相對論的粒子有一定概率，穿越比自身能量高的勢壘。而在石墨烯中，量子隧道效應被發揮到極致，科學家們在石墨烯晶體上施加一個電壓（相當於一個勢壘），然後測定石墨烯的電導率。一般認為，增加了額外的勢壘，部分電子會不能越過勢壘，使得電導率下降。但事實並非如此，所有粒子都發生了量子隧道效應，通過率達 100%。這是石墨烯極高載流速率的來源。

石墨烯目前是世上最薄也是最堅硬的奈米材料，厚度 0.335nm，幾乎是完全透明的，只吸收 2.3% 的光，是目前世上最薄的材料，僅一個碳原子直徑，而這也是石墨烯中載荷子相對論性的體現。

與光子類似，石墨烯中的電子沒有靜止品質，二者另外一個相似之處是，它們的速度與動能無關，均為常數。沒有靜止品質也導致石墨烯中的電子行為符合相對論化的狄拉克電子方程式（Dirac equation），而薛定諤方程式（Schrödinger equation）對其則不適用。

石墨烯另一個特性，是能夠在常溫下觀察到量子霍爾效應。其霍爾電導 = $2e^2/h$, $6e^2/h$, $10e^2/h$.... 為量子電導的奇數倍，且可以在室溫下觀測到。這個行為已被科學家解釋為「電子在石墨烯裡遵守相對論量子力學，沒有靜品質」。

1.4.2 力學性質

石墨烯中各碳原子之間的連接非常柔韌，碳碳鍵（Carbon-carbon bond）僅為 1.42Å（圖 1.6）。當施加外部機械力時，碳原子面就彎曲變形，從而使得碳原子不必重新排列來適應外力，也就保持了結構穩定（圖 1.7）。這種穩定的晶格結構，使石墨烯具有優秀的延展性。由於原子間作用力十分強，在常溫下，即使周圍碳原子發生擠撞，石墨烯內部電子受到的干擾也非常小。

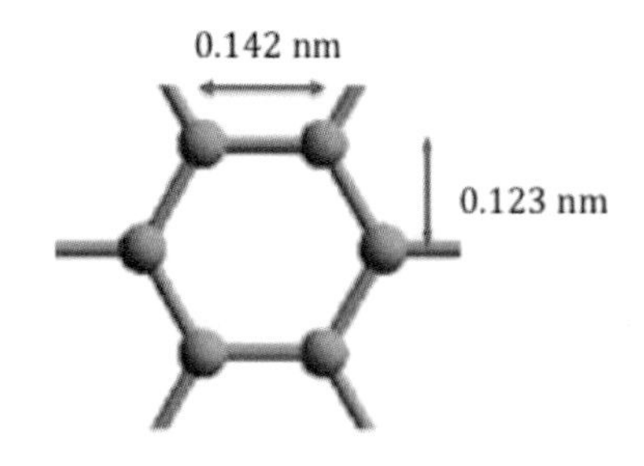

圖 1.6　石墨烯的六角形蜂巢晶格結構

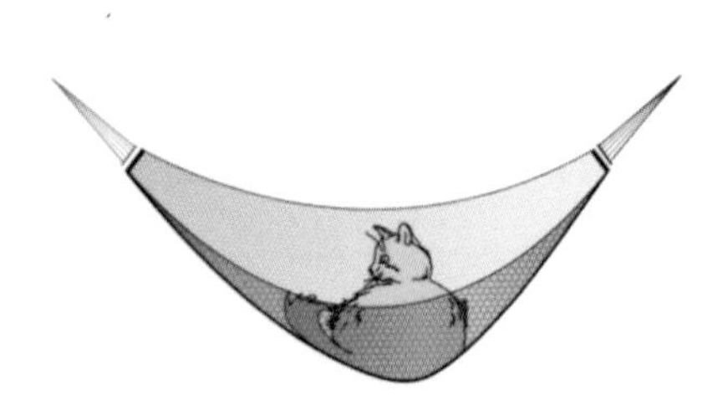

圖 1.7　石墨烯的六角形蜂巢晶格結構強度比世界上最好的鋼鐵還要高上 100 倍

石墨烯是迄今為止世界上強度最大的材料，比鑽石還堅硬，強度比世界上最好的鋼鐵還要高上 100 倍，比重卻僅約鋼鐵的四分之一，可作為輕型航空器材料。哥倫比亞大學的物理學家對石墨烯的機械特性進行了全面的研究。在試驗過程中，他們選取了一些在 10 ～ 20 微米之間的石墨烯微粒作為研究對象。研究人員先是將這些石墨烯樣品放在一個表面被鑽有小孔的晶體薄板上，這些孔的直徑在 1 ～ 1.5 微米之間。之後，他們用金剛石製成的探針對這些放置在小孔上的石墨烯施加壓力，以測試它們的承受能力。研究人員發現，在石墨烯樣品微粒開始碎裂前，它們在每 100 奈米距離上可承受的最大壓力，居然達到了大約 2.9 微牛頓。據科學家們測算，這一結果相當於要施加 55 牛頓的壓力才能使 1 米長的石墨烯斷裂。如果物理學家們能製取出厚度相當於普通食品塑膠包裝袋（厚度約 100 奈米）的石墨烯，那麼需要施加差不多兩萬牛頓（大約兩噸重物品）的壓力，才能將其扯斷。

石墨烯還同時展現出高柔韌性與脆性這兩個相互矛盾的性質，這一點史無前例，同樣前無古人的發現是，石墨烯不容許任何氣體通過，可以說是隔絕氣體的優良材料。不過關於非電子效應，由於石墨烯尺寸極小，我們甚至不知道石墨烯的熔點，也不知道它如何熔化的。

1.4.3 熱學特性

石墨烯是一種穩定材料，在發現石墨烯以前，大多數物理學家認為，熱力學漲落（Fluctuation）不允許任何二維晶體在有限溫度下存在。所以，它的發現立即震撼了凝聚態物理界。雖然理論和實驗界都認為完美的二維結構無法在非絕對零度穩定存在，但是單層石墨烯卻在實驗中被製備出來，這歸結於石墨烯在奈米級別上的微觀扭曲。石墨烯是由碳原子按六邊形晶格整齊排布而成的碳單質，結構非常穩定，導熱係數高達 5,300 W/m·K，高於碳奈米管和金剛石。迄今為止，研究者仍未發現石墨烯中有碳原子缺失的情況，即六邊形晶格中的碳原子全都沒有丟失或發生移位。各個碳原子間的連接非常柔韌，當施加外部機械力時，碳原子面就彎曲變形。因此，碳原子不需要重新排列來適應外力，也就保持了結構的穩定。

1.4.4 化學特性

石墨烯的電子性質受到了廣泛關注，然而石墨烯的化學性質卻一直無人問津，我們至今關於石墨烯化學所知道的是：類似石墨表面，石墨烯可以吸附和脫附各種原子和分子（例如：二氧化氮、氨及鉀等）。這些吸附物往往做為給體或受體，並導致載流子濃度的變化，但石墨烯本身仍然是高導電。其他的吸附物，如氫離子和氫氧根離子則會導致導電性很差的衍生物，但這些都不是新的化合物，只是石墨烯裝飾了不同吸附物而已。從表面化學的角度來看，石墨烯的性質類似於石墨，可利用石墨來推測石墨烯的性質。第一個功能化石墨烯的例子是石墨烷（Graphane）它是由二維碳氫化合物的一個氫原子連接到石墨烯的每個六邊形格而成。除了氫原子，許多其他功能化機團也不失為尋找新型石墨烯複合材料的選擇。「石墨紙」是一個受人矚目的例子：由未功能化的石墨烯薄片產生的石墨紙是多孔且非常脆弱的；然而，由緻密氧化的石墨烯產生的石墨紙則堅硬強韌。除功能化外，石墨烯化學可能有許多潛在的應用，然而要石墨烯的化學性質得到廣泛關注，有一個不得不克服的障礙：缺乏適用於傳統化學方法的樣品。這一點未得到解決，研究石墨烯化學將面臨重重困難。

1.5 製備方法

1.5.1 膠帶法（微機械分離法）

美國布魯克海文國家實驗室找到了一種生產高品質石墨烯薄片的方法。最普通的是膠帶法（微機械分離法），直接將石墨烯薄片從較大的晶體上剪裁下來。人們通常用膠帶黏附的方法來獲得石墨的單晶面，海姆和他的同事強行將石墨分離成較小的碎片，從碎片中剝離出較薄的石墨薄片，然後用一種特製的塑膠膠帶黏住薄片的兩側，撕開膠帶，薄片也隨之一分為二。不斷重複這一過程，就可以得到越來越薄的石墨薄片。研究者驚訝地發現，部分樣品竟然僅僅由一層碳原子構成，也就是說，他的團隊成功得到了單層的石墨烯。但此方法雖能夠成功獲得，卻不能大量製備，看似是巧合，但也是一種製備石墨烯的重要方法，尤其是剛開始的海姆等人就是用這種方法獲得的石墨烯，況且也有很多科學家在採用。這種方法產生的石墨烯晶體結構較為完整，缺陷較少，可用於實驗。然而這種方法的致命弱點是無法控制單層石墨烯的尺寸大小，因此不能應用於實踐。優點是能獲得最高等級石墨烯、方法簡易、原料容易取得。缺點是一片石墨薄片要變成一層原子厚的石墨烯，需要相當多次的黏貼與剝離，因此這種製作方法相當費時，無法商業化。可應用於科技與性質的研究。

1.5.2 氧化還原石墨烯法

石墨先經化學氧化得到邊緣含有羧基、羥基，層間含有環氧及羰基等含氧基團的石墨氧化物（Graphite oxide），此過程可使石墨層間距離從 0.34nm 擴大到約 0.78 nm，再通過外力剝離（如超聲波剝離）得到單原子層厚度的石墨烯氧化物（Graphene oxide），進一步還原可製備得到石墨烯。這種方法製備的石墨烯，為獨立的單層石墨烯片，產量高，應用廣泛（圖 1.8）。石墨的氧化方法，主要有 Hummers、Brodie 和 Staudenmaier 三種方法，它們都是用無機強質子酸（如濃硫酸、發煙 HNO_3 或它們的混合物）處理原始石墨，將強酸小分子插入石墨層間，再用強氧化劑（如 $KMnO_4$、$KClO_4$ 等）對其進行氧化。Hummers 氧化法的優點是安全性較高；與 Hummers 法及 Brodie 法相比，Staudemaier 法由於使用濃硫酸和發煙硝酸混合酸處理石墨，對石墨層結構的破壞較為嚴重。氧化劑的濃度和氧化時間對製備的石墨烯片大小及厚度有很大影響，因此，氧化劑濃度及氧化時間需經仔細篩選，才能得到大小合適的單層氧化石墨烯片。製備的石墨氧化物均需經過剝離、還原等步驟，才能得到單層的石墨烯。剝離的方法一般用超聲波剝離法，即將石墨氧化物懸浮液在一定功率下超聲波一定的時間，超聲波在氧化石墨懸浮液中疏密相間地輻射，使液體流動而產生數量眾多的微小氣泡，這些氣泡在超聲波縱向傳播的負壓區形成、生長，而在正壓區迅速閉合，在這種被稱之為「空化」效應的過程中，氣泡閉合可形成超

過 1.0×10^8Pa 個大氣壓的瞬間高壓，連續不斷產生的高壓就像一連串小「爆炸」不斷地衝擊石墨氧化物，使石墨氧化物片迅速剝落生成單層石墨氧化物（即石墨烯氧化物）。另外，石墨烯氧化物片的大小可以通過超聲波功率的大小及超聲波時間的長短進行調節。

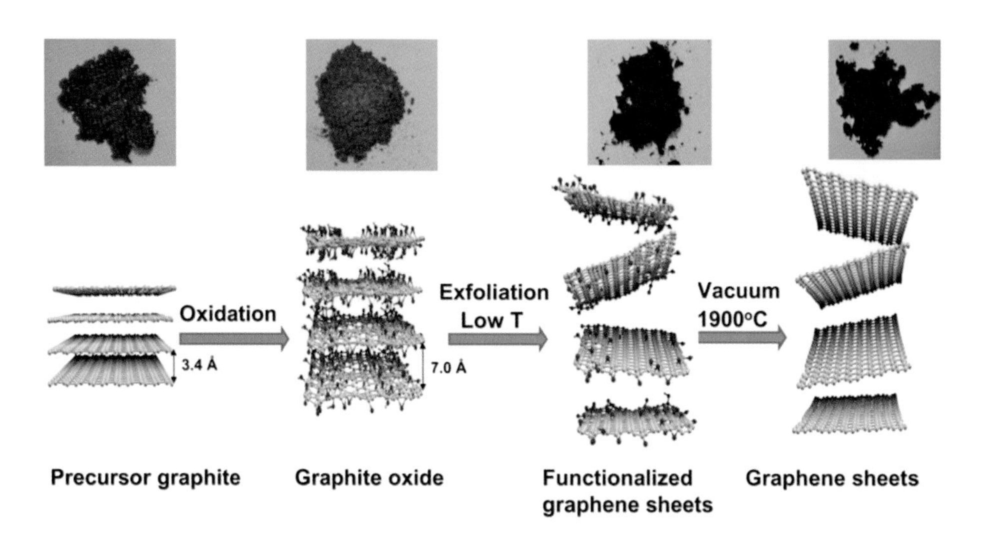

圖 1.8　典型氧化還原法示意圖

製備的石墨氧化物也可通過 LB（Langmuir-blodgett）膜技術，組裝成石墨烯氧化物片，先將石墨氧化物在水一甲醇的混合溶液中超聲波約 30min，離心 8000rpm 除去少量的副產物與較小的石墨氧化物片層後，重新分散於水一甲醇溶液中，進一步離心 2500rpm 去除較大的石墨氧化物片，最後可獲得寬度為 5 ～ 20μm 的石墨氧化物片。將上述過程製得的石墨氧化物用玻璃注射器按 $100\mu L \cdot min^{-1}$ 的速度注入填滿二次水的水槽裡，由張力計監控表面壓力，壓製速率為 $20m^2 \cdot min^{-1}$。隨著甲醇的蒸發，石墨氧化物在水中形成單層。此法可獲得厚度約為 1nm，面積較大的石墨烯氧化物片層。

最後，製備的單層石墨烯氧化物還需經還原後才能得到石墨烯，還原的方法有化學還原法、熱還原法、電化學還原法等。化學還原法中常用的還原劑有硼氫化鈉、水合聯胺等，化學還原法可有效地將石墨烯氧化物還原成石墨烯，除去碳層間的各種含氧基團，但得到的石墨烯易產生缺陷，因而其導電性能達不到理論值。除化學還原外，也可通過電化學方法，將石墨氧化物還原成石墨烯，將塗覆有石墨氧化物片的基底（如石英）置於磷酸鹽緩衝溶液中（pH = 4.12），將工作電極（玻碳電極）直接與 7μm 厚的石墨氧化物片膜接觸，控制掃描電位從 −0.6V 至 −1.2V 進行線性伏安掃描，即可將石墨氧化物還原成石墨烯，該方法所得到的石墨烯中，C 和 O 的原子比為 4.23%，低於化學還原法製得的石墨烯中 C 和 O 的原子比（約 7.09%）。

熱還原法是在 N_2 或 Ar 氣氛中對石墨氧化物進行快速高溫熱處理，一般溫度為 1000℃，升溫速率大於 2000℃ · min^{-1}，使石墨氧化物迅速膨脹而發生剝離，同時可使部分含氧基團熱解生成 CO_2，從而得到石墨烯。該方法製備的石墨烯中，C 和 O 的比一般約為 10，高於用化學還原法製備的石墨烯中 C 和 O 的比。除上述方法外，還可通過在光催化劑 TiO_2 的存在下，紫外光照射還原以及 N_2 氣氛下氙氣燈的快速閃光光熱還原（Photothermal reduction）石墨氧化物得到石墨烯。

優點：此製程量產性高，且原料便宜。
缺點：氧化過程中，石墨烯的晶格會遭到破壞，且無法將所有的氧化官能基還原，因此無法得到高品質大面積的石墨烯。
應用：粉末形式存在，較易溶於水性溶液中，適合摻入於其他物質中做成複合材料、功能性油墨、儲能。

1.5.3 化學氣相沉積法

化學氣相沉積（CVD）法提供了一種可控的製備石墨烯的有效方法，與製備 CNTs 不同，用 CVD 法製備石墨烯時，不需顆粒狀催化劑，它是將平面基底（如金屬薄膜、金屬單晶等）置於高溫可分解的前驅體（如甲烷、乙烯等）氣氛中，通過高溫退火，使碳原子沉積在基底表面形成石墨烯，最後用化學腐蝕法去除金屬基底後，即可得到獨立的石墨烯片。通過選擇基底的類型、生長的溫度、前驅體的流量等參數可調控石墨烯的生長（如生長速率、厚度、面積等），此方法已能成功地製備出面積達平方釐米級的單層或多層石墨烯，其最大的優點在於可製備出面積較大的石墨烯片。該方法已成功地用於在多種金屬基底表面〔如 Ru（0001）、Pt（111）、Ir（111）等〕製備石墨烯。最近，Kong 和 Kim 研究組分別用 CVD 法，在多晶 Ni 薄膜表面製備了尺寸可達到釐米數量級的石墨烯；Ruoff 研究組在 Cu 箔基底表面上採用 CVD 法，成功地製備了大面積、高品質石墨烯，而且所獲得的石墨烯主要為單層結構。美國哥倫比亞大學物理系教授菲力浦金表示，化學氣相沉積方法是製備大尺寸、高品質石墨烯的最省錢方法之一，可以與現有的半導體製造工藝相容（圖 1.9）。

化學氣相沉積法是應用最廣泛的一種大規模工業化製備半導體薄膜材料的方法。由於有著廣泛應用範圍，而且，生產工藝十分完善，因此，它被認為是最有前途的大規模製備石墨烯片的方法。但目前使用該方法製備石墨烯片時，仍有一些不足之處亟待解決。例如，研究表明，目前使用這種方法得到的石墨烯片在某些性能上（如輸運性能），可與機械剝離法製備的石墨烯片相比，但後者所具有的另一些屬性（如量子霍爾效應），並沒有在化學氣相沉積法製備的石墨烯中觀測到。同時，化學氣相沉積法製備的石墨烯電子性質，受襯底基材的影響很大，這也是有待解決的一個問題。

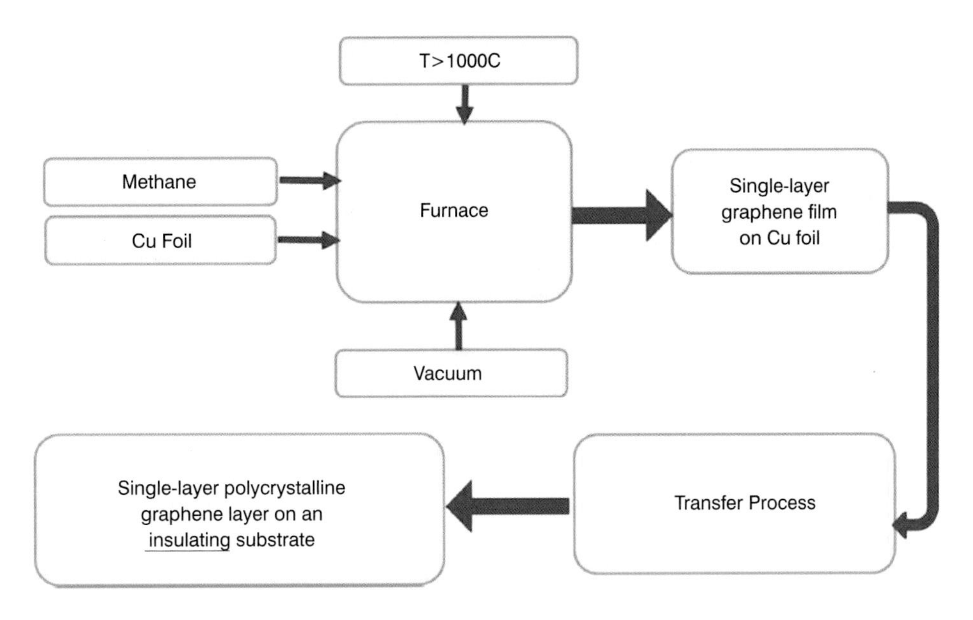

圖 1.9　化學氣相沉積法流程示意圖

優點：也屬高性能石墨烯，可以控制得到石墨烯的大小，能夠做出結構缺陷低、品質較好的石墨烯成品，並且具有量產性。
缺點：成本稍高，市場地位尷尬，製程高溫，轉移製程要 R2R 才有商業價值。
應用：由於成品結構缺陷低，較不會影響到光電方面的性質，因此適合用於電晶體、取代觸控面板上的ITO材料、Sensors方面。

1.5.4 溶劑剝離法

溶劑剝離法（Liquid phase exfoliation）是最近兩年才提出的，它的原理是將少量的石墨分散於溶劑中，形成低濃度的分散液，利用超聲波的作用，破壞石墨層間的凡德瓦爾力，此時溶劑可以插入石墨層間，進行層層剝離，製備出石墨烯。此方法不會像氧化還原石墨烯法那樣破壞石墨烯的結構，可以製備出高品質的石墨烯。劍橋大學 Hernandez 等發現適合剝離石墨的溶劑最佳表面張力應該在 40 ～ 50mJ/m^2，且在氮甲基吡咯烷酮中石墨烯的產率最高（大約為 8%），電導率為 6500S/m。進而 Barron 等研究發現，高定向熱裂解石墨、熱膨脹石墨和微晶人造石墨適合用於溶劑剝離法製備石墨烯。溶劑剝離法可以製備高品質的石墨烯，整個液相剝離的過程沒有在石墨烯的表面引入任何缺陷，為其在微電子學、多功能複合材料等領域的應用，提供了廣闊的應用前景。唯一的缺點是溶劑選擇有限且有毒，限制它的商業應用（圖 1.10）。

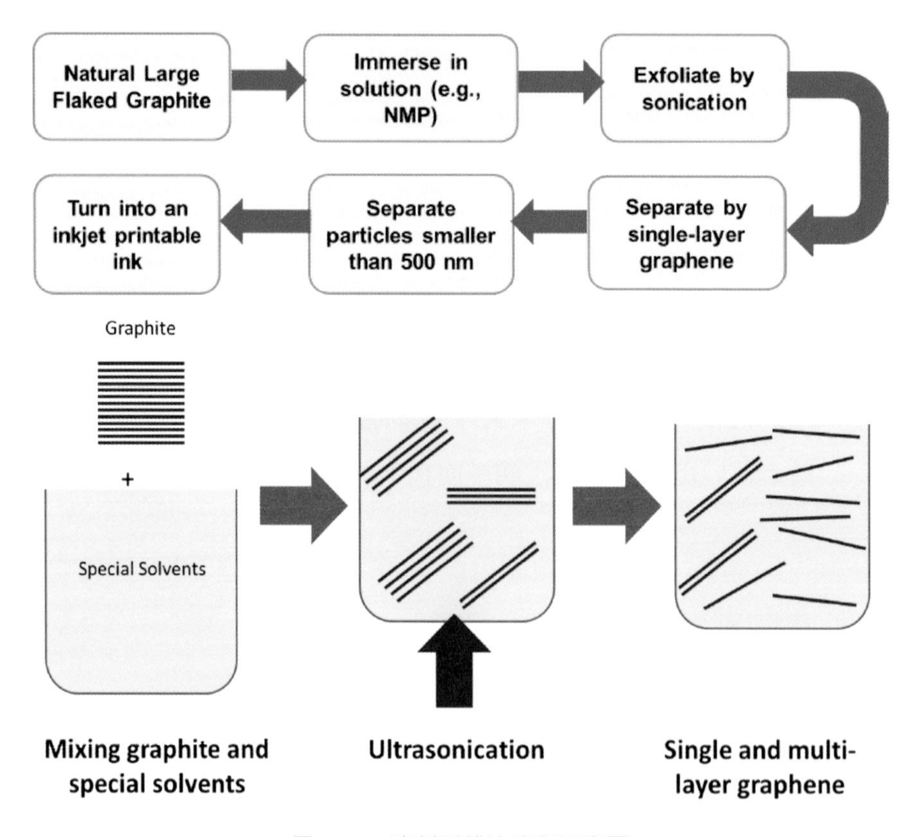

圖 1.10　溶劑剝離法流程示意圖

優點：此製程量產性高，且原料便宜。
缺點：此製程的溶劑選擇有限且有毒。
應用：適合摻入其他物質中做成複合材料、功能性油墨、儲能。

石墨烯的製備方法還有很多，如取向附生法、加熱 SiC 法、外延生長法、化學分散法、溶劑熱法、高溫還原、光照還原、微波法、電弧法、電化學法等等。

1.6 應用

石墨烯的應用範圍很廣，從電子產品到防彈衣和造紙，甚至未來的太空電梯都可以石墨烯為原料。在奈米電子器件方面，石墨烯的應用包括：電子工程領域極具吸引力的室溫彈道場效應管；進一步減小器件開關時間，超高頻率的操作回應特性；探索單電子器件；在同一片石墨烯上集成整個電路。其他潛在應用包括：複合材料；作為電池電極材料以提高電池效率、儲氫材料領域、場發射材料、量子電腦以及超靈敏傳感器等領域。

石墨烯是世界上強度最高的物質。這種物質不僅可以用來開發製造薄如紙片的超輕型飛機材料、製造出超堅韌的防彈衣，甚至能讓科學家夢寐以求 2.3 萬英里長的太空電梯成為現實。

1.6.1 透明電極

工業上已經商業化的透明薄膜材料是氧化銦錫（ITO），由於銦元素在地球上的含量有限，價格昂貴，尤其是毒性很大，使它的應用受到限制。作為碳質材料的新星，石墨烯由於擁有低維度和在低密度的條件下能形成滲透電導網路的特點，被認為是氧化銦錫的替代材料，石墨烯以製備工藝簡單、成本低的優點為其商業化鋪平了道路。Mullen 研究組通過浸漬塗布法沉積被熱退火還原的石墨烯，薄膜電阻為 900Ω，透光率為 70%，薄膜被做成了染料太陽能電池的正極，太陽能電池的能量轉化效率為 26%。2009 年，該研究組採用乙炔做還原氣和碳源，採用高溫還原方法製備了高電導率（1,425S/cm）的石墨烯，為石墨烯作為導電玻璃的替代材料提供了可能性。

1.6.2 傳感器

電化學生物傳感器技術結合了資訊技術和生物技術，涉及化學、生物學、物理學和電子學等交叉學科。石墨烯出現以後，研究者發現石墨烯為電子傳輸提供了二維環境和在邊緣部分快速多相電子轉移，這使它成為電化學生物傳感器的理想材料。採用低溫熱退火法製備的石墨烯作為傳感器的電極材料，在室溫下可以檢測到低濃度 NO_2，如果進一步提高石墨烯的品質，則會提高傳感器對氣體檢測的靈敏度。石墨烯在傳感器方面表現出不同於其他材料的潛能，使越來越多的醫學家關注它，駿沛應用炭素科技（股）公司所生產與改質的石墨烯與石墨烯微片，其優良導電性，已被肯定於阿茲海默症、帕金森氏症（多巴胺及乙醯膽鹼）、糖尿病（葡萄糖）及膀胱癌（過氧化氫）等醫學檢測應用（國內醫學大學之產學合作計劃研發）。

1.6.3 超級電容器

超級電容器是一個高效儲存和傳遞能量的體系，它具有功率密度大、容量大、使用壽命長、經濟環保等優點，被廣泛應用於各種電源供應場所。石墨烯擁有高的比表面積和高的電導率，不像多孔碳材料電極要依賴孔的分布，這使它成為最有潛力的電極材料。以石墨烯為電極材料製備的超級電容器，功率密度為 10kW/kg，能量密度為 28.5Wh/kg，最大比電容為 205F/g，在經過 1,200 次迴圈充放電測試後，還保留 90% 的比電容，擁有較長的迴圈壽命。石墨烯在超級電容器方面的潛在應用，受到許多的研究者關注。

1.6.4 能源儲存

眾所周知，材料吸附氫氣量和其比表面積成正比，石墨烯擁有品質輕、高化學穩定性和高比表面積的優點，使其成為儲氫材料的最佳候選者。希臘大學 Froudakis 等設計了新型 3D 碳材料，孔徑尺寸可調，他們將其稱為石墨烯柱。當這種新型碳材料摻雜了鋰原子時，石墨烯柱的儲氫量可達到 6.1wt%。Ataca 等用鈣原子（Ca）摻雜石墨烯，利用第一性原理和從頭算起的方法，得到石墨烯被 Ca 原子摻雜後儲氫量約為 8.4wt%；他們還發現氫分子的鍵能適合在室溫下吸 / 放氫，Ca 會留在石墨烯表面，有利於迴圈使用。Ataca 的研究結果又一次推動石墨烯儲氫向前邁進一步。

1.6.5 複合材料

石墨烯獨特的物理、化學和機械性能，為複合材料的開發提供了原動力，可望開闢諸多新穎的應用領域，諸如新型導電高分子材料、多功能聚合物複合材料和高強度多孔陶瓷材料等。Fan 等利用石墨烯的高比表面積和高電子遷移率，製備了以石墨烯為支撐材料的聚苯胺石墨烯複合物，該複合物擁有高比電容（1,046F/g）遠遠大於純聚苯胺的比電容 115F/g。石墨烯的加入，提高了複合材料的多功能性和複合材料的加工性能等，為複合材料提供了更廣闊的應用領域。

第二章 石墨烯的基本特性

作者　邱鈺蛟　蕭碩信

截至 2014 年，關於石墨烯研究的文獻已高達 20,000 多篇。南韓甚至投入了 30 億美元，將石墨烯商品化，IBM 與三星亦積極地用石墨烯開發超小型且超快速元件，希望在未來的電子產業上能夠加以應用。此章節將會介紹石墨烯的基本特性，包括：石墨烯的晶體結構、電子能帶及直流電性分析。

2.1 石墨烯的基本物性

2.1.1 石墨烯晶體結構

石墨烯即為單層石墨，僅具有一層碳原子層。每個碳原子在 x、y 平面上擁有三個 sp^2 混成軌域，鄰近的碳原子各提供一個電子形成共價鍵（σ 鍵），鍵長為 1.42 Å，每個 σ 鍵之間的夾角皆為 120°，六個碳原子便可用 σ 鍵圍成封閉六邊形環狀平面結合〔圖 2.1(a)〕。每個碳原子在 z 軸上都具有 p 軌域的自由 π 電子，彼此耦合成 π 能帶（π band）。上方能量較高的稱為 π^*（Anti-bonding band），下方稱為 π（Bonding band），彼此構成導電帶（Conduction band）與價電帶（Valence

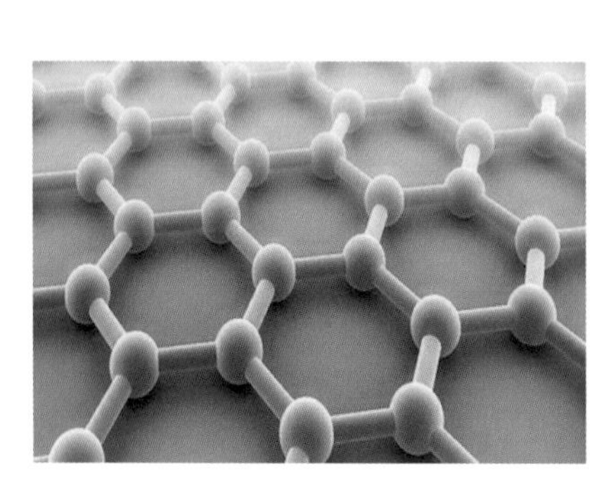

(a) 二維平面結構的石墨烯

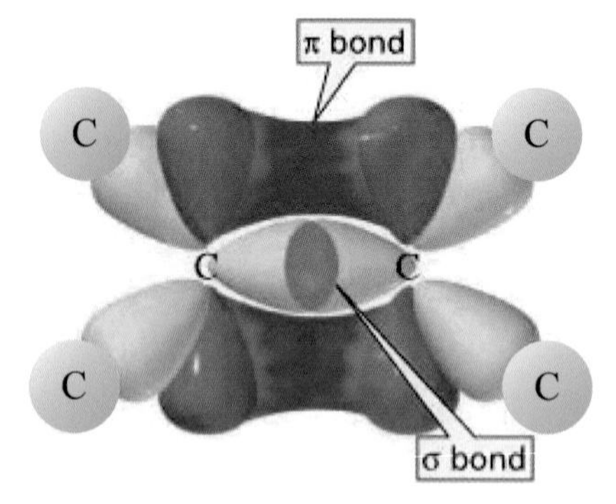

(b) sp^2鍵結示意圖

圖 2.1　石墨烯結構

band），二維碳原子晶格位能使 π 電子在空間中形成能帶，可讓傳輸電子（同為 π 電子）在 x-y 方向自由移動。

石墨烯是碳原子以二維蜂巢狀週期性結構排列著，如圖 2.2 所示，在實空間（Real space）裡，石墨烯的單位晶格向量 $\vec{a}_1$、$\vec{a}_2$ 可寫成：

$$\vec{a}_1 = (\frac{\sqrt{3}a}{2}, \frac{a}{2}), \vec{a}_2 = (\frac{\sqrt{3}a}{2}, -\frac{a}{2}) \quad (2\text{-}1)$$

其中 $a = |\vec{a}_1| = |\vec{a}_2| = 1.42 \times \sqrt{3} = 2.46\text{Å}$ 為石墨烯的單位晶格常數。這兩個向量所圍出的綠色菱形區域，即為原始單位晶胞（Primitive unit cell）〔圖 2.2(a)〕，其中包含了兩個鍵結方向互相對稱的碳原子 A、B，這兩個碳原子即為構成石墨烯晶體結構的基底。此基底在經過 $n\vec{a}_1 + m\vec{a}_2$ 的向量平移後，可維持整個系統不變。

圖 2.2(b) 為石墨烯的倒晶格（Reciprocal lattice），同樣地具有六邊形蜂巢狀結構對稱性。其在倒晶格中的晶格向量 $\vec{b}_1$、$\vec{b}_2$ 為：

$$\vec{b}_1 = (\frac{2\pi}{\sqrt{3}a}, \frac{2\pi}{a}), \vec{b}_2 = (\frac{2\pi}{\sqrt{3}a}, -\frac{2\pi}{a}) \quad (2\text{-}2)$$

倒晶格常數為 $b = 4\pi/\sqrt{3}a$。由此兩個倒晶格向量，可標示出石墨烯的倒晶格（紅色虛線所圍的六邊形，六個頂角為倒晶格點）。根據倒晶格點畫出的 Wigner-Seitz cell（倒空間中的單位晶格），即為布理淵區（Brillouin zone）。在第一布里淵區（灰色區域）中，可標記出三個高對稱晶格點：Γ、M、K（為了區分鍵結對稱性，可再將 K 點定義成對應的 K 與 K' 兩點），而一般常提到的狄拉克點或中性點，十分地貼近 K（或 K'）點。

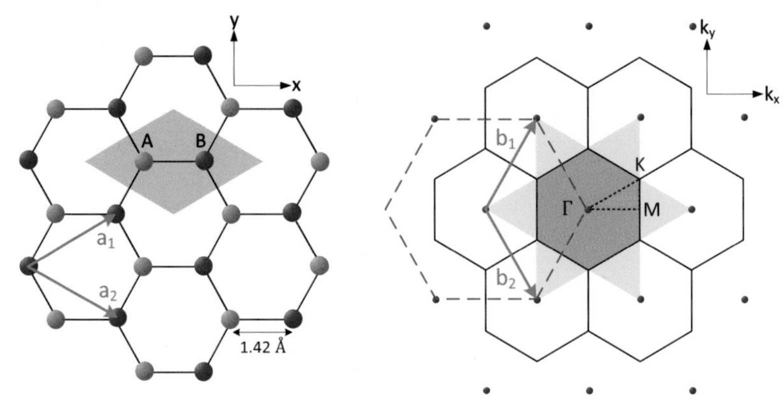

(a)實空間石墨烯晶格：綠色區域為石墨烯的單位晶格，包含A、B兩個碳原子

(b)倒空間石墨烯晶格：灰色區域為第一布里淵區

圖 2.2　石墨烯結構

2.1.2　石墨烯電子能帶

在 1947 年，Walace 利用緊束法近似模型（Tight-binding approximation model）第一次算出石墨烯的能帶結構 [1]。此方法注重於 π 電子在低能量區域（線性區域）的傳輸特性，其他像 σ 鍵提供的傳輸特性貢獻即可忽略。如果要描述一個在週期性晶格裡的電子狀態，常用布洛赫函數（Bloch function）來表示：

$$\psi(r) = e^{i\vec{k}\cdot\vec{R}}\varphi(r) \tag{2-3}$$

其中 $\varphi(r) = \varphi(r - r')$ 具有晶格的週期性，可藉由 r' 描述在晶格中任一點電子的位置。又石墨烯的單位晶格中，包含了 A 和 B 兩個不同的碳原子，所以單位晶格內的波函數 Ψ 是由兩個 $2p_z$ 軌域上的電子波函數線性疊加而成：

$$\Psi = \psi_A + \lambda\psi_B \tag{2-4}$$

其中 $\lambda = \pm 1$，正號代表波函數為對稱性（Symmetric）的疊加；負號代表波函數為反對稱性（Anti-symmetric）的疊加。再假設擁有週期性位能的石墨烯中，是由 N 個單位晶格所組成，則兩個波函數 ψ_A、ψ_B 可表示為：

$$\psi_A(r)=\frac{1}{\sqrt{N}}\Sigma e^{i\vec{k}\cdot\vec{R}_A}\varphi(r-\vec{R}_A) \tag{2-5}$$

$$\psi_B(r)=\frac{1}{\sqrt{N}}\Sigma e^{i\vec{k}\cdot\vec{R}_B}\varphi(r-\vec{R}_B) \tag{2-6}$$

其中$\vec{R}_A$、$\vec{R}_B$為 A、B 原子的位置向量。另外，在量子力學中，常利用漢彌爾頓方程式（Hamiltonian equation）$H\Psi = E\Psi$ 來描述一個系統整體的能量。因此將 ψ_A、ψ_B 線性疊加的波函數 Ψ 代入漢彌爾頓方程式，可求得本徵值 E 為：

$$E=\frac{\langle \Psi_i | H | \Psi_j \rangle}{\langle \Psi_i | \Psi_j \rangle} \tag{2-7}$$

其中 $\langle \Psi_i|H|\Psi_j\rangle$ 為漢彌爾頓總能量。$\langle \Psi_i|\Psi_j\rangle$ 為重疊積分因子（Overlap integral），定義成 S_{ij}，可將能量規一化。

為了能夠清楚地辨別出各個原子間的交互作用，我們採用 2×2 矩陣的形式來去作運算處理，且只考慮最相鄰原子的近似（即 A 碳原子與周圍最鄰近三個 B 碳原子的交互作用），漢彌爾頓矩陣可寫成：

$$H \simeq H_0 + H_1 = \begin{pmatrix} H_{AA} & H_{AB} \\ H_{BA} & H_{BB} \end{pmatrix} = \begin{pmatrix} \epsilon_{2p} & tf(k) \\ tf(k)^* & \epsilon_{2p} \end{pmatrix} \tag{2-8}$$

$$H_{AA} = H_{BB} = \epsilon_{2p} \tag{2-9}$$

$$H_{AA} = H_{BA}^* = t\,(e^{i\vec{k}\cdot\vec{R}_1} + e^{i\vec{k}\cdot\vec{R}_2} + e^{i\vec{k}\cdot\vec{R}_3}) \tag{2-10}$$

$$= t\,(e^{ik_x\frac{a}{\sqrt{3}}} + 2e^{-ik_x\frac{a}{2\sqrt{3}}}\cos(\frac{k_y a}{2})) = tf(k) \tag{2-11}$$

其中ϵ_{2p}為電子在自身碳原子$2p_z$軌域上的能量；t為最鄰近傳輸積分因子（Nearest neighbor transfer integral）（亦常被寫成$t = -\gamma_0$），其表示為$\langle \varphi_A | H | \varphi_B \rangle$；$f(k)$代表系統中所有的相位因子（Phase factor）。在這邊我們還需考慮電子軌域互相重疊的情形，所以引入了重疊積分矩陣：

$$S \simeq S_0 + S_1 = \begin{pmatrix} S_{AA} & S_{AB} \\ S_{BA} & S_{BB} \end{pmatrix} = \begin{pmatrix} 1 & sf(k) \\ sf(k)^* & 1 \end{pmatrix} \quad (2\text{-}12)$$

其中s為最鄰近重疊積分因子（Nearest neighbor overlap integral），表示為$\langle \varphi_A | \varphi_B \rangle$，最後再利用式（2-8）和式（2-12）去計算行列式$\det(H - ES) = 0$的解，即可求得本徵值$E(k)$為：

$$E(k) = \frac{\epsilon_{2p} \pm tw(k)}{1 \pm sw(k)} \quad (2\text{-}13)$$

其中$k = (k_x, k_y)$；正號代表著π bonding band（能量較低的對稱性波函數疊加$\psi_A + \psi_B$）；負號代表著π^* bonding band（能量較高的反對稱性波函數疊加$\psi_A - \psi_B$）；且$w(k)$可表示為：

$$w(k) = \sqrt{1 + 4\cos\frac{\sqrt{3}k_x a}{2}\cos\frac{k_y a}{2} + 4\cos^2\frac{k_y a}{2}} \quad (2\text{-}14)$$

若假設A、B碳原子的$2p_z$軌域不相互重疊（$s = 0$），可將能量本徵值$E(k)$化簡成：

$$E(k_x, k_y) = \pm\gamma_0\sqrt{1 + 4\cos\frac{\sqrt{3}k_x a}{2}\cos\frac{k_y a}{2} + 4\cos^2\frac{k_y a}{2}} \quad (2\text{-}15)$$

由上式所畫出的電子能帶結構即為圖2.3(a)。由此圖可清楚地看到石墨烯的能帶可分成π^*（Anti-bonding band）和π（Bonding band）兩部分，π^*能帶的最低點與π能帶的最高點互相對應著，形成六個點，即是倒晶格中的K（或K'）點，圍成的六邊形區域即為第一布里淵區。圖2.3(b)為此能帶經過垂直投影的方式繪製而成，此圖更能清楚地看到

K（K'）點所在的位置以及能量分布的情況。

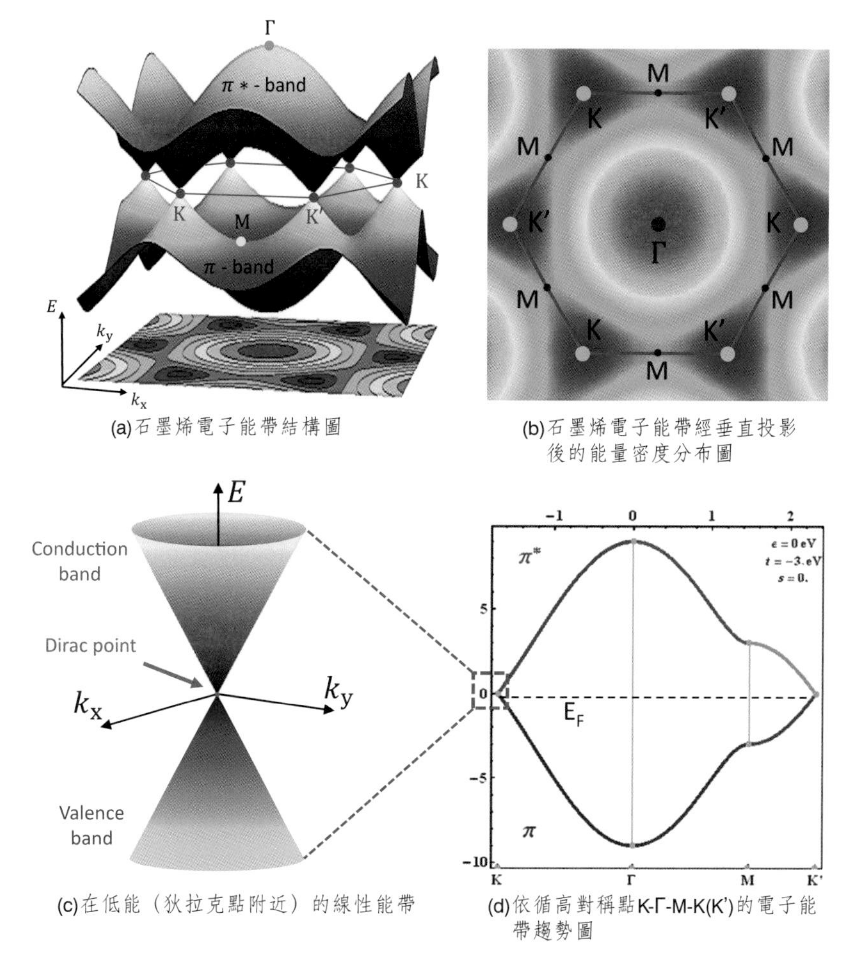

(a)石墨烯電子能帶結構圖

(b)石墨烯電子能帶經垂直投影後的能量密度分布圖

(c)在低能（狄拉克點附近）的線性能帶

(d)依循高對稱點K-Γ-M-K(K')的電子能帶趨勢圖

圖 2.3　石墨烯電子能帶

如圖 2.3(c) 所示，在 K(K') 點的位置是導電帶與價電帶彼此接於一點，呈現相連簡併（Degernerate）的半金屬特性 [2]。而這些連接點即為狄拉克點（Dirac point）或中性點（Charge neutrality point, CNP），在未經任何外界摻雜的理想狀態下，費米能階 EF 會通過此連接點，其態位密度（Density of state, DOS）為零。因此，石墨烯為一種零能隙的材料，且擁有雙極（ambipolar）特性 [3]。圖 2.3(d) 為依循著高對稱點 K-Γ-M-K(K’) 所畫出來的能帶趨勢圖，在這個例子當中，高對稱點所對應的能量分別為 ±9eV(Γ)、±3eV(M)、0eV(K)，且存在於第一布里淵區中。在 K(K’) 點附近，能量大約為 ±1eV 的地方，即可視為線性能帶區域。

2.1.3 無質量狄拉克費米子

在低能量區域的石墨烯能帶（K 或 K’ 點附近），對電子傳輸的機制是十分重要的（圖 2.4），這是因為此區域的能量與動量呈線性的色散關係：$E = \pm\hbar k v_F$，對照狹義相對論的動量與能量關係：$E=\sqrt{(mc^2)^2+(cp)^2}$，可知在石墨烯中傳輸的電子靜止質量為零（Massless particles），因此石墨烯中的載子可視為準相對論粒子，必須用量子力學中的狄拉克方程式來描述載子的傳輸機制，故石墨烯在線性能帶中傳輸的載子亦稱作無質量狄拉克費米子（Massless Dirac fermions），讓它擁有非常優異且獨特的傳輸特性。

若只先討論在低能量區域 K(K’) 點附近的電子能帶，可以對式（2-15）做泰勒展開後，再只取出第一階項式，即可得到在 K(K’) 點附近的能量近似解：

$$E = \pm\frac{\sqrt{3}}{2}\gamma_0 a k = \pm\hbar k v_F = p v_F \qquad (2\text{-}16)$$

其中 $p = \pm\hbar k$ 為動量；$v_F = \frac{\sqrt{3}}{2\hbar}\gamma_0 a$ 為石墨烯費米速度（$\approx 1\times10^6$m/s）[4]，僅比光速小了 300 倍。因著能量與動量的線性色散關係，讓石墨烯的能帶有別於其它一般傳統的半導體 [5]。對傳統半導體來說（圖 2.5(a)），能量與動量是呈拋物線的色散關係，其電子的能量 $E=\frac{\hbar^2 k^2}{2m^*}$ 可由薛丁格方程推導出來；對石墨烯來說〔圖 2.5(b)〕，能量與動量是呈線性的色散關係，其電子的能量 $E = \pm\hbar k v_F$ 可藉由狄拉克方程描述出來。2×2 的狄拉克漢彌爾頓矩陣如下所示：

$$H=\hbar v_F\begin{pmatrix} 0 & k_x - ik_y \\ k_x + ik_y & 0 \end{pmatrix} \quad (2\text{-}17)$$

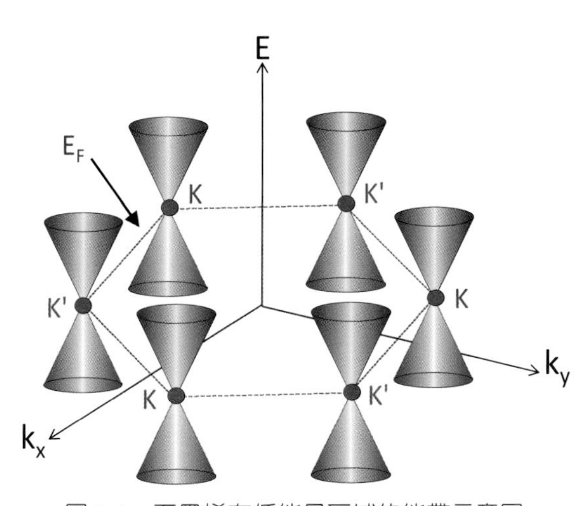

圖 2.4　石墨烯在低能量區域的能帶示意圖

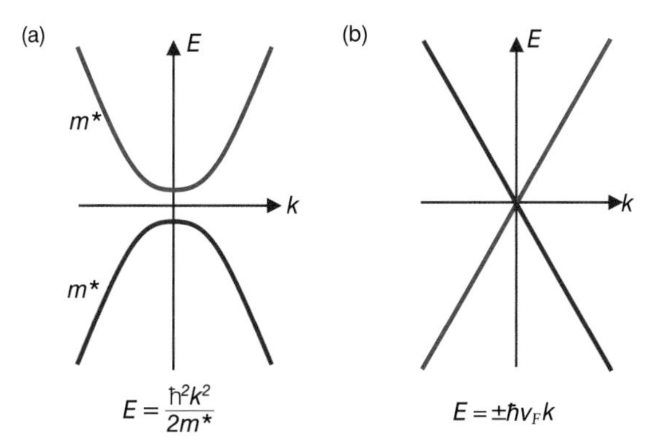

圖 2.5　(a) 一般載子的 E-K 色散關係。(b) 無質量狄拉克費米子的 E-K 色散關係。

此矩陣包含了準相對論粒子才有的對掌性（Chiral nature），因此將其代入式（2-7）作運算，可求得 $E = \pm\hbar k v_F$ 與之前的論點相符。所以石墨烯在低能量區 K(K') 點附近的能帶為線性的，此時可視傳導的載子為無質量的狄拉克費米子，因擁有準相對論粒子中的對掌性特點，可用 Klein tunneling 的現象，描述載子在石墨烯內傳輸的過程[6]。

接著可由下列的過程，求出石墨烯中二維線性色散關係的態位密度（Density of states, DOS）。假設 k 空間平面下共含有 $N(k)dk$ 的能態，$N(k)dk$ 可表示為：

$$N(k)dk = g_s \cdot g_v \cdot \frac{2\pi k dk}{(2\pi / L_x)(2\pi / L_y)} \qquad (2\text{-}18)$$

其中 g_s、g_v 分別代表 spin 與 valley 的簡併數（石墨烯 $g_s = g_v = 2$）；$2\pi/L_x$ 與 $2\pi/L_y$ 為 k 空間下的單位倒晶格長度。式（2-18）可簡化成：

$$N(k)dk = \frac{2Akdk}{\pi} \qquad (2\text{-}19)$$

其中 $A = L_x * L_y$。再將式（2-16）能量與動量的關係代入至式（2-19）可得：

$$N(k)dk = \frac{2AEdE}{\pi(\hbar v_F)^2} \qquad (2\text{-}20)$$

態位密度的定義是在單位空間與單位能量下，（$\text{DOS} = \frac{N(k)dk}{AdE}$）所含有的能態數目，由定義可知態位密度為：

$$D_{2D}(E) = \frac{2|E|}{\pi(\hbar v_F)^2} \qquad (2\text{-}21)$$

因此，石墨烯在 K(K') 點附近的態位密度與能量是呈線性關係，不同於一般傳統二維半導體的態位密度〔$D_{2D}(E) = m^*/\pi\hbar^2$〕為常數的。由式

（2-21）亦可知理想的石墨烯在中性點（狄拉克點）的態位密度為零；亦即此點上不會有任何載子存在。但實際上，依照理論計算石墨烯存在一個最小導電率 $4e^2/\pi h$[7、8]（實驗量測結果大多為 $4e^2/h$[9]）。

2.2 石墨烯的基本電性

2.2.1 理想石墨烯的載子傳輸特性

石墨烯因著線性的能帶分布，進行傳輸的載子（Carrier）為不具質量的迪拉克費米子（Massless Dirac fermion），具有非常高的載子傳輸速度。在理想的狀況下（完美的晶體結構且沒有來自外界的載子傳輸散射源），石墨烯的載子平均自由路徑（Mean free path, l）遠大於電晶體汲極與源極間距（$l \gg L$），呈現彈道傳輸（Ballistic transport）特性。石墨烯的導電率（Conductivity）可由藍道電導（Landauer conductivity）來描述：

$$\sigma = \frac{L}{W} g_s g_v \frac{e^2}{h} \sum_{n=0}^{n} T_n \qquad (2\text{-}22)$$

L、W 為石墨烯電晶體通道長與寬，g_s、g_v 分別代表 Spin 與 Valley 簡併數（石墨烯 $g_s = g_v = 2$）。e^2/h 為一個簡併能帶（Degeneracy energy level）所具有的量子導電率（Quantum conductivity），T_n 為通過費米面能帶的電荷穿隧機率（Transmission probability）。

對一般半導體而言，調整電晶體閘極偏壓使材料內的電荷密度為零；呈電中性狀態時，材料的導電率將趨於零。但石墨烯並非如此，當石墨烯的電荷濃度趨於零，費米能階位於迪拉克點時，雖然狀態密度（Density of state, DOS）為零，卻仍存在導電度最小值。根據石墨烯的 Klein tunneling 理論，石墨烯內的載子並不會因傳輸過程中遭遇位能障礙（Barrier，例如：N 型摻雜與 P 型摻雜的接面）而停止行進。不論石墨烯電晶體的金屬電極與石墨烯通道接面呈現「P-N-P」或「P-P-P」的接面特性（金屬電極 Cr / Au 對石墨烯造成 P 型雜質摻雜，而石墨烯通道可由改變閘極偏壓而為 P 型、N 型或處於中性點），因穿隧機率 T_n 不為零的緣故，載子皆能進行傳輸。因此，藉由計算中性點時的載子穿隧機率，即可得知石墨烯於中性點時的最小導電率。

當石墨烯通道位於中性點時，載子可視為在 $0 < x < L$ 的位能井中進行傳輸，此時傳輸的載子為迪拉克費米子（相對論性粒子），使用非交互作用之狄拉克方程式（Non-interaction Dirac equation）進行計算 [10]

$$[\hbar v_F \sigma \cdot k = eV(x)]\Psi(r) = \varepsilon\Psi(r) \quad (2\text{-}23)$$

位能井邊界 $x < 0$ 以及 $x > L$ 的區域，對應電晶體的源／汲極，因電極對石墨烯的電荷摻雜，可假設電極區域的位能邊界條件為 $V(x < 0) = V(x > L) = V_\infty \rightarrow \infty$。而電晶體通道區域（$0 < x < L$）的位能，則由電晶體閘極偏壓 V_g 決定，因石墨烯位於迪拉克點，電晶體通道區域位能為 $V(0 < x < L) = V_g = \varepsilon = 0$。而 y 方向以 $\Psi(y = 0) = \sigma_x\Psi(y = 0)$ 與 $\Psi(y = W) = -\sigma_x\Psi(y = W)$ 作為邊界條件，表示位於石墨烯通道區域內（$0 < y < W$）的載子為無質量狄拉克費米子（Massless Dirac fermion），而位於通道區域外的載子則為無限質量狄拉克費米子（Infinitely massive Dirac fermion）。

參考 [7] 的計算結果，載子的傳導機率 T_n 為：

$$T_n = \left|\frac{1}{\cosh(q_n L)}\right|^2,\ q_n = \left(n + \frac{1}{2}\right)\frac{\pi}{W} \quad (2\text{-}24)$$

將所得到的載子穿隧機率 T_n 代入朗道爾電導率（Landauer conductivity）中，可得知石墨烯位於中性點時的導電率：

$$\sigma = \frac{L}{W} g_s g_v \frac{e^2}{h} \sum_{n=0}^{n} T_n = \frac{4e^2}{h} \sum_{n=0}^{n} \frac{L}{W\cosh^2[\pi(n+\frac{1}{2})]\frac{L}{W}} \xrightarrow{W \gg L} \frac{4e^2}{\pi h} \quad (2\text{-}25)$$

當電晶體通道尺寸 $W \gg L$ 時，石墨烯通道的導電率趨於最小值 $4e^2/\pi h$，此導電率最小值被稱為石墨烯的廣域最小電導率（Universal minimum conductivity）。

2.2.2 受散射影響的石墨烯載子傳輸

高載子遷移率（Mobility）是石墨烯極具吸引力的優點，以機械剝離法並懸空後，於低溫、高真空環境中量測的高品質石墨烯，具有非常高的載子遷移率（～200,000 $cm^2/V \cdot s$[42]），但一般製作於 SiO_2 基板上的石墨烯電晶體，縱使在低溫真空的量測環境中，因電荷傳輸中的各種散射源，實際量測到的載子遷移率卻只在 1,000～20,000 $cm^2/V \cdot s$ [11] 範圍間。石墨烯的載子遷移率受散射的影響非常顯著，不能再以彈道傳輸來描述石墨烯的電荷傳輸機制，而必須改用描述擴散傳輸（Diffusive transport）的祖德－波茲曼傳輸（Drude-Boltzmann transport）理論，來解釋受散射影響的石墨烯載子傳輸行為。

波茲曼傳輸理論（Boltzmann transport theory）[10、12、13] 使用費米分布（Fermi distribution）作為描述載子的能量機率分布函數，當載子的費米分布 f_k 受外加電場 $\vec{E}$ 影響微弱時，可取其最低階近似：

$$f_k = f(\epsilon_k) + \delta f_k,\ \delta f_k = -\frac{\tau(\epsilon_k)}{\hbar} e \vec{E} v_k \frac{\partial f(\epsilon_k)}{\partial \epsilon_k} \quad (2\text{-}26)$$

電流密度 $j = g_s \cdot g_v \int \frac{d^2k}{(2\pi)^2} e v_k f_k = \sigma \vec{E}$，導電率 σ 為：

$$\sigma = \frac{e^2}{2} \int d\epsilon D(\epsilon) v_k^2 \tau(\epsilon) \left(-\frac{\partial f}{\partial \epsilon}\right) \quad (2\text{-}27)$$

$D(\epsilon) = 2\epsilon/\pi(\hbar k)^2$ 為石墨烯的狀態密度（Density of state, DOS）、$v_k = \frac{d\epsilon_k}{k}$ 載子的傳輸速度，$\tau(\epsilon)$ 為弛豫時間（Relaxation time），代表兩次散射之間的間隔時間，或稱為載子傳輸散射時間（Transport scattering time）：

$$\frac{1}{\tau(\epsilon_k)} = 2\pi\sum_a n_i^a \int \frac{d^2k'}{(2\pi)^2} |\langle V_{k,k'} \rangle|^2 [1 - \cos^2\theta_{k,k'}] \delta(\epsilon_k - \epsilon_{k'}) \quad (2\text{-}28)$$

其中，$\sum_a n_i^a$ 表示各種散射源的濃度、$|\langle V_{k,k'} \rangle|$ 為各散射源之散射位能（Scattering potential）的 Matrix element，$\theta_{k,k'}$ 為散射前後波向量之間的散射角。當 $T = 0$ 時，載子填滿能帶至費米能階 E_F，導電率 σ 可化簡為：

$$\sigma = \frac{e^2 v_F^2}{2} D(E_F) \tau(E_F) \quad (2\text{-}29)$$

石墨烯的載子濃度 $n = \int D(\epsilon) d\epsilon = \frac{E_F}{2} D(E_F)$，導電率 σ 可改寫成包含載子遷移率 μ 的形式：

$$\sigma = ne\left(\frac{v_F^2 \tau(E_F)}{E_F}\right) = ne\mu,\ E_F = \hbar v_F k = \hbar v_F \sqrt{\pi n} \quad (2\text{-}30)$$

因著載子傳輸過程中遭遇的各種散射源，石墨烯電晶體的導電率特徵曲線不再依循朗道爾傳輸理論（Landauer transport theory），而是隨著場效電荷密度 n 改變，受不同的載子散射機制影響。由前文推導出的關係式可知，石墨烯導電率 $\sigma \propto D(E_F)\tau(E_F)$，而電子遷移率 $\mu \propto \frac{\tau(E_F)}{E_F}$。藉由分析不同散射源的載子傳輸散射時間 $\tau(E_F)$，可明白石墨烯導電率 σ 與載子遷移率 μ、場效電荷密度 n 之間的關係。此外，若可得知 σ 與 n 的關係式，亦可由 $\sigma = ne\mu \rightarrow \mu \propto \frac{\sigma}{n}$ 推導出載子遷移率與場效電荷密度之間的關係。

各散射源對石墨烯導電率的影響可藉由馬瑟文森法則（Matthiessen’s rule）來表示（適用於彼此互相獨立的散射機制）[14]：

$$\sigma_{\mathrm{total}}^{-1} = \sigma_{\mathrm{ci}}^{-1} + \sigma_{\mathrm{sr}}^{-1} + \sigma_{\mathrm{LA}}^{-1} + \sigma_{\mathrm{PO}}^{-1} + \sigma_{\mathrm{mg}}^{-1} + \sigma_{\mathrm{corr}}^{-1} \qquad (2\text{-}31)$$

上式中 σ_{i} 代表只受單一散射源影響的石墨烯導電率（下標 i 為各散射源的縮寫），分別為：金屬離子或極性分子等雜質摻雜造成的長程庫倫散射（Charge impurity scattering, ci）、石墨烯晶格缺陷與中性雜質分子造成的短程散射（Short range scattering, sr）、石墨烯的縱向聲頻支聲子散射（Longitudinal acoustic phonon scattering, LA）、SiO_2基板的表面極化聲子散射（Surface polar optical phonon scattering, PO）、石墨烯 Mid-gap state 散射（mg）與石墨烯的皺褶造成的散射（Corrugation, corr）。

載子遷移率是偵測石墨烯品質的指標，藉由分析石墨烯於不同場效電荷密度時載子遷移率的變化，可得知石墨烯樣品中顯著影響載子傳輸的散射源種類與影響的程度，進而能對石墨烯樣品進行有效的品質改良。接下來的章節，將探討各散射機制對石墨烯載子傳輸的影響，以及與場效電荷密度的關係。透過與實驗量測結果對照，可得知在不同電荷密度區域顯著影響載子傳輸的散射機制。

2.2.3 石墨烯的散射源

以下我們將簡介石墨烯載子傳輸過程中遭遇的散射源，並探討其散射機制與場效電荷密度的關係。

長程庫倫散射（Charge impurity scattering ）

石墨烯中的長程庫倫散射源的來源甚廣，任何與石墨烯產生電荷轉移的雜質、極性電偶極分子與被捕捉之侷限電荷（Trapped charge），皆會造成石墨烯的長程庫倫散射，包含：為了改變石墨烯載子濃度而刻意摻入的雜質、石墨烯電晶體製程中的各種污染（石墨烯轉移製程中殘存的銅金屬離子、酸鹼溶液、有機溶劑或浸泡溶液時吸附的污染物）、來自承載石墨烯基板的干擾〔基板表面的官能基、與基板 -OH 形成氫鍵而吸附的水分子、來自基板缺陷的被補捉之侷限電荷（Trapped charge）〕、從氣體環境中吸附的極性氣體分子與水分子等。

若以波茲曼傳輸理論來描述載子受到的庫倫散射，可假設庫倫散射源隨機分布於靠近石墨烯表面的附近，且電子與庫倫散射源之間的交互作用，受到在石墨烯內的二維電子氣體屏蔽〔使用 Random phase approximation（RPA）作為計算屏蔽效應的機制〕。此時，受到屏蔽的長程庫倫散射時間 $\tau(\epsilon_k)$ 可表示為 [10、13、15-17]：

$$\frac{1}{\tau(\epsilon_k)} = 2\pi n_i \int \frac{d^2k'}{(2\pi)^2} \left| \frac{V_i(q)}{\varepsilon(q)} \right|^2 [1 - \cos^2\theta_{k,k'}] \delta(\epsilon_k - \epsilon_{k'}) \qquad (2\text{-}32)$$

n_i 代表造成散射的雜質摻雜濃度、$\left|\frac{V_i(q)}{\varepsilon(q)}\right|$ 為庫倫散射位能的矩陣元素（Matrix element），其中：$V_i(q) = \frac{2\pi e^2}{kq} e^{-qd}$ 為未受屏蔽的庫倫散射位能（k 是介電質的介電常數、d 代表散射源與石墨烯之間的距離）、$\varepsilon(q) = 1 + \frac{2\pi e^2}{kq} \Pi(q, T)$ 是由 RPA 理論而得的介電質函數，將庫倫散射位能修正為受屏蔽的狀態〔$\Pi(q, T)$ 為不可約化的有限溫度極化方程式（Irreducible finite temperature polarizability function）〕。

經過積分計算後，可得受屏蔽的長程庫倫散射時間 τ_{ci}：

$$\frac{1}{\tau_{ci}} = \frac{r_s^2}{\tau_0} \left\{ \frac{\pi}{2} - 4\frac{d}{dr_s}[r_s^2 g(2r_s)] \right\} \qquad (2\text{-}33)$$

$$\frac{1}{\tau_0}=\frac{2\sqrt{\pi}n_{\mathrm{i}}/v_{\mathrm{F}}}{\sqrt{n}},\ r_{\mathrm{s}}=\frac{e^2}{\hbar v_{\mathrm{F}}k} \tag{2-34}$$

$$g(x)=-1+\frac{\pi}{2}x+(1-x^2)f(x),\ \ f(x)=\begin{cases}\dfrac{1}{\sqrt{1-x^2}}\cosh^{-1}\dfrac{1}{x} & x<1\\ \dfrac{1}{\sqrt{x^2-1}}\cos^{-1}\dfrac{1}{x} & x>1\end{cases} \tag{2-35}$$

上列 τ_{ci} 關係式中，只有 τ_0 與場效電荷密度 n 有關，可表示為原方程式。回顧前一小節描述的導電率關係式：$\sigma \propto D(E_{\mathrm{F}})\tau(E_{\mathrm{F}})$，可推導出受長程庫倫散射影響的導電率 $\sigma_{\mathrm{ci}} \propto D(E_{\mathrm{F}})\tau_{\mathrm{ci}} \propto \sqrt{n}\cdot\sqrt{n} \propto n$ 與場效電荷密度 n 呈線性關係。受長程庫倫散射限制的電子遷移率 $\mu_{\mathrm{ci}} \propto \frac{\tau_{\mathrm{ci}}}{E_{\mathrm{F}}} \propto \frac{\sqrt{n}}{\sqrt{n}} \propto const$，並不隨著場效電荷密度 n 變化而改變。

引用文獻 [18] 的石墨烯電晶體量測結果，觀察長程庫倫散射對導電率特徵曲線的影響（圖 2.6）。隨著雜質摻雜（K^+ ion）濃度增加：(1) 石墨烯 N 型摻雜程度增加，最小導電率對應的閘極偏壓 V_{dirac} 越往負壓方向偏移；(2) 導電率特徵曲線 $\sigma(V_{\mathrm{g}})$ 更加線性；(3) 導電率線性區的斜率下降；(4) 場效電荷密度接近零時，導電率曲線趨於飽和的平台狀區域變寬了。導電率曲線的線性區域暗示此處由長程庫倫散射主導載子的傳輸機制。隨著雜質摻雜的程度增加，庫倫散射對載子傳輸的影響更加顯著（線性區域增加），但載子遷移率下降（線性區的斜率下降，$\sigma(n) = ne\mu$，導電率線性區域的斜率反應受庫倫散射影響的載子遷移率）。

導電率曲線受庫倫散射影響的另一個特徵是：當石墨烯電荷密度趨於零，石墨烯接近迪拉克點時，導電率特徵曲線不再對應石墨烯的線性能帶結構並趨於單一的最小導電率值，而是趨勢漸緩、逐漸飽和呈現平台狀（Plateau）。此現象源自於石墨烯附近的庫倫散射源濃度分布不均勻（Charge inhomogeneity, δ_{n}）[10、11、15]；這些濃度分布不均的散射源如同大大小小提供電子或電洞的水坑（Puddles）（圖 2.7），使庫倫

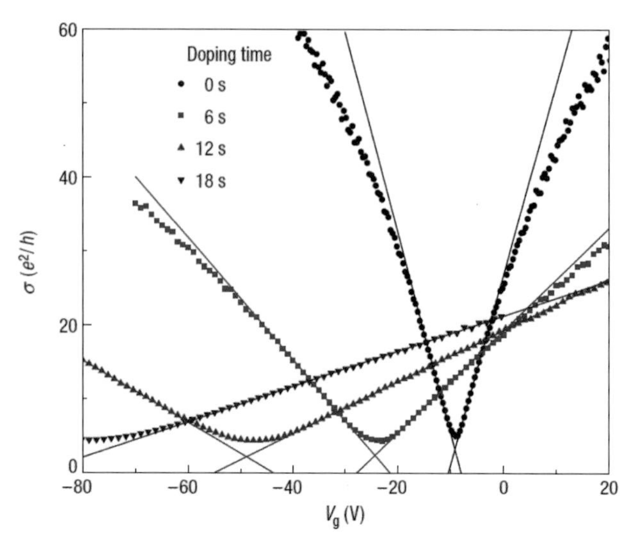

圖 2.6 石墨烯電晶體電性量測 σ-V_g 關係圖。隨著雜質摻雜時間增加，載子傳輸受長程庫倫散射的影響越明顯 [18]

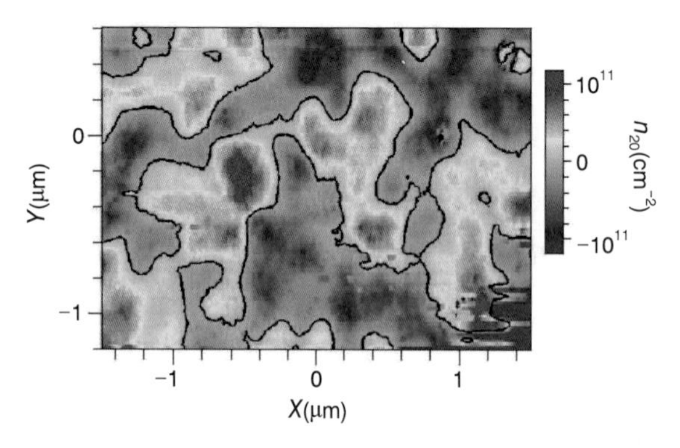

圖 2.7 以單電子電晶體量測，承載於 SiO_2 基板的石墨烯電荷分布〔紅色（藍色）為電子（電洞）濃度〕[19]

散射無法被任一個特定值閘極偏壓產生的場效電荷屏蔽。隨著閘極偏壓改變，部分區域的石墨烯達到中性點，但其他石墨烯區域卻仍然具有導電能力，導電率特徵曲線如同多個導電率峰值疊加，在低電荷密度區域形成一個飽和的平台狀區域（Plateau）。而當位於導電率最低值 σ_{min}

時，石墨烯上並非沒有任何電荷分布，而是平均電荷密度為零。雜質摻雜造成的平均電荷摻雜程度（Doping level）可由導電率最低值所對應的閘極偏壓 V_{dirac} 決定：$\bar{n} = V_{dirac}C_{ox}/e$[18]。

石墨烯的雜質摻雜或鄰近的帶電雜質（Charge impurity）是電子電洞非勻相分布（Puddles）的最主要來源，雖然亦有其他的原因導致電子電洞非勻相分布產生，如：石墨烯的載子熱激發效應（$\delta_n \sim 8\times10^{10}\text{cm}^{-2}$, $T = 300\text{K}$）[10]、受 SiO_2 基板表面或內部被補捉之侷限電荷的庫倫作用力吸引而產生的電荷（$\delta_n \sim 2\times10^9\ \text{cm}^{-2}$）[19]，以及石墨烯因熱能而產生起伏之皺褶（Ripple）[20] 等，遠不及石墨烯接觸環境中（包含氣體環境與基板－石墨烯介面間）污染源造成的影響（電荷摻雜程度隨環境與製程步驟而異，$\delta_n \sim 10^{10} - 10^{12}\ \text{cm}^{-2}$[11、16、19、21]）。

電子與電洞非勻相分布的存在，使得石墨烯的最小導電率並非如理論計算所預測，迪拉克點所對應的導電率值 $\sigma_{min} = 4e^2/\pi h$，反倒因為受到庫倫散射與電子電洞非勻相分布影響而趨近於 $4e^2/h$[18]，庫倫散射越強，σ_{min} 越小。但隨著石墨烯污染更加嚴重（雜質摻雜程度更高且更不均勻），σ_{min} 反而因電子電洞非勻相分布造成的電荷摻雜程度增加而提高[22]。

綜合以上敘述可知，因著外來雜質提供的電荷摻雜，除非盡可能的提高石墨烯樣品的潔淨度，否則不可能從電性量測中觀測石墨烯迪拉克點的物理特性。藉由分析雜質摻雜造成的殘存電荷濃度（Residual carrier concentration）n_0[23、24]，可加以得知石墨烯樣品受電子電洞非勻相分布影響的程度。〔n_0 為場效電荷密度為零時，仍殘存於石墨烯上的電荷密度，反映雜質摻雜的電荷分布不均勻。石墨烯內的總電荷密度 $|n_{tot}| \geq n_0$，$n_{tot} = \sqrt{n^2 + n_0^2}$，由場效電荷密度 $n = C_{ox}(V_g - V_{dirac})/e$ 與 n_0 共同提供。當場效電荷密度 $|n| < n_0$ 時，導電率曲線幾乎飽和[13、25、26]〕。

欲改善電子電洞非勻相分布產生的問題，可從降低石墨烯的庫倫散射源著手。除了在低溫真空的環境下進行量測，並以電流退火（Current annealing[27]）除去石墨烯上摻雜的雜質以外，藉由改善石墨烯與承載基板介面間的品質〔將石墨烯製成懸空元件[25、42]，以潔淨度較高的材料（如 Hexagonal boron-nitride, h-BN[28]）或利用非極性分子的分子自組裝對 SiO_2 基板進行表面改質[29、30]，將石墨烯與 SiO_2 基板隔離〕，亦可降低石墨烯受到庫倫散射的影響。經實驗證實，當電荷不勻相（Charge inhomogeneity）$\delta_n < 10^8\ cm^{-2}$ 時（即石墨烯上的電荷摻雜僅來自於溫度造成的載子熱激發效應時），石墨烯的載子遷移率可達到（$10^6\ cm^2/V \cdot s$），費米能階與迪拉克點的差距，可逼近 1meV 的範圍內[26]。

短程散射（Short range scattering）

石墨烯的短程散射來自於石墨烯晶格結構的缺陷以及中性雜質。波茲曼傳輸理論描述的短程散射位能 $|\langle V_{k,k'}\rangle| = V_\delta$（散射位能影響的範圍幾乎為零），對應的短程散射時間 τ_{sr} 為[10、13、16]：

$$\frac{1}{\tau_{sr}} = \frac{n_{sr}V_\delta^2}{\hbar}\frac{E_F}{4(\hbar v_F)^2} \tag{2-36}$$

n_{sr} 為短程散射源濃度。由上式可知：$\tau_{sr} \propto \frac{1}{\sqrt{n}}$，受短程散射限制的導電率 $\sigma_{sr} \propto D(E_F)\tau_{sr} \propto \frac{\sqrt{n}}{\sqrt{n}} \propto const$。短程散射對石墨烯載子傳輸的影響，如同額外加上一個不隨著載子濃度變化的等效電阻 ρ_{sr}，電阻值的大小反應載子傳輸受到短程散射影響的程度。當石墨烯位於低場效電荷密度區時，石墨烯的電阻 $\rho(V_g) \gg \rho_{sr}$，此時短程散射對載子傳輸的影響並不明顯。但隨著場效電荷密度增加，石墨烯電阻下降；逐漸與短程散射等效電阻匹配，甚至小於短程散射電阻時，導電率曲線開始趨於飽和。短程散射是石墨烯導電率曲線呈現半線性（Sublinear）特徵的原因[13、31]，如圖 2.8 所示，當短程散射源濃度比例提高時，導電率曲線的半線性特性就更加明顯。隨著載子濃度增加，傳輸過程中受到短程散射的機率也因此提高，載子遷移率 $\mu_{sr} \propto \frac{\tau_{sr}}{E_F} \propto \frac{1}{\sqrt{n^2}} \propto \frac{1}{n}$ 逐漸降低。

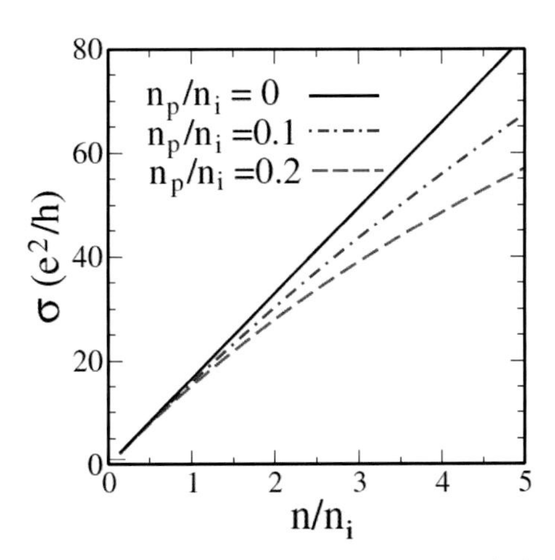

圖 2.8　隨著短程散射源濃度 n_p 相對於長程散射 n_i 的比例提高時，導電率特徵曲線的半線性特徵就更加顯著[16]

石墨烯電晶體金屬電極的接觸（Contact）電阻 R_c，對導電率的影響與短程散射相同。當石墨烯電阻下降逐漸與 R_c 匹配時，導電率特徵曲線逐漸飽和。在實際電性分析中，我們很難區分導電率特徵曲線開始飽和是因為接觸電阻或是短程散射造成的影響。因此，我們僅以 R_{sr} 代表石墨烯電晶體的綜合短程散射等效電阻（包含各種短程散射源與接觸電阻造成的影響）。

石墨烯被金屬電極覆蓋的區域與通道區域之間（因電荷摻雜造成的）中性點不一致（Neutrality point mismatch），是造成石墨烯導電率曲線電子與電洞區不對稱（Conduction asymmetry）的原因[31、32]（圖 2.9）。石墨烯電極區電荷摻雜的程度與電晶體製程中的污染、金屬電極與石墨烯間的功函數差異[33]，以及金屬原子與石墨烯的距離有關（影響電荷轉移的能力，與電極製程方法有關）。通道區與電極區因電荷摻雜而造成的位能差異（Potential barrier），導致電極區與通道區石墨烯的狀態密度（Density of state, DOS）不相同，使得從電極區注入通道區的電子與電洞濃度產生差異，電子在電子摻雜的情況時，導電率得以保存，然而電洞的導電率卻被壓抑。

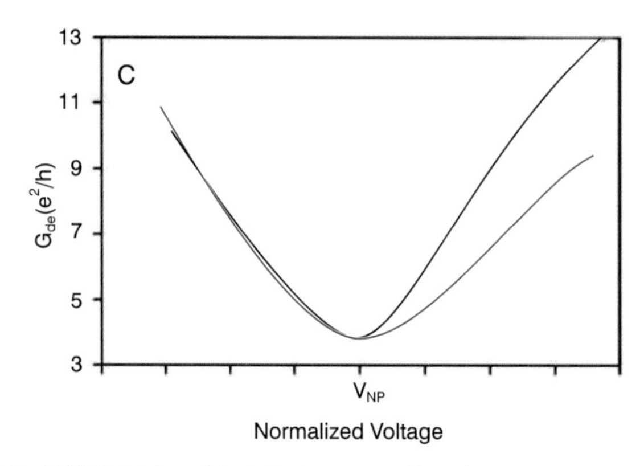

圖 2.9　雜質摻雜造成的導電率不對稱現象。電子導電率因電洞摻雜而降低，但電洞導電率仍維持不變[31]

中央能隙態（Mid-gap state）散射

石墨烯中央能隙態來自晶格結構中的空缺（Vacancies）、破裂（Cracks）、晶格邊界（Boundaries）等。波茲曼傳輸理論描述受中央能隙態散射影響的導電率 σ_{mg}，與場效電荷密度呈現些微的半線性關係，相當接近載子傳輸受到庫倫散射影響的特徵[14、25、34]：

$$\sigma_{mg}=\frac{2e^2}{h}\frac{n}{n_{mg}}ln[\sqrt{\pi n}R_0]^2 \tag{2-37}$$

n_{mg} 是石墨烯空缺（Vacancy）缺陷的密度，R_0 是空缺的等效半徑（與碳原子鍵長同數量級）。

如何分辨石墨烯導電率曲線的線性區域是受到長程庫倫散射或是中央能隙態散射影響產生？C. Jang 等人 [35] 將石墨烯通道上方鋪上水氣凝結而成的冰層，改變環繞石墨烯的介電質環境，並觀察載子傳輸特性的變化。提高石墨烯附近介電值的介電係數能增加對庫倫散射的屏蔽能力，但卻無法改變原子尺寸的短程散射位能，載子在傳輸過程中受到短程散射的機率，反而因庫倫作用力降低而增加（載子不再因庫倫作用力而在散射源距離較遠處就被散射）。從圖 2.10 中可以看到以冰層提高介電係數後的導電率曲線變化：當庫倫散射因受到屏蔽而降低，導電率曲線的半線性特徵變得更加明顯（短程散射更加顯著），而線性區域變得更加傾斜（載子遷移率提高）；但石墨烯的迪拉克點沒有位移，表示冰層（因物理吸附）並不會對石墨烯造成電荷摻雜！[36]

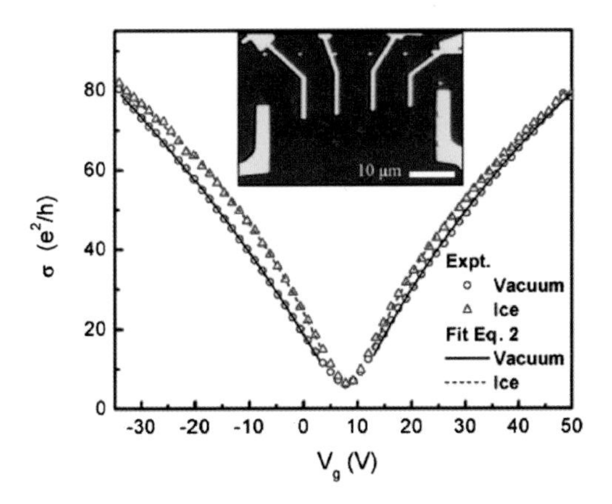

圖 2.10　石墨烯電晶體介電係數提高後的導電率變化；長程庫倫散射被壓抑，導電率線性區斜率提高 [35]

導電率線性區斜率隨介電係數增加而提高，是線性區由庫倫散射主導的有力證據。若導電率的線性區域來自中央能隙態散射，當覆蓋於石墨烯上的冰層提高了載子受到短程散射的機率時，中央能隙態散射增強，導電率線性區域斜率應該下降。

石墨烯皺褶（Corrugation）對載子傳輸的影響

石墨烯雖具有二維晶體結構，但承載於基板的石墨烯實際上並非完全平坦，石墨烯的皺褶來自於以下幾個原因：(1) 因為只有單一原子層，當石墨烯被轉移至承載基板時，會因貼合基板的表面形貌而產生起伏 [37]。(2) 有限溫度下，石墨烯的原子為了達到熱平衡狀態而產生垂直平面方向的位移 [38]。(3) 局部碳原子鍵結方式改變。

受到石墨烯波型皺褶（Corrugation）影響的導電率 σ_{corr}，與石墨烯的起伏程度有關 [39]：

$$\sigma_{corr} = C_{corr} e n^{2H\text{-}1} \qquad (2\text{-}38)$$

C_{corr} 是一個常數，$2H$ 由高度關聯方程式（Height-height correlation function）$g(x)$ 決定。

$$g(x) = \langle [h(x_0 + x) - h(x_0)]^2 \rangle \qquad (2\text{-}39)$$

$h(x)$ 決定石墨烯原子的垂直方向位移，當 x 值微小時，上式可化簡為：$g(x) \propto x^{2H}$。

$2H$ 值說明了石墨烯起伏之皺褶的來源 [10、14]。當 $2H = 1$，石墨烯的起伏變化大（short range correlation），暗示石墨烯貼合基板的表面形貌。此時石墨烯受到 ripple 影響的導電率與場效電荷密度 n 無關，如同短程散射 σ_{sr}。$2H = 2$，代表石墨烯起伏之皺褶來自於熱能產生的形變，石墨烯與基板間只有凡德瓦爾作用力（Van der Waals force），載子散射機制如同長程庫倫散射。

量測石墨烯位於 SiO_2 基板上的崎嶇程度得到 $2H = 1.11 + 0.013$ 趨近於 1，代表石墨烯 corrugation 對載子傳輸的影響可視為載子在粗糙表面上傳輸所受到的短程散射。

聲子散射（Phonon scattering）

圖 2.11 為 J. H. Chen 等人 [40] 量測石墨烯電晶體的電阻率 ρ 對溫度 T 的關係圖，兩組石墨烯樣品（Sample 1, 2）分別在七個不同的閘極電壓下進行量測。在低溫區域，電阻率 ρ（V_g, T）與溫度呈線性關係（斜率與電晶體閘極偏壓無關），可假設載子在傳輸過程中受到庫倫散射與石墨烯縱向聲頻支聲子〔Longitudinal acoustic（LA）phonon〕散射影響，電阻率 $\rho(V_g, T) = \rho_0(V_g) + \rho_{LA}(T)$。

探討石墨烯的聲子散射時，通常只考慮縱向聲頻（Longitudinal acoustic, LA）聲子的貢獻，因其他聲子振動模式不是對載子傳輸影響十分微弱（Weak coupling），就是聲子的能量範圍距離載子傳輸的能階太遠（光頻支聲子），以至於無法造成散射。LA 聲子的電阻率 ρ_{LA} 可由下式表示 [39]：

$$\rho_{LA}(T)=\rho_{LA}\cdot T=\frac{h}{e^2}\frac{\pi^2 D_A^2 k_B}{e^2 2h^2\rho_s v_s^2 v_F}T=(4\pm 0.5)\times 10^{-6}\frac{h}{e^2}T \tag{2-40}$$

k_B 為波茲曼常數、$\rho_s = 7.6\times 10^{-7}$ kg/m^2 為石墨烯的二維重量密度、$v_F = 1\times 10^6$ m/s 為石墨烯的費米速度、$v_s = 2.1\times 10^4$ m/s 為石墨烯 LA 聲子的聲速、$D_A = 18\pm 1$ eV 為聲頻支聲子的形變位能（Deformation potential）。LA 聲子對載子傳輸的影響如同短程散射，提供了一個與場效電荷密度無關的等效電阻，可由 $\rho(V_g, T)$ 的線性區斜率獲得。

相對於低溫區域，高溫區域的石墨烯電阻率受到溫度顯著的影響，且與閘極偏壓 V_g 有明顯相關。此現象源自石墨烯受到 SiO_2 基板表面的極化光頻支聲子〔SiO_2 surface polar optical (PO) phonon〕造成的遠距聲子散射（Remote interfacial phonon scattering, RIP）[41]。因此，石墨烯電晶體的電阻率 $\rho(V_g, T)$ 模型可再加上在高溫區域時，SiO_2 表面 PO 聲子貢獻 [40]：

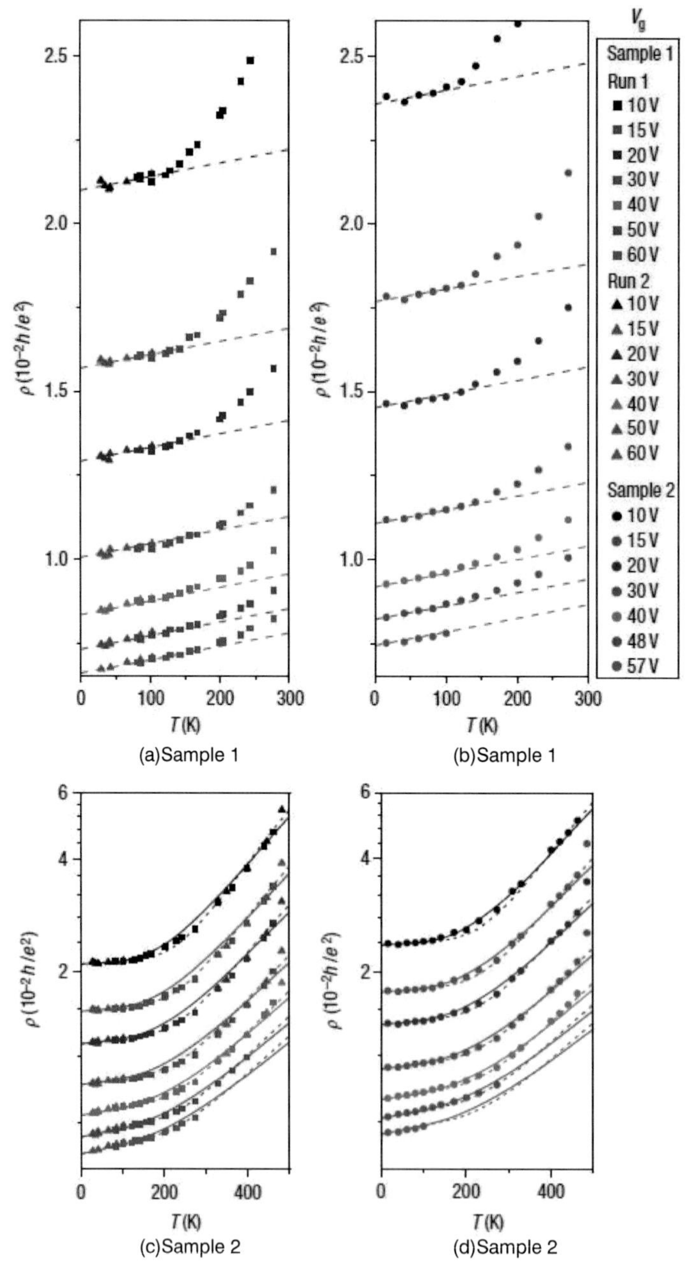

圖 2.11　石墨烯電晶體電阻率與溫度關係：電阻率低溫區域受到庫倫散射與 LA 聲子散射影響，與溫度呈現線性關係；電阻率高溫區域變化來自 SiO_2 表面 PO 聲子散射 [40]

$$\rho(V_g, T) = \rho_0(V_g) + \rho_{LA}(T) + \rho_{PO}(V_g, T) \quad (2\text{-}41)$$

$$\rho_{PO}(V_g, T) = BV_g^{-\alpha}\left(\frac{1}{e^{(59\text{meV})}/k^B T - 1} + \frac{6.5}{e^{(155\text{meV})}/k^B T - 1}\right) \quad (2\text{-}42)$$

$\rho_{PO}(V_g, T)$ 對應了兩個來自 SiO_2 表面 PO 聲子的能量：$h\omega_1$ = 59 meV，$h\omega_2$ = 155 meV，電子對於這兩個不同能量的聲子耦合率是 1：6.5。$B = 0.607\left(\frac{h}{e^2}\right)V^\alpha$ 與 α = 1.04 為迴歸（fitting）後之參數。我們可由 LA 聲子與 PO 聲子散射估算出常溫時，石墨烯受到本身（LA phonon）以及外在環境（SiO_2 surface PO phonon）限制的電子遷移率極限。圖 2.11 為定溫下（Sample 1: 330 K、Sample 2: 308 K、Sample 3: 306 K），閘極偏壓 V_g 與電阻率（ρ_0、ρ_{LA}、ρ_{PO}）〔圖 2.12(a)〕以及載子遷移率（μ_{LA}、μ_{PO}）〔圖 2.12(b)〕的關係。從圖 2.11(a) 中可知，石墨烯在常溫時的聲子散射主要來自 SiO_2 表面的 PO 聲子，但 PO 聲子散射的影響，仍不及雜質摻雜造成的庫倫散射，且隨著閘極偏壓 V_g 上升而遞減。從圖 2.12(b) 觀察，若只考慮石墨烯本身的限制（Intrinsic limit），LA 聲子對石墨烯電阻的貢獻在常溫（306K）時 ρ_{LA} = 30Ω，只受 LA 聲子散射的載子遷移率 μ_{LA}，在 $n = 1\times10^{12}$ cm^{-2}（V_g = 14V）高達 2×10^5 cm^2/V·s。若考慮外在環境的限制，承載於 SiO_2 基板的石墨烯，受到 PO 聲子散射的載子遷移率 μ_{PO}，在室溫時仍有 4×10^4 cm^2/V·s。

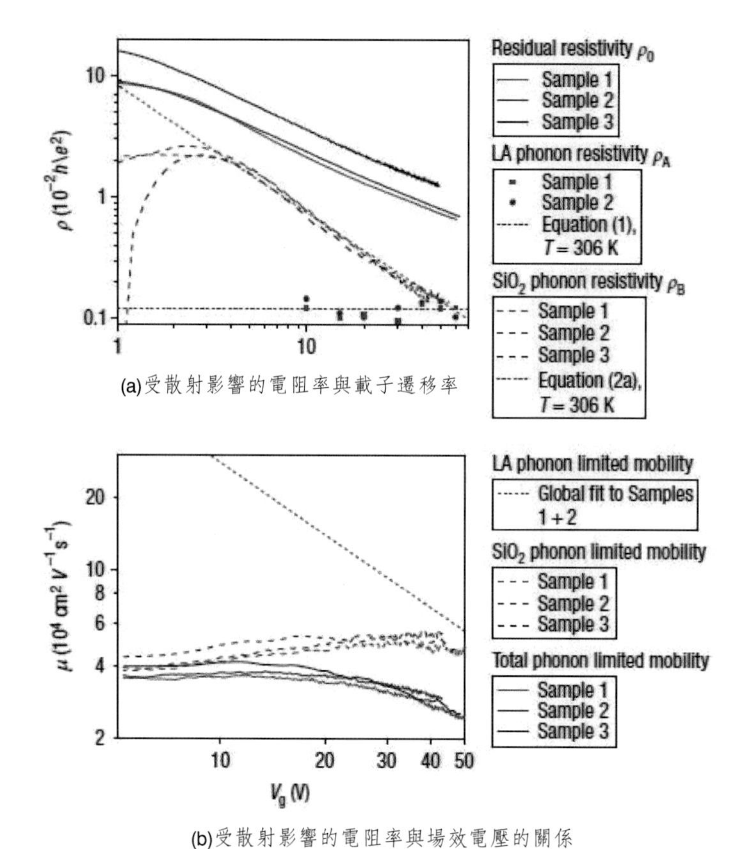

(a)受散射影響的電阻率與載子遷移率

(b)受散射影響的電阻率與場效電壓的關係

圖 2.12　常溫下庫倫散射、PO 聲子散射與 LA 聲子散射的能力比較

2.3 石墨烯電晶體電性分析

背向閘極式石墨烯電晶體的電流 I_d，可由 Drude model 來描述：

$$I_d = nev_{drift}W = ne(\mu\vec{E})W = ne\mu\frac{V_{sd}}{L}W \quad (2\text{-}43)$$

$$n = \frac{C_{ox}(V_g - V_{dirac})}{e} \quad (2\text{-}44)$$

n 為場效電荷密度，由（$V_g - V_{dirac}$ 與 SiO_2 基板的電容值 C_{ox} 決定。V_{dirac} 為石墨烯位於電流最小值對應的閘極偏壓）因電子電洞非勻相分布的存在，石墨烯的 $I_d - V_g$ 曲線最低點，不再對應石墨烯的迪拉克點，而是對應石墨烯內平均電荷密度最小值，但在此處仍以 V_{dirac} 代表。L、W 分別對應石墨烯通道的長與寬、v_{drift} 為載子的漂移速度、μ 為載子遷移率。因此，電晶體 $I_d - V_g$ 量測結果，可以轉換成導電率 σ 與場效電荷密度 n 的關係：

$$\sigma = \frac{L}{W}\frac{I_d}{V_{Sd}} = ne\mu,\ n = C_{ox}\,(V_g - V_{dirac})\,/\,e \qquad (2\text{-}45)$$

石墨烯的導電率來自各散射源對載子傳輸的綜合影響。藉由觀察導電率特徵曲線對應場效電荷密度 n 的變化，我們可以分辨出在不同場效電荷密度區域主導的載子傳輸散射機制。

圖 2.13 為一般常見的石墨烯導電率量測曲線，曲線的線性區域代表此處由庫倫散射主導載子傳輸（$\sigma_{ci} \propto n, \mu_{ci} \propto const$）。當導電率接近最低值 σ_{min} 時，特徵曲線開始飽和呈現平台狀，此現象來自於雜質摻入所產生的電子與電洞非勻相分布，σ_{min} 即為載子傳輸受電子電洞非勻相分布限制的最低值，電性分析中，以殘存電荷密度 n_0 代表電子電洞非勻相分布對載子傳輸影響的程度。因此，飽和平台狀區域的導電率即為 σ_{ci}〔受庫倫散射影響，$\sigma_{ci} = ne\mu_{ci} = \mu_{ci}C_{ox}(V_g - V_{dirac})$〕與 σ_{min}（受電子電洞非勻布影響，電荷密度為 n_0）的綜合結果，我們以 $n_{tot} = \sqrt{n^2 + n_0^2}$ 代表此區域石墨烯的總電荷密度。位於導電率線性區時，$n \gg n_0$，n_0 對載子傳輸的影響微小，$n_{tot} = n$。而當導電率位於最小值 σ_{min}，石墨烯的電荷密度也為最小值 $n_{tot} = n_0$。因此，若我們延伸線性區關係找到與 σ_{min} 的交點，此時的導電率 $\sigma = \sigma_{min} = n_0 e\mu_{ci}$，可得到殘存電荷密度 $n_0 = \sigma_{min}/e\mu_{ci}$。石墨烯樣品導電率最小時的能量與迪拉克點的距離：

$\Delta E(eV) = \hbar v_F \sqrt{\pi n_0}$。石墨烯導電率位於高電荷密度區域時，載子傳輸受到短程散射源的限制（$\sigma_{sr} \propto const, \mu_{sr} \propto \frac{1}{n}$），導電率曲線隨著場效電荷密度增加逐漸飽和。導電率的飽和極值 σ_{on} 反應了石墨烯內的綜合短程散射程度〔包含各種短程散射源與接觸電阻造成的影響〕。

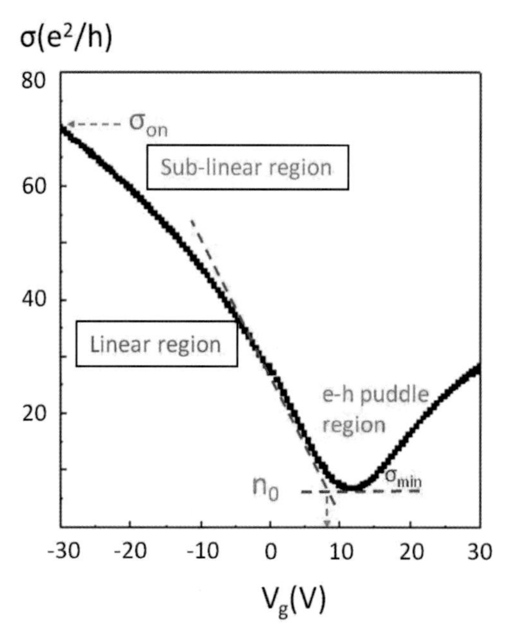

圖 2.13　受散射影響的石墨烯電性曲線

石墨烯的載子傳輸受到各種不同的散射源影響，其中影響最顯著的散射機制為帶電雜質（Charge impurity）造成的長程庫倫散射（Long range coulomb scattering）以及由多種原因（晶格缺陷、中性雜質、LA 聲子、粗糙基板表面、接觸電阻）造成的短程散射（Short range scattering）。Mid-gap state 散射對載子傳輸的影響並不顯著，SiO_2 表面的 PO 聲子散射是長程散射源；對載子散射能力卻不及雜質摻雜造成的庫倫散射。我們可使用載子傳輸過程中受到短程散射與長程庫倫散射影響產生的等效電阻率來描述將石墨烯電晶體的總電阻率：

$$\rho_{tot} = \rho_{sr} + \sigma_{ci}^{-1} \qquad (2\text{-}46)$$

ρ_{sr} 代表各種石墨烯短程散射源對載子傳輸的綜合影響，其值並不隨著電晶體通道內的電荷密度變化而改變，如同電晶體的一個串聯電阻。$\sigma_{ci}^{-1} = \dfrac{1}{e\mu_{FE}\sqrt{n_0^2+n^2}}$ 為載子傳輸受長程庫倫散射以及電子電洞非勻相分布影響的石墨烯導電率（μ_{FE}）為僅受庫倫散射影響且與電荷密度無關（Carrier density independent）的石墨烯本質場效載子遷移率（Intrinsic field effect mobility）、n_0 為殘存電荷密度，代表石墨烯上的電子電洞非勻相分布所造成的平均電荷摻雜密度）。因此，背閘極式石墨烯電晶體的總電阻可表示為：

$$R_{tot}(V_g) = \frac{L}{W}\left(\rho_{sr} + \frac{1}{e_{FE}\sqrt{n_0^2+n^2}}\right),\ n = C_{ox}\,(V_g - V_{dirac})\,/\,e \qquad (2\text{-}47)$$

其中 n 為場效效應感應出的載子濃度、C_{ox} 為電晶體氧化物介電層電容值（90nm SiO_2 介電層電容理論值 $C_{ox} = 3.93 \times 10^{-8}\ F/cm^2$）。$V_{dirac}$ 為石墨烯導電度最小值所對應的閘極電壓。

當閘極偏壓 V_g 感應的場效電荷密度 n 遠大於 n_0 時，n_0 對導電率的影響非常微小，石墨烯的總電阻可化簡為一線性方程式：

$$R_{tot} = \frac{L}{W}\rho_{sr} + \frac{L}{We\mu_{FE}} \cdot \frac{1}{n} \qquad (2\text{-}48)$$

若我們將電晶體電性量測數據（圖 2.14）選擇電洞摻雜區域的電阻值 $R^h{}_{tot}$ 對場效電荷密度倒數 $\dfrac{1}{n}$ 作圖，可發現圖 2.15 中，$\dfrac{1}{n} < 1 \times 10^{-12} cm^2$（$n > 1 \times 10^{12}/cm^2$）的區域電阻值 R^h_{tot} 與 $\dfrac{1}{n}$ 呈線性關係，符合上述電荷傳輸模型的假設。線性區域的斜率為 $\dfrac{L}{We\mu_{FE}}$，而縱軸截距（$\dfrac{1}{n} = 0$）

即為載子傳輸的短程散射等效電阻 $\frac{L}{W}\rho_{sr}$。

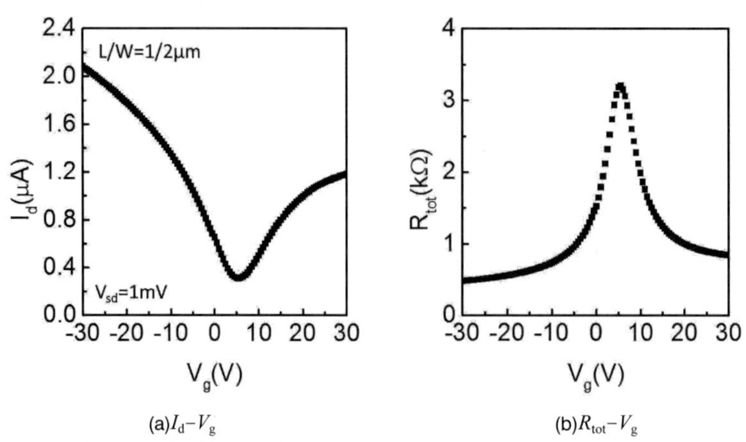

(a)I_d−V_g　(b)R_{tot}−V_g

圖 2.14　石墨烯電晶體電性量測數據，石墨烯通道長寬比為：$L/W = 1/2\mu$m, $V_{sd} = 1$ mV

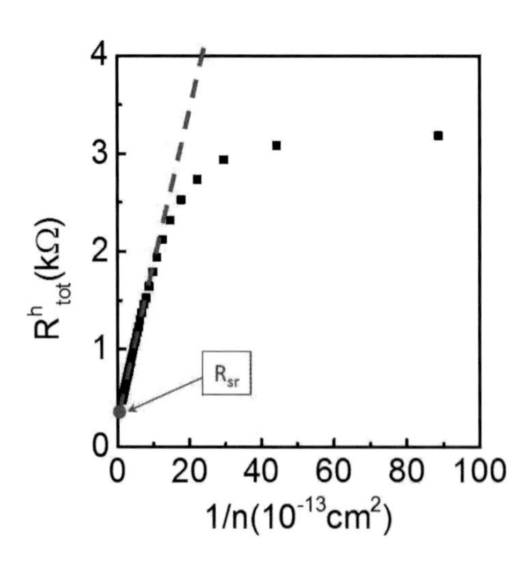

圖 2.15　取圖 2.14 電性量測數據以 $R^h_{tot} - \frac{1}{n}$作圖，圖中$\frac{1}{n} < 1 \times 10^{-12}$cm^2 的導電率區域呈線性分布，表示此時殘存電荷密度 n_0 對電荷傳輸的影響可忽略。線性區域的延伸線與縱軸的截距，即為短程散射石墨烯短程散射的等效電阻

將石墨烯總電阻率扣除短程散射等效電阻率後（$\rho_{tot}-\rho_{sr}$），繪製導電率對場效電荷密度 $\sigma-n$ 圖〔圖 2.16(a)〕；從圖中可發現，電洞摻雜區域的導電率呈大範圍的線性特徵，代表此時載子傳輸僅受長程庫倫散射影響；導電率 σ 與場效電荷密度 n 的關係式為：

$$\frac{1}{\rho_{tot}-\rho_{sr}}=\sigma(n)=e\mu_{FE}\sqrt{n_0^2+n^2} \quad (2\text{-}49)$$

當 n 遠大於 n_0 時，導電率特徵曲線呈線性 $\sigma(n) = ne\mu_{FE}$，此時線性區的斜率為 $e\mu_{FE}$。

當閘極偏壓 V_g 逐漸下降趨近 V_{dirac}，石墨烯導電率特徵曲線便逐漸趨於飽和。此現象源自於石墨烯通道內電子電洞非勻相分布提供的平均電荷摻雜；石墨烯周圍分布的帶電雜質以庫倫作用力在石墨烯上感應出電子電洞非勻相分布，這些感應電荷使石墨烯產生局部區域的位能波動（電荷摻雜使石墨烯中性點位置改變）。因各區域受到電荷摻雜程度不一（中性點位移程度不同），無法藉由任一特定閘極偏壓值，使每一區域石墨烯同時達到電中性；當 $V_g = V_{dirac}$ 時，場效效應使石墨烯通道內的平均電荷密度為零（平均位能為零），但因電子電洞非勻相分布的影響，實際上通道內仍存在電荷；我們以殘存電荷密度（Residual carrier concentration）n_0 代表此時（$V_g = V_{dirac}$）石墨烯通道內無法被場效效應排除的電荷密度。當閘極偏壓趨近於 V_{dirac}，場效電荷密度 n 逐漸與殘存電荷密度 n_0 匹配，石墨烯受庫倫散射影響而呈線性的導電率曲線便開始趨於飽和。當 $n = 0$ 時，石墨烯導電率達到最小值 $\sigma_{min} = n_0e\mu_{FE}$，$n_0$ 值即為線性導電率曲線與導電率最小值 σ_{min} 之截距所對應的電荷密度〔圖 2.16(b)〕。n_0 可由以下關係式求得：

$$n_0=\frac{\sigma_{min}}{e\mu_{FE}}=\frac{L}{We\mu_{FE}(R_{dirac}-\frac{L}{W}\rho_{sr})} \quad (2\text{-}50)$$

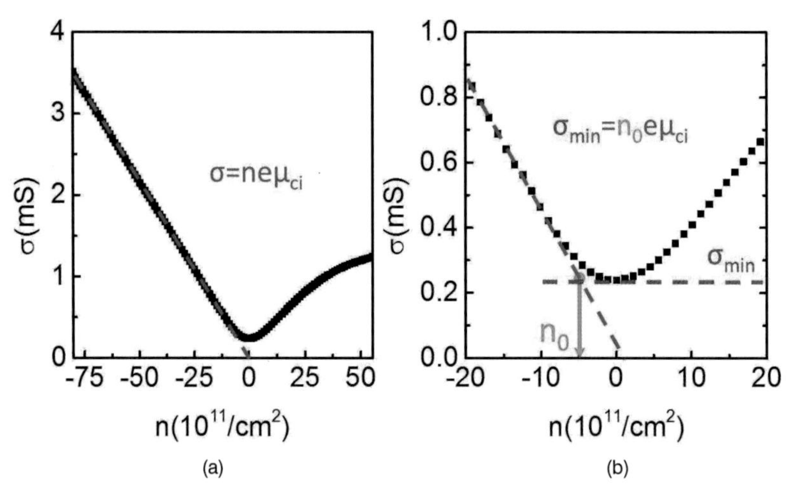

圖 2.16　(a) 扣除短程散射等效電阻的導電率對場效電荷密度關係圖，導電率呈現大範圍的線性特徵，線性區域的斜率為 $e\mu_{FE}$；(b) 受殘存電荷密度影響的導電率飽和區，殘存電荷密度 n_0 為線性區的延長線與導電率最小值的截距

n_0 代表電子電洞非勻相分布對石墨烯的平均電荷摻雜程度，也反映摻雜電荷分布不均的程度（Charge inhomogeneity）；n_0 值提高代表電荷摻雜量增加（庫倫散射源增加），且電荷摻雜的幅度與分布更加不均勻。但當石墨烯受到刻意摻入的雜質提供；單一且均勻的電荷摻雜時，石墨烯各區域受到的電荷摻雜量差異不大，n_0 值雖然較小，但實際上載子傳輸卻受到大量的庫倫散射。因此，我們必須藉由 μ_{FE} 判斷石墨烯受到的庫倫散射程度，而以 n_0 判斷摻雜電荷分布不均勻的程度。然而在未刻意對石墨烯進行摻入雜質的情況下，石墨烯受到越多的外界污染，其摻雜電荷的分布也會更加不均勻，我們仍可藉由 n_0 判斷石墨烯受到的外在污染程度。

將萃取出的 ρ_{sr}、μ_{FE}、n_0 等參數代回電晶體電阻值方程式與實驗數據進行比對（圖 2.17），可發現此電荷傳輸模型能良好描述實際的電性量測結果。從電性量測圖中我們可發現，石墨烯的電子摻雜與電洞摻雜導電率曲線並不對稱，此現象來自因電荷摻雜，導致金屬電極下方石墨烯與通道區域石墨烯的中性點位置不一致（Charge neutrality point mismatch）[32]；中性點位置不一致，代表兩石墨烯區域在相同閘極偏壓時的狀態密度（Density of state, DOS）不相同，當通道區石墨烯受到電洞摻雜時，從金屬電極注入石墨烯通道的電子數量會因兩區域之間狀態密度差異而受到壓抑，而電洞的導電率卻得以保存。

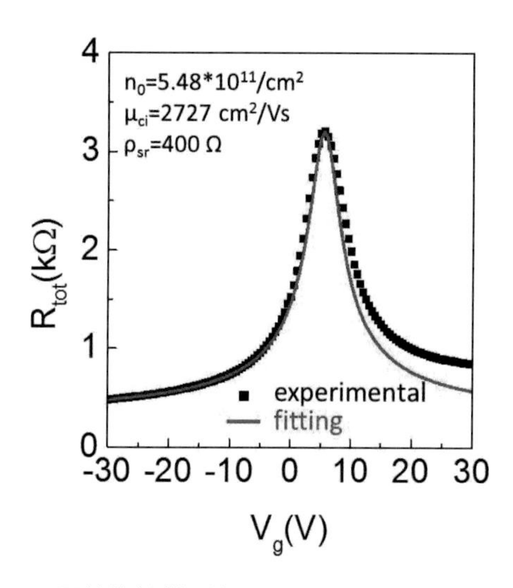

圖 2.17　電荷傳輸模型與圖 2.13 電性量測數據的比對結果

參考文獻

[1] P. R. Wallace, “The band theory of graphite,” Phys. Rev., vol. 71, pp. 622-634, 1947.

[2] J. Yao, Y. Sun, M. Yang, and Y. X. Duan, “Chemistry, physics and biology of graphenebased nanomaterials: new horizons for sensing, imaging and medicine,” J. Mater. Chem., vol. 22, pp. 14313-14329, 2012.

[3] A. K. Geim and K. S. Novoselov, “The rise of graphene,” Nat. Mater., vol. 6, pp. 183-191, 2007.

[4] A. C. Ferrari, "Raman spectroscopy of graphene and graphite: Disorder, electron-phonon coupling, doping and nonadiabatic effects," Solid State Commun., vol. 143, pp. 47-57, 2007.

[5] C. L. Kane, "Materials science-erasing electron mass," Nature, vol. 438, pp. 168-170, 2005.

[6] P. E. Allain and J. N. Fuchs, "Klein tunneling in graphene: optics with massless electrons," Eur. Phys. J. B, vol. 83, pp. 301-317, 2011.

[7] M. I. Katsnelson, "Zitterbewegung, chirality, and minimal conductivity in graphene," Eur. Phys. J. B, vol. 51, pp. 157-160, 2006.

[8] J. Tworzydlo, B. Trauzettel, M. Titov, A. Rycerz, and C. W. J. Beenakker, "Sub-poissonian shot noise in graphene," Phys. Rev. Lett., vol. 96, 2006.

[9] K. S. Novoselov, A. K. Geim, S. V. Morozov, D. Jiang, M. I. Katsnelson, I. V. Grigorieva, S. V. Dubonos, and A. A. Firsov, "Two-dimensional gas of massless dirac fermions in graphene," Nature, vol. 438, pp. 197-200, 2005.

[10] S. Das Sarma, S. Adam, E. H. Hwang, and E. Rossi, "Electronic transport in twodimensional graphene," Rev. Mod. Phys., vol. 83, pp. 407-470, 2011.

[11] Y. W. Tan, Y. Zhang, K. Bolotin, Y. Zhao, S. Adam, E. H. Hwang, S. Das Sarma, H. L. Stormer, and P. Kim, "Measurement of scattering rate and minimum conductivity in graphene," Phys. Rev. Lett., vol. 99, 2007.

[12] E. H. Hwang and S. Das Sarma, "Screening-induced temperature-dependent transport in two-dimensional graphene," Phys. Rev. B, vol. 79, p. 165404, 2009.

[13] S. Das Sarma and E. H. Hwang, "Density-dependent electrical conductivity in suspended graphene: Approaching the dirac point in transport," Phys. Rev. B, vol. 87, 2013.

[14] J.-H. Chen, C. Jang, M. Ishigami, S. Xiao, W. Cullen, E. Williams, and M. Fuhrer, "Diffusive charge transport in graphene on sio2," Solid State Commun., vol. 149, pp. 1080-1086, 2009.

[15] S. Adam, E. H. Hwang, V. M. Galitski, and S. Das Sarma, "A self-consistent theory for graphene transport," PNAS, vol. 104, no. 47, pp. 18392-18397, 2007.

[16] E. H. Hwang, S. Adam, and S. Das Sarma, "Carrier transport in two-dimensional graphene layers," Phys. Rev. Lett., vol. 98, 2007.

[17] W. Zhu, V. Perebeinos, M. Freitag, and P. Avouris, "Carrier scattering, mobilities, and electrostatic potential in monolayer, bilayer, and trilayer graphene," Phys. Rev. B, vol.

80, p. 235402, 2009.

[18] J. H. Chen, C. Jang, S. D. Xiao, M. Ishigami, and M. S. Fuhrer, "Intrinsic and extrinsic performance limits of graphene devices on SiO2," Nat. Nanotechnol., vol. 3, pp. 206-209, 2008.

[19] J. Martin, N. Akerman, G. Ulbricht, T. Lohmann, J. H. Smet, K. Von Klitzing, and A. Yacoby, "Observation of electron-hole puddles in graphene using a scanning single-electron transistor," Nat. Phys., vol. 4, pp. 144-148, 2008.

[20] J. C. Meyer, A. K. Geim, M. I. Katsnelson, K. S. Novoselov, T. J. Booth, and S. Roth, "The structure of suspended graphene sheets," Nature, vol. 446, pp. 60-63, 2007.

[21] Y. Zhang, V. W. Brar, C. Girit, A. Zettl, and M. F. Crommie, "Origin of spatial charge inhomogeneity in graphene," Nat. Phys., vol. 5, no. 10, pp. 722-726, 2009.

[22] C.-J. Shih, G. L. C. Paulus, Q. H. Wang, Z. Jin, D. Blankschtein, and M. S. Strano, "Understanding surfactant/graphene interactions using a graphene field effect transistor: Relating molecular structure to hysteresis and carrier mobility," Langmuir, vol. 28, no. 22, pp. 8579-8586, 2012.

[23] K. S. Kim, Y. Zhao, H. Jang, S. Y. Lee, J. M. Kim, K. S. Kim, J.-H. Ahn, P. Kim, J.-Y. Choi, and B. H. Hong, "Large-scale pattern growth of graphene films for stretchable transparent electrodes," Nature, vol. 457, no. 7230, pp. 706-710, 2009.

[24] Z. Y. Zhang, H. L. Xu, H. Zhong, and L. M. Peng, "Direct extraction of carrier mobility in graphene field-effect transistor using current-voltage and capacitance-voltage measurements," Appl. Phys. Lett., vol. 101, 2012.

[25] X. Du, I. Skachko, A. Barker, and E. Y. Andrei, "Approaching ballistic transport in suspended graphene," Nat. Nanotech., vol. 3, no. 8, pp. 491-495, 2008.

[26] A. S. Mayorov, D. C. Elias, I. S. Mukhin, S. V. Morozov, L. A. Ponomarenko, K. S. Novoselov, A. K. Geim, and R. V. Gorbachev, "How close can one approach the dirac point in graphene experimentally?," Nano Lett., vol. 12, no. 9, pp. 4629-4634, 2012.

[27] J. Moser, A. Barreiro, and A. Bachtold, "Current-induced cleaning of graphene," Appl. Phys. Lett., vol. 91, no. 16, p. 163513, 2007.

[28] J. Xue, J. Sanchez-Yamagishi, D. Bulmash, P. Jacquod, A. Deshpande, K. Watanabe, T. Taniguchi, P. Jarillo-Herrero, and B. J. LeRoy, "Scanning tunnelling microscopy and spectroscopy of ultra-flat graphene on hexagonal boron nitride," Nat. Mater., vol. 10, no. 4, pp. 282-285, 2011.

[29] M. Lafkioti, B. Krauss, T. Lohmann, U. Zschieschang, H. Klauk, K. v. Klitzing, and J. H. Smet, "Graphene on a hydrophobic substrate: Doping reduction and hysteresis sup-

pression under ambient conditions," Nano Lett., vol. 10, no. 4, pp. 1149-1153, 2010.

[30] Z. Liu, A. A. Bol, and W. Haensch, "Large-scale graphene transistors with enhanced performance and reliability based on interface engineering by phenylsilane self-assembled monolayers," Nano Lett., vol. 11, no. 2, pp. 523-528, 2011.

[31] B. Huard, N. Stander, J. A. Sulpizio, and D. Goldhaber-Gordon, "Evidence of the role of contacts on the observed electron-hole asymmetry in graphene," Phys. Rev. B, vol. 78, 2008.

[32] D. B. Farmer, H. Y. Chiu, Y. M. Lin, K. A. Jenkins, F. N. Xia, and P. Avouris, "Utilization of a buffered dielectric to achieve high field-effect carrier mobility in graphene transistors," Nano Lett., vol. 9, pp. 4474-4478, 2009.

[33] G. Giovannetti, P. A. Khomyakov, G. Brocks, V. M. Karpan, J. van den Brink, and P. J. Kelly, "Doping graphene with metal contacts," Phys. Rev. Lett., vol. 101, p. 026803, 2008.

[34] T. Stauber, N. M. R. Peres, and F. Guinea, "Electronic transport in graphene: A semi-classical approach including midgap states," Phys. Rev. B, vol. 76, p. 205423, 2007.

[35] C. Jang, S. Adam, J.-H. Chen, E. D. Williams, S. Das Sarma, and M. S. Fuhrer, "Tuning the effective fine structure constant in graphene: Opposing effects of dielectric screening on short- and long-range potential scattering," Phys. Rev. Lett., vol. 101, p. 146805, 2008.

[36] P. C. Sanfelix, S. Holloway, K. Kolasinski, and G. Darling, "The structure of water on the (0001) surface of graphite," Surf. Sci., vol. 532-535, pp. 166-172, 2003.

[37] M. Ishigami, J. H. Chen, W. G. Cullen, M. S. Fuhrer, and E. D. Williams, "Atomic structure of graphene on sio2," Nano Lett., vol. 7, no. 6, pp. 1643-1648, 2007.

[38] A. Fasolino, J. H. Los, and M. I. Katsnelson, "Intrinsic ripples in graphene," Nat. Mater., vol. 6, no. 11, pp. 858-861, 2007.

[39] M. I. Katsnelson and A. K. Geim, "Electron scattering on microscopic corrugations in graphene," Philos. Trans. R. Soc. A., vol. 366, pp. 195-204, 2008.

[40] J. H. Chen, C. Jang, S. Adam, M. S. Fuhrer, E. D. Williams, and M. Ishigami, "Chargedimpurity scattering in graphene," Nat. Phys., vol. 4, pp. 377-381, 2008.

[41] S. Fratini and F. Guinea, "Substrate-limited electron dynamics in graphene," Phys. Rev. B, vol. 77, 2008.

[42] K. I. Bolotin, K. J. Sikes, Z. Jiang, M. Klima, G. Fudenberg, J. Hone, P. Kim, and H. L. Stormer, "Ultrahigh electron mobility in suspended graphene," Solid State Commun., vol. 146, pp. 351-355, 2008.

第三章 石墨烯的製程技術

作者　陳祐民　張鈞賀　蘇清源

3.1 前言

3.2 機械剝離法（Micromechanical exfoliation）

3.3 化學氣相沉積法（Chemical vapor deposition）

3.4 氧化還原合成法

3.5 液相剝離法（Liquid exfoliation method）

3.6 結論

3.1 前言

石墨烯具備優異的材料特性，因此可以預期對於未來的各種應用將帶來很大的影響；然而，在實際進入量產時，一個關鍵的問題是，必須具備規模性量產技術，本章將介紹目前幾種常見的石墨烯製作技術，如圖 3.1 所示，描述其技術特點以及其優缺點的比較（結晶品質、產率、成本等）。

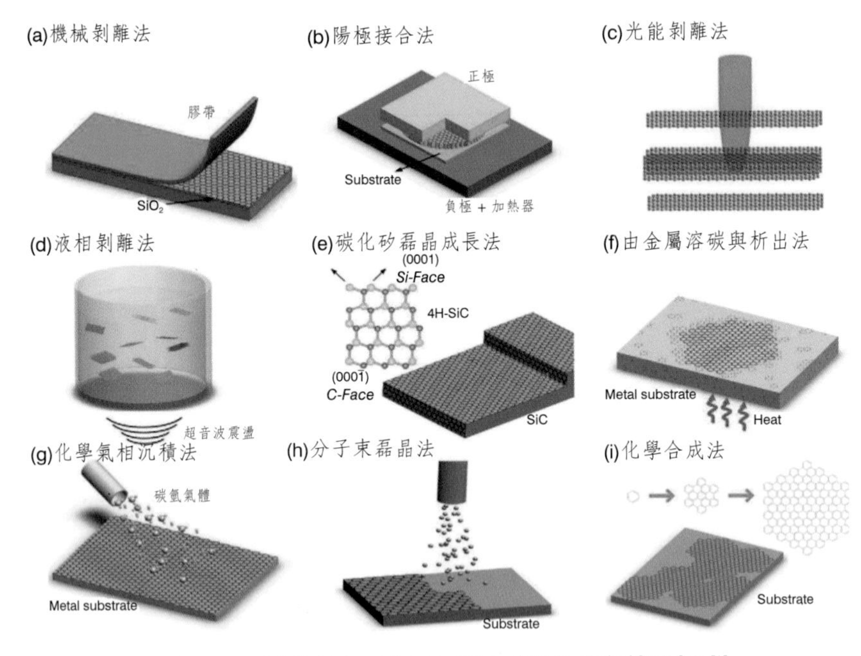

圖 3.1　目前幾種主要的石墨烯合成技術 Revised figure from [1]

但需注意的是，各種合成方法具有不同的材料性質，如片層尺寸、缺陷密度、氧化程度等，對後續的應用來說，並非完美單晶的石墨烯就是最佳選擇，需要針對特定應用來選擇適合的石墨烯合成方法，如透明導電膜，目前仍以化學氣相沉積法為主流，而能源儲存元件則以還原氧化石墨烯或是液相剝離法所獲得的石墨烯為主。

3.2 機械剝離法（Micromechanical exfoliation）

石墨烯的合成，於 2004 年由 A. K. Geim 的研究團隊利用機械剝離法（Micromechanical exfoliation）[2] 從石墨塊上取得單原子層石墨烯，這是由於石墨塊中層層堆疊的石墨烯具有微弱的凡德瓦爾力，因此將一石墨塊貼於膠帶上，再以另一膠帶對貼，即可用機械劈裂的方式，將石墨塊減薄，並重複此過程，將石墨剝離成的原子級厚度之石墨片層。這種方法可以獲得最佳結晶性的石墨烯，因此其物理性質能反映出其本質的材料特性，過去在基礎科學的研究上，藉由這種樣品，具有很大助益。然而，這樣的方法，存在一個瓶頸是無法控制其位置、形狀以及厚度，因此在實際應用上受到很大的限制。

3.3 化學氣相沉積法（Chemical vapor deposition）

化學氣相沉積法為合成石墨烯薄膜的主流方法之一，其有別於液相剝離法或是氧化石墨烯方式，其特點是具有大面積、結晶品質高、均勻性佳且具有大量生產的潛力，因而成為學術界及產業界製備石墨烯薄膜的重要製程方法。其機制如圖 3.2 所示[3]，下列 1～6 分別敘述其步驟：

1. 置入成長之基板，進行氫氣前處理，還原金屬表層氧化層。
2. 碳之前驅物氣體導入製程腔體內。
3. 前驅物氣體受熱裂解而形成碳的活性物質。
4. 前驅物擴散至基板並吸附。
5. 熱裂解出碳原子，並在表面遷移形成 sp^2 鍵結。
6. 前驅物氣體脫附和副產物導出。

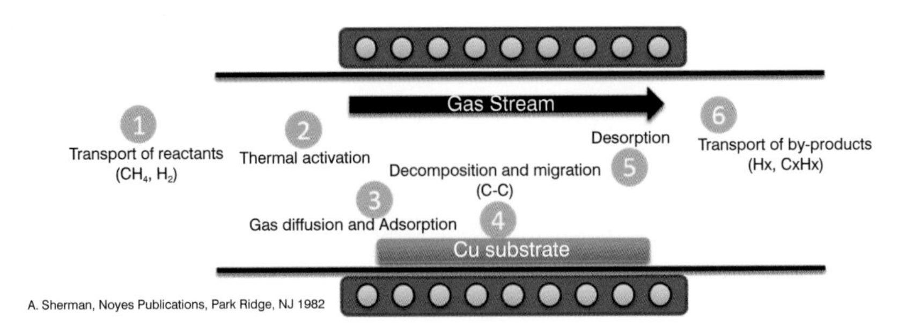

圖 3.2　化學氣相沉積法合成石墨烯的反應機制

而實務上，一般化學氣相沉積法的典型製程流程，如圖 3.3 所示，為以下步驟：

1. 升溫（Temperature rise）：將基板加熱至製程溫度（約1000℃）。

2. 退火（Annealing）：維持製程溫度，並通入還原氣體來去除金屬基板之表面氧化物、雜質，且藉由高溫來重新排列金屬基板的晶向及降低表面粗糙度。

3. 成長（Growth）：導入反應氣體進行成長步驟。

4. 降溫（Cooling）：降低製程溫度並停止氣體反應。

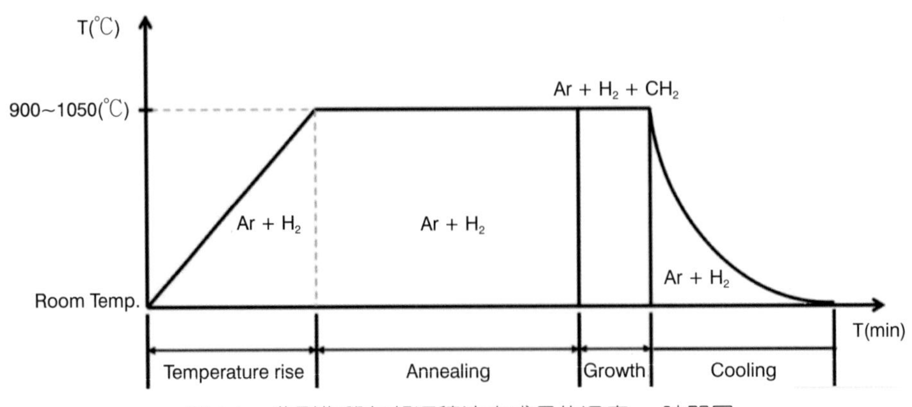

圖 3.3　典型化學氣相沉積法之成長的溫度－時間圖

3.3.1 合成石墨烯之基板選擇

所有含碳－氫（C_x-H_x）化合物皆能藉由外加能量，使碳氫化合物裂解出碳原子來成長石墨烯薄膜，然而打斷碳－氫分子鍵結能需要相當高的能量（約 440kJ mol^{-1}），在沒催化劑或電漿輔助的情況下，這需要相當高的溫度（> 1200℃），這對於量產設備的建置及熱消耗成本來說，將變得困難且昂貴。

過渡金屬因 d 軌域存有空位，可以有效降低碳氫間的鍵結能，幫助催化裂解碳源，使整體製程溫度得以降低（如一般的成長溫度約 900 ～ 1000℃），常用於成長石墨烯的過渡金屬基板（Transition metal substrate）以銅、鎳為主，但其成長機制卻不相同，將分述如下：

(一) 鎳（Ni）基板合成石墨烯

以鎳金屬來當成長石墨烯薄膜為一種表面析出（Precipitation）的機制，如圖 3.4 所示 [4]，初始通入的碳－氫分子於吸附鎳金屬基板，進行脫氫反應（Dehydrogenation）後，碳原子溶入鎳金屬中，形成固溶體（Solid solution），因鎳對碳的溶解度很低，在冷卻過程中過飽和的碳原子便會析出至鎳基板表面，並經由碳原子的遷移和排列，形成石墨烯的六角晶格結構。而其中的降溫速率對於析出機制至關重要，不穩定的降溫速率都會導致碳原子無法良好析出成連續的石墨烯薄膜，也因降溫速率的限制，一般析出的石墨烯薄膜層數約落在 7 ～ 10 層，雖然其結晶品質佳、缺陷態少且容易進行後續的轉印製程；然而，以鎳金屬成長的石墨烯薄膜存在一個很大的技術瓶頸，即很難精準地控制石墨烯層數與均勻性，如圖 3.5 所示 [5]。

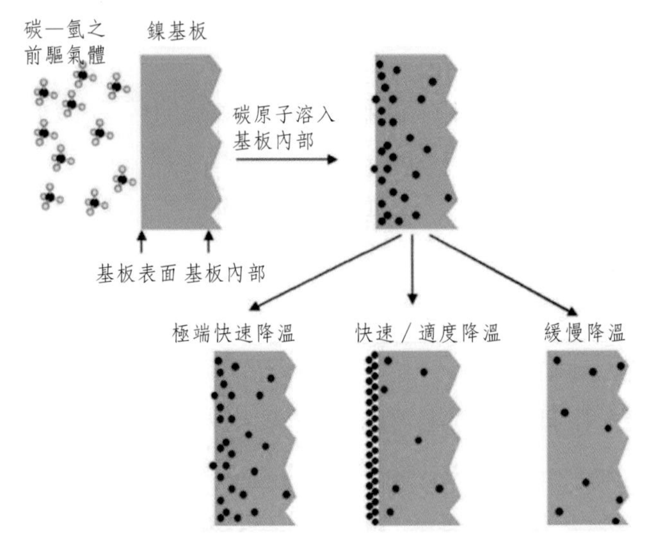

圖 3.4　以鎳基板成長石墨烯時，不同降溫速率對於碳原子析出影響 Revised figure from [4]

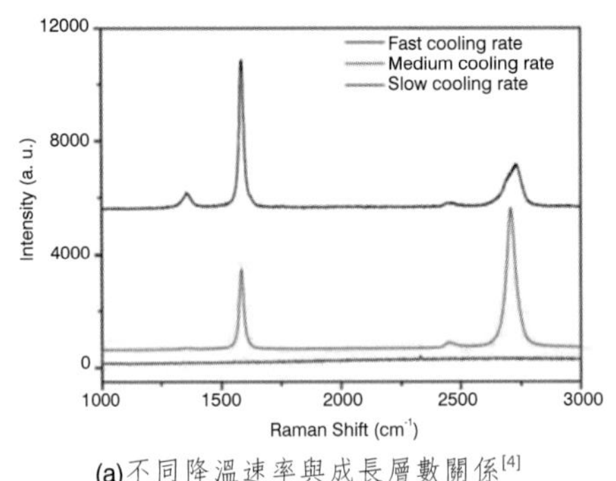

(a)不同降溫速率與成長層數關係[4]

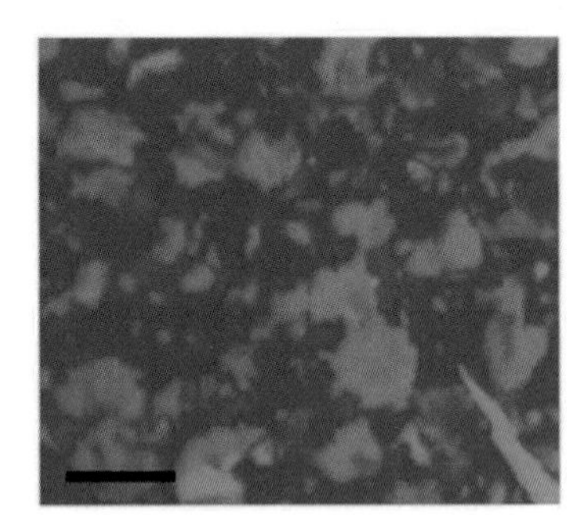

(b)鎳基板析出的石墨烯光學顯微鏡圖（轉印至SiO_2 300nm之基板上觀測），顯示析出時顏色的不均勻分布，表示其層數的分布不均一（Scale bar = 5μm）[5]

圖 3.5　鎳基板成長之石墨烯

(二) 銅（Cu）基板合成石墨烯

有別於上述的鎳基板合成石墨烯薄膜，以銅基板作為成長基板是目前化學氣相沉積法合成石墨烯的主流選擇，根據其材料相圖，銅於高溫下幾乎不溶碳，僅在表面進行脫氫反應，脫氫後的碳原子，會先在銅基板表面遷移成核，再循著成核點外沿成長，直到整個銅基板表面覆蓋完全，而覆蓋後便阻斷後續碳原子的沉積，因此這種成長機制也被稱為是一種自我限制成長的機制（Self-limited growth mechanism），如圖 3.6 所示 [6]。不同於鎳的成長，此機制的製程簡單且具有優異的可控制性及均勻性，根據文獻統計 [6]，95% 的成長面積可以達到單層石墨烯（Monolayer graphene）薄膜。此外，在不同成長壓力下，石墨烯單晶（Graphene single crystalline domain）成長的形狀也會有所不同，近期許多研究都專注於常壓下，以相當稀薄的碳源來合成大尺寸的單晶石墨烯，主因在於不同成長壓力情況下，碳原子的長成動力學受到改變，成長方向受到限制，碳原子會趨向能量較低方向進行成長，而造成單晶形貌不同的差異，如圖 3.7 所示，為本實驗室以常壓 CVD 所形成的六角形單晶石墨烯，而目前文獻上，此技術已經可以獲得尺寸達公分等級的單晶石墨烯。[7]

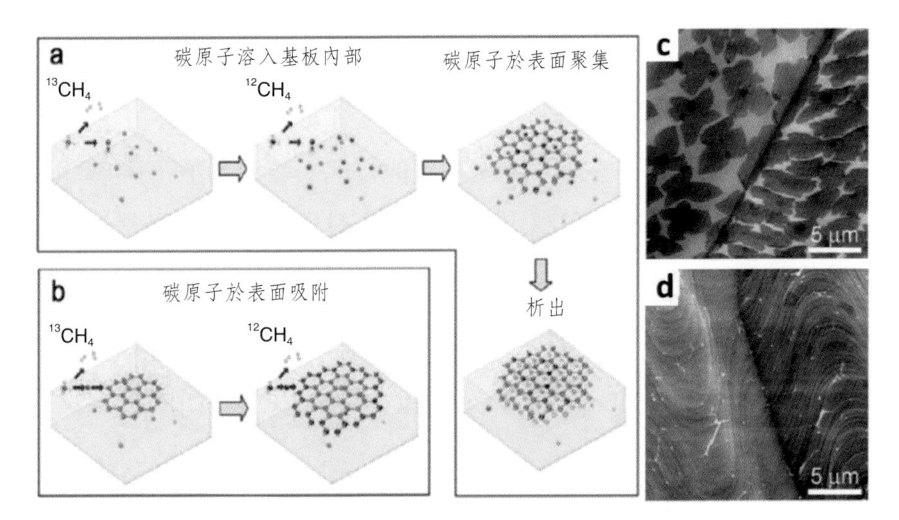

圖 3.6　銅基板的成長機制：(a) 銅為表面成長；對比於鎳為表面析出〔下圖 (b)〕，為不同的合成機制 [6]，(c)、(d) 為石墨烯單晶於銅基板上成長過程的分布與形貌，直到完全覆蓋銅基板表面 Revised figure form [6]

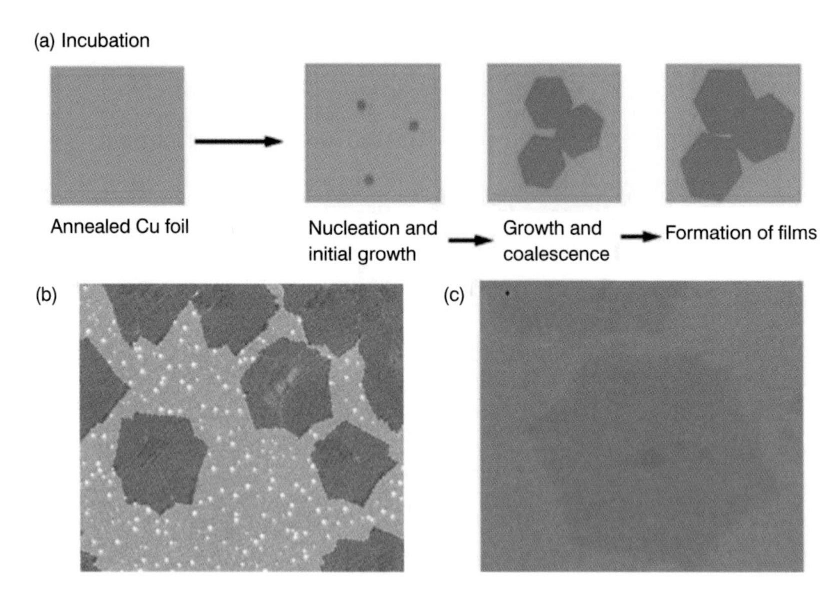

圖 3.7　(a) 常壓 CVD 於銅箔基板上成長情形，成核後碳原子將沿著成核點周圍成長 [8]，(b)、(c) 為本實驗室利用常壓 CVD 所成長的單晶石墨烯

3.3.2 石墨烯的轉印製程（Transferring Process）

以化學氣相沉積法於過渡金屬基板成長的石墨烯薄膜，須轉印至目標基板才能作為後續的實際應用，而常用的轉印方法大多是提供石墨烯薄膜一支撐層（Supporting layer），再移除下面金屬基板，接著將支撐層／石墨烯的複合薄膜轉移至目標基板後，再移除支撐層，其流程如圖 3.8 所示，為利用聚甲基丙烯酸甲酯（PMMA）當作支撐層的轉印方式。

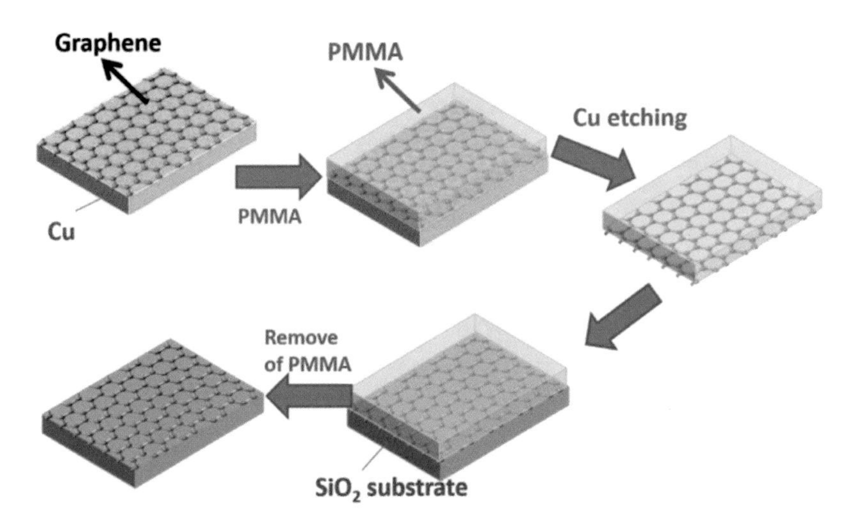

圖 3.8　藉由旋轉塗佈一層 PMMA 來保護石墨烯薄膜後，置於金屬蝕刻液（Etchant）中，移除金屬基板轉印至所需基板上，最後移除 PMMA

除了上述這種典型的濕式轉印過程外，2010 年韓國成均館大學（Sungkyunkwan university, SKKU）與三星電子（Samsung electronics）發表一種具有工業連續製程概念的乾式轉印方法 [9]，如圖 3.9 所示，其利用熱釋膠帶（Thermal release tape）來當作支撐層，熱釋膠帶是一種遇熱便會使黏膠失效的膠帶，常用於面板產業脫膜製程，此法藉由多組滾輪進行熱釋膠帶與石墨烯 / 銅箔貼合，貼合後，進入蝕刻液中移除底部的金屬基板，至此，石墨烯薄膜便轉印到熱釋膠帶上，最後再將熱釋膠帶貼附到目標基板上，進行加熱便可脫附。此法提供一種工業大量轉印的可能性。

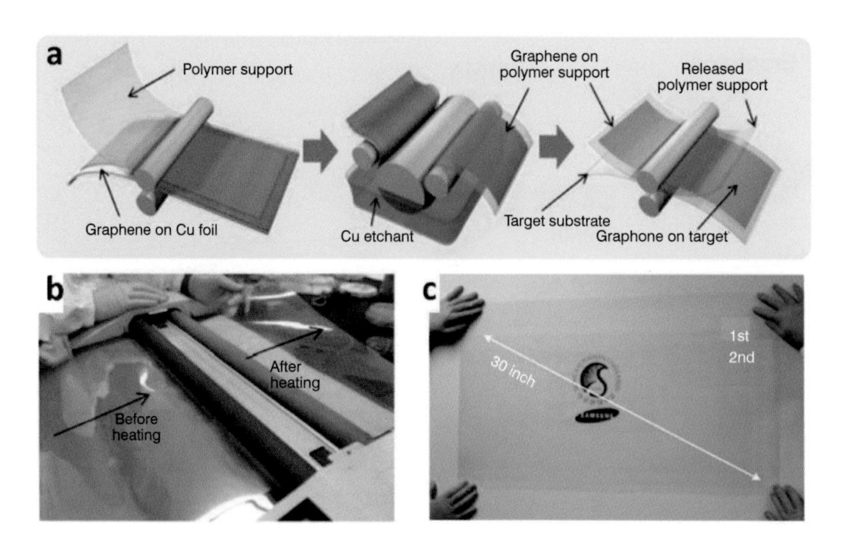

圖 3.9　利用熱釋膠帶以卷對卷轉印法，來獲得大面積的石墨烯薄膜 [9]

此外，目前的轉印方法通常是蝕刻底下的銅基材，方能將石墨烯取下。然而，此做法會持續消耗銅的基板，形成高成本與蝕刻廢液的產生，為了解決這個問題，於 2011 年，新加坡國立大學 Kian-Ping Loh 教授團隊，發表利用電化學氣泡剝離（Electrochemical delamination）的方式，將支撐層／石墨烯和金屬基板分離，此法將石墨烯剝離下來後，銅基板可以再次重複用於成長石墨烯，如圖 3.10 所示，將欲分離的石墨烯薄膜置於陰極，放入電解液中施加偏壓，使陰極產生氧化還原反應，如下式 3-1 所示：

$$2H_2O_{2(l)} + 2e^{-1} \rightarrow H_{2(g)} + 2OH^-_{(aq.)} \tag{3-1}$$

所產生的氣泡會進入石墨烯與金屬基板間的夾層藉此剝離，此法的優點在於金屬基板不必藉由蝕刻液移除，且因表面被些微氧化而生成 CuO 和 CuO_2，經再次加熱還原預處理後，原本微觀下銅箔表面存在表面不完全平整，會因為表面被帶走一些氧化物而金屬基板表面會愈趨平

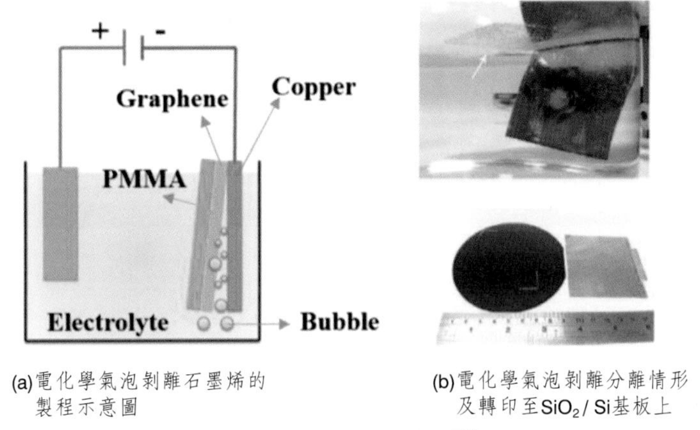

(a)電化學氣泡剝離石墨烯的製程示意圖

(b)電化學氣泡剝離分離情形及轉印至 SiO_2 / Si基板上

圖 3.10　電化學氣泡剝離 [10]

整、雜質愈少，再次成長的石墨烯薄膜品質會有所提升 [10]。

上述幾個方法都還是需要藉由支撐層（多為高分子膜）來支撐和保護石墨烯，以免轉印過程中破裂，雖然上述方式都可成功轉印石墨烯薄膜，但在移除保護層後，由支撐層所殘留的物質，反而造成石墨烯物性衰退，近年無高分子（Polymer-free）轉印的方法相當受矚目，2013年，Wang 等人提出潔淨轉印製程（Clean-lifting transfer, CLT）方法，此法利用靜電產生器（Electrstatic generator）使目標基板產生靜電荷，如圖 3.11 所示，則銅箔／石墨烯雙層結構因靜電力吸引而貼附於目標基板上，最後再將銅箔基板移除後，便完成無高分子的轉印，此法將目標基板直接當作支撐層，便可省略掉高分子薄膜，在元件特性量測上，比起以高分子膜轉印的結果，也有明顯的效能提升 [11]。無高分子的轉印方式在未來還有相當大的發展潛力，如果能與連續量產設備結合，將可達到量產高品質石墨烯的目標。

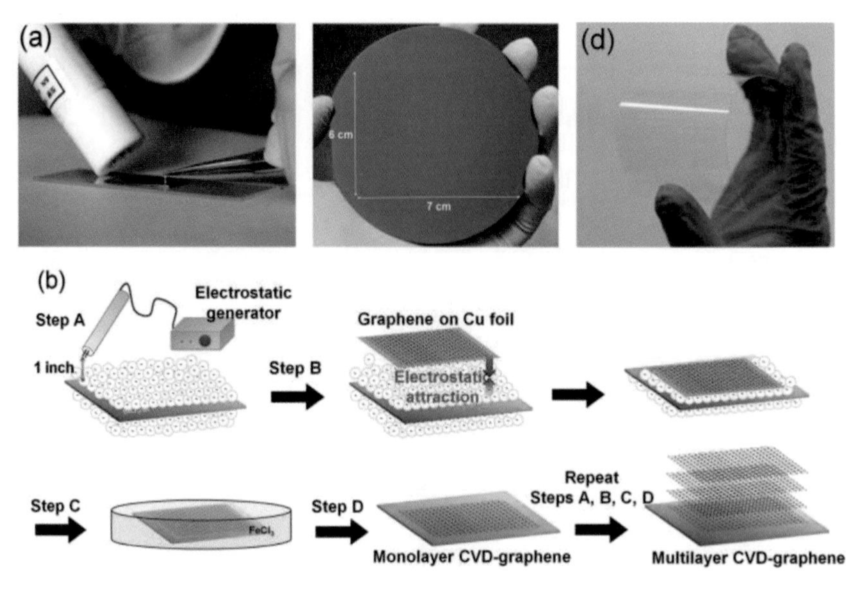

圖 3.11　CLT 轉印法之結果及轉印流程示意圖 [11]

此外，2011 年 Su 等人發表一種無須轉印製程的方法，可以直接合成石墨烯於多種絕緣基板上 [12]，此法於預鍍銅薄膜（300 ～ 700nm）的基材上進行成長，製程關鍵主要是利用碳於銅基材的低溶碳率，當進行合成時，裂解的碳原子不但會在銅基板表面形成石墨烯，亦會沿著銅晶粒的晶界擴散至底下，於銅薄膜與基板的介面處，形成連續且高品質之石墨烯薄膜，如圖 3.12(a) 所示。之後利用氧電漿去除上層石墨烯，和蝕刻銅膜後，即可獲得石墨烯薄膜，因此是一種無須轉移製程（Transfer-free process）的方法。利用這個方法可以於氧化矽晶圓、石英、藍寶石基板上直接合成石墨烯，且可於預先圖案化的銅膜基板，成長出對應的圖案化之石墨烯，有利於晶圓尺寸的石墨烯元件製作，如圖 3.12(b) 所示。然而這個方法僅適於耐高溫（900°C）的基材，無法於多樣化基板上製作，如 PET、Glass。

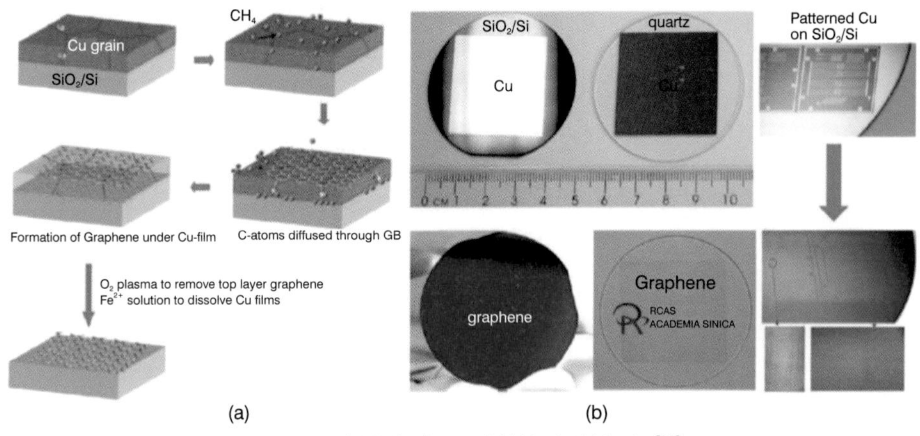

圖 3.12　直接合成石墨烯於絕緣基板上 [12]

3.3.3 卷對卷連續合成製程（Roll-to-roll, R2R）

以化學氣相沉積法合成石墨烯薄膜的相關學理雖已相當明確，可惜的是，目前 2×2 吋於銅箔基板上的單層石墨烯薄膜要價 250 美元 [13]，雖然石墨烯薄膜擁有優異的特性，但價格過高難以導入市場應用，為了達到石墨烯的大面積連續製程，日本 Sony 於 2013 年提出了卷對卷的合成方式 [14]，如圖 3.13(a) 所示，藉由眾多滾輪組來傳遞金屬基板和加熱的機制，達到連續式的製程，有別於以往直接加熱腔體，此法則利用兩個滾輪電極間施加高電流所產生的焦耳熱，來對通過電極的銅箔做局部區域加熱，可減少無謂的熱消耗，增加經濟效益。

而在轉印的步驟，先將成長完成的石墨烯 / 銅箔卷，置入連續式轉印的機台，如圖 3.13(b)、(c) 所示，一端滾輪帶動石墨烯 / 銅箔卷，另一端滾輪則帶動軟性塑膠基板塗佈光感樹脂（Epoxy），於對貼時進行壓合，壓合後的料件進行紫外光（UV）照射，使樹脂產生固化，最後再收集成卷。接下來將金屬基板藉由蝕刻液移除後，便可得到成卷的塑膠基板／樹脂／石墨烯，如圖 3.13(d) 所示。

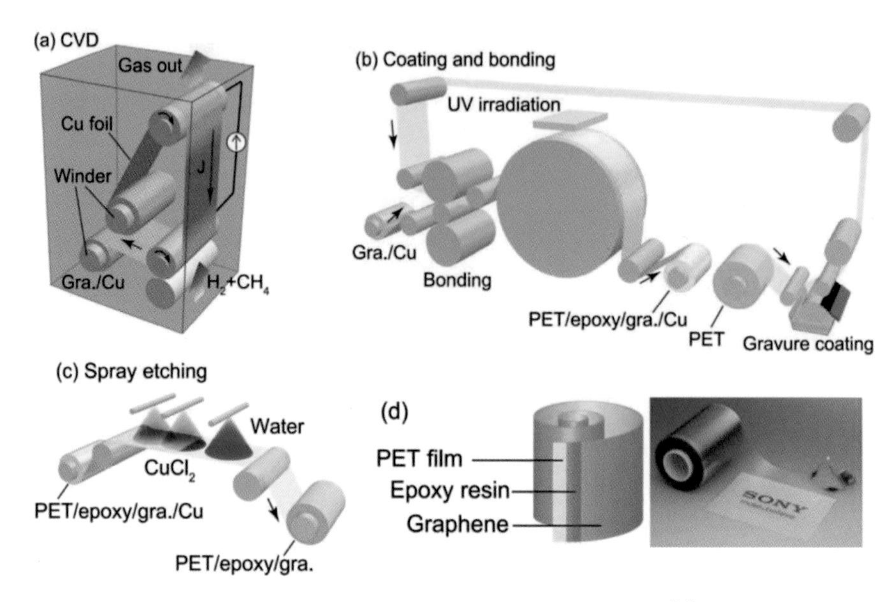

圖 3.13　卷對卷石墨烯成長設備架構及結果 [14]

但這個方法仍存在幾個問題，如邊緣覆蓋不完全、卷料過程中銅基板產生應變造成晶向扭曲和產生裂痕等情況，但此法首次成功演示石墨烯薄膜連續式製程，提高未來量產的可能性。

3.3.4 單晶石墨烯（Single crystalline graphene）

2011 年 Qingkai Yu 等人發現，兩個石墨烯單晶邊界接觸時，若邊界方向不同，則會在接觸時造成鍵結不完全而有較高的缺陷態產生 [15]，由拉曼光譜可得知邊界具有較高的缺陷態，如圖 3.14 所示，對照電子傳輸量測結果可知，電子在穿過晶界時產生較高阻抗，使電子於傳輸過程中損耗，而造成整體電性下降，故減少晶粒的數量或成長大尺度的石墨烯單晶，便能大大減少電子穿過晶界所造成的能量損耗。

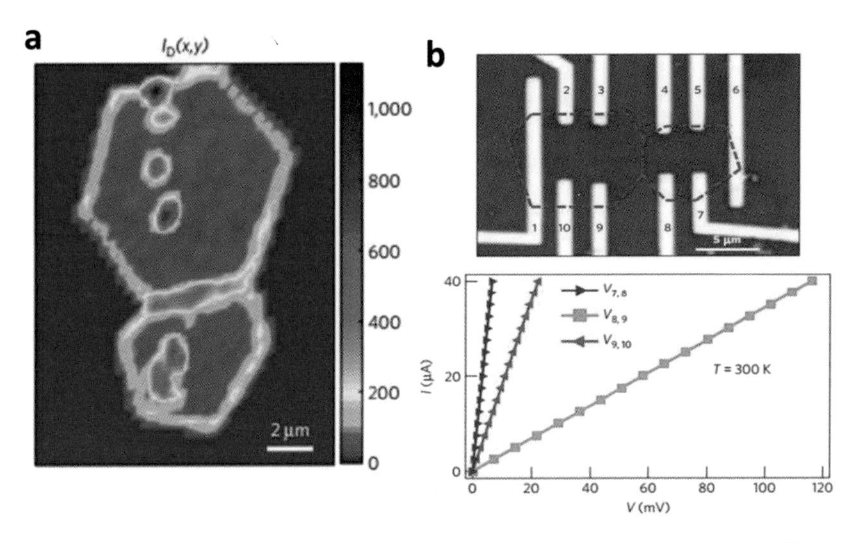

圖 3.14　兩單晶石墨烯邊界之拉曼圖空間圖譜，及晶界的電傳輸特性 [10]

2011 年 Gang HeeHane 等人 [16] 發現，銅基板表面粗糙度會導致成長成核點增加，由於碳原子經高溫裂解後，會先在銅箔表面遷移，太過於粗糙之表面，容易使碳原子在遷移過程中被侷限而形成成核點，因此藉由表面拋光、長時間退火能抑制成核點數量，如圖 3.15 所示。此外，2013 年 R. S. Ruoff 教授團隊發現，在通入碳源前，先以氧氣（O_2）進行銅箔的表面氧化，可將多數銅箔表面活化點鈍化，形成銅氧化物，來減少石墨烯的成核數量，經長時間成長後，能在銅箔表面得到達 1cm 的石墨烯單晶 [7]，如圖 3.16 所示。雖然此研究在金屬基板成長單晶石墨烯上達到一個里程碑，但是整體合成時間過長（1cm 需要 12 個小時），因此侷限了在工業量產的可能性。

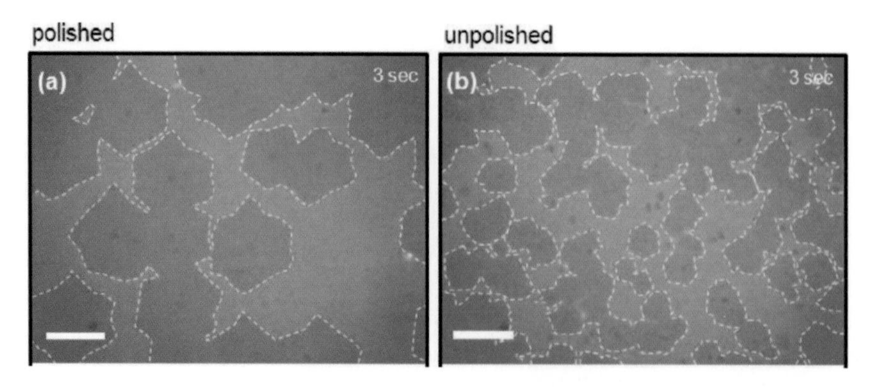

圖 3.15　拋光前後表面對於石墨烯成核數量的影響 (a) 拋光後 (b) 拋光前 [16]

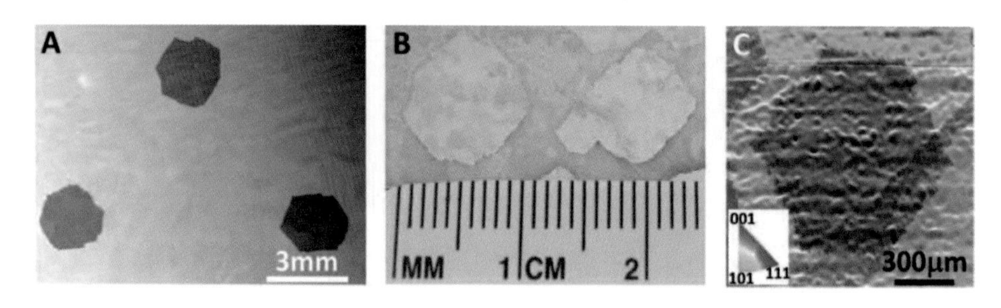

圖 3.16　利用氧氣鈍化的方式，所成長的石墨烯單晶尺寸可達 1cm[7]

雖然利用上述方式可以獲得大尺寸單晶石墨烯，仍無法到達晶圓級的可控性。2014 年，韓國成均館大學與三星先進技術研究院（Samsung advanced institute of technology, SAIT）發表了晶圓尺度的單晶石墨烯薄膜，此法先在矽晶圓上以固相磊晶（Solidphase epitaxy method）的方式成長單晶鍺（Germanium,Ge）異質磊晶薄膜 [17]，再通入 GeH_4 形成表面具有氫終止層的鍺（Hydrogen-terminated germanium），以便轉印容易，接著以 CVD 的方式通入甲烷及氫氣，利用鍺（110）晶向可使石墨烯成長方向一致，且因石墨烯與氫終止層一鍺間作用力微弱，藉由熱釋膠帶便可輕易取下單晶石墨烯，利用這個方式，可以獲得高結晶性的晶圓級石墨烯薄膜，如圖 3.17 所示。

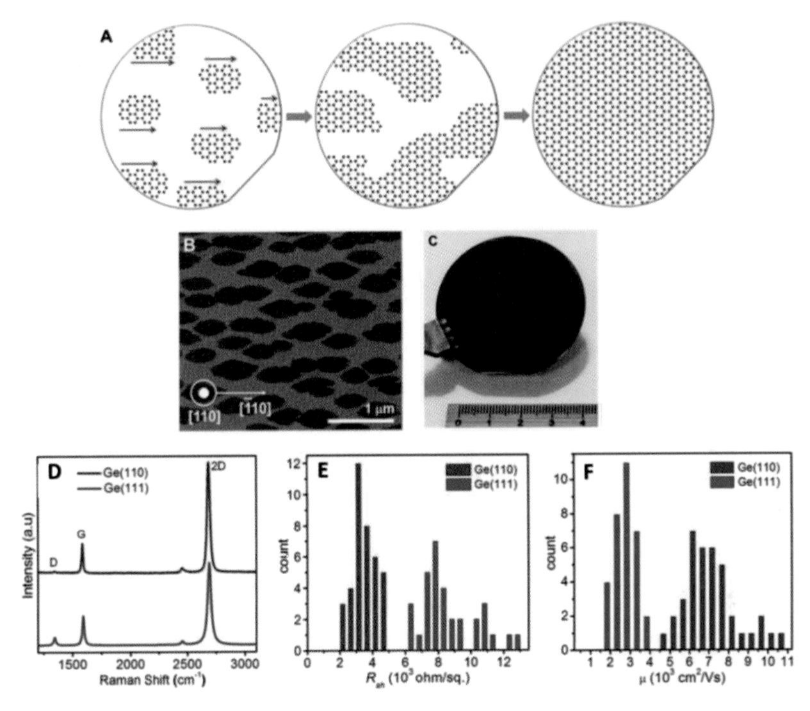

圖 3.17　(a)、(b)、(c) 晶粒都往〔110〕方向成長；(d) 為不同 Ge 晶向成長之石墨烯薄膜拉曼光譜的比較；(e)、(f) 為 Ge（110）、（111）晶向所成長之石墨烯薄膜，具有高結晶、低阻抗與高載子遷移 [17]

3.3.5 三維結構石墨烯（3D graphene）

以往大多將石墨烯薄膜成長於平坦金屬基板上形成連續薄膜，2011 年成會明教授團隊 [18] 利用化學氣相沉積法於發泡鎳（Nickel foam）合成三維結構的石墨烯，這是首次利用此方法而獲得巨觀的石墨烯，並可以後續移除鎳金屬，與塑性材料形成具彈性且導電的複合材料，如圖 3.18 所示。此外，由於發泡鎳的高比表面積，常用於電化學、電催化電極，因此若於多孔結構上成長石墨烯薄膜，藉由石墨烯優異的電傳輸性能，對於電化學電池、觸媒載體來說，是很好的複合電極結構。

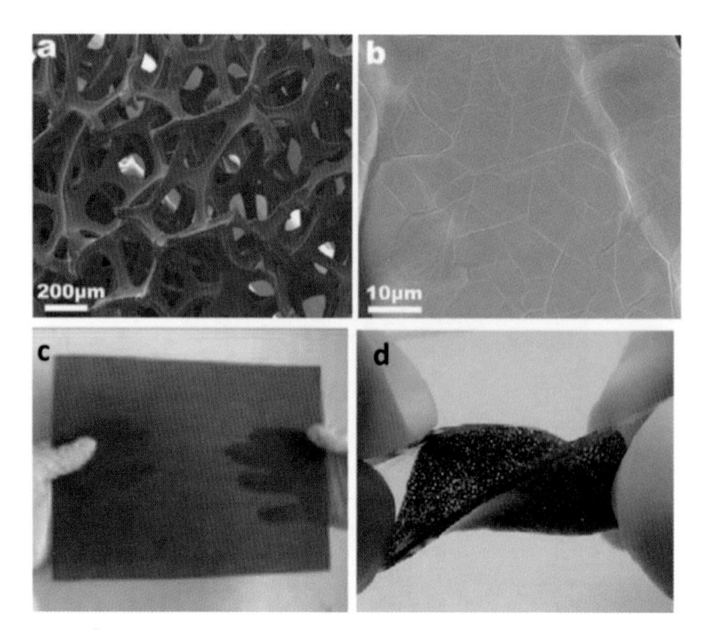

圖 3.18 石墨烯／發泡鎳網多孔結構與表面石墨烯覆蓋形貌及其軟性複合材料 [18]

3.3.6 未來展望

目前，諸多廠商已相繼推出以化學氣相沉積法之石墨烯產品，但單價過高，因此導入產業界還是不易接受，但在工業需求及市場成本的評估下，化學氣相沉積法搭配卷對卷製程，連續性成長大面積石墨烯薄膜深具發展潛力。而低溫合成，如結合各種電漿輔助製程，也是有許多發展空間。而更重要的是，這些成長製程需要能尋找到一合適的轉印製程，這將對於高品質量產石墨烯及其產品應用帶來新的契機。

3.4 氧化還原合成法

3.4.1 合成方法的發展

石墨烯雖然是近十年才開始被注目的新材料，但有關氧化石墨（Graphite oxide）的歷史，可追溯至18世紀中期。英國化學家B. C. Brodie在探索石墨的結構與其化性時，發現將氯酸鉀加入石墨和硝酸的混合液中會得到未知化合物，呈黏稠泥漿狀，生成物的質量比加入的石墨粉來得高，顯然有新的鍵結接於石墨上，而後Brodie對此做了一些定性分析，發現該產物之組成元素為碳、氫、氧，並且隨著反應次數的增加（將該物再以原試劑反應，其餘條件不變），經過四次重複的反應後，氧的含量會達到極限，此時化合物的元素比例為C：H：O = 61.04：1.85：37.11，再加熱到220℃後，比例會改變為C:H:O = 80.13:0.58:19.29，且該物質可以分散於中性及鹼性的水中，而無法在酸性的溶液裡分散，Brodie將以上所獲得之產物命名為石墨酸（Graphic acid）。但由於當時量子物理尚未發跡，所以沒有更有力的工具可以辨認這個新的化合物。在Brodie發現此方法之後40年，L. Staudenmaier將Brodie的方法改良，首先將一次性加入的氯酸鉀改成分段加入，並且再額外加入濃硫酸，以增加反應系統的酸度，這樣一個簡單的小改變，便能增進氧化石墨的反應效率，一批次的反應中，產物可提升近四倍的碳氧比。1958年Hummers與Offeman[19]發展出另一套更安全、有效率的方法，將石墨改以過錳酸鉀和硫酸的混合溶液反應，也可以得到相同程度的氧化，氧化石墨烯則在後續的純化過程中從氧化石墨上剝離下來，而化學反應的初始原料為石墨礦開採之後，再經純化所獲得的鱗片狀石墨形式。因此有別於上述的化學氣相沉積法或是碳化矽磊晶法所獲得的石墨烯，為原子自組裝（Bottom up）的合成技術；氧化石墨烯的合成屬於一種由塊材拆解為原子層結構（Top-down）的合成技法，而這也是氧化石墨烯（Graphene oxide, GO）與其他碳的同分異構物（碳 60 與奈米碳管）不同之處，其不須藉由高溫製程來獲得，而是由天然石墨來做拆層，就成本和產量，具有更高的產業應用性。

3.4.2 氧化石墨烯的合成機制

由於氧化石墨烯的合成方式與時俱進，試劑選用的不同，反應機制也就不同。Brodie 及 L. Staudenmaier 使用的是硝酸系統，硝酸是一種工業上常見的氧化劑，對於芳香性的碳（Aromatic carbon）具強烈反應性，可能生成的含氧基團，包括：羧基、內酯、酮基。而在氧化的過程中，硝酸會還原成二氧化氮或者四氧化二氮（Brodie 在實驗中觀察到的黃色氣體）。在 Hummers 法中，雖然過錳酸鉀亦是化學實驗中常見的氧化劑，但在反應中的活性物質實為七氧化二錳，如下式 (3-2)、(3-3)[20]，由硫酸與過錳酸鉀反應製得，於溶液中呈深綠色，其反應性遠大於過錳酸，在超過 55℃的環境或是與有機物接觸便會分解。

$$KMnO_4 + 3H_2SO_4 \rightarrow K^+ + MnO_3^+ + H_3O^+ + 3HSO_4 \quad (3\text{-}2)$$

$$MnO_3^+ + MnO_4^- \rightarrow Mn_2O_7 \quad (3\text{-}3)$$

在過去提出的幾個氧化石墨方法中，有一點值得注意的地方，不同的方法合成出來的氧化石墨也不盡相同，其中因素包括氧化劑的選擇、石墨的來源以及反應的條件，由此可以看出整個氧化機制的複雜性。有關石墨烯的分子結構，過去十年來眾說紛紜，至今仍沒有一個明確的模型建立，原因來自樣本變異性大，但大致上的結構，如圖 3.19 所示。羥基（Hydroxyl,C-OH）會形成於基面上，而羧基（Carboxyl,COOH）、羰基（Carbonyl,C-O）等則主要分布於邊界處，醚基（Epoxy, C-O-C）則都有可能出現。

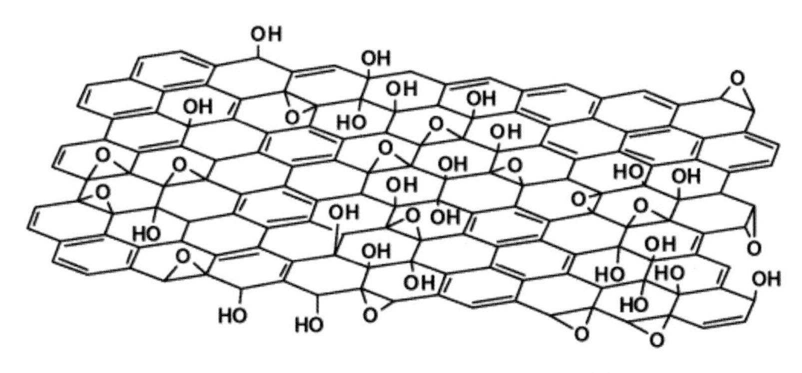

圖 3.19　氧化石墨烯分子示意結構圖 [21]

此外，氧化石墨烯因表面含氧基團，基面以碳原子組成，因此可分散於多種有機或是極性的溶劑中，如圖 3.20 所示，有利於工業上的多樣性表面改質及後續的多元應用。例如可以分散於 NMP、DMF 等工業慣用的溶劑，而與高分子材料混煉為石墨烯複合材料，抑或是與結合劑如 PVDF 混合成石墨烯漿料，刮刀塗佈於金屬箔上，製成鋰電池複合電極。也因為可以分散於多種溶劑中，因此在工業操作上非常多樣，如噴塗、旋轉塗佈、刮刀、滾鍍塗裝等方式。

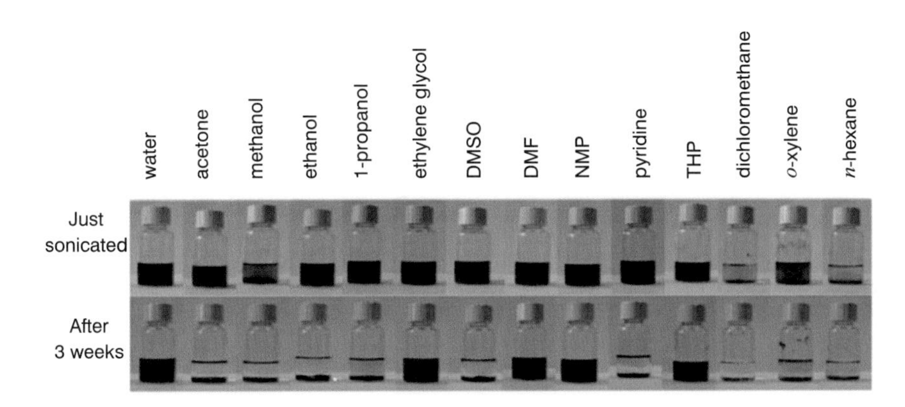

圖 3.20　利用超音波震盪後，氧化石墨烯分散於多樣溶劑中（如 Water、SDS、DMF、NMP 等）（上圖）及其靜置三週後之分散情形（下圖）

3.4.3 還原氧化石墨烯（Reduced graphene oxide, RGO）

如前文所述，經過氧化後的石墨烯僅具絕緣或是半導體的性質，原因在於石墨的導電特性來自於 sp^2 平面上不間斷的共軛 π 鍵，使得非定域化的電子（Delocalized electron）可在其上傳輸，而氧化過程中破壞了石墨化的結構，所以在談到氧化還原法合成石墨烯時，除了合成氧化石墨烯，實際應用上多會進行還原，因此還原甚至是修復氧化石墨烯方法，亦是重要的技術，目前文獻報導的還原方式眾多，如化學還原、熱還原、微波、氫電漿、雷射或閃光燈輻照等，都可達到程度不一的氧化石墨烯還原。下述為常見的兩種方法：

1. 化學還原法

是最直觀的還原方法，也是批次處理量最高的方法，在初期的研究中發現，聯胺（Hydrazine）能有效率的還原氧化石墨烯，隨後陸陸續續出現對苯二酚（Hrdroquinone）、羥胺（Hydroxylamine）、對苯二胺（P-phenylene diamine）、硼氫化鈉（Sodium boronhydride）[20]等等試劑均具效果，同時也屬於強烈的還原劑，但其具毒性和爆炸性，對環境有污染疑慮，在工業上的操作也有風險。而低污染的還原劑包括：維他命 C、鹼性溶液、醇類、胺基酸等，也因此被陸續報導。值得一提的是，即使在氧化石墨的過程中，有些不可逆的反應，使得後續的還原無法百分之百的去除某些含氧基團，然而這些低環境衝擊的試劑，仍可將氧化石墨烯初步還原至不錯的導電度。

2. 熱還原法（Thermal reduction）

熱還原也是廣泛使用的方法，將氧化石墨烯置於高溫的爐管中，並通入惰性氣體（氮氣或氬氣）及氫氣（有助捕捉氧原子），氧化基團會以水、二氧化碳、一氧化碳的形式，從其表面被拔除[22]，在此過程中產生的氣體，會將原本層層堆疊的氧化石墨烯撐開，2012 年 González 等人[23]將氧化石墨烯薄膜在氮氣環境下（100ml/min）以 700℃（5℃ / min）的溫度還原之，得到導電率 8100S/m 的還原氧化石墨烯，其數值較未還原的石墨烯薄膜高出五個數量級。此外，過去文獻多使用高溫還原（> 1000℃），試圖將氧化石墨烯還原成本質石墨烯的結構與性質，然而發現有些氧化基團無法在更高溫度被移除，且就算移除，基面上損失的碳原子亦會形成空缺，因此，更重要的問題是，如何有效的進行石墨烯的修復（Healing），2011 年 Su 等人發表在高溫還原的環境中通入酒精蒸氣，發現可以有效修復氧化石墨烯的缺陷結構[24]，這是因為酒精在低溫下即可裂解出碳的活性離子（CH_x radicals），而該活性離子可與石墨烯缺陷處（Defect site）進行鍵結，進而修復空缺。其效果可從拉曼圖譜的分析中（2D band 與 G band 之相對強度的變化（圖 3.21），反映出石墨化的結晶尺寸增加（修復情形），亦可由石墨烯的電傳輸特性（載子遷移率的提升）獲得驗證。總結來說，熱還原的好處是，能簡易控制又能達到良好的還原程度，在考慮到化學廢棄物方面也較無疑慮，缺點則是加熱溫度高，若要處理的石墨烯量大時，其熱消耗成本甚鉅。

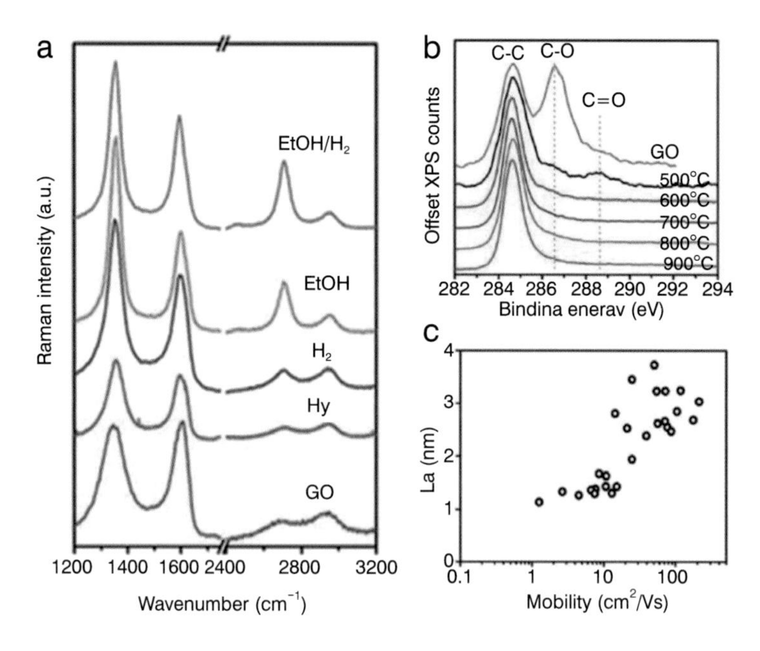

圖 3.21　以酒精蒸氣之熱還原氧化石墨烯的拉曼光譜圖，可從中看出特徵峰 2D（約 2700 cm^{-1} 處）對 G（約 1600 cm^{-1}）的強度比明顯提升，顯示經酒精修復後，石墨化單晶尺寸的增大 [24]

3.4.4 氧化石墨烯的未來發展

氧化石墨烯的合成簡易且可於低成本下大量製備，加上製程方式的多元且易於進行表面功能性改質，因此於應用端的商品化開發較為迅速，如在能源儲存、功能性複合材料的應用方面。此外，近期三維結構石墨烯海綿（Graphene sponge ）所具有的獨特特質，像是在化學上的穩定性、機械結構上的高彈性、良好的電性及熱傳導性、高比表面積、超疏水性質等，這些性質在各種元件上的深具應用潛力，具體例子，如：具有機械彈性之導電高分子的概念，未來將會有橡膠般彈性的導電材料；新型的吸油海綿，對於油性溶劑吸收力特別突出，可以有效地將油水分離並回收；此外，高容量的儲能及高效率能量轉換更是與生活密不可分，其在鋰離子電池與超級電容 [25-30]、產氫觸媒載體 [31]、燃料電池 [32]、太陽能電池 [33] 等裝置上，將紛紛嶄露頭角。

然而，石墨烯在實際上仍有許多困難點要克服，以氧化石墨烯來說，量產時必須要使用大量的酸，因此環境成本高。另外分離、純化的過程中需經過離心，目前工業上的離心處理量也有所限制，且由於石墨的氧化機制複雜，製作時也必須有好的控制，盡量減少產物的變異性。在近期的研究中，提及石墨烯海綿的彈性及強度，這是基於實驗室等級的操作技術，以及小尺度的量測，當進行大規模生產時，我們必須考慮到的是，實驗的情形是巨觀塊材的均勻性與性能穩定性。這包括海綿孔隙的控制、導電度的提升、乾燥技術的優化等，都必須有所突破。

3.5 液相剝離法（Liquid phase exfoliation）

液相剝離法有別於上述還原氧化石墨烯的方法，為了剝離出石墨烯，需先劇烈氧化，再進行後段的還原或是修復，而且修復後的石墨烯結構亦存在許多缺陷。此法是利用溶劑分子或是表面活性劑，藉由在介面處溶劑分子與石墨之表面能相近時（40 ～ 50mJ/m^2），在高功率的超音波震盪下，對石墨表面或是片層結構進行剝離，而且此反應只用單步驟就可達成低缺陷態的石墨烯溶液 [34]。如圖 3.22(a) 所示，將天然石墨粉置於分散溶劑（NMP）中，讓石墨片之間或溶劑產生震盪，使得石墨片產生剝離，但此方法產物無法獲得完全是單層石墨烯，由統計分析可以發現，其層數的分布不均，如圖 3.22(b) 所示。也因此需要後續離心後，方能獲得較為均一的片層分布。此外，由於高能量的震盪時間達數十小時，因此雖然可以剝離出少層的石墨烯，但石墨烯的片層大小也變得破碎，一般尺寸皆小於 1μm，如圖 3.22(c) 所示。因此典型的液相剝離法所獲得之石墨烯雖結晶品質高，但產率低。

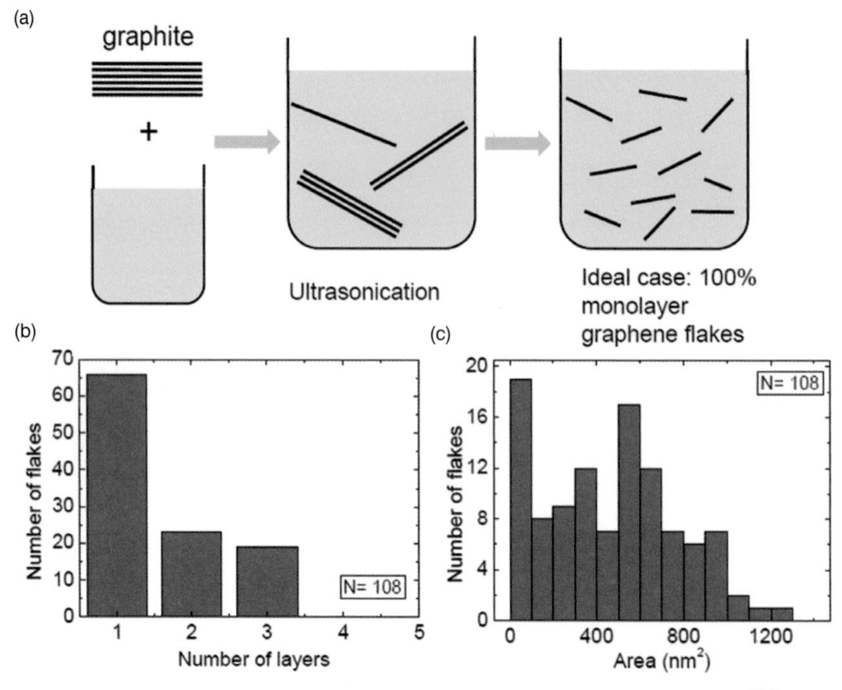

圖 3.22　利用液相剝離法合成石墨烯的機制示意圖與其尺寸分布 [34]

為了改進此瓶頸，近期的技術更輔以流體剪切力來幫助提升剝離石墨烯的產率。2014 年，Keith R.Paton 等人 [35] 發表利用剪力流的方式來輔助剝離出石墨烯，如圖 3.23 所示，首先將石墨粉加入 NMP 的溶劑中，接著使用高速粉碎機的裝置，其裝置包含了轉子（Rotor），跟外圍固定的定子（Stator），定子的邊壁上設計小孔，使小孔的孔徑小於石墨片，運作時轉子速度達 7000 轉，在溶液中透過流體的速度，讓石墨片通過石墨片，因為孔徑比石墨片小，所以形成的高速層流會讓石墨產生橫向剪切力量（Shear rate ～ $10^4 s^{-1}$），而將石墨片層層剝離下來，通過後的石墨片會再循環而經過定子，藉此繼續減薄石墨片，而最後的產物經過離心後，即可獲得石墨烯分散溶液，如圖 3.23(d) 所示。這個方法具有工業上量產的可能性，其產率可以提升到 0.4g/hr。此製程的特點是，所獲得石墨烯的結晶性高，幾乎沒有氧化或是缺陷，但缺點是片層尺寸還是較小，且需要後續離心純化。

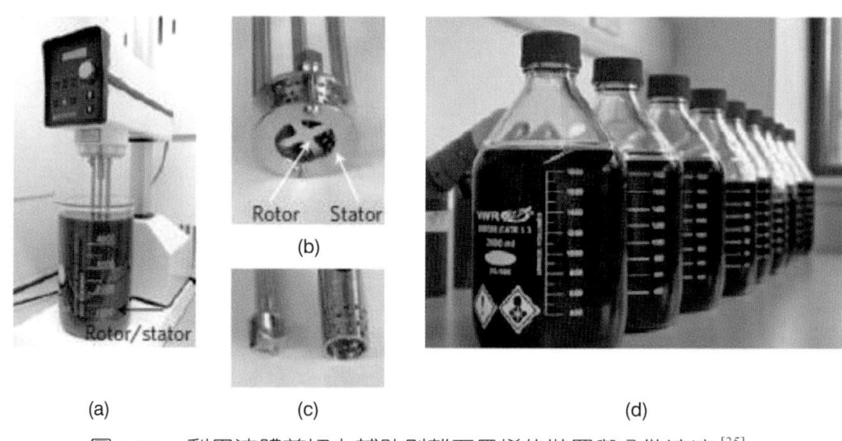

圖 3.23　利用流體剪切力輔助剝離石墨烯的裝置與分散溶液 [35]

3.5.1 電化學剝離法（Electrochemical exfoliation method）

電解剝離石墨烯，是一種簡易快速且可以獲得較高品質石墨烯的方法，主要機制是藉由石墨塊於離子液體中 [36]，在施加偏壓時，離子快速插入石墨層間，因此得以撐開石墨層的間距，弱化層間的作用力，再藉由液相中的擾動或是親水基團，將石墨進行拆層，而獲得石墨烯。然而過去使用的離子溶液來做電解，石墨烯產物會有一些雜質（鹵化物或銨鹽類）殘留在石墨烯表面上，都會降低石墨烯結構的完整性，且後續難以完全去除。2011 年，Su 等人 [37] 提出使用硫酸為基礎的電解液，圖 3.24 所示為實驗裝置，經過電解後，石墨烯會懸浮於電解液表層，後續經過離心純化以及分散後，即可獲得石墨烯的分散液，如圖 3.24(c) 所示。這個方法可以獲得品質高的石墨烯結構，層數分布均一（> 60% 為雙層以下之石墨烯），且片層大小可達 20um，氧化程度略高於液相剝離石墨烯，但遠低於還原之氧化石墨烯，因此具備良好的導電性質。這種電化學剝離法的製程簡易、快速，且可以獲得高品質的石墨烯，因此亦深具發展潛力。其反應後的石墨烯產物能將殘留的電解液移除，因此獲得純度高的石墨烯。但過程使用硫酸為電解液，產生廢液。而近期亦有發表使用中性的硫酸鹽為電解質 [38]，最後產物在清洗時，水溶性的鹽類物質也可以輕鬆被帶走，製程上也減少大量酸液產生的問題。

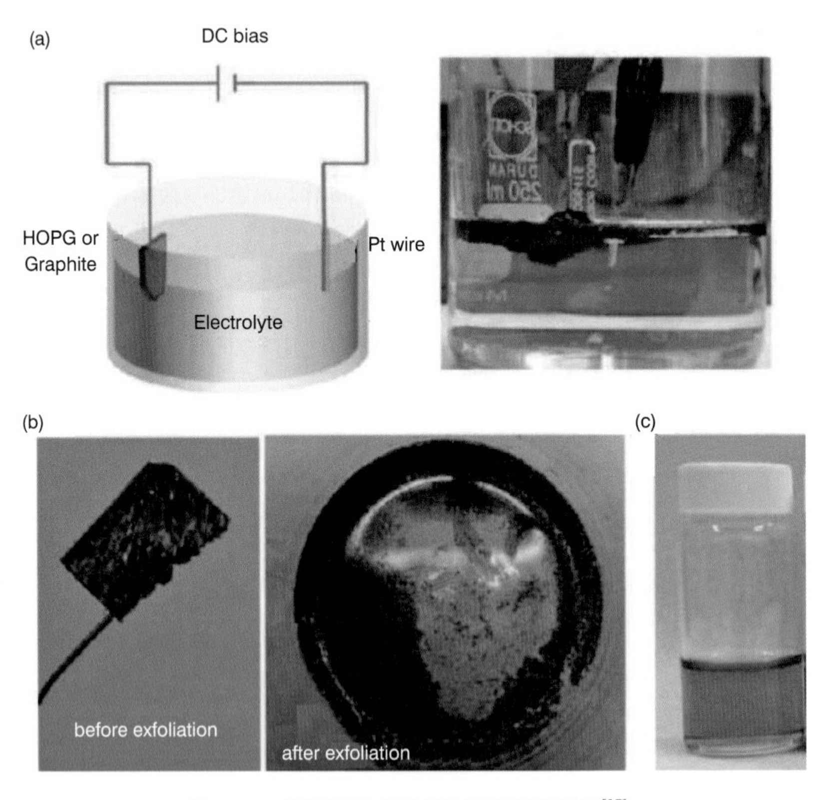

圖 3.24　利用電化學剝離法製備石墨烯 [37]

3.5.2 球磨法（Ball milling method）

利用球磨法來產生石墨烯，是一種簡易且低成本的做法[39-40]。其機制是利用滾動裝置，在內側邊緣放置磨球（鋼珠或是鋯球），並多會添加適當的溶劑，在滾動的過程中，鋼球會和石墨片互相碰撞與擠壓，其中磨球順向移動時所造成的速率差異，形成一機械剪切力作用於石墨片上，以圖 3.25 為例，讓石墨烯片層由石墨片表面被剝離下來，透過反覆的研磨（數十小時），可以得到大量的石墨烯。然而在進行研磨過程由於溫度很高，所以會造成石墨烯有一些氧化的官能基團出現，且研磨過程磨球的剝離雜質亦會影響產物的純度。

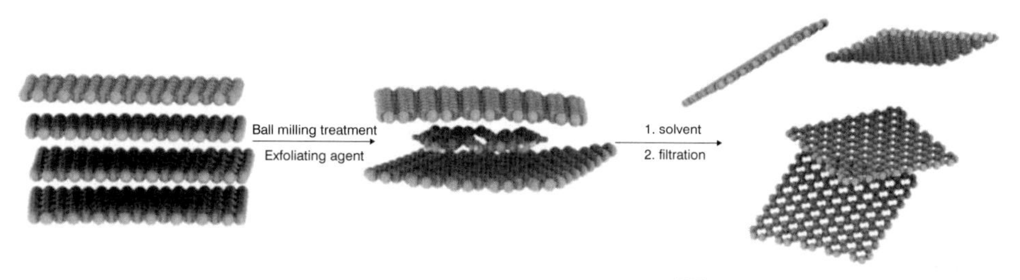

圖 3.25　利用球磨法獲得石墨烯[39]

3.6 結論

上述提到多種石墨烯的合成方法，可以就石墨烯的結晶品質（Quality）、成本效益（Cost）、量產性（Scalability）、純度（Purity）和產率（Yiled）來做比較。如圖 3.26 所示，由此可知，還原氧化石墨烯法與液相剝離法具有良好的量產性，但液相剝離的產率低；此外，化學氣相沉積法具有優異的品質，且具良好的量產性，但成本高。不同的產品應用，需要對應地選擇適合的石墨烯，以高端產品來說，透明導電膜或是電子元件，需要最佳的結晶性，也因此多以化學氣相沉積法之石墨烯為主流。而功能性複合材料也多以液相剝離或是還原氧化法的石墨烯為主。且並非所有應用都需要高結晶的石墨烯，舉例來說，初步還原的氧化石墨烯，或是存在缺陷的石墨烯，在能源儲存反而具有更佳的效能 [41]。

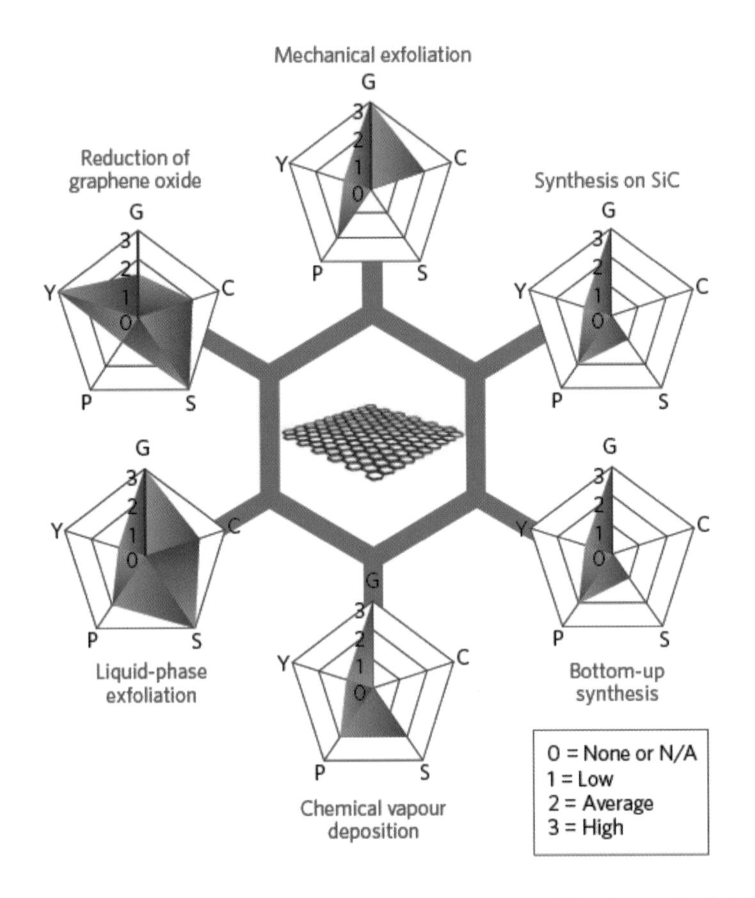

圖 3.26　各種主要合成石墨烯方法的比較圖，其中 G 表石墨烯品質、C 為成本效益（分數低表示高成本）、S 為量產性、P 為純度、Y 為產率 [42]

參考文獻

[1] Francesco Bonaccorso, Antonio Lombardo, Tawfique Hasan, Zhipei Sun, Luigi Colombo, and Andrea C. Ferrari,* VOLUME 15 | NUMBER 12, 564 Material Today 2012

[2] K. S. Novoselov, A. K. Geim, S. V. Morozov, D. Jiang, Y. Zhang, S. V. Dubonos, I. V. Grigorieva, A. A. Firsov, Science, 2004, Vol. 306 no. 5696 pp. 666-669

[3] H. O. Pierson, Handbook of Chemical Vapour Deposition, Noyes Publications, Park Ridge, NJ 1992.

[4] Qingkai Yu, JieLian, SujitraSiriponglert, Hao Li, Yong P. Chen, Shin-Shem Pei1, Appl. Phys. Lett. 93, 113103 (2008).

[5] Daniel Nezich, Alfonso Reina and Jing Kong, Nanotechnology 2012, 0957-4484/12/015701

[6] X. Li, W. Cai, L. Colombo, R. S. Ruoff, Nano Lett. 2009, 9, 4268.

[7] YufengHao, M. S. Bharathi, Lei Wang, Yuanyue Liu, Hua Chen, Shu Nie, Xiaohan Wang, Harry Chou, Cheng Tan, BabakFallahazad, H. Ramanarayan, Carl W. Magnuson, Emanuel Tutuc, Boris I. Yakobson, Kevin F. McCarty, Yong-Wei Zhang, Philip Kim, James Hone, Luigi Colombo, Rodney S. Ruoff, Science, 2013, 10, pp. 720-723

[8] W. Wu, Q. Yu, P. Peng, Z. Liu, J. Bao, Shin-S. Pei, Nanotechnology 2012, 23, 035603.

[9] S. Bae, H. Kim, Y. Lee, X. Xu, J.-S. Park, Y. Zheng, J. Balakrishnan, T. Lei, H. R. Kim, Y. I. Song, Y. Kim, K. S. Kim, B. Özyilmaz, J. H.Ahn, B. H. Hong, S. Iijima, Nat. Nanotechnol. 2010, 5, 574.

[10] Yu Wang, Yi Zheng, Xiangfan Xu, Emilie Dubuisson, QiaoliangBao, Jiong Lu, Kian Ping Loh, ACS NANO, 2011, 9927-9933

[11] Di-Yan Wang, I-Sheng Huang, Po-Hsun Ho, Shao-Sian Li, Yun-ChiehYeh, Duan-Wei Wang, Wei-Liang Chen, Yu-Yang Lee, Yu-Ming Chang, Chia-Chun Chen, Chi-Te Liang, Chun-Wei Chen, Adv. Mater., 2013, 23, 4521-4526

[12] Ching-Yuan Su, Ang-Yu Lu, Chih-Yu Wu, Yi-Te Li, Keng-Ku Liu, Wenjing Zhang, Shi-Yen Lin, Zheng-Yu Juang, Yuan-Liang Zhong, Fu-Rong Chen, Lain-Jong Li, Nano Lett. Nano Lett., 2011, 11 (9), pp 3612-3616

[13] https://graphene-supermarket.com/CVD-Graphene-on-Metals/

[14] T. Kobayashi, M. Bando, N. Kimura, K. Shimizu, K. Kadono, N. Umezu, K. Miyahara, S. Hayazaki, S. Nagai, Y. Mizuguchi, Y. Murakami, and D. Hobara, Appl. Phys.

Lett. 2013, 102, 023112

[15] Qingkai Yu, Luis A. Jauregui, Wei Wu, Robert Colby, Jifa Tian, Zhihua Su, Helin Cao, Zhihong Liu, Deepak Pandey, Dongguang Wei, Ting Fung Chung, Peng Peng, Nathan P. Guisinger, Eric A. Stach, JimingBao, Shin-Shem Pei, Yong P. Che, Nature Material, 2011, 10, 443-449

[16] Gang Hee Han, FethullahGüne , Jung Jun Bae, Eun Sung Kim, SeungJinChae , Hyeon-Jin Shin, Jae-Young Choi, Didier Pribat, Young Hee Lee, Nano Lett., 2011, 11, pp 4144-4148

[17] Jae-Hyun Lee, Eun Kyung Lee, Won-Jae Joo, Yamujin Jang, Byung-Sung Kim, Jae Young Lim, Soon-Hyung Choi, Sung JoonAhn, Joung Real Ahn, Min-Ho Park, Cheol-Woong Yang, ByoungLyong Choi, Sung-Woo Hwang, DongmokWhang, Science, 2014, 04, pp. 286-289

[18] Z. Chen, W. Ren, L. Gao, B. Liu, S. Pei, and H. M. Cheng, Nat. Mat. 2011, 10, 424-428

[19] Hummers, W.S. and R.E. Offeman, Preparation of Graphitic Oxide. Journal of the American Chemical Society, 1958. 80(6): p. 1339-1339.

[20] Kuila, T., et al., Recent advances in the efficient reduction of graphene oxide and its application as energy storage electrode materials. Nanoscale, 2013. 5(1): p. 52-71.

[21] Dreyer, D.R., et al., The chemistry of graphene oxide. Chemical Society Reviews, 2010. 39(1): p. 228-240.

[22] Schniepp, H.C., et al., Functionalized Single Graphene Sheets Derived from Splitting Graphite Oxide. The Journal of Physical Chemistry B, 2006. 110(17): p. 8535-8539.

[23] González, Z., et al., Thermally reduced graphite oxide as positive electrode in Vanadium Redox Flow Batteries. Carbon, 2012. 50(3): p. 828-834.

[24] Su, C.-Y., et al., Highly Efficient Restoration of Graphitic Structure in Graphene Oxide Using Alcohol Vapors. ACS Nano, 2010. 4(9): p. 5285-5292.

[25] Wu, Z.-S., et al., Three-Dimensional Nitrogen and Boron Co-doped Graphene for High-Performance All-Solid-State Supercapacitors. Advanced Materials, 2012. 24(37): p. 5130-5135.

[26] Xu, Y., et al., Holey graphene frameworks for highly efficient capacitive energy storage. Nat Commun, 2014. 5: p. 4554.

[27] Zhao, Y., et al., Highly compression-tolerant supercapacitor based on polypyrrole-mediated graphene foam electrodes. Adv Mater, 2013. 25(4): p. 591-5.

[28] Xiao, L., et al., Self-assembled Fe(2)O(3)/graphene aerogel with high lithium storage performance. ACS Appl Mater Interfaces, 2013. 5(9): p. 3764-9.

[29] Yang, S., et al., Bottom-up approach toward single-crystalline VO2-graphene ribbons as cathodes for ultrafast lithium storage. Nano Lett, 2013. 13(4): p. 1596-601.

[30] Chen, W., et al., Self-assembly and embedding of nanoparticles by in situ reduced graphene for preparation of a 3D graphene/nanoparticle aerogel. Adv Mater, 2011. 23(47): p. 5679-83.

[31] Chang, Y.-H., et al., Highly Efficient Electrocatalytic Hydrogen Production by MoSx Grown on Graphene-Protected 3D Ni Foams. Advanced Materials, 2013. 25(5): p. 756-760.

[32] Ren, L., K.S. Hui, and K.N. Hui, Self-assembled free-standing three-dimensional nickel nanoparticle/graphene aerogel for direct ethanol fuel cells. Journal of Materials Chemistry A, 2013. 1(18): p. 5689-5694.

[33] Ahn, H.S., et al., Self-assembled foam-like graphene networks formed through nucleate boiling. Sci Rep, 2013. 3: p. 1396.

[34] Y. Hernandez et al., NAT NANO, 563-568, (2008)

[35] Keith R et al., Nature, 624-630, (2014)

[36] Lu et al., ACS NANO, 2367-2375, (2009)

[37] Su et al., ACS NANO, 2332-2339, (2011)

[38] Khaled Parvez et al., JACS, 6083-6091, (2014)

[39] Leon et el., ACS NANO, 563-571, (2014)

[40] Jeon et al., PNAS, 5588-5593, (2012)

[41] YuanyueLiu ,Vasilii I. Artyukhov , Mingjie Liu , Avetik R. Harutyunyan , and Boris I. YakobsonJ. Feasibility of Lithium Storage on Graphene and Its DerivativesPhys. Chem. Lett., 4, 2013, 1737-1742

[42] RinaldoRaccichini, Alberto Varzi, Stefano Passerini and Bruno Scrosati, The role of graphene for electrochemical energy storage, Nature Materials, DOI: 10.1038/NMAT4170

第四章

石墨烯摻雜技術

作者　張妤甄　江偉宏

4.1 異質摻雜石墨烯之簡介

4.2 異質摻雜石墨烯之物理性質與化學性質

4.3 異質摻雜石墨烯之方法與製程技術

4.4 異質摻雜石墨烯之應用

4.1 異質摻雜石墨烯之簡介

4.1.1 引言

石墨烯（Graphene）為一新穎的奈米碳材料，它是一種由碳原子經由 sp^2 混成軌域鍵結而成的平面二維結構材料，因為其獨特的物理及化學特性，已被認為是具有潛力且可廣泛應用 [1]。石墨烯獨特的二維結構及碳原子，以 sp^2 雜化軌道提供了它本身的優越材料特性，譬如具雙極電場作用 [2-4]，室溫下具有量子霍爾效應（QHE）[5、6]，擁有極高的載子遷移率（$2\times10^5 cm^2 \cdot V^{-1} \cdot s^{-1}$）[7、8]、自旋相干長度超過 1 微米 [9]，實驗測得的熱導率可達 $5300 W \cdot m^{-1} \cdot K^{-1}$，機械性能方面拉伸模量（剛度）則高達 1TPA（$1.5\times10^8$ psi）等。這些優異的性能，使石墨烯在場效應電子元件（FETs）[4、10、11]、透明導電電極 [12-14]、電化學感測器 [15]、太陽能電池 [16]、超級電容器 [17、18]、鋰離子電池 [19、20]、催化劑載體 [21] 及複合材料等諸多領域都有潛在應用。然而，未經處理的石墨烯（Pristine graphene）因零能隙（Band gap）的特點，也限制了其在電子元件領域的應用，如開關比低、漏電流大等；因此，如何改變石墨烯的能隙，且同時獲得 p 型和 n 型石墨烯，亦是其應用於未來奈米電子元件的重要條件。因此為了解決這些問題，利用化學摻雜來調控石墨烯的物化性質就顯得格外重要 [22]。

4.1.2 化學摻雜機制

石墨烯是由碳原子通過 s、p_x 和 p_y 軌道的電子形成 sp^2 雜化，每一顆碳原子在 xy 平面上與最鄰近的三顆碳原子以共價鍵（σ 鍵）相　，而未混成的 $2p_z$ 軌域則與鄰近原子的 $2p_z$ 軌域形成未局域化的 π 鍵。其中，能量較低為鍵結 π 能帶（Bonding π band），稱為價帶，而能量較

高為反鍵結 π^* 能帶（Anti-bonding π^* band），稱為導帶。價帶與導帶在布里淵區（Brillouin zone）中心呈錐形接觸，因而使石墨烯成為零能隙的半導體[10、23]。 將石墨烯的能帶結構以二維的方式畫出，如圖 4.1(a) 所示，在 K 點附近能帶呈角錐形狀，稱為狄拉克角錐（Dirac cone）。我們很容易看出費米能階（Fermi level）〔圖 4.1(a) 中的水平線〕剛好切到狄拉克角錐的頂點，因此費米能階上的態密度（Density of states, DOS）為零。在高對稱點 M 上，沿著 ΓM 的方向來看 π^* 能帶為凹向上，但沿著 KM 方向則剛好相反，因此 M 點為一鞍點（Saddle point），有很多能態會聚集在這附近。圖 4.1(a) 右側的態密度圖能顯示，在能量 ±2eV 附近有峰值出現，主要就是來自於 M 點附近的貢獻。藉由外加閘極電壓（Gate voltages）V_g 可調整石墨烯費米能階的高低，進而改變傳輸載子的種類與濃度。如圖 4.1(b) 所示，在閘極外加正偏壓時，費米能階升高，外來的電子填入石墨烯的導帶中，此時主要載子即為電子；相反的，在負偏壓下，費米能階下降，出現在價帶頂端的電洞便主導了石墨烯的傳輸。除了載子種類外，載子的濃度也會因外加偏壓而變，在 V_g 約為零時，載子濃度極低，石墨烯的電阻率相對出現極大值，當載子濃度隨著外加電壓升高，電阻率便快速下降。

化學摻雜是用來進一步調節微電子半導體電子特性時，一種很常見的方法。研究顯示化學摻雜可以有效地調整電學性能，使石墨烯過渡在金屬－半導體之間[27]。摻雜石墨烯有兩種方式，一為表面摻雜（Surface transfer doping），另一為取代摻雜（Substitution doping）。在表面摻雜中，摻雜的原子或分子被吸附在石墨烯表面上，並不會破壞石墨烯原本的結構，且大多數情況下表面摻雜為可逆的；取代摻雜則由具有不同價電子原子取代石墨烯蜂巢晶格中的碳原子，例如氮原子、硼原子，此種外來原子的摻雜會改變碳原子的 sp^2 混成軌域[28-30]。

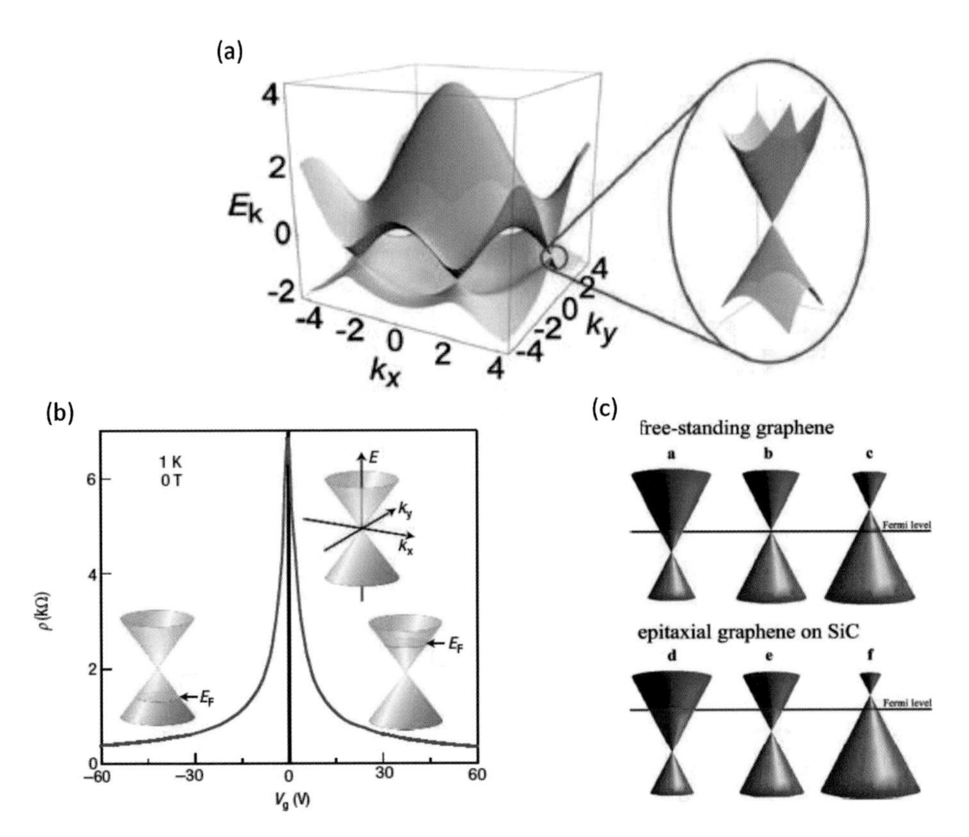

圖 4.1　(a) 圖左為石墨烯二維能帶結構，圖右為 K 點附近的狄拉克角錐放大圖 [24]；(b) 石墨烯的電阻率隨閘極電壓變化的情形 [25]；(c) 摻雜石墨烯狄拉克點與費米能階級之位置示意圖。(c) 上圖左至右（a～c）為 n 型摻雜（n-type doped）、原始石墨烯及 p 型摻雜（p-type doped）獨立式石墨烯；下圖左至右（d～f）為 n 型摻雜、原始石墨烯及 p 型摻雜生長在碳化矽（SiC）的外延石墨烯 [26]

4.1.3　摻雜形式

化學摻雜為最有潛力的摻雜方式之一，其優勢在於可利用載流子的注入或提取來調控電子結構，此與矽相關的技術有相似之處，適當的可控方法合成石墨烯，為調控其電子性能及實現實際應用的第一步驟。表面吸附摻雜通常由簡單的濕式化學法和無選擇限制的分子吸附產生，但因其摻雜分子在石墨烯上只有局部覆蓋，導致摻雜量非常低，且摻雜效果的穩定性會強烈受到外來刺激的影響，因為摻雜分子和石墨烯之間的相互作用相對來說比較弱；與此相反，取代摻雜有著穩定的摻雜效果及高摻雜量。至今兩種摻雜形式已被廣泛研究，許多技術包括溶劑熱法、以氨氣高溫還原氧化石墨烯（Graphene oxide, GO）、氧化石墨烯與小分子反應、電漿處理法、雷射濺鍍法、電弧放電法、分子吸附法、分子合成法以及化學氣相沉積法（Chemical vapor deposition, CVD），皆用來作為合成摻雜石墨烯的基礎科學研究及不同應用。化學摻雜石墨烯的相關應用是目前主要研究方向，然而精確的控制摻雜含量、摻雜位置、異質原子與石墨烯之間的化學鍵結，現今仍具有相當的挑戰性。石墨烯的化學摻雜涵蓋了廣泛的研究領域，因此，突破現階段研究以深入了解未來發展是必要的 [31]。

4.1.4 p型及n型摻雜[10]

電荷轉移是由最高占據分子軌道（HOMO）和最低未占據分子軌道（LOMO）的密度相對位置及石墨烯費米能階來決定。如摻雜劑的 HOMO 高於石墨烯的費米能階，電荷會由摻雜劑轉移至石墨烯層，此時摻雜劑充當捐贈者（Donor）；換言之，如摻雜劑的 LUMO 低於石墨烯費米能階，電荷則由石墨烯層轉移至摻雜劑，此時摻雜劑充當受體（Acceptor）[24、32]。石墨烯可藉由化學摻雜成為 p 型摻雜（p-type doped）或 n 型摻雜（n-type doped）石墨烯 [32-35]，p 型摻雜使石墨烯狄拉克點（Dirac point）高於費米能階，n 型摻雜則使狄拉克點低於費米能階。一般來說，石墨烯在受吸引電子基團吸附作用時，發生電荷轉移（給電子性），對應在石墨烯中產生空穴，此為 p 型摻雜；而當電荷由摻雜劑向石墨烯發生轉移，使其獲得多餘的負電荷，此為 n 型摻雜。相較之下，取代摻雜的摻雜機制仍然是未知，p 型摻雜一般是透過比碳更少價電子的原子取代形成，譬如硼原子（Boron），n 型摻雜則反之，是透過比碳更多價電子的原子取代形成，譬如氮原子（Nitrogen）。

在接下來的章節中，我們總結了摻雜石墨烯的理論和在實驗研究方面的顯著發展，並詳細介紹其摻雜方法、摻雜層級、摻雜元素來源、摻雜濃度、摻雜元素和石墨烯間的化學鍵結、電化學穩定性以及摻雜石墨烯的應用。

4.2 異質摻雜石墨烯之物理性質與化學性質

4.2.1 電學特性

化學異質摻雜是有效調控石墨烯導電特性的一種方法 [36、37]，其中氮、硼原子因其原子半徑與碳相似，常被作為摻雜石墨烯的元素。Li [38] 等人利用化學氣相沉積法製備 N 摻雜石墨烯，在真空下顯示出小於 −20V 閘極電壓，此為 n 型摻雜的特性。Usachov [39] 等人發現，利用高溫還原氧化石墨烯製備 N 摻雜石墨烯，其中鍛燒溫度在 900℃環境下，比在 700℃下有著更高的導電率，且狄拉克點會位移至負閘極電壓，並藉助於角分辨光電子能譜學（Angle resolved photoemission spectroscopy, ARPES）證實 N 摻雜石墨烯為 n 型摻雜，如圖 4.2(a)，與原始石墨烯相比，狄拉克角錐向更高的束縛能位移至 0.3eV 而非在費米能階，即 *Ef*。導帶在低於 *Ef* 能階時出現，此為 n 型摻雜，並在 K 點出現 0.2eV 的能隙（Band gap），見圖 4.2(b)。

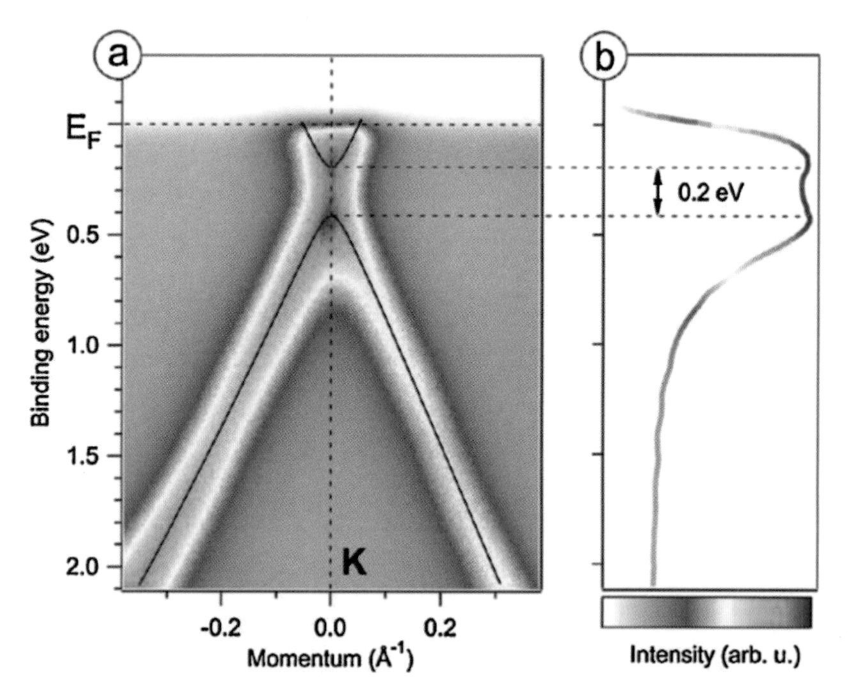

圖 4.2 (a) N 摻雜石墨烯之 ARPES 分析圖（光子能量為 35 eV）；(b) 在 K 點的光譜 [39]

氮摻雜石墨烯顯示出 6000cm^2/Vs 電子遷移率 [31]。傳輸量測結果顯示，真空下存在 n 型摻雜，而當非真空環境狀態下時，石墨烯存在 p 型摻雜是因自空氣中吸附氧分子 [38、40]，解釋了原始未經摻雜的石墨烯表現出 p 型摻雜行為是因自空氣中吸附水分或氧分子，吸附的水分子其偶極矩會導致局部的靜電場轉移基材的缺陷，產生摻雜行為 [41]。而硼摻雜石墨烯為 p 型摻雜，電子遷移率為 800cm^2/Vs，有著比氮摻雜石墨烯更低的電子遷移率 [42]。Wu 等人 [43] 研究 B、N 摻雜石墨烯的電子遷移率分別為 350 ～ 550cm^2/Vs、450 ～ 650cm^2/Vs。

4.2.2 Band gap tuning

石墨烯是一個零能隙的半導體，當應用在電子元件時，如何打開其能隙變得格外重要。許多方法譬如在碳化矽基材上外延生長，以打開能隙 [44-48]、雙層石墨烯 [53-56] 及石墨烯量子點 [57]、石墨烯奈米帶邊緣侷限效應引入的能隙 [49-52]，另外，電荷轉移摻雜（Charge-transfer doping effect）也可打開石墨烯的能隙。透過石墨烯子晶格（Sub-lattice）對基材不同交互影響，可破壞石墨烯的對稱性，使其擁有 0.26eV 的能隙，不幸的是，因 SiC 基材的電荷轉移摻雜影響，使費米能階從打開的能隙位移到導帶，我們很難實際觀察到打開後的能隙。Zhou 等人 [45] 發現，在 SiC 基材無意間的摻雜，可藉由 NO_2 分子吸收摻雜中和電子，從石墨烯到 NO_2 的電子轉移，會使費米能階位移至能隙間。利用 NO_2 可逆的吸附和脫附，他們在單層及雙層石墨烯中，觀察到一個可逆的金屬－絕緣體轉變。圖 4.3 顯示費米能階以載流子濃度為函數的變化圖（或 NO_2 的吸收度），有趣的是，電荷轉移摻雜也可以打開雙層石墨烯的能隙。電荷轉移摻雜可在雙層石墨烯中的兩個階層中引入電荷分布的不對稱性，破壞其逆對稱（Inversion symmetry）。Zhang 等人 [58] 演示在石墨烯上層及下層表面同時進行有機分子摻雜，三嗪（trizine）和水／氧氣可打開 111meV 的能隙。而譬如氫化、氟化反應也可打開石墨烯能隙，理論計算表明氫化和氟化可以完全共價地覆蓋石墨烯基面 [59]。石墨烯氟化可被合成且顯示出絕緣體行為，並具有很大的能隙，而還原石墨烯氟化物存在低電阻 [60]，該能隙大小可由氟化的程度來調整 [61]。我們亦可藉由分子的摻雜來打開石墨烯能隙，譬如 NO_2 [45]、Br_2 和 I_2 吸附 [62]。對於少數層的石墨烯，Br_2 吸附並插至石墨烯層，對比 I_2 只有在石墨烯表面進行吸附，兩者導致不同的摻雜型態。與其他調控能隙的方法相比，化學摻雜是一種簡單且有效可打開石墨烯能隙的方法，其可藉由調控摻雜層級來打開能隙 [10]。

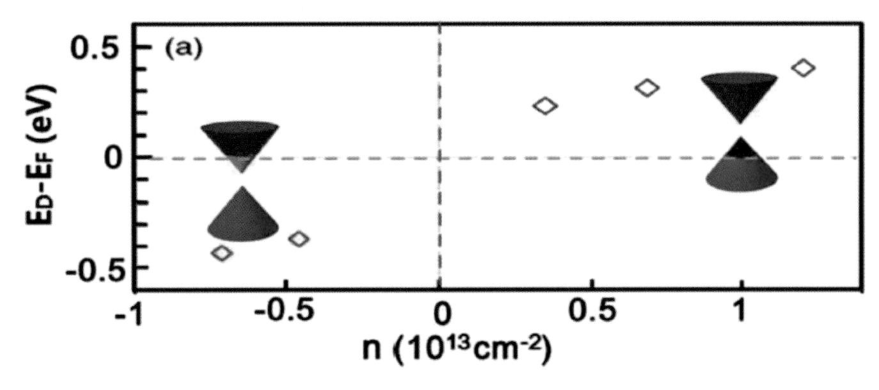

圖 4.3 外延單層石墨烯經電荷轉移摻雜的費米能階從導帶至價帶的位移 [45]

4.2.3 光學特性 [36]

石墨烯因其獨有的發光及光致發光淬滅（Photoluminescence quenching）特性，加上其良好的透光性能，單層石墨烯也可應用在生物學方面 [63]。我們可在化學修飾後的石墨烯發現光致發光（photoluminescence, PL）特性，Chiou 等人 [65] 發現，經氮摻雜後的石墨烯明顯地可增強 PL 放射光譜強度，如圖 4.4，且隨著氮摻雜的濃度越來越高，PL 強度也越來越強，還原氧化石墨烯的 PL 強度強弱與氮摻雜的吡啶氮（Pyridine N）含量多寡有關。

4.2.4 磁性特性[36]

高溫鐵磁石墨相關材料的發展，勾起了相關研究的熱潮。Yazyev 等人 [67] 演示石墨烯的磁性可通過空位缺陷或氫的化學吸附。電子捐贈體和受體、氫化相互影響的作用，會影響石墨烯的鐵磁特性 [68]。Du 等人 [69] 發表在還原氧化石墨（RGO）摻雜氮可增加磁化性質。圖 4.5(a) 顯示 NG-500 在 2K 和 300K 的磁化曲線（M-H），氮摻雜石墨烯及無摻雜原子的石墨烯並無鐵磁特性，在低溫下可觀察到遵守居里一外斯（Curie-Weiss）定律的順磁性行為。RGO 磁性為 0.312emu/g；NG-400 為 0.482emu/g；NG-500 為 0.514emu/g；NG-600 為 0.379emu/g；NG-700 為 0.246emu/g 而 NG900 為 0.173emu/g，如圖 4.5(c)（此處 400、500、600 及 700 為樣品合成溫度）。而磁特性的表現是因吡咯氮相對於石墨氮的比例變化產生。根據 Li 等人 [70] 的發現，對於自旋分布（Spin distributions）吡啶型（Pyridinic）和吡咯型（Pyrrolic）的氮摻雜，皆有顯著的效果。對於吡啶型的氮摻雜，不成對的自旋主要集中在石墨烯邊緣，且位在氮原子，由於在邊緣摻雜的自旋極化會被除去，因此在邊緣的自旋極化有著比吡咯型氮摻雜較小的影響。因此，增加吡啶型氮原子在石墨烯中的結構，可以增加石墨烯的磁性。而對於硼摻雜石墨烯，因硼的存在削弱了鋸齒狀石墨烯邊緣的磁性，經過理論計算，硼摻雜石墨烯的磁性表現普遍薄弱 [71]。

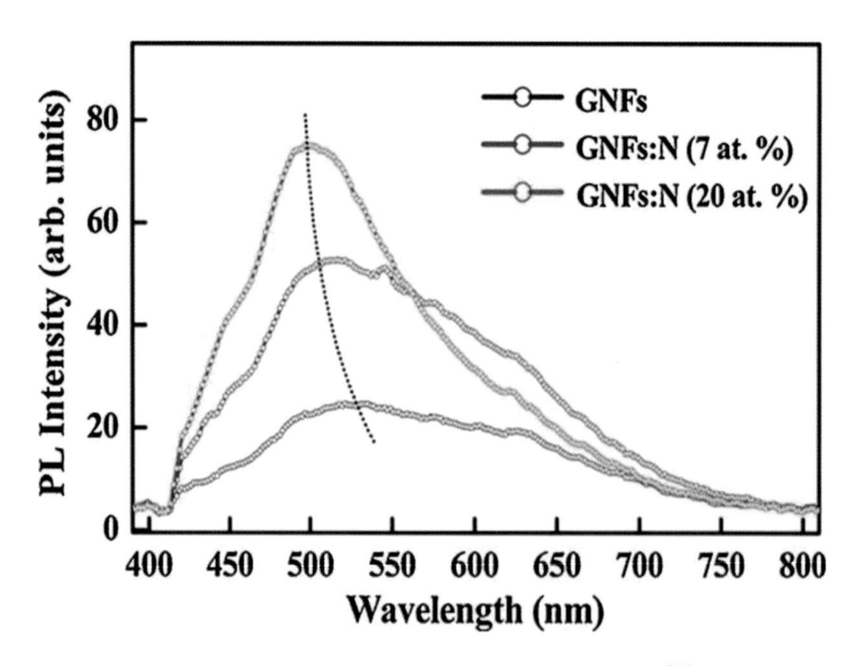

圖 4.4　石墨烯與氮摻雜石墨烯之光致放光光譜 [64]

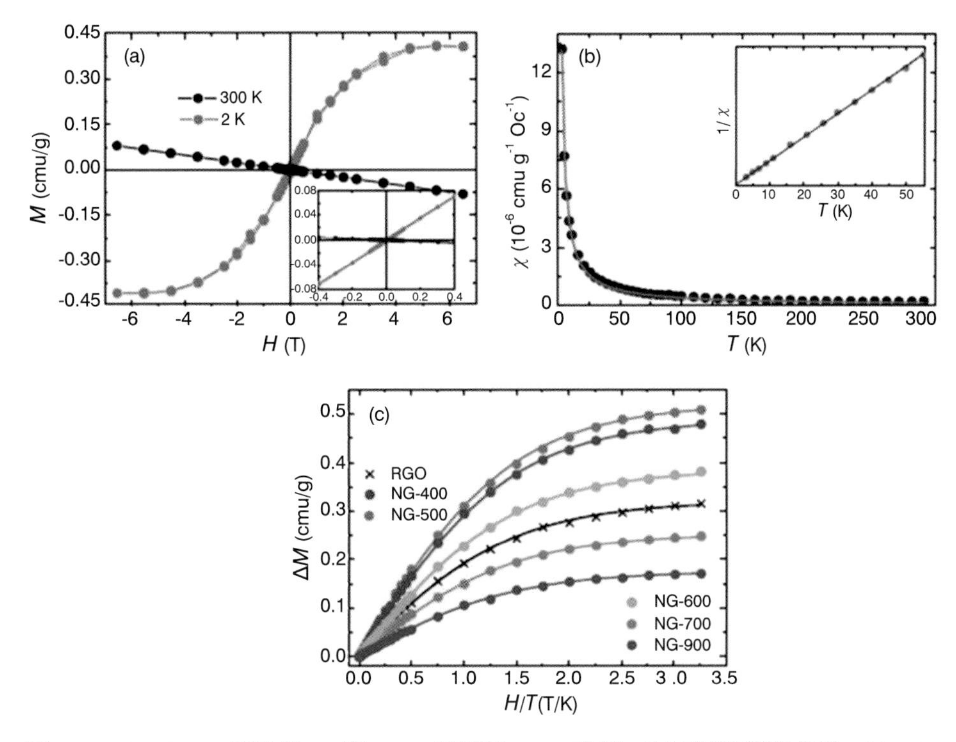

圖 4.5 (a) NG-500 在溫度 2K 和 300K 量測的 M–H 曲線，左下圖為磁性曲線；(b) NG-500 的 χ–T 曲線（環境 H = 3 kOe），實線由居里定律（Curie law）得 $1/\chi$–T 擬合而來；(c) 還原氧化石墨烯（RGO）和氮摻雜石墨烯（NG）在 2K 時，以 H/T 為函數繪製的 ΔM 值，實線區線由布里淵函數（Brillouin function）$J = 1/2$ 和 $g = 2$ 擬合而來 [69]

4.3 異質摻雜石墨烯之方法與製程技術

現今許多合成摻雜石墨烯的方法被開發出來，其中化學氣相沉積法（CVD）[72]、電弧放電（Arc discharge）法 [61]、氧化石墨的後處理（Graphite oxide post treatment）及電漿合成法（Plasma treatment synthesis），是目前最普遍使用的合成方法。在接下來的章節裡，我們將會詳細討論摻雜石墨烯的合成方法及重要技術的描述。

4.3.1 化學氣相沉積法（CVD）

化學氣相沉積是一種藉由基材暴露在熱分解的前驅物下，而使產物在高溫下沉積至基材表面上的化學過程。化學氣相沉積法有著許多優點，譬如高產率、高純度且產物可大規模生產，此外，透過參數可控制產物的型態、結晶度和形狀，然而利用 CVD 方法調控精確的原子級特性尚在開發中 [73]。在 2009 年，Liu 等人 [40] 第一個發表藉由 CVD 法合成氮摻雜石墨烯，其中氨氣及甲烷分別為氮和碳原子的來源，並以銅做為催化劑，他們利用 X 射線光電子能譜（X-ray photoelectron spectroscopy, XPS），發現氮原子與碳原子的共價鍵鍵結型式可分為石墨型（Graphitic）、吡啶型（Pyridinic）及吡咯型（Pyrrolic）（見圖 4.6），而藉由控制氨氣和甲烷的流量，可使氮的摻雜濃度高達 8.9 at.%。此外，他們將氮摻雜石墨烯應用在場效電晶體（FETs）上，發現其會表現出 n 型半導體行為，且擁有載流子遷移率為 200 ～ 450 $cm^2 \cdot V^{-1} \cdot s^{-1}$ 的電子特性。Saiki 等人 [74] 也利用 CVD 法合成氮摻雜石墨烯，在 Pt(111) 表面生長並成功地將反應溫度降低至 500℃，氮摻雜濃度為 4 at.%，吡啶分子破壞碳六圓環間的化學鍵結，並在形成石墨烯前分解成單個原子。

氮摻雜石墨烯的氮來源除了氨氣外，無利用價值的含氮生物廢棄物也可用來合成氮摻雜石墨烯，Garcı´a 等人 [75] 使用殼聚醣作為碳和氮的唯一來源，在玻璃、矽和石英基材上製備大面積單層或少數層的氮摻雜石墨烯。Shen 等人 [43] 則利用聚苯乙烯和硼酸作為固態前驅物，CVD 法合成大面積且單層的硼摻雜石墨烯。藉由調整前驅物，硼摻雜濃度可控制在 0.7 到 4.3at.% 間，且 BC_3 為主要的鍵結型態，其在改變石墨烯價帶結構及增加費米能階附近的狀態密度上，扮演了重要的角色。

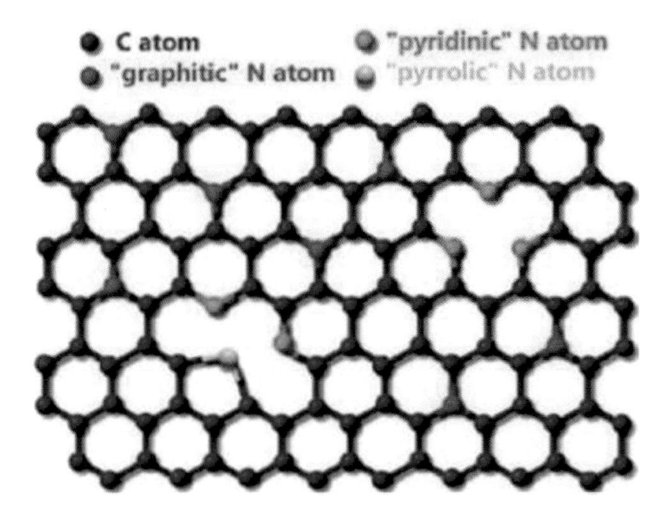

圖 4.6　氮摻雜石墨烯示意圖：藍色、紅色、綠色及黃色原子分別為碳原子、石墨型氮原子（Graphitic N）、吡啶型氮原子（Pyridinic N）和吡咯型氮原子（Pyrrolic N）[40]

應用在電極的氧化還原（Oxygen reduction reaction, ORR）電催化活性，三維的硼摻雜石墨烯電化學量測結果顯示，不僅電流產生能力高，穩定性及耐受性特性皆比未摻雜的石墨烯佳〔見圖 4.7(d)、(e)〕[76]。然而，對於硼摻雜石墨烯，普遍的兩種硼來源，三氧化二硼（B_2O_3）及硼酸（H_3BO_3）皆無法良好的控制硼摻雜石墨烯的生長，於是 Liu 利用苯硼酸（$C_6H_7BO_2$）作為碳原子及硼原子的來源、金屬銅薄片 CVD 法生長合成出硼摻雜石墨烯〔見圖 4.7(a) ～ (e)〕。此前驅物有益於硼摻雜石墨烯大規模、均勻且高純度的生長，其摻雜濃度為 1.5at.%。Some 等人[77]合成出硫及氮摻雜雙層石墨烯，他們發現硫原子因有較強的親核性及孤對電子給予能力，在場效應電晶體（FETs）的應用上，展現比氮摻雜石墨烯更穩定的 n 型摻雜。

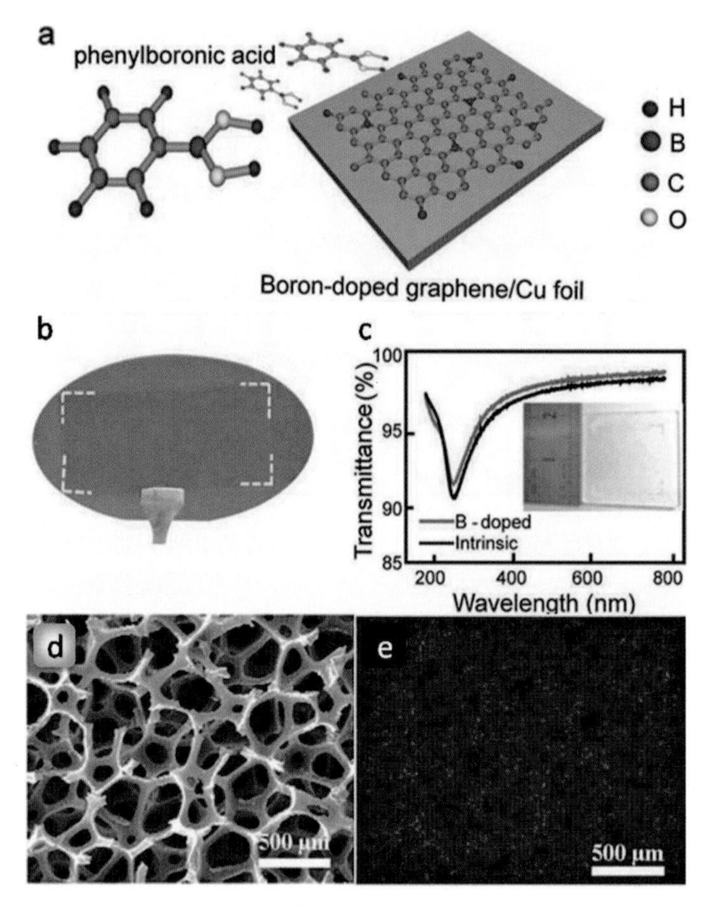

圖 4.7　(a) 利用苯硼酸作為碳和硼原子的來源，在銅薄片上 CVD 法生長硼摻雜石墨烯的示意圖：紅色、灰色、黃色和綠色球體分別代表硼、碳、氧及氫原子；(b) 與在矽／二氧化矽基材上的硼摻雜石墨烯照片比較；(c) 硼摻雜石墨烯與原始石墨烯在石英基材上的紫外光透射光譜（UV-vis transmittance spectra）比較 [78]；(d) 硼摻雜石墨烯的掃描式電子顯微鏡（Scanning electron microscope, SEM）照片及對應 (e) 的 X 射線能量散射儀（Energy-dispersive x-ray spectroscopy, EDX）針對硼的定量分析 [76]

4.3.2 電弧放電法

電弧合成石墨烯其主體主要包括兩個電極和鋼材反應室，在維持高電壓、大電流並通入氫氣、氨氣或氦氣的氣氛下，當兩個石墨電極靠近到一定程度時，會產生電弧放電，在陽極附近可收到 CNTs 以及其他形式的碳物質，而在反應室內壁區域可得到石墨烯 [79]，電弧放電法已被廣泛使用在製備大規模、高產率、高純度的奈米碳管（Carbon nano-tubes）及富勒烯（Fullerene）上，其過程與製備石墨烯相似 [22]。Liu 等人透過電弧放電法，以石墨為碳源、氧化鋅或硫化鋅為催化劑及三聚氰胺為氮源，合成出高達克重的高質量氮摻雜石墨烯，其中氮摻雜濃度為 4.92at.%。Chen 等人 [81] 研究出利用氰尿酰氯（Cyanuric chloride）和三硝基苯酚（Trinitrophenol）為反應物，大規模製備摻雜濃度高達 12.5at.% 的氮摻雜石墨烯，其摻雜量高過一般方法。Panchakarla 等人 [37] 也利用電弧放電法，順利合成出氮摻雜石墨烯，將兩片石墨電極放置氫氣、氦氣及氨氣或吡啶蒸氣的氣氛中，由電子能量損失光譜（Electron-energy loss spectroscopy，EELS）發現，此方法可製備出數層（約 3～4 層）氮原子含量為 1～1.4at.% 的摻雜石墨烯。如圖 4.8 為氮摻雜石墨烯在原子力顯微鏡（Atomic force microscopy, AFM）及穿透式電子顯微鏡（Transmission electron microscope, TEM）下的照片。電弧放電法可藉由選擇不同氣體環境來決定摻雜何種原子，例如硼摻雜石墨烯，可由氫氣及乙硼烷混和氣體（B_2H_6）製備出來 [82]。

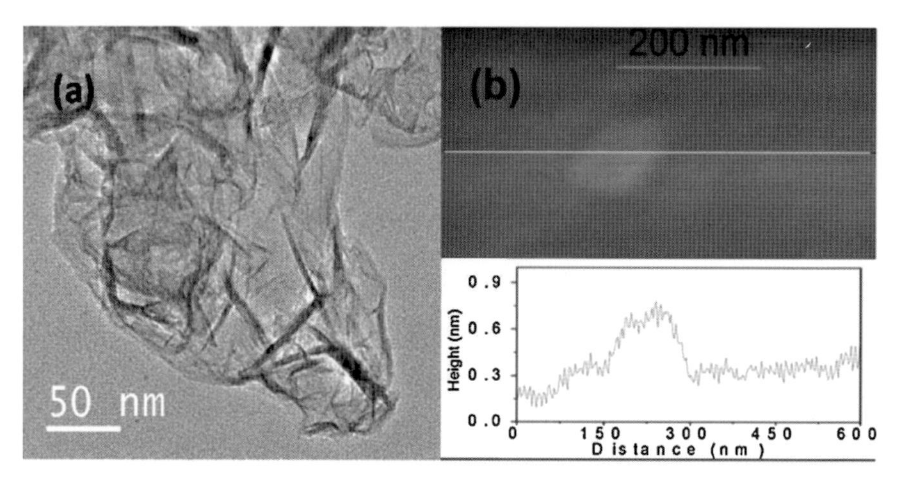

圖 4.8　氮摻雜石墨烯之 (a) TEM 和 (b) AFM 照片 [37]

4.3.3 氧化石墨烯還原法

氧化石墨烯（Graphene oxide, GO）還原法是其中一種製備高產量的石墨烯 [83]，目前有許多方法可還原氧化石墨烯，譬如高溫鍛燒、濕室化學法、電漿處理法等等，氧化石墨烯是由強氧化劑氧化鱗片石墨而獲得石墨衍生物，此方法早已使用超過 50 年，且可製備出克級甚至公斤級的高產量氧化石墨烯。氧化官能基有許多種，包括醚（-O-）、羥基（-OH）、醛基（-CHO）、羧基（-COOH）等等，可在 GO 表面或與碳鍵結在 GO 中，如能將異質原子取代這些氧化官能基，我們不僅可以獲得高濃度的摻雜石墨烯，還可以同時還原 GO[22]。Dai 合作團隊 [38] 利用高溫燒結，在通入氨氣氣氛下還原氧化石墨烯，製備氮含量為 5 at.% 的摻雜石墨烯，其溫度變因控制在 300 到 1000℃間，摻雜含量取決於燒結溫度及石墨烯邊緣的氧化官能基種類。Wen 等人 [84] 也利用熱還原 GO 並同時混合氨腈（Cyanamide）製備氮摻雜石墨烯，當鍛燒溫度為 900℃時，可合成出 9.96at.% 摻雜濃度的石墨烯（見圖 4.9）。所得到的孔

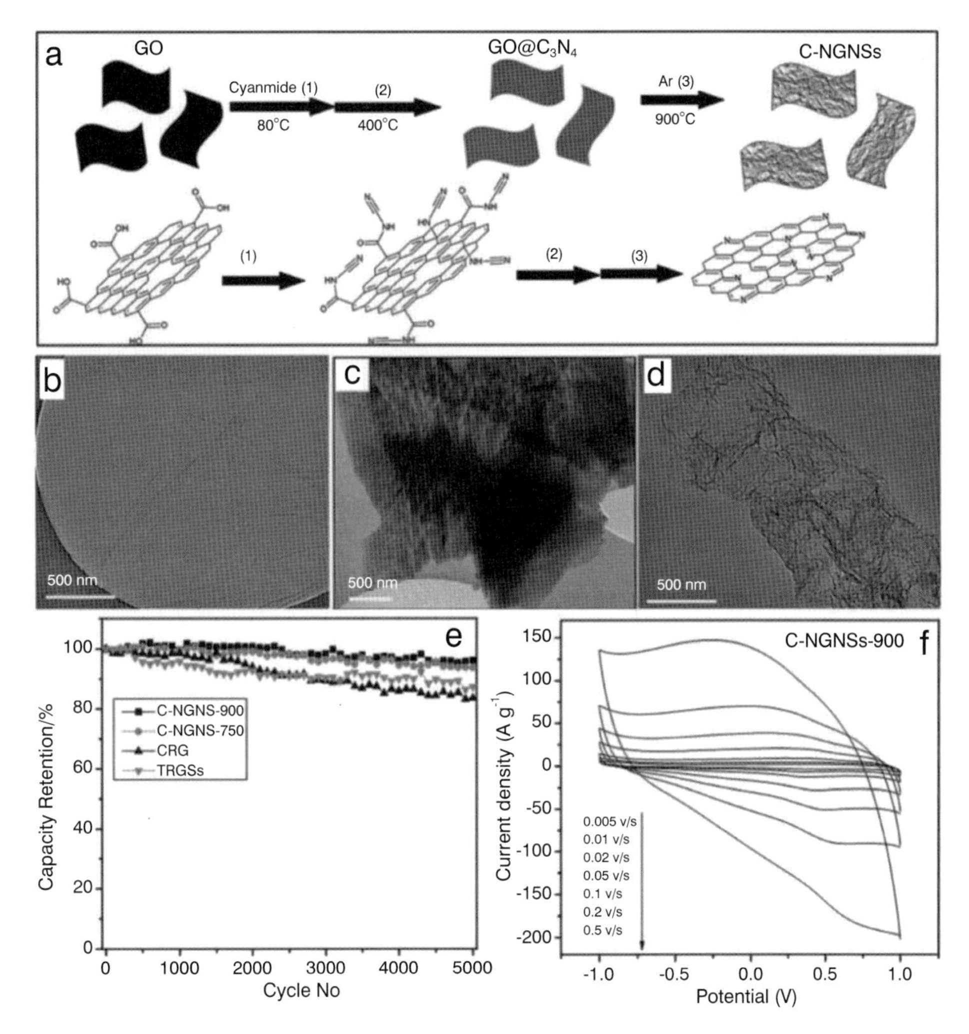

圖 4.9 (a) 製備氮摻雜石墨烯的流程圖；(b) GO 的 TEM 照片；(c) GO@p-C3N4；(d) C-NGNSs-900；(e) 在不同電位掃描速率的石墨烯的電容量維持率（5000 週期）；(f) 燒結溫度為 900℃的氮摻雜石墨烯在 6.0 M 的氫氧化鉀溶液之循環伏安曲線（Cyclic voltammetry, CV），其掃描速率分別為 −1.0 及 1.0V [84]

徑大小為 $3.42cm^3g^{-1}$，並有著多皺的表面型態，將此氮摻雜石墨烯應用在超級電容器的電極上，發現其具備高電容量、優異穩定特性（在

5000 個週期後，依然維持 96.1% 的效率）。Khai 等人 [85] 使用硼酸及 N-二甲基甲醯胺（N-dimethylformamide）為前驅物，高溫還原 GO，也成功製備硼摻雜石墨烯。Huang 等人 [86] 利用高溫還原 GO 法製備高催化特性的硫（S）和硒（Se）摻雜石墨烯，其前驅物分別為苄基二硫化物（Benzyl disulfide）及二苯基聯硒化物（Diphenyl diselenide）。對於應用在氧化還原（ORR）反應上，摻雜石墨烯具備高穩定性且對甲醇有良好的耐受性，甚至能比市售 Pt/C 材料更優越。Zhang 等人 [87] 以三苯基膦（Triphenylphosphine，TPP）為前驅物，利用高溫還原 GO，成功合成出磷含量為 1.81at.% 的摻雜石墨烯（見圖 4.10）。此材料在 ORR 反應上，也表現出良好的活性及穩定性，這使得摻雜石墨烯在 ORR 應用上具備了巨大的潛力。

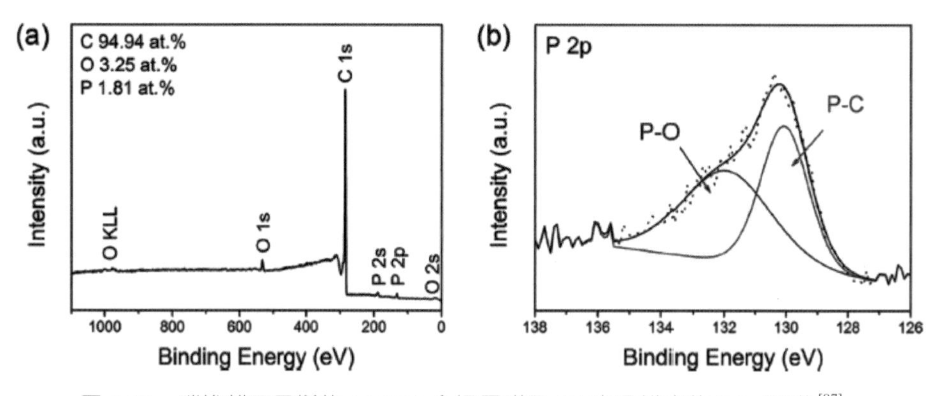

圖 4.10　磷摻雜石墨烯的 (a) XPS 全掃圖譜及 (b) 高分辨率的 P 2p 圖譜 [87]

Wu 等人 [88] 使用水熱法還原 GO，在 180℃反應 12 小時，製備出氮、硼共摻雜石墨烯，如圖 4.11。氮硼共摻的石墨烯氣凝膠應用在固態超級電容器上，不僅可降低裝置的厚度，同時也具備極高的比電容、良好的倍率性能及增強能量密度或功率密度。

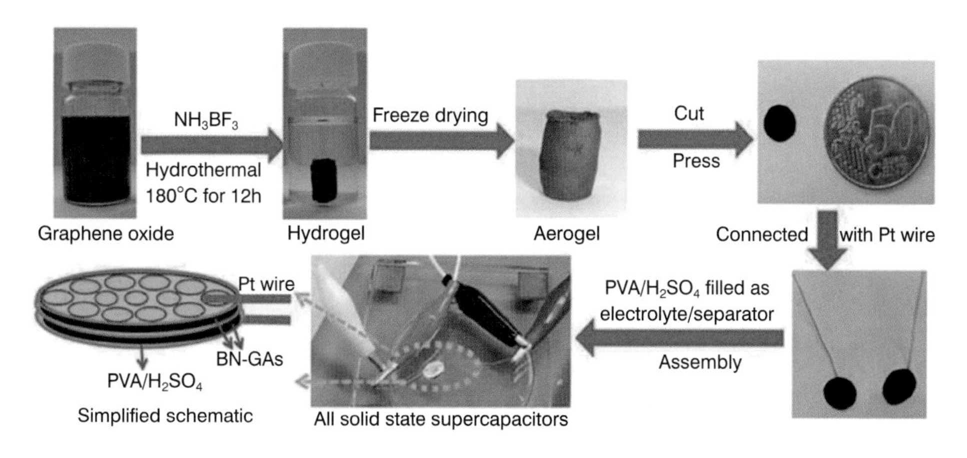

圖 4.11　由水熱法反應的硼摻雜石墨烯製備固態超級電容器的流程示意圖 [88]

電漿處理也提供一個簡單的改質材料表面方式，且可引入不同原子、基團在分子材料表面 [89]。Li 等人 [90] 利用電漿反應，並在氮氣氣氛下還原 GO，可快速製備氮摻雜石墨烯。藉由控制暴露在電漿下的時間，氮摻雜含量可達 0.11 ～ 1.35at.% 之間，此氮摻雜石墨烯在減少過氧化氫和降低葡萄糖生物感測的濃度低至 0.01mM 時會有的干擾，表現出優良的電催化活性。Lee 等人 [91] 在電漿處理三甲基硼（Trimethylboron）離子氣氛下，成功合成出硼摻雜石墨烯，如圖 4.12(a) 至 (e)，藉由調控離子反應時間，可控制硼原子摻雜含量在 0 至 13.85at.% 之間，且隨著摻雜量上升，可控制其能隙 0 至 0.54eV，改變了石墨烯的電子傳輸特性。此外，儀器分析顯示硼摻雜石墨烯為典型的 p 型導電型、擁有高於 100 的開關電流比 [22]。

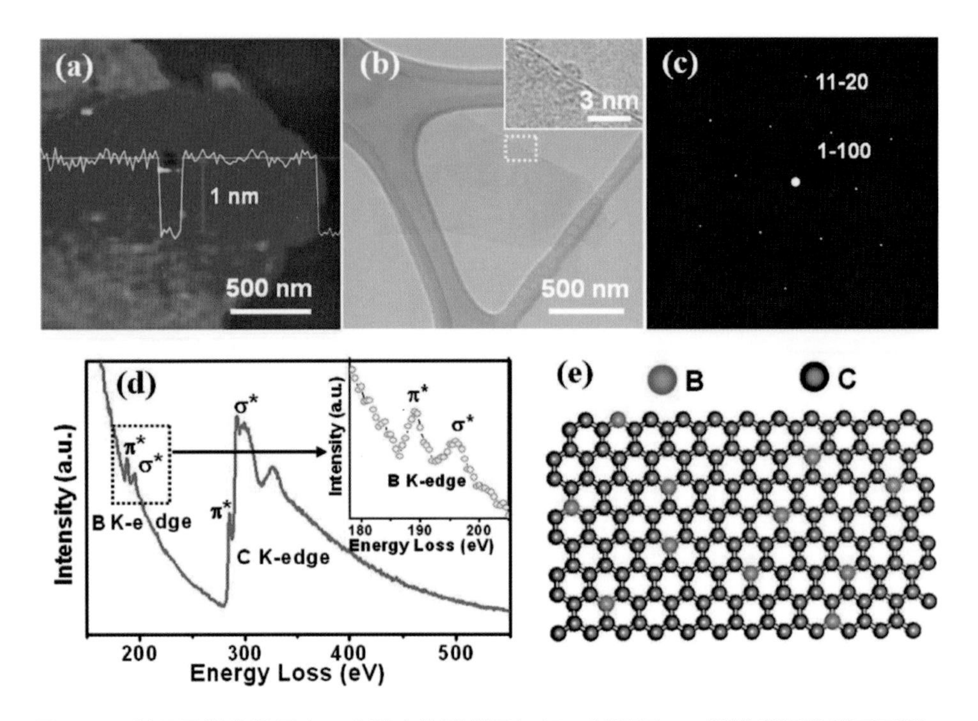

圖 4.12　利用電漿處理反應 5 分鐘產生硼離子氣氛，以還原 GO 製備出硼摻雜石墨烯：(a) 典型的 AFM 硼摻雜石墨烯圖像；(b) 摻雜石墨烯的 TEM 及 HRTEM 圖像；(c) 對照選區繞射（Selected area diffraction, SAED）圖譜；(d) 摻雜石墨烯的電子能量損失能譜（Electron energy loss spectrum, EELS；(e) 硼摻雜石墨烯結構示意圖，摻雜濃度為 6.8 at.%[91]

4.4 異質摻雜石墨烯之應用

接下來的章節將強調如何經由化學摻雜改質石墨烯以優化材料特性及裝置性能，並列出摻雜石墨烯之相關應用。

4.4.1 燃料電池電催化應用

燃料電池是一種電化學能量轉移裝置，主要透過氧或其他氧化劑進行氧化還原反應，把燃料中的電化學能轉換成電能的電池，必定包含一個陽極、一個陰極及電解質，讓電荷通過電池兩極 [92]。現今普遍使用白金、鉑（Pt）作為氧化還原（ORR）反應的催化劑，然而，商用白金因其稀有、隨時間變化的漂動（Drift）及易被反應所產生的一氧化碳毒化，使燃料電池功能下降 [92]，因此開發出鉑基 [93、94] 等金屬催化劑，如金（Au）和鈀（Pd）[95、96]，而石墨碳材非金屬催化劑因其耐久性高、成本低且 ORR 活性高，近來成為一個極具潛力的替代材料 [97]。未經改質的純石墨烯因電催化活性太低，使用異質摻雜可優越 ORR 催化劑的活性 [86、98-102]，甚至能與白金催化劑抗衡。Zhang 等人 [103] 提出在酸性環境中氮摻雜石墨烯表現出 4- 電子的 ORR 機制反應。Qu 等人 [100] 也發現，氮摻雜石墨烯存在典型的一步驟 4- 電子 ORR 機制反應，此與以白金作為催化劑的 ORR 機制反應相似〔見圖 4.13(a)〕。原始未摻雜石墨烯的結果則與此相反，在較低電位時，表現出兩步驟、2- 電子 ORR 機制反應。另一方面，在 −0.5V 的 ORR 反應中，擴散控制區會形成 10% 過氧化氫，低比例的過氧化氫表示整個 ORR 反應為 4- 電子還原過程 [104]。

Dai 團隊 [100] 研究出氮摻雜石墨烯在 ORR 反應中，擁有比 Pt/C 催化劑更高的電流密度，且在鹼性溶液為 4- 電子反應，也展現在操作 20 萬次後，氮摻雜石墨烯材料仍呈現出對一氧化碳良好的耐受性。Shao 等人 [101] 發現，電漿處理氮摻雜石墨烯對氧還原，比未摻雜的石墨烯在鹼性環境下擁有更高的電催化活性，而 ORR 的過電位隨著氮摻雜石墨烯的電催化活性提升而降低，雖然不比 Pt/C，但有著比白金材料更好的耐用性。

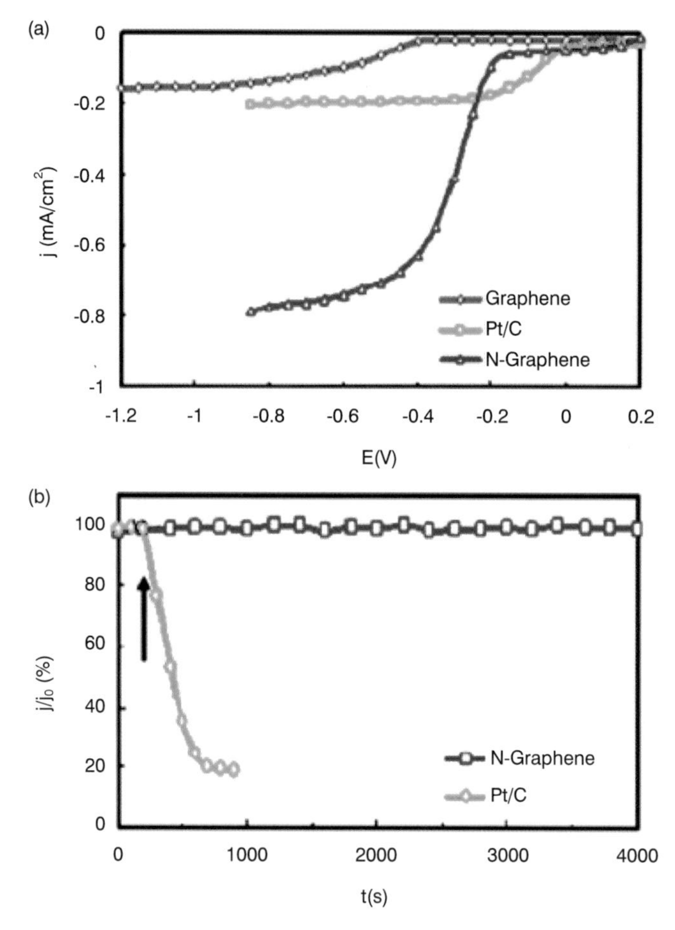

圖 4.13　(a) 不同電極的 ORR 反應在飽和空氣 0.1M 的氫氧化鉀旋轉環盤電極儀（Rotating ring disk electrode rotator, RRDE）伏安分析圖，其中紅色代表石墨烯、綠色為 Pt/C 、藍色為氮摻雜石墨烯，掃描速率為 0.01V · s^{-1}，電極旋轉速率為 1000 rpm；(b) Pt/C 及氮摻雜石墨烯對一氧化碳感應電流隨時間變化的指標，箭頭表示在 −0.4 V 時加入 10%（v/v）的一氧化碳 [100]

不僅氮摻雜，硼摻雜石墨烯在鹼性環境對氧化還原反應上，也展現出良好的電催化活性，三維硼氮共摻石墨烯對 ORR 反應展現優越的催化活性 [76]，此外，非金屬硼摻雜石墨烯催化劑擁有極高的穩定性，且對一氧化碳耐受性更優於以白金為材料的催化金 [105]。Sheng 等人製備硼摻雜石墨烯，並應用在燃料電池 ORR 反應，發現在鹼性環境下，其電催化活性與白金催化劑相似。如圖 4.14，顯示出一個兩步驟 2- 電子途徑反應，由原始未摻雜石墨烯作為氧化還原過程的催化劑，其中間產物為離子。而石墨烯經硼摻雜後做為電極則屬於一步驟 ORR 反應，與白金電極相同，其開始電位為 −0.05V，比純石墨烯高出約 100mV，此外，硼摻雜石墨烯的還原電流高於純石墨烯。由開始電位的正位移及 ORR 還原電流的上升，顯示出硼摻雜石墨烯擁有比純石墨烯更高的電催化活性，可能原因為硼摻雜石墨烯擁有更快的動力學反應，每個氧分子的電子轉移數目比純石墨烯多。因此，摻雜硼原子在石墨烯結構中，可調控石墨烯的電子結構，進而提升 ORR 的電催化特性。

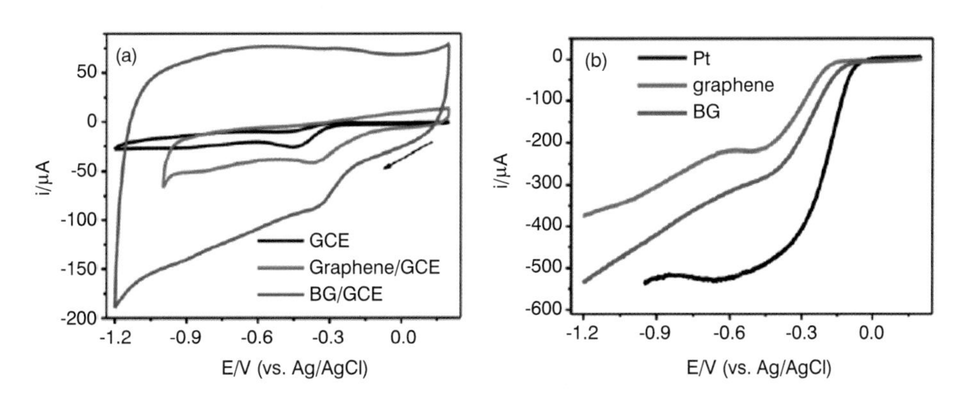

圖 4.14　(a) 不同材料在 ORR 的 CV 曲線中，黑色線代表玻碳電極（Glassy carbon electrode, GCE）、紅色線為純石墨烯及藍色線代表硼摻雜石墨烯（掃描速率為 100mV · s^{-1}）；(b) 不同材料在 ORR 的線性循環伏安虛線（Linear sweep voltammetric curves, LSVs）黑色線為 Pt 電極、紅色線為純石墨烯及藍色線代表硼摻雜石墨烯，RRDE 轉速為 1200rpm [105]

Zhou 等人 [106] 合成出三種銀／還原氧化石墨烯（Ag/rGO）奈米複合材料（其中一種摻雜氮原子），以討論其原子結構及電催化 ORR 反應的特性。結果顯示 Ag/N-rGO 在 ORR 反應表現出優良特性，包括開始電位高和高電流密度，優於未經氮摻雜的 Ag/rGOs。詳細的電化學分析指出，Ag/N-rGO 的 ORR 反應機制異於 Ag 及 N-rGO，因 Ag-N 之間的鍵結改變了氮摻雜石墨烯的電子結構。這使得 Ag/N-rGO 在燃料電池的應用上具備極大的潛力，包括成本低廉、效率及活性高等等。

有助於 ORR 反應活性的確切摻雜結構至今尚未定論 [107-109]，近期理論學說 [110] 及實驗結果 [108] 顯示，針對摻雜氮原子，吡啶型氮原子比石墨型原子活性還低，吡啶型氮原子的孤對電子與氧分子會有排斥作用，此排斥力降低了碳與氧分子的有效極化作用 [108]。而摻雜比碳原子電負度更低的原子，譬如硼（2.04）、磷（2.19）、硫（2.58）等，也可因相似的鍵結，在 ORR 反應中表現出高活性特性 [105、111-113]，因這些異質原子皆帶正電，易發生氧分子的化學吸附 [114]。

4.4.2 鋰離子電池

鋰離子電池（Lithium-ion batteries, LIBs）因其高能量、功率密度、良好的循環壽命、高可逆電容量及優越的儲存特性，近幾年逐漸成為主要的電池技術。碳電極在電性能中扮演了重要的角色 [36]，雖然石墨烯材料可以低充電速率達到高可逆電容量（1013 ～ 1054mA·h/g）[115]，但在高充放電速率部分（≥ 500mA/g）仍然存在著限制 [116]。因此，許多研究意圖利用摻雜石墨烯裝置達成在高充放電速率時，同時存在著高可逆電容量。

圖 4.15(a) 顯示出摻硼石墨烯的費米能階互相擠壓至價帶，因而創造出分布在硼原子附近的缺陷區域 [117]。此硼摻雜改變了電子組態，達到更高的鋰離子吸收效率，且最穩定的鋰原子向硼原子位移〔見圖 4.15(b)〕[117]。

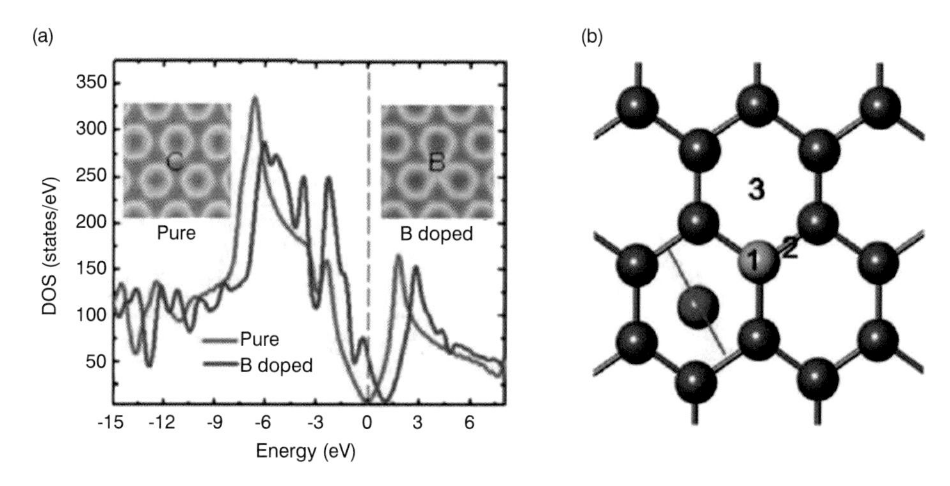

圖 4.15 (a) 純石墨烯及摻硼石墨烯的 DOS 分析，沿著石墨烯表面的電子密度等高線圖，分別為左右兩側小圖；(b) 鋰離子在摻硼石墨烯的吸收示意圖，1、2 和 3 分別代表三種對稱：頂部、原子鍵結間及六圓環中心 [117]

Ajayan 及其團隊 [118] 利用 CVD 法，將摻氮石墨烯沉積在銅箔上，並發現應用在鋰電池上具備高可逆放電容量，此現象可歸因於石墨烯經氮原子摻雜所創造出的缺陷。Ai 等人 [119] 開發了一種新穎方法，利用熱處理 GO 合成氮硫共摻石墨烯，其獨特的結構和氮硫原子共摻雜的協同效應，因具備超高可逆電容量、優越的倍率性能及長久的循環壽命，使其成為鋰離子電池的優良陽極材料（如圖 4.16）。氮摻雜石墨烯在第 100 圈及 501 圈分別擁有 452mAh/g 和 684mAh/g 的電容量，與純石墨烯或市售陽極石墨相比，摻氮石墨烯電化學性能優越兩者許多。摻氮石墨烯氮含量為 3at.%，第一圈存在 1043mAh/g 可逆電容量與第 30 圈存在 872mAh/g 電容量，皆分別比純石墨烯的 955mAh/g 及 638mAh/g 電容量高 [120]。

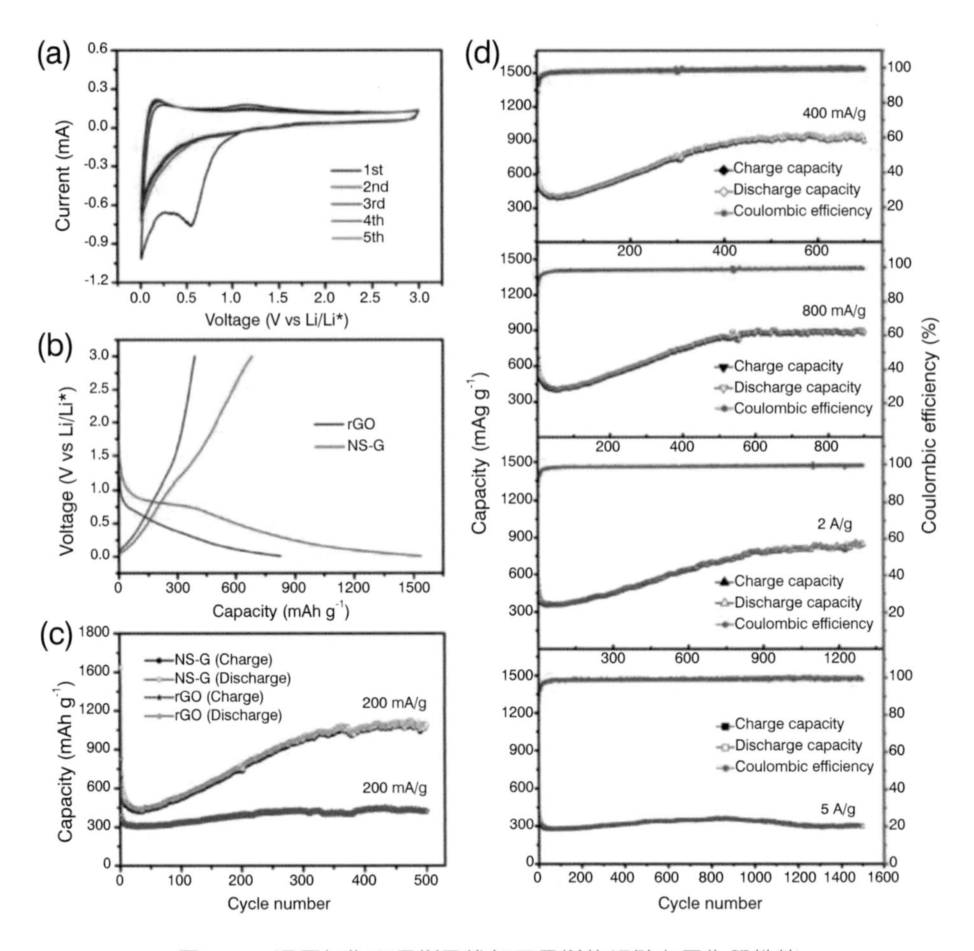

圖 4.16　還原氧化石墨烯及摻氮石墨烯的鋰儲存電化學性能

(a) 摻氮石墨烯的循環伏安（CV）曲線，掃描速率為 0.5mV · s^{-1}；(b) rGO 與摻氮石墨烯初始充放電電壓與電容量曲線，電流密度為 200mA · g^{-1}；(c) rGO 與摻氮石墨烯電極的循環性能，電流密度為 200mA · g^{-1}；(d) 摻氮石墨烯在不同速率下的電容量 [119]

開發鋰離子電池的一大挑戰，是要同時實現高功率及高電容量特性，快速的充放電速率從幾分鐘至幾秒也是一大目標。Wu 等人 [116] 發現，石墨烯摻雜硼或氮原子作為鋰離子電池陽極的材料極具潛力，因其在快速充放電狀態下，仍能保持高能量、高功率的特性。摻雜後的石墨烯在低速率 50mA·g^{-1} 展現出高可逆電容量 > 1040mAh·g^{-1}，更重要的是，它可在短時間（低至 1 小時到數十秒）快速地充放電，且具備高倍率性能和循環壽命長的優點。他們認為，石墨烯獨特的二維結構、無序的表面形貌和異質原子摻雜造成的缺陷，增進了導電性及熱穩定性，快速的鋰離子表面吸收與極快的鋰離子擴散，使摻雜碳材優於質樸未摻雜的化學衍生石墨烯等碳材。

Xu 等人 [121] 研究出簡單的球磨技術，製備石墨烯奈米片邊緣摻雜硫原子，同時結合物理及化學步驟的反應為低成本、可擴展且環保的製程，並實際應用在高效率的鋰硫電池陰極材料上。摻硫石墨烯由前驅物石墨、硫含量分別為 30wt.%、70wt.% 球磨而成，在 0.1C 具備高起始可逆電容量 1265.3mAh·g^{-1} 及優越的倍率性能，其次是在 2C 的 966.1mAh·g^{-1} 電容量，且在 500 圈後，每圈 0.099% 的低衰退率，是一極優越的鋰硫電池正極材料。

4.4.3 超級電容器

電化學電容器可應用在許多領域，譬如動力汽車、移動電子設備和電源供應裝置，因其擁有高功率及能量密度、循環壽命長，且符合成本效益 [122]。以奈米碳材為材料的超級電容器，因表面積大且導電率佳，表現出優越的電容特性，而石墨烯擁有在室溫下極高的電子遷移率且表面積非常大，因此成為極具潛力的材料 [123]。

異質摻雜因為電子結構和表面能量的改變，對於石墨烯電荷的儲存能力有著強烈影響 [124、125]。Lee 等人 [124] 發現，摻氮石墨烯由於導電率及潤濕性的上升，可提升石墨烯膜的孔洞性能 [97]。超級電容器的能量密度可藉由有機溶劑或離子性液體作為電解質提升 [126]。在電漿處理下生成的摻氮石墨烯，於有機電解液中（1M 四乙基四氟硼酸銨乙腈溶液）比未摻雜的石墨烯展現 4 倍高的電容，且 10 萬圈後仍維持的高超穩定性 [125]。Jeong 等人 [125] 透過密度泛函理論（Density functional theory，DFT），計算出石墨烯摻雜氮時，針對在石墨烯表面的電解質離子可提升其離子結合能（Binding energy），而吡啶型氮原子有著最高值。由於此種結合能的提升，摻氮石墨烯表面可容納更多離子，進而擁有較高的電荷儲存容量。基於此種理論預測，他們利用摻氮石墨烯製造出可穿戴式的超級電容器〔見圖 4.17(a)〕，且不論電解質種類，摻氮石墨烯的電容量值比起未摻雜石墨烯高出 4 倍〔見圖 4.17(b)〕。

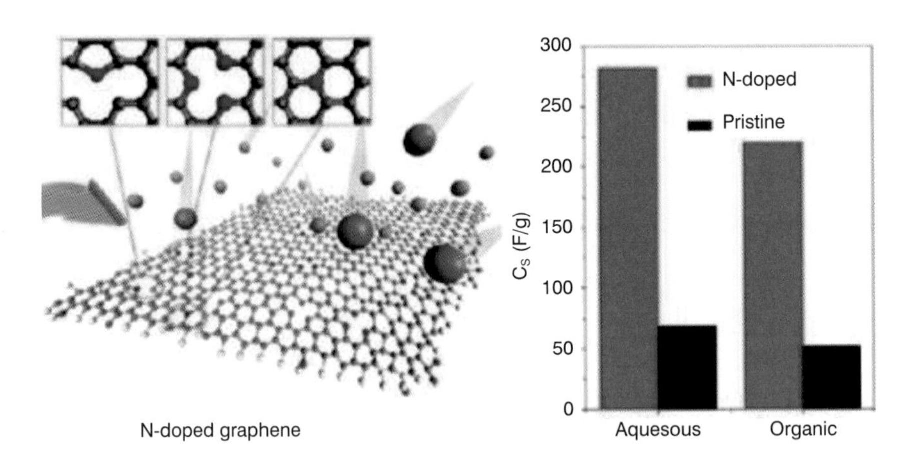

圖 4.17　(a) 由電漿處理在氮氣氣氛下製備而成的氮摻雜石墨烯示意圖；(b) 摻氮石墨烯與未摻雜石墨烯的電容特性 [125]

氮摻雜石墨烯氣凝膠在 3A/g 時具備 308F/g 的電容 [128]。研究發現，隨著氮摻雜量的增加，電容量亦會提升 [108]。Yanget 等人 [129] 利用水合肼（Hydrazine hydrateand）在氨氣氣氛下，高溫還原氧化石墨烯，製備摻氮石墨烯。此摻雜石墨烯在 0.5A/g 的電流密度展現了 144.9F/g 的電容量，當功率密度為 558W/kg 時，可獲得的最大能量密度 80.5Wh/kg。摻硼石墨烯也可由「炒冰」（Fried ice）的方法製成，並在電解質 2M 硫酸溶液中存在 281F/g 的電容量 [130]。Hen 等人 [131] 利用還原氧化石墨烯製備出硼摻石墨烯，其硼含量為 1.1at.%，此材料具備466m^2/g的高表面積及200F/g電容量、大於4500圈的良好循環壽命。

Wu 等人 [88] 利用氮、硼共摻雜石墨烯氣凝膠，製備出一個簡易且高性能的固態超級電容器，此裝置具有電極－隔膜－電解質一體化結構，石墨烯氣凝膠扮演不須添加劑或黏合劑的電極，聚乙烯醇（PVA）與硫酸凝膠則為固態電解質隔板。Han 與其團隊 [131] 在硼烷－四氫呋喃（Borane-tetrahydrofuran）的複合物下還原氧化石墨烯，製備出大規模硼摻雜石墨烯，並將此摻雜石墨烯應用在超級電容器的電極上。摻硼石墨烯具備466m^2/g高表面積，在電解水溶液中，具有200F/g高電容量、在 4500 圈後仍維持良好穩定性等優異應用於超級電容器的特性。他們研究兩至三個電極電池測量結果，表明在硼摻石墨烯的儲能能力，是由於離子在石墨烯片上的吸附造成。Qiu 等人 [129] 演繹高溫熱氮化還原氧化石墨烯製備摻氮石墨烯，其具備高導電率（1000 ～ 3000S·m^{-1}），是因石墨烯中形成的 C-N 鍵結及摻雜氮原子。即使無碳添加劑，由摻氮石墨烯製成的超級電容器電極可在高電壓下（範圍為 0 ～ 4V）依舊保持卓越的電力，彎曲的摻硼石墨烯片也顯示出優越熱穩定性，且當組裝成薄膜具備多孔特性，這些性能恰恰符合超級電容器所需要的電子特性，因此摻氮石墨烯應用在超級電容器是一個理想的材料。

4.4.4 場發射應用

場發射應用（Field emission, FE），已被各種低維度奈米碳材廣泛開發。譬如無定型碳薄膜 [132]、單壁或多壁奈米碳管（CNTs）[133]、管狀石墨錐體 [134]、垂直排列的奈米壁 [135]、數層石墨烯奈米片 [136、137] 和近期的石墨烯及摻雜改質石墨烯 [138、139]。雖然石墨烯在場發射應用已屬高效率，研究表明異質摻雜，例如氮原子，可進一步降低量子穿隧效應（Tunneling effect）及電子所需穿透的位能障（Potential barrier），從而降低開放電場及增加電子發射電流 [140、141]。Palnitkar 等人 [139] 在氫氣氣氛中利用電弧放電法製備氮及硼摻雜石墨烯，並研究其場發射應用。如圖 4.18，他們發現摻雜氮及硼原子的石墨烯在電流發射密度 $10\mu A/cm^2$ 具有較低的接通電場（Turn-on fields），分別為 0.6V/μm 和 0.8V/μm。Sharma 等人 [142] 製備摻雜材料，其顯示出優異的場發射電流穩定性為 3 小時（維持電流為 1μA），且發射點（Emission spots）的數目和微小點（Tiny spots）的數目不會隨電流時間的量測改變。Tanemura 團隊 [143] 利用穿透式電子顯微鏡（Transmission electron microscopy，TEM）分析摻氮石墨烯的場發射特性，摻氮石墨烯的接通電場大小，較原始石墨烯低，要產生 1nA 電流，摻硼石墨烯與未摻雜石墨烯其接通電場分別需要 110V、230V，此結果是因氮摻雜石墨烯具備較好的導電性。

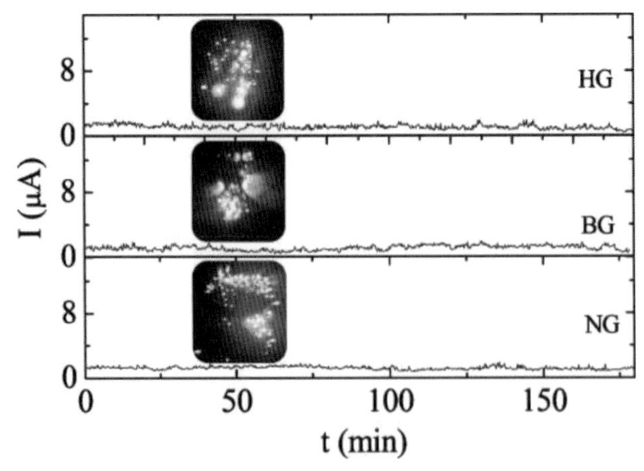

圖 4.18　不同材料的電流穩定性，分別為純石墨烯（HG）、摻硼石墨烯（BG）、摻氮石墨烯（NG），圖中分別對照三個場發射圖譜 [139]

Kim 等人[144]將三本基磷溶液塗在石墨烯上，接著在 250℃溫度下烘乾 20 秒，成功製備出 n 型摻磷石墨烯場效應電晶體（Field effect transistor, FET），由於孤對電子的給電子能力，n 型摻硼石墨烯比起摻氮石墨烯，在氧氣中展現更高的穩定性。石墨烯可以做為電極和有機半導體間的緩衝層，以提高有機場效應晶體館的性能（Organic field effect transistors, OFETs）[145、146]。石墨烯的反應機制與銀或銅電極相似，此外，石墨烯的分子結構類似於有機半導體，例如五苯（Pentacene）與石墨烯間 π-π 的鍵結非常強，這些原因導致低載流子注入阻擋層及裝置的優越性能。Zheng 等人[147]由微波輔助火花（Microwave-spark assisted reaction）、超音波反應製備氯（Cl）及溴（Br）摻雜石墨烯，氯及溴原子與石墨烯以共價鍵鍵結，其摻雜含量分別為 21at.% 及 4at.%。摻氯石墨烯應用在 OFETs 電極上，展現比 GO 或金電極更好的穩定性，此外，石墨烯鹵化物也可與其他有機官能基團反應，進一步提供新穎的方法，作為多種潛在應用的石墨烯衍生物。

4.4.5 複合材料

複合材料是由兩種以上的原料製成，並演繹了從單個原料分化的協同特性[97]，由於分子尺度的尺寸和奈米碳管、石墨烯的大小、形狀不一，用於複合材料的碳材會傾向使用滲流閾值小的材料[148-151]。此外，石墨烯可結合新特性於複合系統，例如高導電、導熱特性[152-156]及透光度[2、157-159]，可被應用在電磁屏蔽[160、161]、熱管理系統[162-164]及透明導電電極[165-167]。然而，石墨烯的分子級尺寸使其難以在勻相溶液裡分散，因此需要利用化學摻雜來改變碳材特性[168-171]。Gopalakrishnan 等人[172]將二氧化鈦奈米粒子與硼、氮摻雜石墨烯合成，展現對光降解的染料選擇性。其機制可能涉及電子在二氧化鈦奈米顆粒的光激發，隨後通過傳遞到石墨烯，染料分子的吸附與石墨烯是以 π-π 作用及電荷轉移相互作用（見圖 4.19）。因此具備有較強的給電子作用染料，會與摻硼石墨烯（B = 3at.%）有較強的作用力，而對於較弱的給電子作用染料，則會與摻氮石墨烯（N = 1.2at.%）有較強的作用力。因此石墨烯的電子結構在光降解動力學裡，扮演了相當重要的角色 [36]。

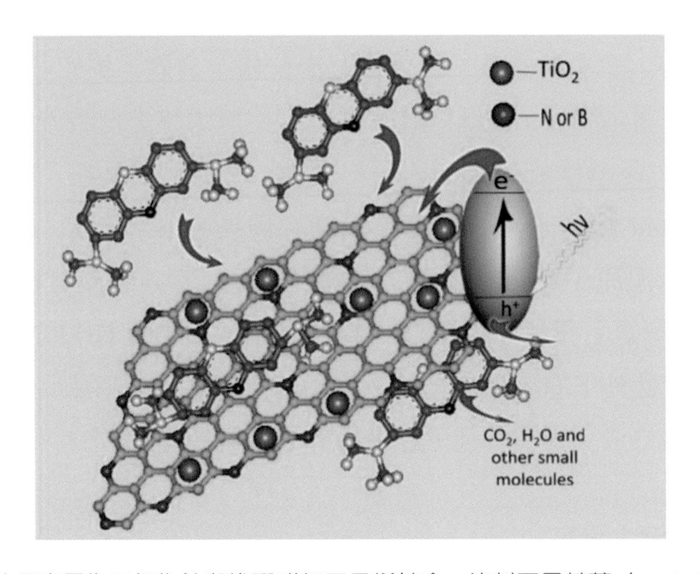

圖 4.19　此示意圖為二氧化鈦與摻硼或氮石墨烯結合，染料亞甲基藍（methylene blue）對其的光降解初步過程 [172]

4.4.6 太陽能電池

近年來，許多研究朝著減少或在染敏太陽能電池（Dye-sensitized solar cell, DSSC）中取代普遍使用的鉑金電極 [173-182]，而碳黑 [175]、碳奈米粒子 [179]、奈米碳管 [177、180] 及石墨烯 [174、178、181-183] 都曾被拿來研究做為 DSSCs 的對電極，然而，這些材料的導電性及催化活性，始終無法與鉑金匹敵 [184]，為了提升 DSSCs 以碳黑作為對電極裝置的特性，在導電性及電催化活性間取得平衡是非常重要的[181-183]。利用異質原子（如N、B、P等）摻雜碳材引入電催化活性位點，使共軛長度產生微小變化[185]，此外異質摻雜也被證明能提升導電性及表面親水性，分別為促進電荷轉移及電解質與電極間的相互作用，甚至賦予電催化活性[185、186]。Park等人[187]發現，$AuCl_3$的摻雜能顯著地提升石墨烯應用在有機太陽能電池（Organic photovoltaic, OPV）的特性，同時也提高了石墨烯電極的表面濕潤性，進而使設備的成功率上升（見表4-1）。

表4-1　有機太陽能電池的性能參數整理[187]

Generation	Device description	J_{SC}(mA cm^{-2})	V_{OC} (V)	FF	PCE (%)
I	IA. ITO/PEDOT:PSS	3.10	0.48	0.43	0.63
	IB. Pristine graphene/PEDOT:PSS	2.82	0.46	0.44	0.57
	IC. Pristiine graphene/PEDOT:PSS-DMSO[a]	5.31	0.22	0.28	0.33
	ID. Pritine graphene/PEDOT:PEG (PC)	4.00	0.28	0.32	0.35
II	IIA.ITO/PEDOT:PSS	6.48	0.45	0.46	1.33
	IIB.Pristine graphene/PEDOT:PSS	3.46	0.48	0.45	0.75
	IIC.Doped graphene[b]/PEDOT:PSS	6.44	0.46	0.52	1.51
III	IIIA. ITO/PEDOT:PSS[c]	6.88	0.46	0.56	1.77
	IIIB. Pristine graphene/PEDOT:PSS[c]	6.32	0.49	0.44	1.37
	IIIC. Doped graphene[b]/PEDOT:PSS[c]	9.15	0.43	0.42	1.63

[a] PEDOT:PSS-DMSO (3:1 volume of PEDOT:PSS and DMSO).
[b] Graphene chemically doped (p-type) with $AuCl_3$ in nitromethane (10 mM).
[c] PEDOT:PSS treated with O_2 plasma prior to active layer deposition.

鉑金材料因其高導電性在DSSCs中被廣泛使用為對電極，但其成本昂貴，且鉑金在通過電解液氧化還原反應中易被腐蝕，大大阻礙了染敏太陽能電池的發展。異質摻雜石墨烯近幾年已被研究做為 DSSCs 的對電極，化學摻雜的改質提升了導電性，這有助於降低內部總電阻，進一步提高光電轉換效率 [36]。Xue 等人 [184] 通過冷凍乾燥法製備氮摻雜石墨烯泡沫，並演繹了其作為還原三碘化物（Triiodide）的非金屬電催化劑，以取代鉑金在 DSSCs 中陰極的還原應用，使光電能轉換效率提升至 7.07%。在性能上的提升，是由於氮在石墨烯下對於碘離子的作用充當活性位點，最終被降低。Wang 及其團隊 [188] 通過高溫處理法還原氧化石墨烯，製備出摻磷石墨烯，此產物具備 P-O 及 P-C 兩種鍵結方式，最後將摻磷石墨烯應用在 DSSCs 對電極（CE）上，並分析其電子特性。電化學研究表明，磷摻雜能有效還原氧化石墨烯的提升電催化活性，另外，對於氧化還原反應，P-C 結構有著比 P-O 更佳的電催化活性。圖 4.20(b) 展現不同材料，包括鉑金、600℃、800℃及 1000℃下燒結的摻硼石墨烯應用在 DSSCs 對電極的光電氧化還原反應特性。他們發現對電極使用摻磷石墨烯（4.98% ～ 6.04%）為材料，比未摻雜（3.49% ～ 4.18%）的還原氧化石墨烯有著更高的轉換效率。另外為了進一步了解反應動力學及摻磷石墨烯的電催化特性，他們做了循環伏安曲線分析，如圖 4.21(a)。圖 4.21(a) 為典型的 CV 曲線，分別為鍛燒於 900℃原始石墨烯、鍛燒於 900℃摻硼石墨烯及鉑金電極，其掃描速率為 10mV · s^{-1}，所有曲線皆可明顯地觀察到一對還原及氧化峰，分別代表還原反應（$I^-_3 + 2_e^- \rightarrow 3I^-$）及氧化反應（$3I^- \rightarrow I^-_3 + 2_e^-$）[184、189、190]。較高的還原電流密度，表示存在較快的還原反應 [190]，這表明摻磷石墨烯因其有成本低廉且擁有高效率的能量轉移，極具潛力作為 DSSCs 中的對電極。

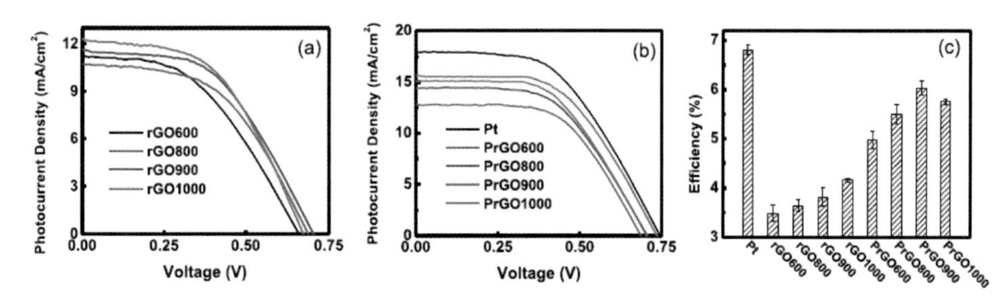

圖 4.20 (a) 在不同溫度製備還原氧化石墨烯分別作為 DSSCs 中的對電極光電流密度分析圖；(b) 在不同溫度製備摻磷石墨烯分別作為 DSSCs 中的對電極光電流密度分析圖；(c) DSSCs 中不同材料製備的對電極光電轉換效率，其中長條圖為平均值，誤差棒為標準差 [188]

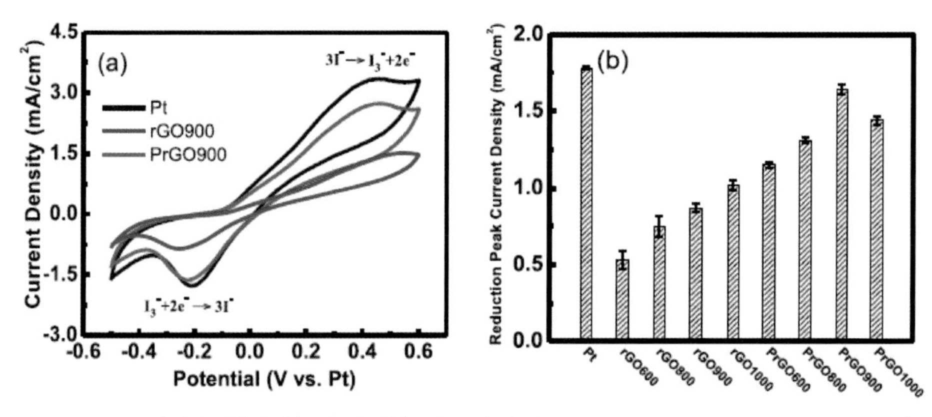

圖 4.21 不同材料製備的對電極在高氯酸鋰溶液（10M LiI 、1mM I_2 和 0.1M $LiClO_4$）CV 曲線比較圖，掃描速率為 10mV · s^{-1}；(b) 不同材料製備的對電極還原峰的電流密度值，其中長條圖為平均值，誤差棒為標準差 [188]

氮摻雜石墨烯也被發展應用在染敏太陽能電池上。Wang 等人 [190] 利用水熱法製備氮摻雜石墨烯，其對於還原反應的電催化活性，高於未摻雜的純石墨烯，是因摻氮石墨烯活性端面的增加。而 DSSCs 中以摻氮石墨烯材料作為對電極的光電轉換效率為 7.01%，高於未摻雜的純石墨烯，且能與鉑金作為對電極相比。這些結果也顯示摻氮石墨烯可作為染敏太陽能電池的對電極，以取代相對成本高昂的鉑金。

Lin 等人 [191] 首次成功應用硼摻雜石墨烯奈米片到 CdTe 太陽能電池中。摻硼石墨烯因在費米能階附近產生較大的 DOS，比純石墨烯有著更好的導電率及高功率反應。他們發現摻硼石墨烯對改善空穴收集能力和 CdTe 太陽能電池的光電轉換效率，皆具有提升的效果。藉由採用摻硼石墨烯為電極，CdTe 電池的光電效率從化學還原 GO（水合肼）的 6.50%、未摻雜石墨烯的 7.41%，提升到摻硼石墨烯的 7.86%。

4.4.7 電化學感測器

在感測器領域中，許多不同種類的生物代謝產物 [192、193]、工業上的有毒氣體 [194、195] 或是環境中的重金屬 [196、197]，皆為目標的感測對象。普遍來說，原始石墨烯屬於化學惰性，且不易與其他分子發生反應，然而，石墨烯 sp^2 的雜化結構可經由摻雜不同原子來干擾，而這會在石墨烯平面上引入更多的缺陷，進而與外來分子反應 [198]。

Niu 等人 [199] 演繹了摻磷石墨烯應用在室溫下的氨氣偵測顯現出優越的感測能力。如圖 4.22(a)，摻磷石墨烯粉末散佈在陶瓷基材上，兩側為 Pd 電極形成一個感測裝置，此裝置隨後放入一個密閉室，在受控制的室溫氣氛下，通入一定量的 NH_3 並做感測測試。氨氣感測結果如圖 4.22(b)。於 400℃下生成的摻磷石墨烯，在 100ppm 的氨氣中，感測值高達 5.4±0.2%。由於氨氣是具有強給電子能力的還原性氣體，對於 400℃下的摻磷石墨烯粉末電阻的上升，為 p 型半導體特性。同時也研究摻磷石墨烯在不同 NH_3 濃度下的感測結果，如圖 4.22(d)。隨著氨氣的濃度上升，摻磷石墨烯的感測值也隨之上升，此外，當氨氣濃度稀釋至低於 1ppm 時，摻磷石墨烯感測裝置依然可以偵測到其感測值為 1.7%，顯示此摻雜材料非常敏感，是一具潛力的感測材料。

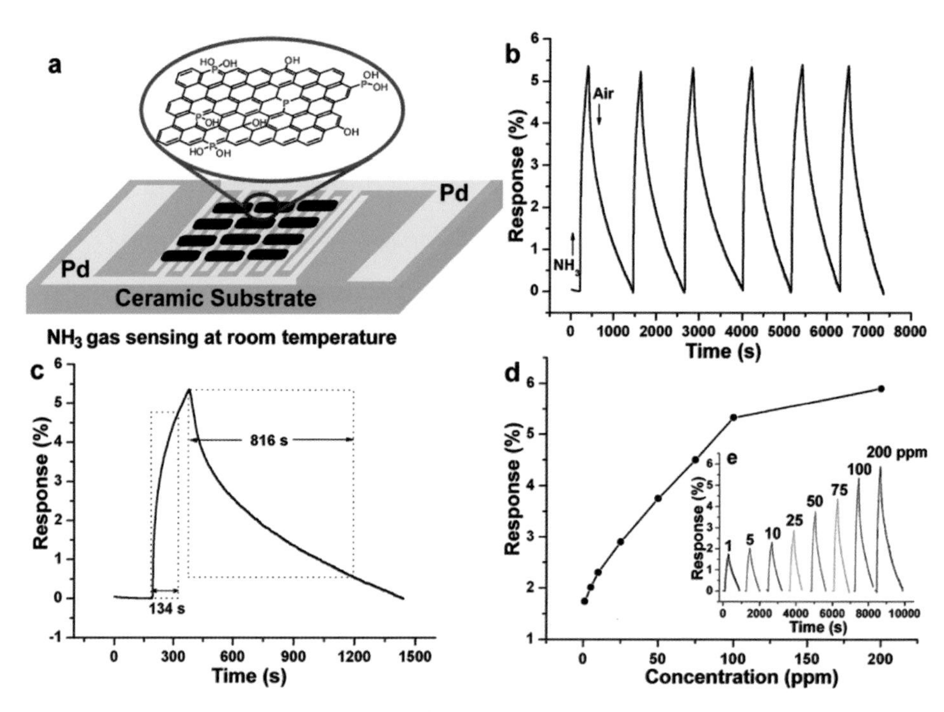

圖 4.22　(a) 利用摻磷石墨烯為原料的感測氨氣裝置；(b) 氨氣濃度為 100ppm 時的摻磷石墨烯感測值（鍛燒溫度為 400℃）；(c) 感測值回應及恢復時間；(d) 與 (e) 摻磷石墨烯對不同濃度的氨氣感測值 [199]

Zhang 與其團隊 [200] 研究出 CO、NO、NO_2 和 NH_3 吸附在純石墨烯、摻硼石墨烯、摻氮石墨烯及含有缺陷的石墨烯。他們觀察到四種氣體分子皆對於摻雜石墨烯或含有缺陷的石墨烯有較強的吸附性。有缺陷的石墨烯對於 CO、NO 和 NO_2 有最高的吸附能量，而摻硼石墨烯則對 NH_3 分子有最緊密的結合。摻硼石墨烯對 NO_2 表現出強吸附能力，其吸附能量為 −0.98eV，同時，吸附分子與改質石墨烯強烈的作用力，導致石墨烯電子特性的劇烈變化。使用摻硼石墨烯對氣體進行感測其敏感度，比原始石墨烯高兩個數量級。此研究表明，以石墨烯為基礎的化學氣體傳感器其靈敏度，可以透過摻雜適當的摻雜物或缺陷獲得改善。

Ao 等人 [201] 開發出利用密度泛函理論將鋁摻雜石墨烯以增強 CO 的吸附，此結果表明摻鋁石墨烯與 CO 分子因形成 Al-CO 鍵結，彼此間的化學吸附力強，而 CO 在原始石墨烯只會形成極弱的物理吸附。此外，摻鋁石墨烯對 CO 感測的靈敏度是由於吸附後的導電率會有大幅度改變，因 CO 的吸附會引入大量的淺受子能態（shallow acceptor states），進而會增加導電性。因此，此種摻鋁石墨烯在應用於感測一氧化碳氣體上也是明日之星。

除了用於感測氣體，以石墨烯為基礎的生物傳感器，也用於檢測細菌、葡萄糖、pH 值及蛋白質檢測等等。Fan 等人 [202] 將摻氮石墨烯及脫乙酰殼多醣（Chitosan, CS）製備雙酚 A（Bisphenol A，BPA，此物質可擾亂內分泌系統引發癌症，已被認為是內分泌干擾物）電化學感測器。與純石墨烯相比，摻氮石墨烯具有良好的電子傳遞能力和電催化性，可增強感測 BPA 的訊號，同時也發現 CS 存在完美的薄膜型態，此可提升摻氮石墨烯作為修飾電極的電化學特性。此感測器對 BPA 擁有 $1.0 \times 10^{-8} \sim 1.3 \times 10^{-6}$molL^{-1} 區間的感測值，而在最佳條件下期最低極限感測值為 5.0×10^{-9}molL^{-1}。Wang 等人 [90] 利用電漿氮處理合成氮摻雜石墨烯，而藉由控制電漿的暴露時間，可調控摻雜氮的濃度從 0.11at.% 至 1.35at.%。此摻氮石墨烯對於還原過氧化氫顯示出高電催化活性，且對葡萄糖具備快速的電子轉移動力學。此外，摻氮石墨烯用於葡萄糖的生物感測，可在濃度低至 0.01mM 時依然感測到葡萄糖干擾的存在。

4.4.8 其他應用

利用太陽能使水反應產生氫氣是乾淨且環保的再生能源，由大自然光合作用的啟發，人工合成太陽能水分解的材料目前正開發研究測試中[36]。Rao 等人[203]研究出數層 2H-MoS_2 與大量摻氮石墨烯合成複合材料可作為析氫反應（Hydrogen evolution reaction，HER）的催化劑。氮摻入石墨烯改善了與 2H-MoS_2 複合材料的催化活性，且提高了石墨烯的電子給予能力。此複合材料具有更佳的析氫速率（0.54mmole/gh），比單獨的 2H-MoS_2 材料（0.05mmole/gh）高出許多。

環境整治過程是從環境中減少有害污染物或雜質，而環境感測為另一種顯著的環境整治方法，其中作為感測材料的奈米碳管及石墨烯因極具潛力已被廣泛研究[204、205]。而表面改質能改變純碳材的電子特性，研究顯示石墨烯的化學修飾改質比起原始純石墨烯，表現出更佳的靈敏度、選擇性和應用潛力[206]。例如，異質元素摻雜石墨烯已被利用在有毒的重金屬離子溶液中，吸附對環境有害之重金屬離子，並復原成無毒的水溶液，重金屬離子種類，譬如 Cd (II)[207]、Co (II)[207]、Hg (II)[208]、Cr (VI)[209]、Pb (II)[210]，此外，摻雜石墨烯也可捕捉氣體分子，譬如二氧化碳[211]。

機械的可撓性逐漸成為未來電子設備的一項關鍵要求，無疑地，現今的可撓式裝置，包括顯示器、可撓式有機太陽能電池及可撓式電池等等，大多是由尺寸大於微米等級的材料製成，要找到任何奈米尺度的組成結構是很困難的。事實上，半導體的製備或任何奈米尺度的製備過程，皆需很高的反應溫度或嚴苛的化學處理，這與常規的可撓式柔性基板所構成的有機聚合物非常不相容。此外，聚合成的可撓式基材因高分子之分子大小，通常存在著奈米尺度的粗糙度，這也不適合做為奈米尺度的製備方法[97]。Kim 等人[212-214]研究了一系列利用化學改質石墨烯，來製備奈米尺度的可撓式基材。純石墨烯從中性的 C-C 鍵結產生低表面能（Surface energy）[215]，相比之下，化學改質石墨烯，譬如氧化石墨烯或摻雜石墨烯，因表面的官能基或異質原子與碳不一致的電負度，而提升表面能[212、216]，且化學摻雜石墨烯的高熱及高化學穩定性有利於直接進行奈米級的製備處理。此研究團隊利用自組裝嵌段共聚物（Block copolymer）薄膜，進行了奈米尺度的圖案製備〔見圖 4.23(a)、(b)〕[212、217-219]。

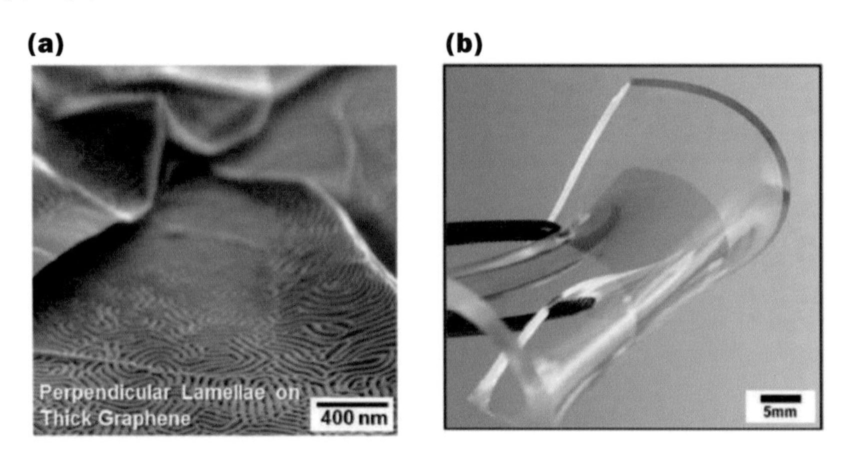

圖 4.23　經由化學修飾的石墨烯奈米基材轉讓至不同奈米結構：(a) 20 奈米尺度嵌段共聚物及經化學修飾後的石墨烯薄膜 [212]；(b) 20 奈米尺度的 Au 奈米點在可撓的 PDMS 基材上 [220]

總結來說，因為各種不同的化學摻雜而打開了石墨烯的應用端之窗。目前的研究結果只是冰山一角，為了充分發展化學摻雜的潛力，仍有幾個主要問題尚待解決。最重要的挑戰是不犧牲石墨烯主要特性，又能同時將石墨烯化學摻雜化 [97]，此一難題未來需要科學家及工程師攜手合作共同突破。

參考文獻

[1] F. Schwierz, Nature nanotechnology, 5 (2010) 487-496.

[2] K.S. Kim, Y. Zhao, H. Jang, S.Y. Lee, J.M. Kim, K.S. Kim, J.-H. Ahn, P. Kim, J.-Y. Choi, B.H. Hong, Nature, 457 (2009) 706-710.

[3] K.S. Novoselov, A.K. Geim, S. Morozov, D. Jiang, Y. Zhang, S. Dubonos, I. Grigorie-

va, A. Firsov, science, 306 (2004) 666-669.

[4] X. Li, W. Cai, J. An, S. Kim, J. Nah, D. Yang, R. Piner, A. Velamakanni, I. Jung, E. Tutuc, Science, 324 (2009) 1312-1314.

[5] K. Novoselov, A.K. Geim, S. Morozov, D. Jiang, M.K.I. Grigorieva, S. Dubonos, A. Firsov, nature, 438 (2005) 197-200.

[6] K. Novoselov, E. McCann, S. Morozov, V.I. Fal'ko, M. Katsnelson, U. Zeitler, D. Jiang, F. Schedin, A. Geim, Nature physics, 2 (2006) 177-180.

[7] X. Du, I. Skachko, A. Barker, E.Y. Andrei, Nature nanotechnology, 3 (2008) 491-495.

[8] K.I. Bolotin, K. Sikes, Z. Jiang, M. Klima, G. Fudenberg, J. Hone, P. Kim, H. Stormer, Solid State Communications, 146 (2008) 351-355.

[9] N. Tombros, C. Jozsa, M. Popinciuc, H.T. Jonkman, B.J. Van Wees, Nature, 448 (2007) 571-574.

[10] H. Liu, Y. Liu, D. Zhu, Journal of Materials Chemistry, 21 (2011) 3335-3345.

[11] Y. Xue, B. Wu, Y. Guo, L. Huang, L. Jiang, J. Chen, D. Geng, Y. Liu, W. Hu, G. Yu, Nano Research, 4 (2011) 1208-1214.

[12] X. Li, Y. Zhu, W. Cai, M. Borysiak, B. Han, D. Chen, R.D. Piner, L. Colombo, R.S. Ruoff, Nano letters, 9 (2009) 4359-4363.

[13] A. Reina, X. Jia, J. Ho, D. Nezich, H. Son, V. Bulovic, M.S. Dresselhaus, J. Kong*, Nano Letters, 9 (2009) 3087-3087.

[14] S. Bae, H. Kim, Y. Lee, X. Xu, J.-S. Park, Y. Zheng, J. Balakrishnan, T. Lei, H.R. Kim, Y.I. Song, Nature nanotechnology, 5 (2010) 574-578.

[15] F. Yavari, Z. Chen, A.V. Thomas, W. Ren, H.-M. Cheng, N. Koratkar, Scientific reports, 1 (2011).

[16] Z. Liu, D. He, Y. Wang, H. Wu, J. Wang, Synthetic metals, 160 (2010) 1036-1039.

[17] H. Wang, H.S. Casalongue, Y. Liang, H. Dai, Journal of the American Chemical Society, 132 (2010) 7472-7477.

[18] Y. Zhu, S. Murali, M.D. Stoller, K. Ganesh, W. Cai, P.J. Ferreira, A. Pirkle, R.M. Wallace, K.A. Cychosz, M. Thommes, Science, 332 (2011) 1537-1541.

[19] J.K. Lee, K.B. Smith, C.M. Hayner, H.H. Kung, Chemical Communications, 46 (2010) 2025-2027.

[20] H. Wang, L.-F. Cui, Y. Yang, H. Sanchez Casalongue, J.T. Robinson, Y. Liang, Y. Cui, H. Dai, Journal of the American Chemical Society, 132 (2010) 13978-13980.

[21] R. Nie, J. Wang, L. Wang, Y. Qin, P. Chen, Z. Hou, Carbon, 50 (2012) 586-596.

[22] Y.Z. Xue, B. Wu, Q.L. Bao, Y.Q. Liu, Small, 10 (2014) 2975-2991.

[23] Z. Berger, X. Song, X. Li, N.B. Wu, Science, 312 (2006) 1191.

[24] A.C. Neto, F. Guinea, N. Peres, K.S. Novoselov, A.K. Geim, Reviews of modern physics, 81 (2009) 109.

[25] A.K. Geim, K.S. Novoselov, Nature materials, 6 (2007) 183-191.

[26] I. Gierz, C. Riedl, U. Starke, C.R. Ast, K. Kern, Nano letters, 8 (2008) 4603-4607.

[27] T. Martins, R. Miwa, A.J. da Silva, A. Fazzio, Physical review letters, 98 (2007) 196803.

[28] G. Eda, G. Fanchini, M. Chhowalla, Nature nanotechnology, 3 (2008) 270-274.

[29] H.E. Romero, N. Shen, P. Joshi, H.R. Gutierrez, S.A. Tadigadapa, J.O. Sofo, P.C. Eklund, Acs nano, 2 (2008) 2037-2044.

[30] K. Novoselov, A. Geim, S. Morozov, D. Jiang, M. Katsnelson, I. Grigorieva, S. Dubonos, A. Firsov, Nature, 438 (2005) 201.

[31] B. Guo, Q. Liu, E. Chen, H. Zhu, L. Fang, J.R. Gong, Nano letters, 10 (2010) 4975-4980.

[32] O. Leenaerts, B. Partoens, F. Peeters, Physical Review B, 77 (2008) 125416.

[33] S. Adam, E. Hwang, V. Galitski, S.D. Sarma, Proceedings of the National Academy of Sciences, 104 (2007) 18392-18397.

[34] A. Lherbier, X. Blase, Y.-M. Niquet, F. Triozon, S. Roche, Physical review letters, 101 (2008) 036808.

[35] T. Wehling, K. Novoselov, S. Morozov, E. Vdovin, M. Katsnelson, A. Geim, A. Lichtenstein, Nano letters, 8 (2008) 173-177.

[36] C.N.R. Rao, K. Gopalakrishnan, A. Govindaraj, Nano Today, 9 (2014) 324-343.

[37] L. Panchakarla, K. Subrahmanyam, S. Saha, A. Govindaraj, H. Krishnamurthy, U. Waghmare, C. Rao, Advanced Materials, 21 (2009) 4726-4730.

[38] X. Li, H. Wang, J.T. Robinson, H. Sanchez, G. Diankov, H. Dai, Journal of the American Chemical Society, 131 (2009) 15939-15944.

[39] D. Usachov, O. Vilkov, A. Gruneis, D. Haberer, A. Fedorov, V. Adamchuk, A. Preobrajenski, P. Dudin, A. Barinov, M. Oehzelt, Nano letters, 11 (2011) 5401-5407.

[40] D. Wei, Y. Liu, Y. Wang, H. Zhang, L. Huang, G. Yu, Nano letters, 9 (2009) 1752-

1758.

[41] S.J. Goncher, L. Zhao, A.N. Pasupathy, G.W. Flynn, Nano letters, 13 (2013) 1386-1392.

[42] J. Gebhardt, R. Koch, W. Zhao, O. Höfert, K. Gotterbarm, S. Mammadov, C. Papp, A. Görling, H.-P. Steinrück, T. Seyller, Physical Review B, 87 (2013) 155437.

[43] T. Wu, H. Shen, L. Sun, B. Cheng, B. Liu, J. Shen, New Journal of Chemistry, 36 (2012) 1385-1391.

[44] S. Zhou, G.-H. Gweon, A. Fedorov, P. First, W. De Heer, D.-H. Lee, F. Guinea, A.C. Neto, A. Lanzara, Nature materials, 6 (2007) 770-775.

[45] S. Zhou, D. Siegel, A. Fedorov, A. Lanzara, Physical review letters, 101 (2008) 086402.

[46] S. Kim, J. Ihm, H.J. Choi, Y.-W. Son, Physical review letters, 100 (2008) 176802.

[47] S.-Y. Kwon, C.V. Ciobanu, V. Petrova, V.B. Shenoy, J. Bareno, V. Gambin, I. Petrov, S. Kodambaka, Nano letters, 9 (2009) 3985-3990.

[48] S. Zhou, D. Siegel, A. Fedorov, F. El Gabaly, A. Schmid, A.C. Neto, D.-H. Lee, A. Lanzara, Nature Materials, 7 (2008) 259-260.

[49] K. Nakada, M. Fujita, G. Dresselhaus, M.S. Dresselhaus, Physical Review B, 54 (1996) 17954.

[50] V. Barone, O. Hod, G.E. Scuseria, Nano letters, 6 (2006) 2748-2754.

[51] Y.-W. Son, M.L. Cohen, S.G. Louie, Physical review letters, 97 (2006) 216803.

[52] X. Li, X. Wang, L. Zhang, S. Lee, H. Dai, Science, 319 (2008) 1229-1232.

[53] E. McCann, Physical Review B, 74 (2006) 161403.

[54] E.V. Castro, K. Novoselov, S. Morozov, N. Peres, J.L. Dos Santos, J. Nilsson, F. Guinea, A. Geim, A.C. Neto, Physical Review Letters, 99 (2007) 216802.

[55] Y. Zhang, T.-T. Tang, C. Girit, Z. Hao, M.C. Martin, A. Zettl, M.F. Crommie, Y.R. Shen, F. Wang, Nature, 459 (2009) 820-823.

[56] J. Park, S.B. Jo, Y.J. Yu, Y. Kim, J.W. Yang, W.H. Lee, H.H. Kim, B.H. Hong, P. Kim, K. Cho, Advanced materials, 24 (2012) 407-411.

[57] L. Ponomarenko, F. Schedin, M. Katsnelson, R. Yang, E. Hill, K. Novoselov, A. Geim, Science, 320 (2008) 356-358.

[58] W. Zhang, C.-T. Lin, K.-K. Liu, T. Tite, C.-Y. Su, C.-H. Chang, Y.-H. Lee, C.-W. Chu,

K.-H. Wei, J.-L. Kuo, ACS nano, 5 (2011) 7517-7524.

[59] D. Boukhvalov, M. Katsnelson, Journal of Physics: Condensed Matter, 21 (2009) 344205.

[60] S.-H. Cheng, K. Zou, F. Okino, H.R. Gutierrez, A. Gupta, N. Shen, P. Eklund, J. Sofo, J. Zhu, Physical Review B, 81 (2010) 205435.

[61] J.T. Robinson, J.S. Burgess, C.E. Junkermeier, S.C. Badescu, T.L. Reinecke, F.K. Perkins, M.K. Zalalutdniov, J.W. Baldwin, J.C. Culbertson, P.E. Sheehan, Nano letters, 10 (2010) 3001-3005.

[62] N. Jung, N. Kim, S. Jockusch, N.J. Turro, P. Kim, L. Brus, Nano letters, 9 (2009) 4133-4137.

[63] C. Shan, H. Yang, J. Song, D. Han, A. Ivaska, L. Niu, Analytical Chemistry, 81 (2009) 2378-2382.

[64] J. Chiou, S.C. Ray, S. Peng, C. Chuang, B. Wang, H. Tsai, C. Pao, H.-J. Lin, Y. Shao, Y. Wang, The Journal of Physical Chemistry C, 116 (2012) 16251-16258.

[65] S. Gao, Z. Ren, L. Wan, J. Zheng, P. Guo, Y. Zhou, Applied Surface Science, 257 (2011) 7443-7446.

[66] C.N.R. Rao, A.K. Sood, Graphene: synthesis, properties, and phenomena, John Wiley & Sons, 2013.

[67] O.V. Yazyev, L. Helm, Physical Review B, 75 (2007) 125408.

[68] K. Gopalakrishnan, K. Moses, P. Dubey, C. Rao, Journal of Molecular Structure, 1023 (2012) 2-6.

[69] Y. Liu, Q. Feng, N. Tang, X. Wan, F. Liu, L. Lv, Y. Du, Carbon, 60 (2013) 549-551.

[70] Y. Li, Z. Zhou, P. Shen, Z. Chen, ACS nano, 3 (2009) 1952-1958.

[71] C. Özdo an, J. Kunstmann, A. Quandt, Philosophical Magazine, 94 (2014) 1841-1858.

[72] A. Reina, X. Jia, J. Ho, D. Nezich, H. Son, V. Bulovic, M. Dresselhaus, J. Kong, Nano Lett, 9 (2009) 3087.

[73] W. Choi, J.-w. Lee, Graphene: synthesis and applications, CRC Press, 2011.

[74] G. Imamura, K. Saiki, The Journal of Physical Chemistry C, 115 (2011) 10000-10005.

[75] G. Wu, N.H. Mack, W. Gao, S. Ma, R. Zhong, J. Han, J.K. Baldwin, P. Zelenay, ACS nano, 6 (2012) 9764-9776.

[76] Y. Xue, D. Yu, L. Dai, R. Wang, D. Li, A. Roy, F. Lu, H. Chen, Y. Liu, J. Qu, Physical

Chemistry Chemical Physics, 15 (2013) 12220-12226.

[77] S. Some, J. Kim, K. Lee, A. Kulkarni, Y. Yoon, S. Lee, T. Kim, H. Lee, Adv. Mater., 24 (2012) 5481-5486.

[78] H. Wang, Y. Zhou, D. Wu, L. Liao, S. Zhao, H. Peng, Z. Liu, Small, 9 (2013) 1316-1320.

[79] N. Li, Z. Wang, Z. Shi, in, InTech, 2011.

[80] L. Huang, B. Wu, J. Chen, Y. Xue, D. Geng, Y. Guo, G. Yu, Y. Liu, Small, 9 (2013) 1330-1335.

[81] L. Feng, Y. Chen, L. Chen, ACS nano, 5 (2011) 9611-9618.

[82] K. Subrahmanyam, P. Kumar, U. Maitra, A. Govindaraj, K. Hembram, U.V. Waghmare, C. Rao, Proceedings of the National Academy of Sciences, 108 (2011) 2674-2677.

[83] W.S. Hummers Jr, R.E. Offeman, Journal of the American Chemical Society, 80 (1958) 1339-1339.

[84] Z. Wen, X. Wang, S. Mao, Z. Bo, H. Kim, S. Cui, G. Lu, X. Feng, J. Chen, Advanced Materials, 24 (2012) 5610-5616.

[85] T.V. Khai, H.G. Na, D.S. Kwak, Y.J. Kwon, H. Ham, K.B. Shim, H.W. Kim, Chemical Engineering Journal, 211 (2012) 369-377.

[86] Z. Yang, Z. Yao, G. Li, G. Fang, H. Nie, Z. Liu, X. Zhou, X.a. Chen, S. Huang, ACS nano, 6 (2011) 205-211.

[87] C. Zhang, N. Mahmood, H. Yin, F. Liu, Y. Hou, Advanced Materials, 25 (2013) 4932-4937.

[88] Z.S. Wu, A. Winter, L. Chen, Y. Sun, A. Turchanin, X. Feng, K. Müllen, Advanced Materials, 24 (2012) 5130-5135.

[89] Q. Chen, L. Dai, M. Gao, S. Huang, A. Mau, The Journal of Physical Chemistry B, 105 (2001) 618-622.

[90] Y. Wang, Y. Shao, D.W. Matson, J. Li, Y. Lin, ACS Nano, 4 (2010) 1790-1798.

[91] Y.-B. Tang, L.-C. Yin, Y. Yang, X.-H. Bo, Y.-L. Cao, H.-E. Wang, W.-J. Zhang, I. Bello, S.-T. Lee, H.-M. Cheng, Acs Nano, 6 (2012) 1970-1978.

[92] Y. Yu, Y. Hu, X. Liu, W. Deng, X. Wang, Electrochimica Acta, 54 (2009) 3092-3097.

[93] S. Sun, C. Murray, D. Weller, L. Folks, A. Moser, Science, 287 (2000) 1989-1992.

[94] N. Kristian, Y. Yan, X. Wang, Chemical Communications, (2008) 353-355.

[95] N. Kristian, Y. Yu, P. Gunawan, R. Xu, W. Deng, X. Liu, X. Wang, Electrochimica Acta, 54 (2009) 4916-4924.

[96] Y. Wang, T.S. Nguyen, X. Liu, X. Wang, Journal of Power Sources, 195 (2010) 2619-2622.

[97] U.N. Maiti, W.J. Lee, J.M. Lee, Y. Oh, J.Y. Kim, J.E. Kim, J. Shim, T.H. Han, S.O. Kim, Advanced Materials, 26 (2014) 40-67.

[98] P. Serp, M. Corrias, P. Kalck, Applied Catalysis A: General, 253 (2003) 337-358.

[99] S. Maldonado, K.J. Stevenson, The Journal of Physical Chemistry B, 109 (2005) 4707-4716.

[100] L. Qu, Y. Liu, J.-B. Baek, L. Dai, ACS nano, 4 (2010) 1321-1326.

[101] Y. Shao, S. Zhang, M.H. Engelhard, G. Li, G. Shao, Y. Wang, J. Liu, I.A. Aksay, Y. Lin, Journal of Materials Chemistry, 20 (2010) 7491-7496.

[102] H. Wang, T. Maiyalagan, X. Wang, ACS Catalysis, 2 (2012) 781-794.

[103] L. Zhang, Z. Xia, The Journal of Physical Chemistry C, 115 (2011) 11170-11176.

[104] D. Geng, Y. Chen, Y. Chen, Y. Li, R. Li, X. Sun, S. Ye, S. Knights, Energy & Environmental Science, 4 (2011) 760-764.

[105] Z.-H. Sheng, H.-L. Gao, W.-J. Bao, F.-B. Wang, X.-H. Xia, Journal of Materials Chemistry, 22 (2012) 390-395.

[106] R. Zhou, S.Z. Qiao, Chemistry of Materials, (2014) 141008112000002.

[107] P. Matter, U. Ozkan, Catalysis Letters, 109 (2006) 115-123.

[108] Z. Luo, S. Lim, Z. Tian, J. Shang, L. Lai, B. MacDonald, C. Fu, Z. Shen, T. Yu, J. Lin, Journal of Materials Chemistry, 21 (2011) 8038-8044.

[109] N.P. Subramanian, X. Li, V. Nallathambi, S.P. Kumaraguru, H. Colon-Mercado, G. Wu, J.-W. Lee, B.N. Popov, Journal of Power Sources, 188 (2009) 38-44.

[110] X. Bao, X. Nie, D. von Deak, E.J. Biddinger, W. Luo, A. Asthagiri, U.S. Ozkan, C.M. Hadad, Topics in Catalysis, 56 (2013) 1623-1633.

[111] Z. YANG, H. NIE, X. ZHOU, Z. YAO, S. HUANG, X. CHEN, Nano, 06 (2011) 205-213.

[112] S. Yang, L. Zhi, K. Tang, X. Feng, J. Maier, K. Müllen, Advanced Functional Materials, 22 (2012) 3634-3640.

[113] R. Li, Z. Wei, X. Gou, W. Xu, RSC Advances, 3 (2013) 9978-9984.

[114] L. Yang, S. Jiang, Y. Zhao, L. Zhu, S. Chen, X. Wang, Q. Wu, J. Ma, Y. Ma, Z. Hu, Angewandte Chemie, 123 (2011) 7270-7273.

[115] D. Pan, S. Wang, B. Zhao, M. Wu, H. Zhang, Y. Wang, Z. Jiao, Chemistry of Materials, 21 (2009) 3136-3142.

[116] Z.-S. Wu, W. Ren, L. Xu, F. Li, H.-M. Cheng, Acs Nano, 5 (2011) 5463-5471.

[117] X. Wang, Z. Zeng, H. Ahn, G. Wang, Applied Physics Letters, 95 (2009) 183103.

[118] A.L.M. Reddy, A. Srivastava, S.R. Gowda, H. Gullapalli, M. Dubey, P.M. Ajayan, Acs Nano, 4 (2010) 6337-6342.

[119] W. Ai, Z. Luo, J. Jiang, J. Zhu, Z. Du, Z. Fan, L. Xie, H. Zhang, W. Huang, T. Yu, Advanced Materials, (2014).

[120] P. Wu, Y. Qian, P. Du, H. Zhang, C. Cai, Journal of Materials Chemistry, 22 (2012) 6402-6412.

[121] J. Xu, J. Shui, J. Wang, M. Wang, H.-K. Liu, S.X. Dou, I.-Y. Jeon, J.-M. Seo, J.-B. Baek, L. Dai, ACS nano, (2014).

[122] B.E. Conway, Journal of the Electrochemical Society, 138 (1991) 1539-1548.

[123] K.H. An, W.S. Kim, Y.S. Park, Y.C. Choi, S.M. Lee, D.C. Chung, D.J. Bae, S.C. Lim, Y.H. Lee, Advanced Materials, 13 (2001) 497-500.

[124] S.H. Lee, H.W. Kim, J.O. Hwang, W.J. Lee, J. Kwon, C.W. Bielawski, R.S. Ruoff, S.O. Kim, Angewandte Chemie, 122 (2010) 10282-10286.

[125] H.M. Jeong, J.W. Lee, W.H. Shin, Y.J. Choi, H.J. Shin, J.K. Kang, J.W. Choi, Nano Letters, 11 (2011) 2472-2477.

[126] T.Y. Kim, H.W. Lee, M. Stoller, D.R. Dreyer, C.W. Bielawski, R.S. Ruoff, K.S. Suh, ACS nano, 5 (2010) 436-442.

[127] Z. Lei, L. Lu, X. Zhao, Energy & Environmental Science, 5 (2012) 6391-6399.

[128] H.-L. Guo, P. Su, X. Kang, S.-K. Ning, Journal of Materials Chemistry A, 1 (2013) 2248-2255.

[129] Y. Qiu, X. Zhang, S. Yang, Physical Chemistry Chemical Physics, 13 (2011) 12554-12558.

[130] Z. Zuo, Z. Jiang, A. Manthiram, Journal of Materials Chemistry A, 1 (2013) 13476-13483.

[131] J. Han, L.L. Zhang, S. Lee, J. Oh, K.-S. Lee, J.R. Potts, J. Ji, X. Zhao, R.S. Ruoff, S. Park, ACS nano, 7 (2012) 19-26.

[132] G.A. Amaratunga, S. Silva, Applied Physics Letters, 68 (1996) 2529-2531.

[133] W. Zhu, C. Bower, O. Zhou, G. Kochanski, S. Jin, Applied Physics Letters, 75 (1999) 873-875.

[134] J. Li, C. Gu, Q. Wang, P. Xu, Z. Wang, Z. Xu, X. Bai, Applied Physics Letters, 87 (2005) 143107.

[135] Y. Wu, B. Yang, B. Zong, H. Sun, Z. Shen, Y. Feng, Journal of Materials Chemistry, 14 (2004) 469-477.

[136] A. Malesevic, R. Kemps, A. Vanhulsel, M.P. Chowdhury, A. Volodin, C. Van Haesendonck, Journal of applied physics, 104 (2008) 084301.

[137] J. Qi, X. Wang, W. Zheng, H. Tian, C. Hu, Y. Peng, Journal of Physics D: Applied Physics, 43 (2010) 055302.

[138] Z.S. Wu, S. Pei, W. Ren, D. Tang, L. Gao, B. Liu, F. Li, C. Liu, H.M. Cheng, Advanced Materials, 21 (2009) 1756-1760.

[139] U. Palnitkar, R.V. Kashid, M.A. More, D.S. Joag, L. Panchakarla, C. Rao, Applied Physics Letters, 97 (2010) 063102.

[140] L. Chan, K. Hong, D. Xiao, W. Hsieh, S. Lai, H. Shih, T. Lin, F. Shieu, K. Chen, H. Cheng, Applied physics letters, 82 (2003) 4334-4336.

[141] H.-S. Ahn, K.-R. Lee, D.-Y. Kim, S. Han, Applied physics letters, 88 (2006) 093122.

[142] R. Sharma, D. Late, D. Joag, A. Govindaraj, C. Rao, Chemical physics letters, 428 (2006) 102-108.

[143] R.V. Kashid, M.Z. Yusop, C. Takahashi, G. Kalita, L.S. Panchakarla, D.S. Joag, M.A. More, M. Tanemura, Journal of Applied Physics, 113 (2013) 214311.

[144] S. Some, J. Kim, K. Lee, A. Kulkarni, Y. Yoon, S. Lee, T. Kim, H. Lee, Advanced Materials, 24 (2012) 5481-5486.

[145] C.-a. Di, Y. Liu, G. Yu, D. Zhu, Accounts of chemical research, 42 (2009) 1573-1583.

[146] C.a. Di, D. Wei, G. Yu, Y. Liu, Y. Guo, D. Zhu, Advanced materials, 20 (2008) 3289-3293.

[147] J. Zheng, H.-T. Liu, B. Wu, C.-A. Di, Y.-L. Guo, T. Wu, G. Yu, Y.-Q. Liu, D.-B. Zhu, Scientific reports, 2 (2012).

[148] J. Li, P.C. Ma, W.S. Chow, C.K. To, B.Z. Tang, J.K. Kim, Advanced Functional Mate-

rials, 17 (2007) 3207-3215.

[149] W. Bauhofer, J.Z. Kovacs, Composites Science and Technology, 69 (2009) 1486-1498.

[150] T. Kuilla, S. Bhadra, D. Yao, N.H. Kim, S. Bose, J.H. Lee, Progress in Polymer Science, 35 (2010) 1350-1375.

[151] S.D. Sarma, S. Adam, E. Hwang, E. Rossi, Reviews of Modern Physics, 83 (2011) 407.

[152] S. Huang, L. Dai, A.W.H. Mau, J. Phys. Chem. B, 103 (1999) 4223.

[153] Q. Wang, J. Dai, W. Li, Z. Wei, J. Jiang, Composites Science and Technology, 68 (2008) 1644-1648.

[154] A.A. Balandin, S. Ghosh, W. Bao, I. Calizo, D. Teweldebrhan, F. Miao, C.N. Lau, Nano Letters, 8 (2008) 902-907.

[155] J.H. Seol, I. Jo, A.L. Moore, L. Lindsay, Z.H. Aitken, M.T. Pettes, X. Li, Z. Yao, R. Huang, D. Broido, Science, 328 (2010) 213-216.

[156] S. Berber, Y.-K. Kwon, D. Tomanek, Physical review letters, 84 (2000) 4613.

[157] M. Zhang, S. Fang, A.A. Zakhidov, S.B. Lee, A.E. Aliev, C.D. Williams, K.R. Atkinson, R.H. Baughman, Science, 309 (2005) 1215-1219.

[158] X.M. Liu, H.E. Romero, H.R. Gutierrez, K. Adu, P.C. Eklund, Nano Letters, 8 (2008) 2613-2619.

[159] G. Eda, G. Fanchini, M. Chhowalla, Nat Nano, 3 (2008) 270-274.

[160] J. Liang, Y. Wang, Y. Huang, Y. Ma, Z. Liu, J. Cai, C. Zhang, H. Gao, Y. Chen, Carbon, 47 (2009) 922-925.

[161] H.-B. Zhang, Q. Yan, W.-G. Zheng, Z. He, Z.-Z. Yu, ACS Applied Materials & Interfaces, 3 (2011) 918-924.

[162] H. Huang, C. Liu, Y. Wu, S. Fan, Advanced materials, 17 (2005) 1652-1656.

[163] S. Subrina, D. Kotchetkov, A.A. Balandin, Electron Device Letters, IEEE, 30 (2009) 1281-1283.

[164] M.F. De Volder, S.H. Tawfick, R.H. Baughman, A.J. Hart, Science, 339 (2013) 535-539.

[165] X. Wang, L. Zhi, K. Müllen, Nano Letters, 8 (2007) 323-327.

[166] A.K. Geim, science, 324 (2009) 1530-1534.

[167] J.O. Hwang, J.S. Park, D.S. Choi, J.Y. Kim, S.H. Lee, K.E. Lee, Y.-H. Kim, M.H. Song, S. Yoo, S.O. Kim, ACS Nano, 6 (2011) 159-167.

[168] J. Lee, T. Cocke, F. Gonzalez, in: Proceedings of the Clinical Dialysis and Transplant Forum, 1974, pp. 239.

[169] J. Chen, M.A. Hamon, H. Hu, Y. Chen, A.M. Rao, P.C. Eklund, R.C. Haddon, Science, 282 (1998) 95-98.

[170] S. Stankovich, D.A. Dikin, G.H.B. Dommett, K.M. Kohlhaas, E.J. Zimney, E.A. Stach, R.D. Piner, S.T. Nguyen, R.S. Ruoff, Nature, 442 (2006) 282-286.

[171] RamanathanT, A.A. Abdala, StankovichS, D.A. Dikin, M. Herrera Alonso, R.D. Piner, D.H. Adamson, H.C. Schniepp, ChenX, R.S. Ruoff, S.T. Nguyen, I.A. Aksay, R.K. Prud›Homme, L.C. Brinson, Nat Nano, 3 (2008) 327-331.

[172] K. Gopalakrishnan, H.M. Joshi, P. Kumar, L.S. Panchakarla, C.N.R. Rao, Chemical Physics Letters, 511 (2011) 304-308.

[173] M. McCune, W. Zhang, Y. Deng, Nano Letters, 12 (2012) 3656-3662.

[174] W. Hong, Y. Xu, G. Lu, C. Li, G. Shi, Electrochemistry Communications, 10 (2008) 1555-1558.

[175] T.N. Murakami, S. Ito, Q. Wang, M.K. Nazeeruddin, T. Bessho, I. Cesar, P. Liska, R. Humphry-Baker, P. Comte, P. Péchy, Journal of the Electrochemical Society, 153 (2006) A2255-A2261.

[176] H. Han, U. Bach, Y.-B. Cheng, R.A. Caruso, C. MacRae, Applied Physics Letters, 94 (2009) 103102.

[177] Z. Yang, T. Chen, R. He, G. Guan, H. Li, L. Qiu, H. Peng, Advanced Materials, 23 (2011) 5436-5439.

[178] H. Choi, H. Kim, S. Hwang, Y. Han, M. Jeon, Journal of Materials Chemistry, 21 (2011) 7548-7551.

[179] R. Jia, J. Chen, J. Zhao, J. Zheng, C. Song, L. Li, Z. Zhu, Journal of Materials Chemistry, 20 (2010) 10829-10834.

[180] J. Han, H. Kim, D.Y. Kim, S.M. Jo, S.-Y. Jang, Acs Nano, 4 (2010) 3503-3509.

[181] J.D. Roy-Mayhew, D.J. Bozym, C. Punckt, I.A. Aksay, ACS Nano, 4 (2010) 6203-6211.

[182] D.W. Zhang, X.D. Li, H.B. Li, S. Chen, Z. Sun, X.J. Yin, S.M. Huang, Carbon, 49 (2011) 5382-5388.

[183] C. Mattevi, G. Eda, S. Agnoli, S. Miller, K.A. Mkhoyan, O. Celik, D. Mastrogiovanni, G. Granozzi, E. Garfunkel, M. Chhowalla, Advanced Functional Materials, 19 (2009) 2577-2583.

[184] Y. Xue, J. Liu, H. Chen, R. Wang, D. Li, J. Qu, L. Dai, Angewandte Chemie International Edition, 51 (2012) 12124-12127.

[185] D. Yu, E. Nagelli, F. Du, L. Dai, The Journal of Physical Chemistry Letters, 1 (2010) 2165-2173.

[186] S. Yang, X. Feng, X. Wang, K. Müllen, Angewandte Chemie International Edition, 50 (2011) 5339-5343.

[187] H. Park, J.A. Rowehl, K.K. Kim, V. Bulovic, J. Kong, Nanotechnology, 21 (2010) 505204.

[188] Z. Wang, P. Li, Y. Chen, J. He, J. Liu, W. Zhang, Y. Li, Journal of Power Sources, 263 (2014) 246-251.

[189] X. Zhang, S. Pang, X. Chen, K. Zhang, Z. Liu, X. Zhou, G. Cui, RSC Advances, 3 (2013) 9005-9010.

[190] G. Wang, W. Xing, S. Zhuo, Electrochimica Acta, 92 (2013) 269-275.

[191] T. Lin, F. Huang, J. Liang, Y. Wang, Energy & Environmental Science, 4 (2011) 862-865.

[192] E. Casero, C. Alonso, L. Vázquez, M.D. Petit-Domínguez, A.M. Parra-Alfambra, M. de la Fuente, P. Merino, S. Álvarez-García, A. de Andrés, F. Pariente, E. Lorenzo, Electroanalysis, 25 (2013) 154-165.

[193] M.S. Artiles, C.S. Rout, T.S. Fisher, Advanced Drug Delivery Reviews, 63 (2011) 1352-1360.

[194] F. Schedin, A. Geim, S. Morozov, E. Hill, P. Blake, M. Katsnelson, K. Novoselov, Nature materials, 6 (2007) 652-655.

[195] G. Lu, K. Yu, L.E. Ocola, J. Chen, Chem. Commun., 47 (2011) 7761-7763.

[196] Y. Wei, C. Gao, F.-L. Meng, H.-H. Li, L. Wang, J.-H. Liu, X.-J. Huang, The Journal of Physical Chemistry C, 116 (2011) 1034-1041.

[197] Z. Qian, J. Zhou, J. Chen, C. Wang, C. Chen, H. Feng, J. Mater. Chem., 21 (2011) 17635-17637.

[198] W. Yuan, G. Shi, Journal of Materials Chemistry A, 1 (2013) 10078-10091.

[199] F. Niu, L.-M. Tao, Y.-C. Deng, Q.-H. Wang, W.-G. Song, New Journal of Chemistry,

38 (2014) 2269-2272.

[200] Y.H. Zhang, Y.B. Chen, K.G. Zhou, C.H. Liu, J. Zeng, H.L. Zhang, Y. Peng, Nanotechnology, 20 (2009) 185504.

[201] Z.M. Ao, J. Yang, S. Li, Q. Jiang, Chemical Physics Letters, 461 (2008) 276-279.

[202] H. Fan, Y. Li, D. Wu, H. Ma, K. Mao, D. Fan, B. Du, H. Li, Q. Wei, Analytica chimica acta, 711 (2012) 24-28.

[203] U. Maitra, U. Gupta, M. De, R. Datta, A. Govindaraj, C. Rao, Angewandte Chemie International Edition, 52 (2013) 13057-13061.

[204] B.L. Allen, P.D. Kichambare, A. Star, Advanced Materials, 19 (2007) 1439-1451.

[205] S.N. Kim, J.F. Rusling, F. Papadimitrakopoulos, Advanced materials, 19 (2007) 3214-3228.

[206] Q. He, S. Wu, Z. Yin, H. Zhang, Chemical Science, 3 (2012) 1764-1772.

[207] G. Zhao, J. Li, X. Ren, C. Chen, X. Wang, Environmental Science & Technology, 45 (2011) 10454-10462.

[208] V. Chandra, K.S. Kim, Chemical Communications, 47 (2011) 3942-3944.

[209] H. Jabeen, V. Chandra, S. Jung, J.W. Lee, K.S. Kim, S.B. Kim, Nanoscale, 3 (2011) 3583-3585.

[210] G. Zhao, X. Ren, X. Gao, X. Tan, J. Li, C. Chen, Y. Huang, X. Wang, Dalton Transactions, 40 (2011) 10945-10952.

[211] A.K. Mishra, S. Ramaprabhu, Journal of Materials Chemistry, 22 (2012) 3708-3712.

[212] B.H. Kim, J.Y. Kim, S.-J. Jeong, J.O. Hwang, D.H. Lee, D.O. Shin, S.-Y. Choi, S.O. Kim, ACS nano, 4 (2010) 5464-5470.

[213] J.M. Yun, K.N. Kim, J.Y. Kim, D.O. Shin, W.J. Lee, S.H. Lee, M. Lieberman, S.O. Kim, Angewandte Chemie, 124 (2012) 936-939.

[214] S.H. Lee, D.H. Lee, W.J. Lee, S.O. Kim, Advanced Functional Materials, 21 (2011) 1338-1354.

[215] J. Rafiee, X. Mi, H. Gullapalli, A.V. Thomas, F. Yavari, Y. Shi, P.M. Ajayan, N.A. Koratkar, Nature Materials, 11 (2012) 217-222.

[216] Y.J. Shin, Y. Wang, H. Huang, G. Kalon, A.T.S. Wee, Z. Shen, C.S. Bhatia, H. Yang, Langmuir, 26 (2010) 3798-3802.

[217] S.J. Jeong, G. Xia, B.H. Kim, D.O. Shin, S.H. Kwon, S.W. Kang, S.O. Kim, Ad-

vanced Materials, 20 (2008) 1898-1904.

[218] S.O. Kim, H.H. Solak, M.P. Stoykovich, N.J. Ferrier, J.J. de Pablo, P.F. Nealey, Nature, 424 (2003) 411-414.

[219] M.P. Stoykovich, M. Müller, S.O. Kim, H.H. Solak, E.W. Edwards, J.J. De Pablo, P.F. Nealey, Science, 308 (2005) 1442-1446.

[220] J.Y. Kim, B.H. Kim, J.O. Hwang, S.J. Jeong, D.O. Shin, J.H. Mun, Y.J. Choi, H.M. Jin, S.O. Kim, Advanced Materials, 25 (2013) 1331-1335.

第五章 石墨烯在儲能材料之應用

作者　劉偉仁　林品均

5.1 簡介

5.2 石墨烯在鋰離子電池之應用

5.3 石墨烯在超級電容器之應用

5.4 石墨烯在鋰硫電池之應用

5.5 石墨烯在燃料電池之應用

5.6 石墨烯在太陽能電池的應用

5.7 結語

5.1 簡介

由於石墨烯具有許多優異的性質，包括楊氏模數（> 1060GPa）、優異的導電性質——載子移動率 10^4S/m、優異的熱傳導性質——導熱係數～ 3000W/m K、重量輕且價格便宜，目前已被廣泛用於很多應用中，如：高分子複合材料、鋰離子電池的負級材料、超級電容器、儲氫材料、吸附以及觸媒，本章節介紹了石墨烯在鋰離子電池、鋰硫電池、燃料電池以及太陽能電池上之應用。

5.2 石墨烯在鋰離子電池之應用

5.2.1 負極材料

為了開發下一代石墨負極材料具有比 372 mAh g^{-1} 理論電容還要更高的能量密度，合金材料作為負極材料更受到重視，然而在充電放電的過程中，負極體積會有大幅的變化，導致循環壽命差的結果，所以要商業化會有一定的困難。目前，石墨烯具有許多特殊物理、化學及機械特性，在電晶體、透明電極、感應器和儲能材料的應用上，已被證實具有及優異的特性。石墨烯奈米片（Graphene nanosheets, GNS），是由石墨以化學氧化，並在瞬間高溫下脫層法所製得，在本節中將有相關文獻介紹 GNS 應用於鋰離子負極材料。

針對鋰離子於碳材儲存機制的探討，已持續長達二、三十年之久，但目前尚無一共通且一致之原理。Sato 研究團隊於 1994 年提出一 Li_2 共價分子模型（Li_2 covalent molecule model），該模型指出鋰原子會被碳材中的苯環結構所捕捉（Trap），在非晶型碳中可形成 LiC_2，而展現高達 1116mAh/g 之電容量。但目前實驗指出，藉由不同前驅物裂解所形成之非晶形碳，最高之電容量亦僅約 400 ～ 700mAh/g。根據

Li_2 共價分子模型所述，當石墨層之間距擴張至 0.4nm 以上，其最高之理論電容量是有可能達成。值得注意的是，藉由化學氧化法所製備之石墨烯的結構，會伴隨著結構缺陷、表面官能基的生成以及高表面積特性造成額外之鋰嵌入情形。Pan 等人透過不同還原程序，進行石墨烯電化學特性之探討 [1]，分別使用化學還原劑、熱還原以及電子束轟擊等方式進行還原，其結果顯示，低溫熱裂解與電子束轟擊所得之石墨烯具有較高之可逆電容量（～ 600 mAh/g）。

為瞭解石墨烯結構性對於鋰離子嵌入反應之差異，Kostecki 研究團隊於 2010 年利用化學氣相沉積（Chemical vapor deposition）進行單層與少層（Few-layers）石墨烯之製備 [2]，並結合即時（In-situ）拉曼（Raman）光譜探討鋰離子於石墨烯之反應行為。其結果指出，少層之石墨烯系統與鋰之作用情形與石墨較為類似，在高反應電位區間（0.5 ～ 1.5V）時，並無明顯嵌入現象發生；且由第一原理計算得知鋰與石墨烯之電荷轉移程度較其在石墨為低，當表面鋰之覆蓋量大於 5%（LiC_{20}），將造成鍵結能量之降低，其主要受制於在石墨烯兩側之鋰原子之強庫侖排斥力所致。

為進一步瞭解石墨烯在鋰電池之應用特性，Barone 研究團隊利用 Density functional theory 對鋰離子在平面石墨烯之吸附與擴散行為進行分析 [3]，如圖 5.1 所示，當石墨烯尺度降至趨近一維，材料之邊緣效應不僅影響碳材與鋰離子之反應性，也影響其擴散特性。當石墨烯之寬度逐漸減小，鋰離子擴散的能量障礙以及擴散長度亦隨之減小，其能量差異可達 0.15eV，擴散常數約可提升 2 個數量級。但當石墨烯尺寸較大時，低能障之通道僅侷限在石墨烯邊緣內之數奈米的區域。

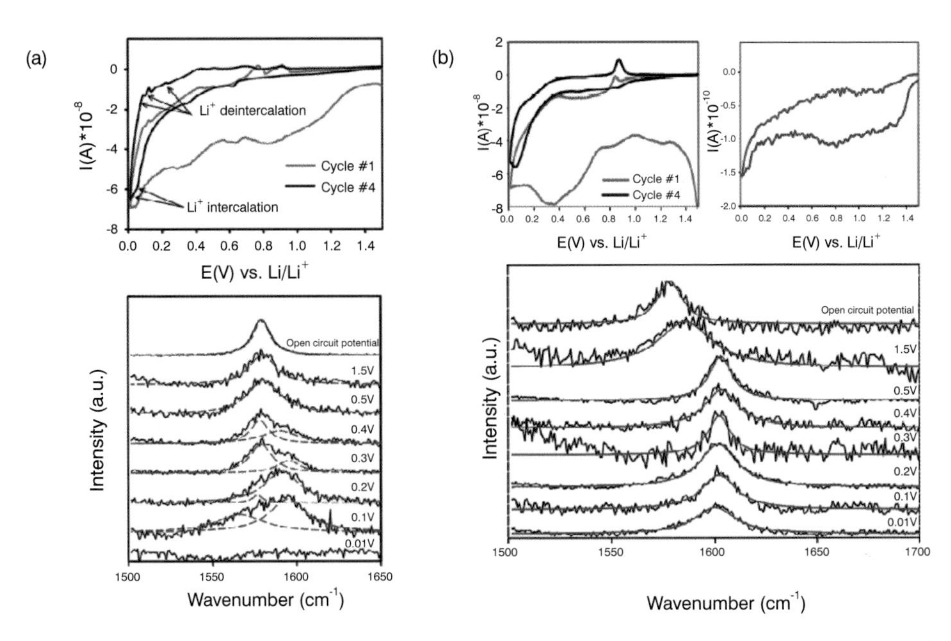

圖 5.1　(a) 寡層石墨烯之 CV 圖與臨場拉曼曲線；(b) 單層石墨烯之 CV 圖與臨場拉曼曲線 [2]

除了由 CVD 法或是化學法所製備之石墨烯外，近期亦有研究團隊針對不同石墨烯衍生物或是摻雜結構石墨烯之特性進行探討。其中，Fahlman 等人沿用多層奈米碳管沿軸向裁切之技術，以製備似一維（Quasi-one-dimentional）之石墨烯奈米帶（Graphene nanoribbon，GNR）[4]，會於破裂面形成含氧官能基。四種不同型態碳材之電化學測試結果如圖 5.2 所示。結果顯示，經還原之 GNR 的儲能特性較原始之 MWCNTs 為佳，其可逆電容量也僅由原始之 200 mAh/g 提升至 370 mAh/g；而未經還原之氧化態 GNR 的第一次充電與放電電容量，則大幅提高至 1400 與 820 mAh/g，庫侖效率為 53%。但兩者之電化學穩定性類似，後續之循環則約有 2 ～ 3% 之電容量衰退，而氧化 GNR 之高電容量，則推估為因表面含氧官能基會形成較穩定之 SEI 所致。其結果也顯示，二維之石墨烯與 GNR 在基礎特性上仍相當類似，幾何結構之差異並無反應於電化學性質上。

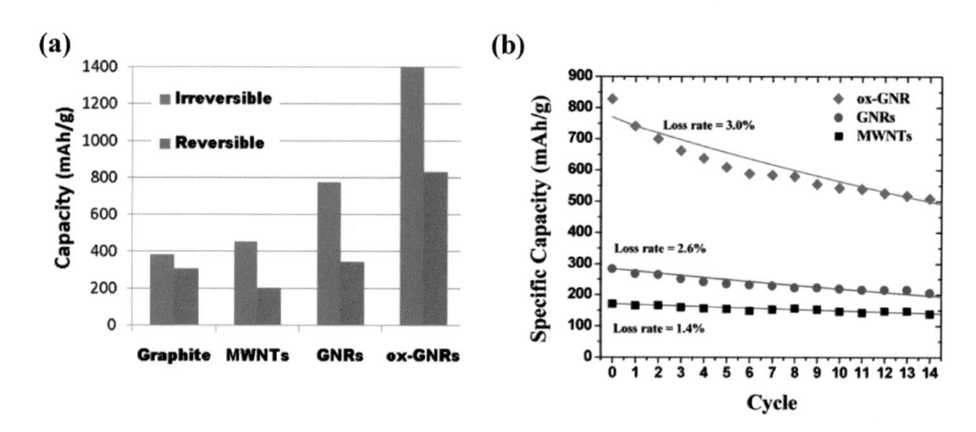

圖 5.2 (a) 石墨、多壁碳管、多層石墨烯、氧化多層石墨烯之可逆電容量與不可逆電容量比較；(b) 多壁碳管、多層石墨烯與氧化多層石墨烯之循環壽命比較 [4]

Uthaisar[5] 等人以不同條件的熱還原法來製備熱脫層還原氧化石墨烯（RGO），由表 5-1 為不同條件下樣品之 XPS 元素分析，由 Hummers 法合成的 GO 其碳／氧比為 1.2，氧的含量高達 33mol%，同時再經過熱處理後，其碳／氧比增加至 4.2 ～ 11.6，且氧含量可以減少至 7 ～ 17 mol%，圖 5.3 表示了 RGO 在不同還原過程的電化學特性，其充電及放電電容分別為 1000mAh g^{-1} 及 500mAh g^{-1}，還原後，其可逆電容可從 500mAh g^{-1} 提升為 500 ～ 1000mAh g^{-1}，主要乃歸因於有更多的缺陷及含氧官能基使得鋰離子在石墨烯材料有更高的嵌入量。

表 5-1　EG 和 RGO 之元素分析與 XPS 分析 [5]

Materials	Elemental analysis						XPS		
	%C	%H	%O	%H + %O	C/O	C/(O + H)	%C	%H + %O	C/(O + H)
EG	100						95	5	19
GO	40	27	33	60	1.2	0.7	39	61	0.6
RGO (at 250°C, Vacuum)	71	11	17	29	4.2	2.4	72	28	2.6
RGO (at 250°C, Ar)	73	11	16	27	4.6	2.7	68	32	2.1
RGO (at 250°C, Ar + H_2)	72	12	16	28	4.5	2.6	69	31	2.2
RGO (at 600°C, Ar + H_2)	74	15	11	26	6.7	2.9	74	26	2.8
RGO (at 900°C, Ar + H_2)	81	12	7	19	11.6	4.3	83	17	4.9

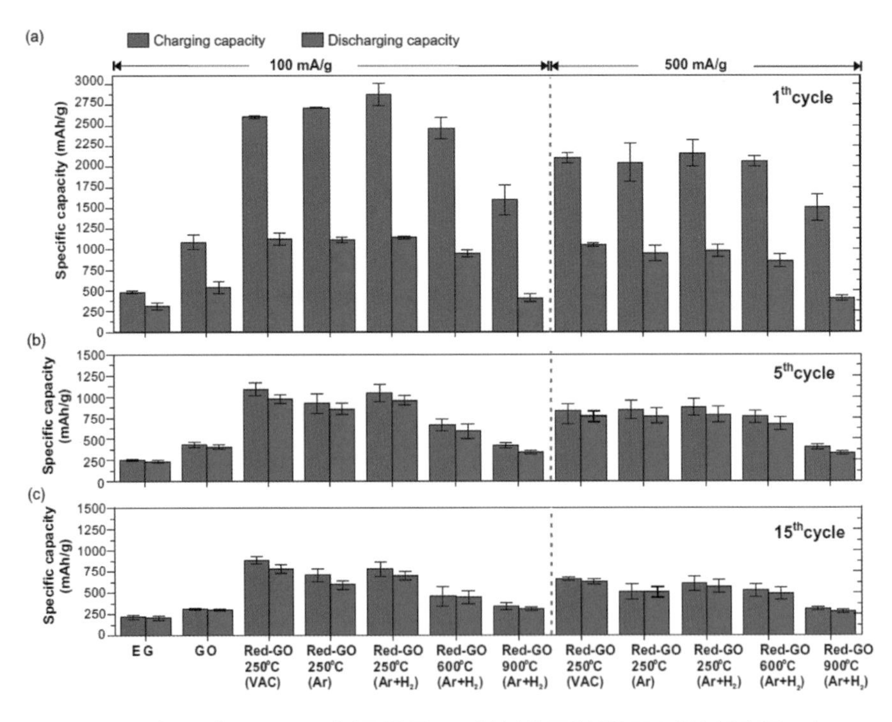

圖 5.3　(a)、(b) 與 (c) 為 EG、GO 以及還原 GO 材料的可逆與不可逆比電容量，在 1、5、15 圈比較其在不同氣氛、不同電流（100mA g^{-1} 及 500mA g^{-1}）下，隨著溫度的變化 [5]

Lee 等人 [6] 透過不同的氧化次數（1 ～ 3 次），合成不同氧化程度的氧化石墨烯，由圖 5.4 可以看出氧化石墨烯（GO1、GO2、GO3）的顏色從深咖啡色轉為土黃色，且電容量也會隨著氧化次數上升而提升，圖 5.4 為 GSs1、GSs2、GSs3 的循環壽命圖，結果顯示 GSs1、GSs2、GSs3 都具有良好的循環壽命，且 GSs3 提供最高的電容量約為 2000mAh g^{-1}。Chen 等人利用很簡便的方法製備具有寬闊離子擴散通道的全碳結構，其有優越的快充能力。圖 5.5 為合成奈米結構石墨烯之流程圖，圖 5.6(a)、(b)、(c) 為奈米結構石墨烯從鬆散堆疊到緊密排列之不同形貌，電化學測試的結果如圖 5.6(d)，由結果顯示，鬆散推疊的 PGNs 即使在非常高的放電率下，仍具有最高的 Li^{+} 儲存電容量，在電流密度為 500mA g^{-1} 的情況下，進行 100 圈充放電後，其電容量為 480mAh g^{-1}，而在電流密度為 2A g^{-1} 下，進行 300 圈充放電後，其電容量仍為 320mAh g^{-1}。Liu 等人 [25-26] 藉由可控制溫度的氧化還原反應來製備氧化石墨烯，將經過還原的石墨烯以拉曼分析、氮吸附、變溫脫附、傅立葉近紅外線光譜儀、X 光繞射光譜儀以及充放電儀來分析其結構與表面的化學、電化學特性，還原的氧化石墨烯其優越的可逆電容量是因為特定的官能基，而不是比表面積或其結構缺陷，而在 1.5V 與 0.8 ～ 1.5V 之氧化還原反應，主要是歸因於鋰離子、苯酚類官能基（Phenol group）與環狀醚官能基（Cyclic edge ether group）反應，進而貢獻電容量，這樣的發現將有助於未來對高容量石墨烯負極之結構設計。

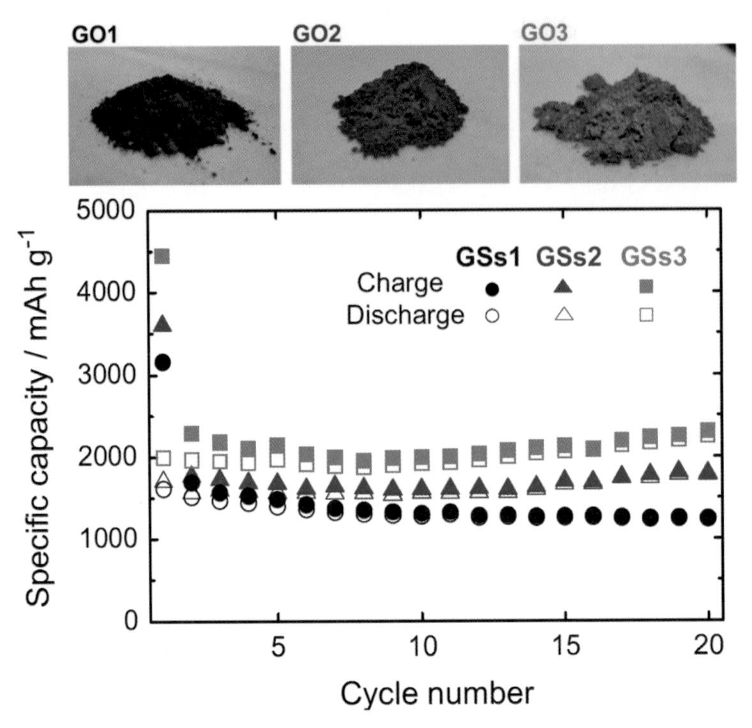

圖 5.4　下圖為 GSs1、GSs2 與 GSs3 在電流密度為 100mA g^{-1} 的電池循環壽命表現；上圖分別為樣品 GO1、GO2 與 GO3 之外觀 [6]

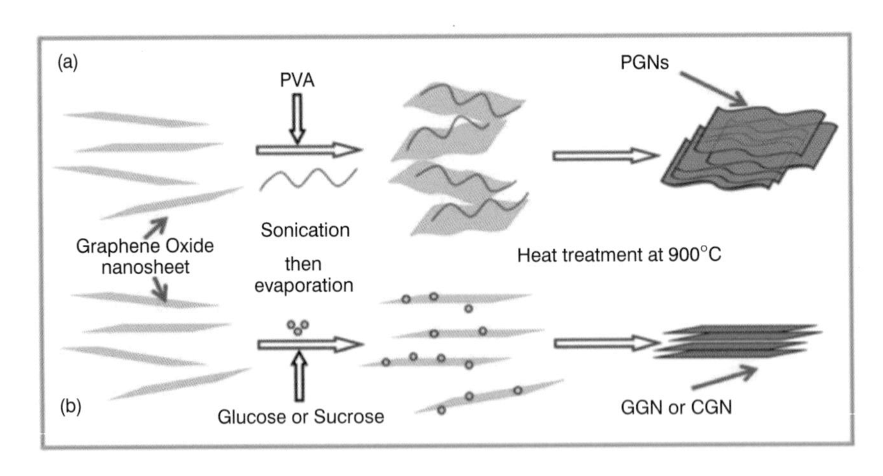

圖 5.5　奈米石墨烯之合成的實驗流程圖：(a) PGNs 具有鬆散的 GNS 堆疊延伸結構；(b) GGN 或 CGN 其結構由 GNS 緊密堆疊 [7]

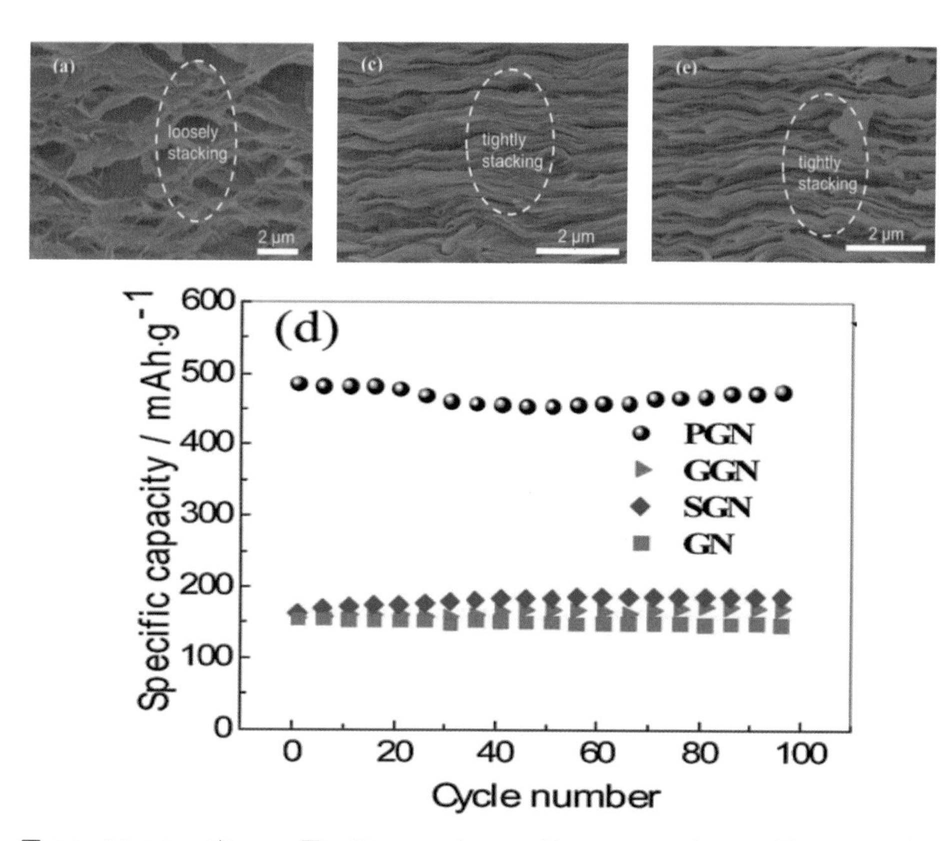

圖 5.6 (a) PGNs 之 SEM 圖；(b) GGN 之 SEM 圖；(c) SGN 之 SEM 圖；(d) 分別為 GN、SGN、GGN 與 PGNs 在電流密度為 500 mA g^{-1} 下之循環壽命圖 [7]

Hu 等人 [8] 有系統的研究，單以石墨烯片應用於鋰離子電池的負極材料並探討其電化學性質，圖 5.7 為製備石墨烯片之流程圖，方法是以 GNS 分散液透過真空輔助過濾得到不同厚度的石墨烯片，圖 5.8 則是顯示厚度為 1.5μm 及 3μm 的石墨烯片之電性測試，1.5μm 的石墨烯片在電流密度為 100mA g^{-1} 下，其初始可逆電容約為 200mAh g^{-1}，而 3μm的石墨烯片在同樣電容密度下，其初始可逆電容只有 140 mAh g^{-1}，電容量的下降與石墨烯的厚度有關，奈米石墨烯片緻密的堆疊與較大的高寬比，都會影響石墨烯片的循環壽命表現。

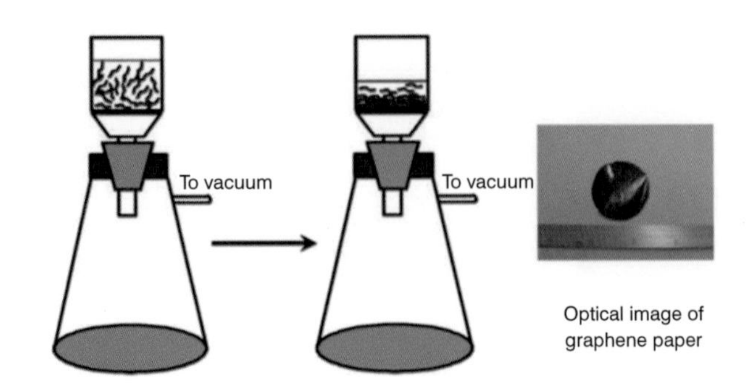

圖 5.7　GNS 分散液透過抽氣過濾製備石墨烯片之示意圖 [8]

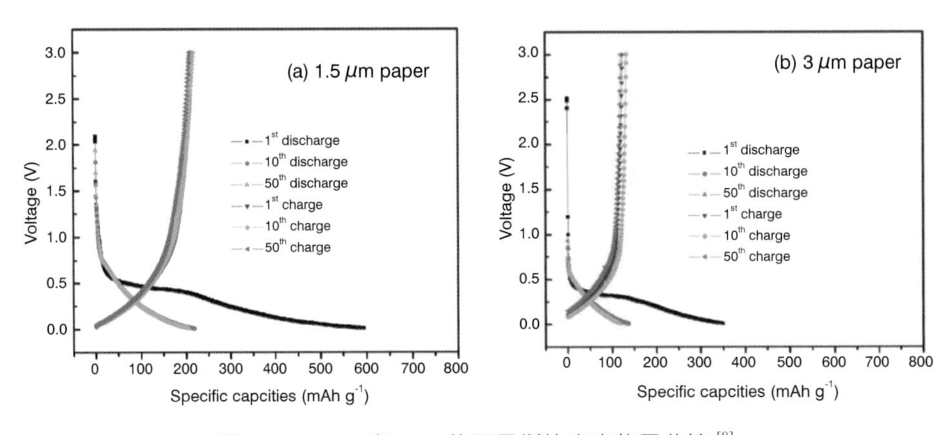

圖 5.8　1.5μm 與 3μm 的石墨烯片之充放電曲線 [8]

Fan 等人 [9] 利用化學氣相沉積法以 MgO 當作模板，製備出多孔洞石墨烯負極材料，圖 5.9(a) 和 (b) 為合成石墨烯與多孔石墨烯之 TEM 圖，圖 5.9(c) 與 (d) 更進一步分析孔洞石墨烯的充放電能力與循環壽命測試，由這些結果顯示，此多孔洞石墨烯具有很高的可逆電容（1723mAg h^{-1}）、良好的充放電速率以及穩定的循環壽命。

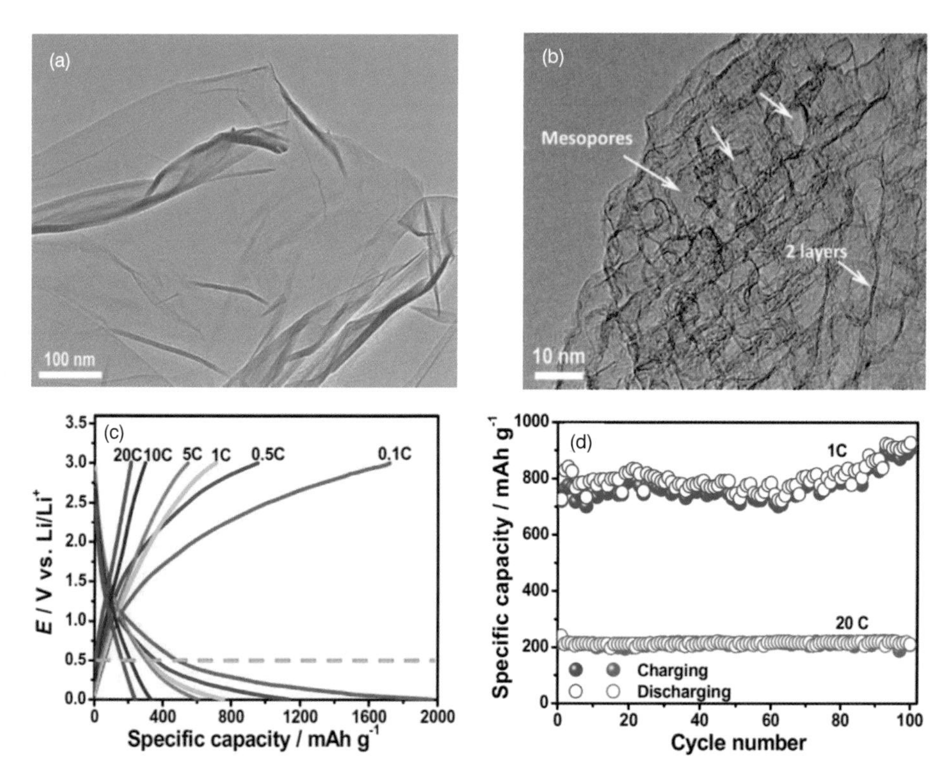

圖 5.9　(a) 典型石墨烯之 TEM 圖；(b) 多孔洞石墨烯之 TEM 圖；(c) 多孔洞石墨烯在不同電流下之充放電曲線（0.1-20C）；(d) 多孔石墨烯分別在 1C 與 20C 之循環壽命圖 [9]

Fan 等人 [10] 製備出富含氮之碳包覆石墨烯微片（GSNC），探討其在不同電流下之充放電特性表現與循環壽命測試，其氮摻雜之碳包覆石墨烯之合成方法如圖 5.10(a) 所示，圖 5.10(b) 為 GSNC 樣品之表面形貌，可觀察到石墨烯微片之層數相當地薄，圖 5.10(c) 分別為系列樣品組成鋰電池後，在不同充放電速率下之測試結果，其結果顯示，包覆碳不僅可將氮原子接上，也減緩了石墨烯片堆疊的問題，並且增進了鋰離子儲能與傳遞特性。

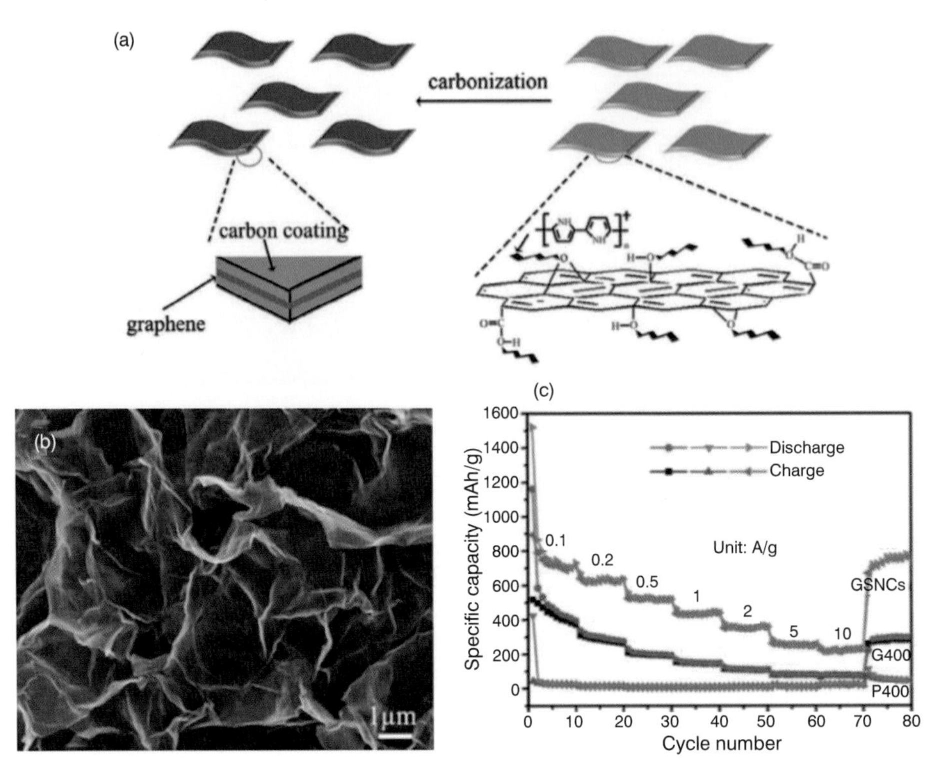

圖 5.10　(a) GSNS 合成示意圖；(b) GSNCs 之表面形貌；(c) GSNC 、G400 與 P400 之快充特性表現 [10]

Fan 等人 [11] 利用水熱法搭配 KOH 與球磨製程，合成多孔性石墨烯材料（Holey graphene，簡稱 HG），圖 5.11(a) 與 (b) 分別為氧化石墨烯與多孔石墨烯之 TEM 圖，其快速充放電能力與循環壽命如圖 5.11(c) 與 (d) 所示，結果顯示以 KOH 與球磨方式合成多孔海綿狀結構之石墨烯，具有良好的快速充放電能力與穩定性。

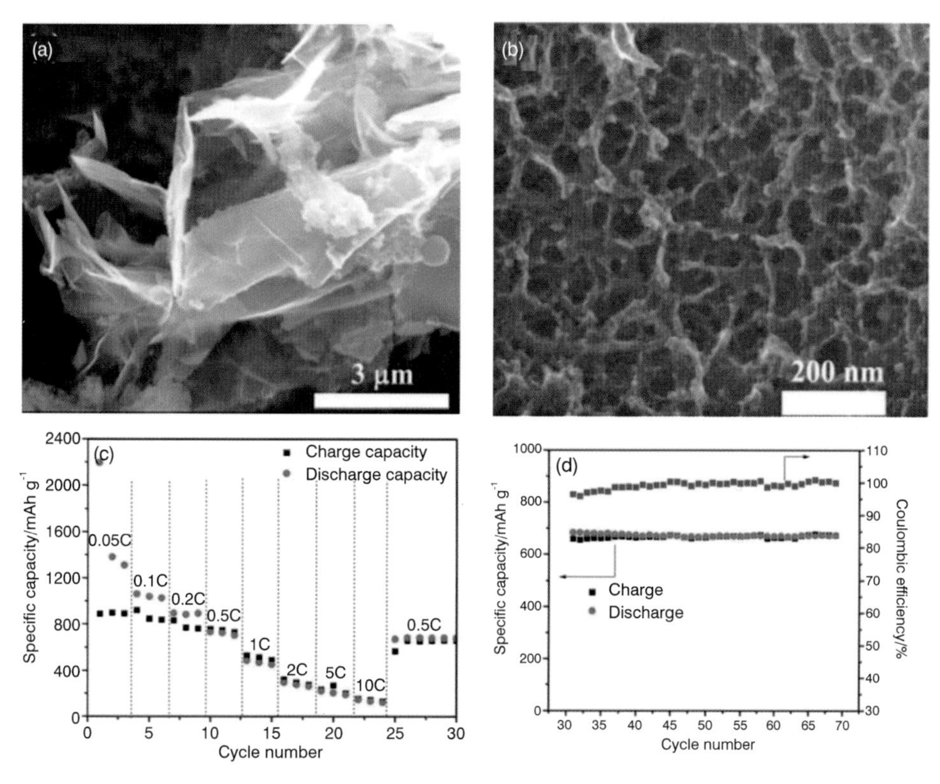

圖 5.11　(a) 氧化石墨烯（GOs）之 TEM 圖；(b) 多孔洞石墨烯之 TEM 圖；(c) 隨機堆疊之多孔洞石墨烯（HGs）其快充能力與電性表現（0.05C～10C）；(d) RSHG 在 0.5C 下之循環壽命與庫侖效率電性圖（工作電壓區間：3.0V 與 0.01V 對 Li/Li^{+}）[11]

除了化學脫層法與 CVD 法之外，另外一種極具潛力之合成方法為電化學脫層法 [12-19]，Yang 等人 [12] 提出以石墨作為電化學脫層之電極的機制，如圖 5.12 顯示，以石墨作為電極，從 0 分鐘、1 分鐘、60 分鐘到 180 分鐘之示意圖；此外，Yang 等人也嘗試了不同的電解質系統，如 $LiPF_6$、$TBAPF_6$ 在 PC 或是 $TBAPF_6$ 在 AN、DMF 等等，相對應的觀察結果如表 5-2 所示，圖 5.13(a)、(b) 為以 GS 作為電極材料之循環壽命與快速充放電能力，而石墨烯片（GS）具有高可逆電容、好的循環壽命及優異的充放電能力，結果顯示石墨烯片（GS）在鋰離子電池負極材料具有相當大的潛力。

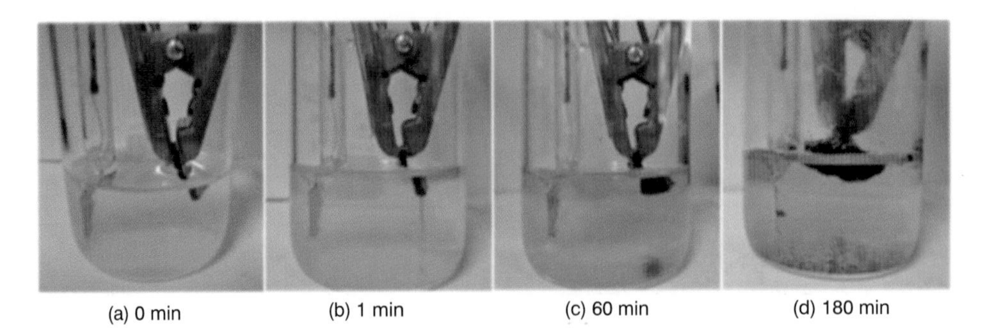

圖 5.12　以石墨為負極之電化學脫層示意圖 [12]

表 5-2　在不同電化學脫層實驗條件下之結果 [12]

Electrolyte	Voltage (V)	Current density ($mA\ cm^{-1}$)	Phenomenon
1M $LiPF_6$ (in PC)	−5	0.3	No exfoliation even exfoliated for 4 h/ no bubbles
	−10	2.0	No exfoliation even exfoliated for 4 h/ bubbles
	−30	10.4	Little amount of exfoliated sheets for 4 h/large bubbles
0.5M $TBAPE_6$ (in AN)	−5	1.9	No exfoliation observed exfoliated for 4 h/no bubbles
	−10	5.9	Exfoliatinon/bubbles
	−30	26.6	Large amounts of exfoliated sheets precipitated/bubbles
0.5M $TBAPE_6$ (in DMF)	−5	1.0	No exfoliation exfoliated for 4 h/no bubbles
	−10	3.4	Exfoliated sheets surrounded the eathode/no bubbles

Electrolyte	Voltage (V)	Current density (mA cm^{-1})	Phenomenon
	−30	14.1	Large amounts of exfoliated sheets/ bubble
0.5M $TBAPE_6$ (in PC)	−5	0.2	No exfoliation even exfoliated for 4 h/ no bubbles
	−10	1.4	Exfoliation for 0.5 h/obvious bubbles
	−30	5.9	Large amounts of exfoliated sheets/ bubble
10mL 0.5M $TBAPE_6$ (in AN) + 0.5mL C_2H_5OH	−10	5.7	Exfoliation/large bubbles
10mL 0.5M $TBAPE_6$ (in DMF) + 0.5mL C_2H_5OH	−10	3.2	The exfoliation rate became slower/ bubbles
10mL 0.5M $TBAPE_6$ (in PC) + 0.5mL C_2H_5OH	−10	1.2	Exfoliation for 0.5 h/bubbles

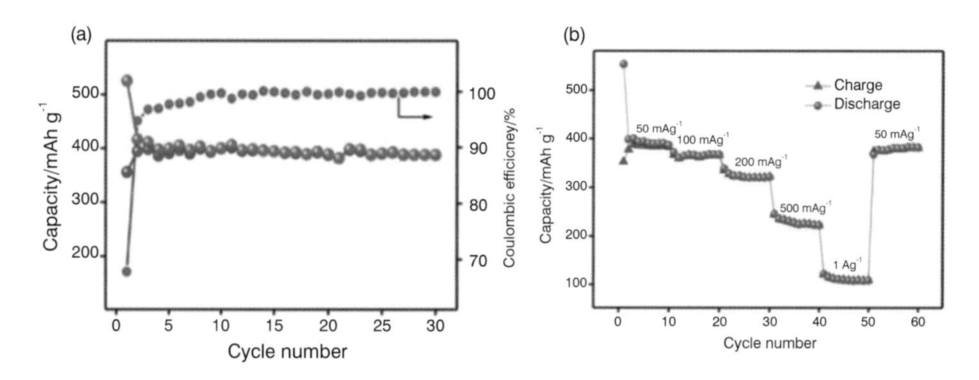

圖 5.13　(a) 以 GS 作為電極之循環壽命與庫侖效率測試結果；(b)GS 其快充能力表現 [12]

5.2.3 複合負極材料

多層石墨烯不僅可當作主要負極材料，其亦可與其他奈米金屬或金屬氧化物結合，以複合材料形式作為能源材料相關應用。Zhou 等學者 [20] 利用具高表面積且多孔性之 GNS 材料，透過即時（in-situ）氫氧化鐵還原法，製備出 GNS/Fe_3O_4 複合材料，圖 5.14 之 SEM 、TEM 與元素分布分析（EDX mapping）結果顯示，此複合材料中 100～200nm 的奈米氧化鐵均勻地分布在 GNS 材料中，其電化學特性結果如圖 5.15 所示，圖 5.15(a) 為 GNS/ Fe_3O_4 複合材料在前 5 個圈的充放電曲線，在第一次的充電曲線，於～0.8V 可觀察到非常明顯的充電平台，主要是 Fe_3O_4 與 Li 的典型嵌入反應（$Fe_3O_4 + 8e^- + 8Li^+ \rightleftarrows 3Fe^0 + 4Li_2O$），其理論電容量為 922mAh/g；圖 5.15(b) 之循環壽命測試結果顯示，不管是商用 Fe_3O_4 或 Zhou 等人自己合成之 Fe_3O_4，雖然第一次有達到 770mAh/g 之可逆電容量，但其衰退速率相當快，反之，GNS/ Fe_3O_4 複合材料在第一次可逆電容可達約 900mAh/g ，其循環壽命的表現更是優異，顯示 GNS 在此複合材料具有穩定結構的功用；圖 5.15(d) 為測試不同電流下之快速充放電能力測試結果，GNS/ Fe_3O_4 複合材料之快速充放電能力，可由 GNS 的添加顯著地提升，即使在 1750mA/g 的高電流下，其可逆電容量仍有高達 600mAh/g 的表現。這些結果顯示，GNS 在此不僅可當作鋰離子的「高速公路」，達到快速充放電的效果，GNS 多孔性結果亦能當作 Fe_3O_4 的結構（Matrix 骨架），緩衝在 Fe_3O_4 充放電過程所產生之體積變化，進而顯著提升整體負極材料的循環壽命。

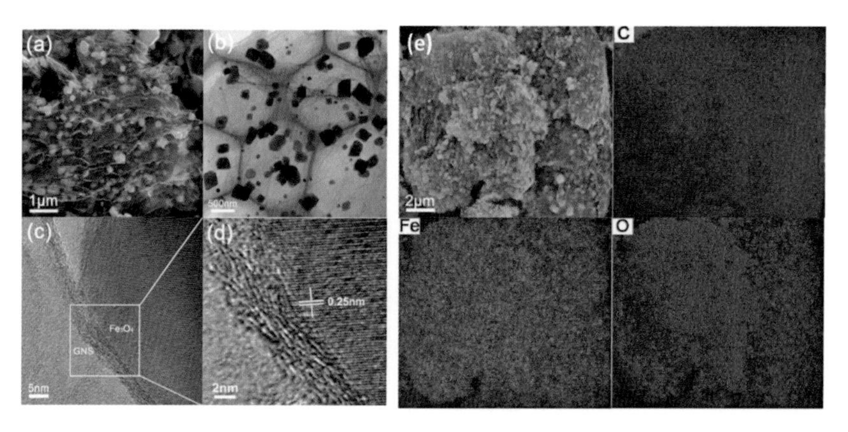

圖 5.14 (a) GNS/Fe_3O_4 複合材料在 SEM 電子顯微鏡下；(b)～(d) GNS/Fe_3O_4 複合材料在穿透式電子顯微鏡下；(e) SEM 影像及此複合材料分別對 C、Fe 與 O 的元素分布分析，了解不同元素在此複合材料之分布情形 [20]

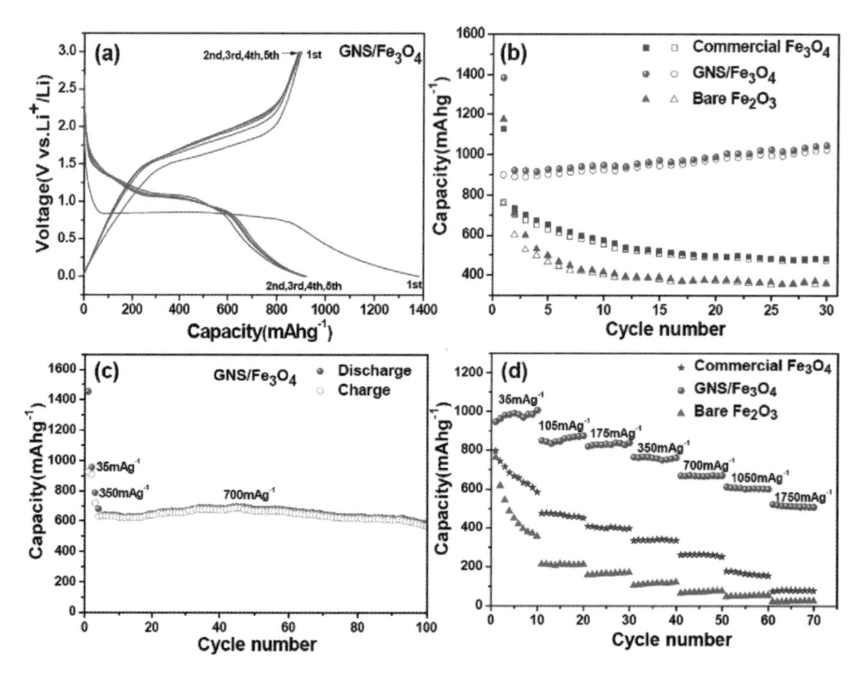

圖 5.15 (a) GNS/Fe_3O_4 複合材料之充放電曲線；(b) 商用 Fe_3O_4、GNS/Fe_3O_4 複合材料和 Fe_3O_4 在電流密度 35 mA/g 之循環壽命測試；(c) GNS/Fe_3O_4 複合材料在電流密度 700mA/g 之循環壽命測試；(d) 商用 Fe_3O_4、GNS/Fe_3O_4 複合材料和 Fe_3O_4 在不同電流密度下之放電電容量比較 [20]

Wu 等學者在硝酸水溶液於鹼性條件下，將 $Co(OH)_2$ 與 GNS 均勻混合，之後再以 450°C 之後鍛燒結製備出粒徑約 10～30nm 的 Co_3O_4 與 GNS 複合材料 [21]，其複合材料製備流程如圖 5.16 所示。圖 5.17 為 Co_3O_4/GNS 複合材料之 SEM 與 TEM 表面形貌，SEM 與 TEM 結果均顯示，具奈米尺度之 Co_3O_4 顆粒均勻地分布在 GNS 材料中。圖 5.18(a)、(b) 和 (c) 分別為 GNS、Co_3O_4 與 Co_3O_4/GNS 複合材料之充放電曲線，圖 5.18(d) 為比較此三種材料之循環壽命測試結果，由結果顯示，GNS 具有相當穩定的循環穩定性（cycle stability），直到 30 次充放電仍保有約 800mAh/g 的高可逆電容量，而 Co_3O_4/GNS 相較於純 Co_3O_4，其電容量與循環壽命的表現，可藉由 GNS 的添加而獲得提升，此複合材料經過 30 次充放電，仍有約 1000mAh/g 電容量的表現。

Chou 等學者將粒徑約 40nm 的商品奈米矽與水熱法製備之 GNS，以莫爾比 1:1 用研磨機（Mortar）進行物理方式混合 [22]，並討論奈米矽與 Si/GNS 複合材料之電化學特性，圖 5.19 為 Si/GNS 複合材料之 SEM 表面形貌，結果具多孔性結構的 GNS 內部均勻地被奈米矽顆粒所填占；圖 5.19(c) 與 (d) 為其充放電循環壽命與交流阻抗分析結果，由充放電測試結果來看，GNS 的添加有助於提升奈米矽負極的循環壽命，另外，交流阻抗分析之結果亦顯示，藉由 GNS 的添加有助於降低整體負極材料之阻抗，進而有助於奈米矽負極之電性提升。

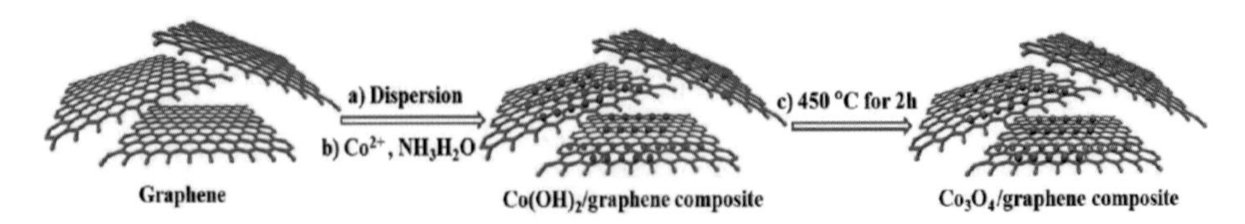

圖 5.16　Co_3O_4/GNS 複合材料之製備流程圖：(a) 將 GNS 粉體與異丙醇／純水（1:1 體積比）混合；(b) 在鹼性條件下形成 $Co(OH)_2$/GNS 複合物；(c) 以後段高溫燒結製備出 Co_3O_4/GNS 複合材料 [21]

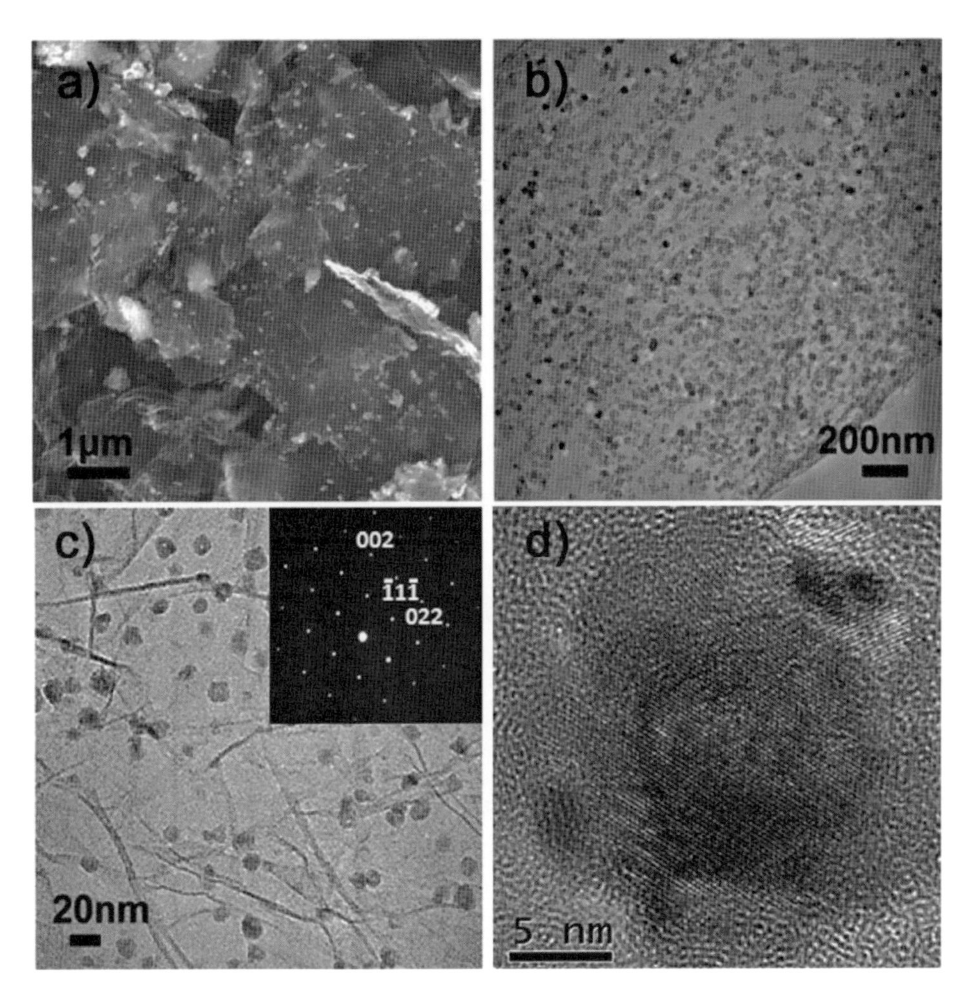

圖 5.17 (a) Co_3O_4/GNS 複合材料之 SEM 表面形貌；(b)～(d) Co_3O_4/GNS 複合材料之 TEM 表面形貌〔(c) 右上角圖為 Co_3O_4/GNS 複合材料擇區繞射圖譜〕[21]

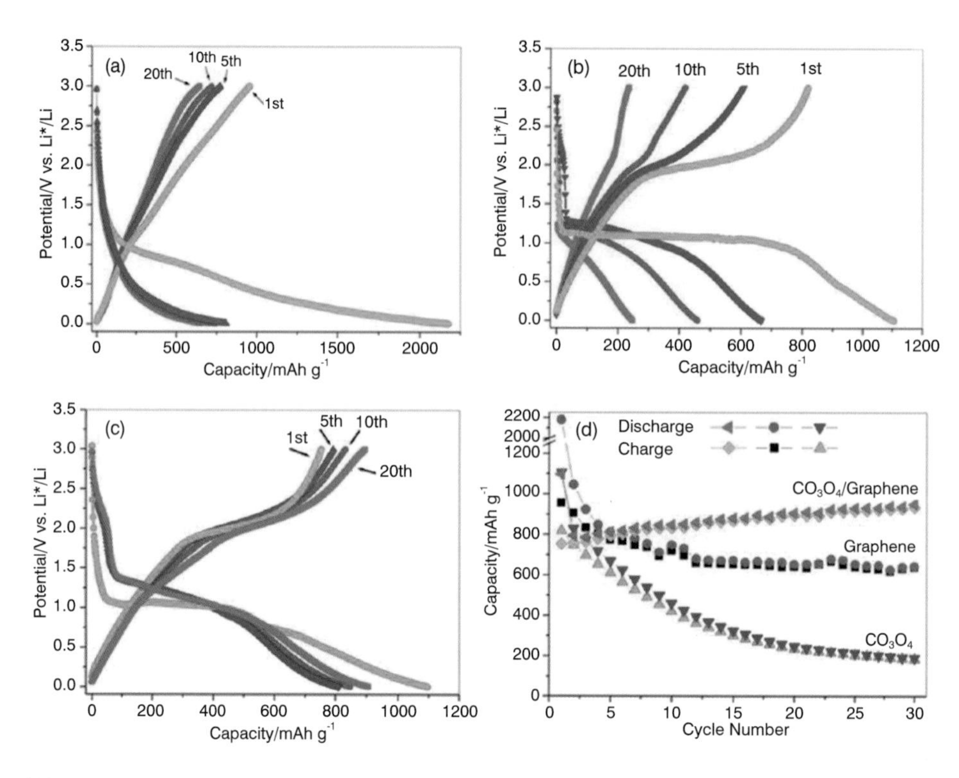

圖 5.18　(a) GNS (b) Co_3O_4 和 (c) Co_3O_4/GNS 複合材料在 1、5、10、和 20 圈的充放電曲線（電流密度 50mA/g）；(d) GSN 、Co_3O_4 與 Co_3O_4/GNS 複合材料的循環壽命比較 [22]

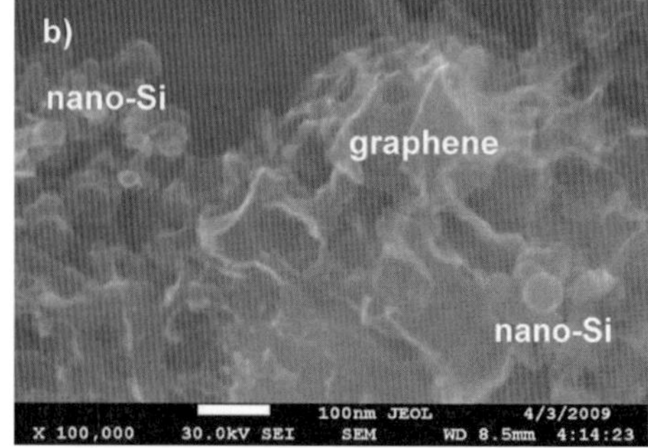

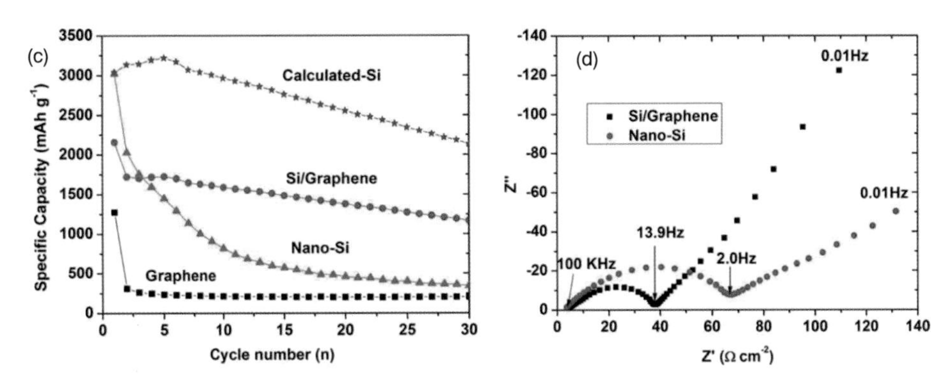

圖 5.19 (a)、(b) 奈米矽與 Si/GNS 複合材料之 SEM 表面形貌；(c) 石墨烯、奈米矽與 Si/GNS 複合材料與純矽（理論計算預估值）的循環壽命測試結果；(d) 奈米矽與 Si/GNS 複合材料在 0.2V 之充電狀態之交流阻抗圖譜 [22]

Sun 等人的研究團隊（University of western ontario）利用改良 Hummers 法製備石墨烯，並搭配原子氣相沉積（Atomic layer deposition, ALD）製備 SnO_2/Graphene 複合材料 [23]，TEM 與 SEM 表面形貌如圖 5.20 (a) ～ (c) 所示，期望石墨烯柔軟的特性，可以緩衝在充放電過程中錫的膨脹收縮，進而提升其電性表現，由圖 5.20 (d) 原本純石墨烯的第一次充電／放電電容量為 900/420mAh/g，不可逆電容量約 50%，充放電到 100 圈，電容量維持約 280mAh/g；透過 SnO_2 奈米顆粒的混摻，第一次充放電的電容量可提升到 1250/800mAh/g，經充放電 150 圈，電容量仍可維持 400mAh/g。

圖 5.20　(a) Graphene 之 SEM 表面形貌；(b) SnO_2/graphene 複合材料之 SEM 表面形貌；(c) SnO_2/Graphene 複合材料之 TEM 表面形貌；(d) 複合材料之循環壽命測試結果 [23]

美國西北大學 Kung 等人研究團隊所發表之《奈米矽／石墨烯紙複合材料在鋰電池負極之應用》（Si nanoparticle-graphene paper composites for Li-ion battery anodes）[24]，其製備方法首先利用化學混酸，將石墨氧化脫層製備出氧化石墨烯溶液（Graphene oxide solution, GO solution），之後再放入 15nm 商品奈米矽，再放入之前先故意讓矽表現些微氧化成 SiO_2，目的是 GO 液〔如圖 5.21(a)〕的溶劑主要為去離子水，故二氧化矽相較於矽更為親水，可增進奈米矽顆粒在 GO 液的分散性〔圖 5.21(b) 之 TEM 結果顯示，矽均勻分散在石墨烯材料內〕，抽氣過濾成膜後，可獲得 Si/GO 紙，再將此樣品以 550～850°C 、4% H_2/96% Ar 還原氣氛下進行熱還原，此步驟相當重要，該團隊亦比較未還原與不同溫度還原的 Si/GO 紙進行導電度、片電阻等測試（如表 5-3 所示），未處理的樣品，其片電阻高達 $2.9\times10^5\Omega$/cm，550°C 處理片電阻可降低到 153Ω/cm，850°C 更高溫處理可再降低至 60Ω/cm，此片電阻的降低，很明顯地反應在電性表現上，圖 5.21(d) 為 Si/Graphene 複合負極材料的庫侖效率與循環壽命測試結果，此材料在 850°C 下還原的循環壽命表面優於 550°C，第一次電容量高達 2500mAh/g，經過 300 圈充放電，仍可維持 1500mAh/g 的電量，此優異電化學特性的表現，在於奈米矽顆粒分散在 3D 網狀石墨烯結構內，在多達 300 次的充放電下，仍能維持結構的完整性，進而有較佳的循環壽命。

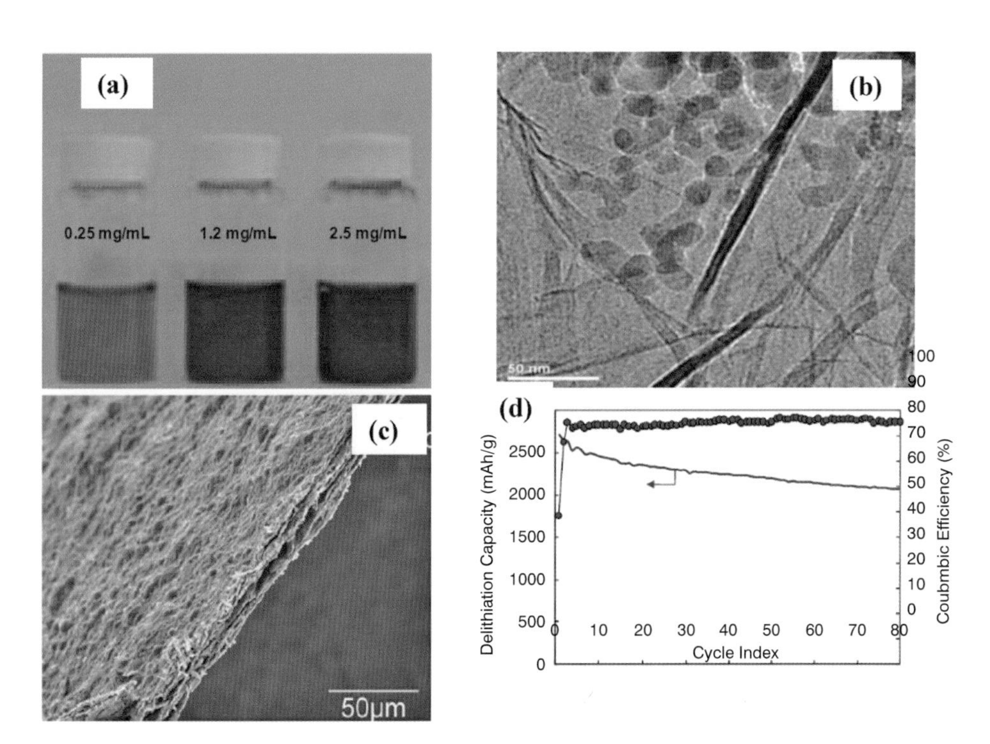

圖 5.21　(a) 不同氧化石墨烯溶液的外觀；(b) Si/Graphene 複合負極材料的 TEM；(c) Si/Graphene 複合負極材料的極版剖面圖；(d)：Si/Graphene 複合負極材料的庫侖效率與循環壽命測試結果 [24]

表 5-3　不同還原溫度處理之 Si/GO 複合材料片電阻、電阻與導電度測試結果 [24]

	Reduction temperature			Unreduced SGO sample
	550°C	700°C	850°C	
Sheet resistance (Ω "per square")	153	107	60	2.9×10^5
Resistivity (Ω·cm)	0.076	0.053	0.030	14.6
Conductivity ($S\cdot cm^{-1}$)	13.1	18.7	33.1	0.0068

5.2.3 正極材料

有相當多文獻以石墨烯作為碳披覆，是為了改善正極材料的電容量、充放電速率以及循環壽命 [27-33]，He 等人 [27] 藉由噴塗乾燥法合成石墨烯包覆之化合物 $Li[Li_{0.2}Mn_{0.54}Ni_{0.13}Co_{0.13}]O_2$，如圖 5.22 為石墨烯包覆之化合物 $Li[Li_{0.2}Mn_{0.54}Ni_{0.13}Co_{0.13}]O_2$ 之 SEM 與 TEM 圖，可以由圖觀察到其粒徑約為 1μm 左右，而包覆石墨烯層的厚度約為 2.3nm，圖 5.23 為充放電測試、循環壽命以及包覆與未包覆石墨烯之 AC 交流阻抗圖，從 AC 交流阻抗圖可以觀察到在低頻區的前半圓，包覆石墨烯的電荷轉移阻抗明顯降低許多，然而，由圖 5.23(b) 得知，因為包覆石墨烯提升了電容與循環壽命。Sun 等人 [28] 則是以水熱法合成 $VO_{2.07}$RGO 複合膜，$VO_{2.07}$RGO 複合膜其外觀、SEM、TEM 如圖 5.24 所示，而圖 5.25 為 $VO_{2.07}$ 有披覆或沒有披覆 RGO 之充放電測試、循環壽命表現、快速充放電能力與 AC 交流阻抗圖，由電化學分析測試結果得知，此負極薄膜可提供很高的可逆電容 160mAh g^{-1}，以及很好的循環壽命，在電壓範圍為 2.0 和 3.5V 時，在 200 圈充放電後，其電容仍保持為原來的 83%。

圖 5.22 (a) 未包覆 $Li[Li_{0.2}Mn_{0.54}Ni_{0.13}Co_{0.13}]O_2$ 之 SEM 圖；(b) 碳披覆 $Li[Li_{0.2}Mn_{0.54}Ni_{0.13}Co_{0.13}]O_2$ 之 SEM 圖；(c) 碳披覆顆粒之 TEM 圖；(d) 碳披覆 $Li[Li_{0.2}Mn_{0.54}Ni_{0.13}Co_{0.13}]O_2$ 之 HRTEM

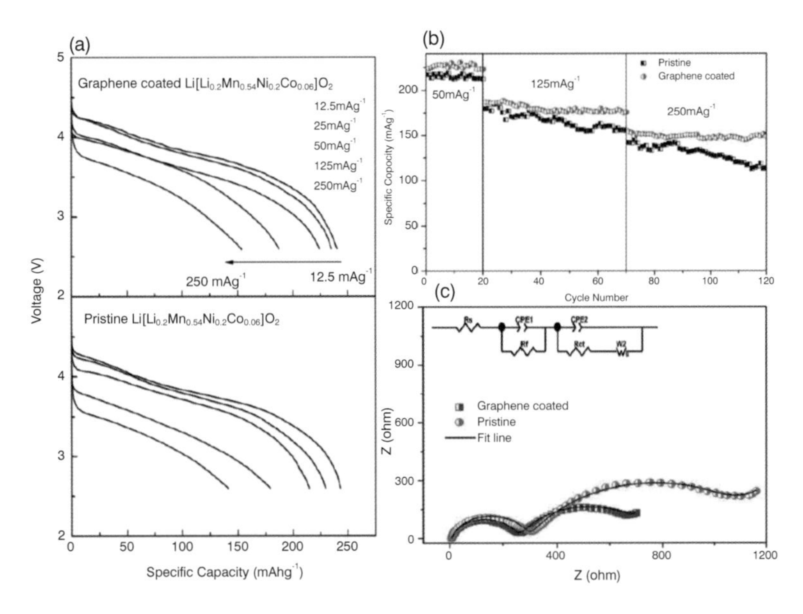

圖 5.23 (a) 在不同充放速率下之放電曲線；(b) 不同充放速率下之循環壽命圖；(c)AC 交流阻抗之比較，插圖為其等效電路圖 [27]

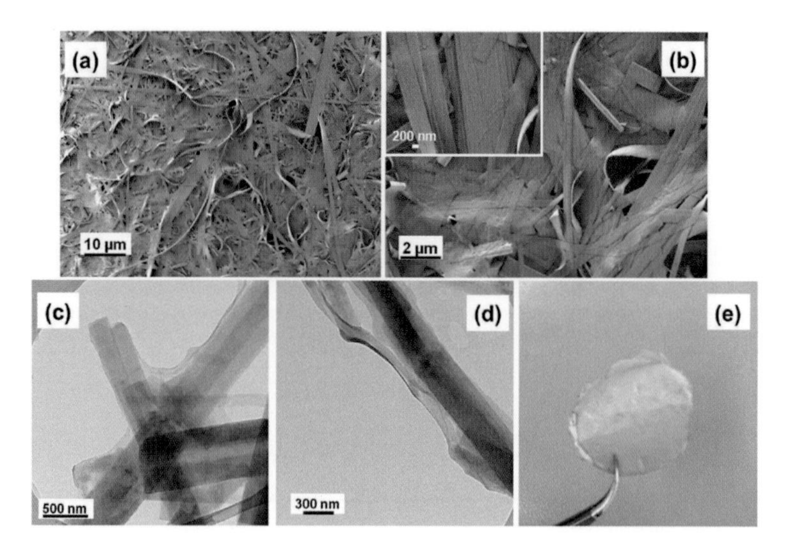

圖 5.24　(a) 與 (b) 為 $VO_{2.07}RGO$ 複合膜之 SEM 圖；(c) 與 (d) 為未添加黏著劑之 V_2O_5 xH_2O/RGO 薄膜之 TEM 圖；(e) $VO_{2.07}RGO$ 複合膜之外觀 [28]

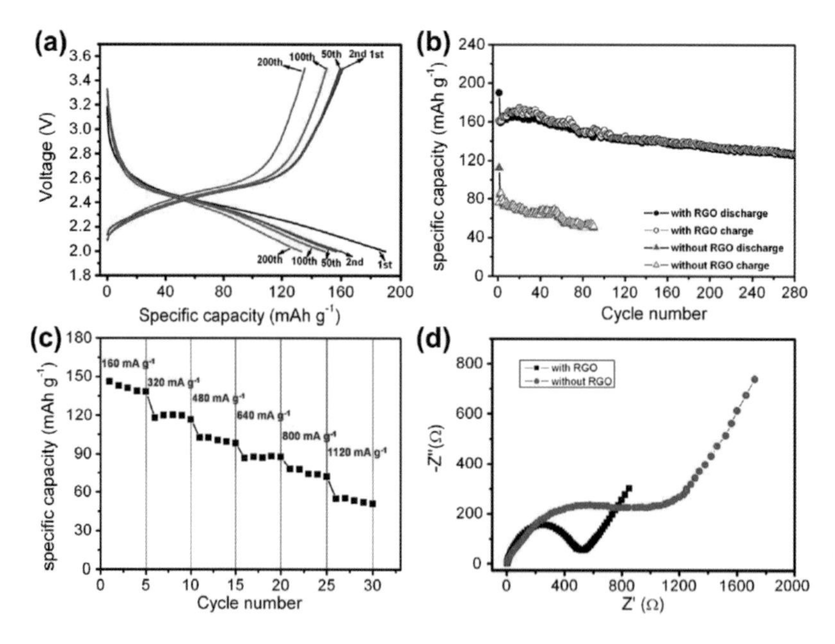

圖 5.25　(a) VO_x/RGO 複合薄膜在電流密度為 70mA g^{-1} 時之充放電曲線；(b) VO_x/RGO 與 VO_x 之循環壽命比較圖；(c) VO_x/RGO 之快速充放電測試；(d) 此兩種薄膜在 20 次完全放電後之交流阻抗 [28]

Ding 等人[29]以共沉澱法製備 $LiMn_{1/3}Ni_{1/3}Co_{1/3}O_2$（LMNCO）與奈米結構石墨烯之複合材料，此合成方法之示意圖如圖 5.26，圖 5.27 為 LMNCO 利用石墨烯作為披覆材之 TEM 表面形貌，LMNCO 奈米粒子粒徑約為 50nm，且可觀察到 LMNCO 均勻的被石墨烯所包覆，圖 5.27(b)、(c)、(d) 為其電性測試圖，由這些結果表示，僅僅以 1.6% 的石墨烯披覆 LMNCO，可使此複合材展現良好的初始放電電容 175mAh g^{-1}，在 50 圈後其電容量仍維持 95.5% 的表現。

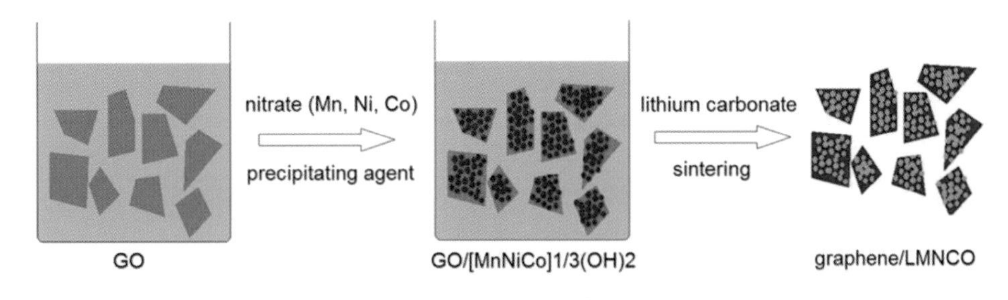

圖 5.26　LMNCO 以石墨烯作為披覆材之合成示意圖[29]

Prabakar 等人[30]選擇使用石墨烯，並以三明治結構製備出 $LiNi_{0.5}Mn_{1.5}O_4$（LNMO）/ 石墨烯複合材，利用石墨烯建構具有效導電網絡，且可抑制固態電解質層形成之結構，圖 5.28(a) 為在溶液中藉由自組裝法製備石墨烯 /LNMO 複合結構之示意圖，圖 5.28(b) 與 (c) 為 LNMO-G2.5% 複合材之 TEM 與 SEM 表面形貌圖，圖 5.28(d) 為一系列 LNMO 負極材料之快充能力圖，有著三明治夾層結構的 LNMO-G2.5% 複合材表現出最好的電化學性能，其有效地導電網絡與明顯抑制電解質分解，使得相對未處理的 LNMO 有較高電容與較好循環電容量表現。Wang 等人[31]討論以碳熱處理方式用超音波輔助流變相法製備以 RGO 作為碳披覆之 $LiFePO_4$ 複合材，圖 5.29 為正極材料之 TEM 與電性表現，摻雜 5wt.% RGO 表現很高的電容量與優異的快充能力，

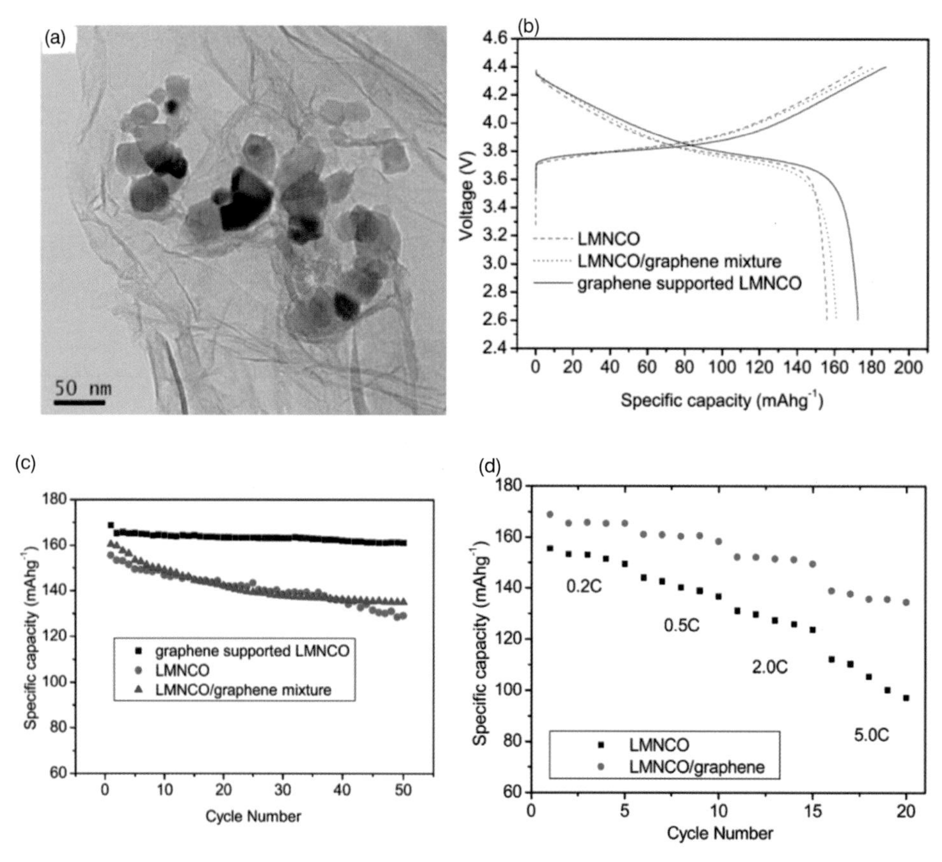

圖 5.27　(a) 石墨烯披覆 LMNCO 之 TEM 表面形貌；(b) LMNCO 與石墨烯披覆 LMNCO 之充放電曲線；(c) LMNCO 、石墨烯披覆 LMNCO 、LMNCO 與石墨烯混合物三者之循環壽命圖；(d)LMNCO 與石墨烯披覆 LMNCO 之快速充放電測試 [29]

其在 0.2C 下放電電容量為 160.4mAh g^{-1}，而電流在 20C 下，其放電電容量為 115mAh g^{-1}，此樣品在 10C 經過 1000 圈充放電後，其電容量僅僅衰減 10%，循環壽命表現非常良好的穩定性。Ha 等人 [32] 是透過 KOH 化學活化法，活化石墨烯（CA-Graphene）來提升 $LiFePO_4$ 電化學特性，圖 5.30(a) 為以活化方式製備 CA-Graphene 之示意圖，而圖 5.30(b) 則是以鍛燒方式製備 CA-G/LFP，圖 5.31(a) 與 (b) 為 GO 與多孔石墨烯披覆 $LiFePO_4$ 複合材之 TEM 表面形貌圖，圖 5.32(a) 分別為

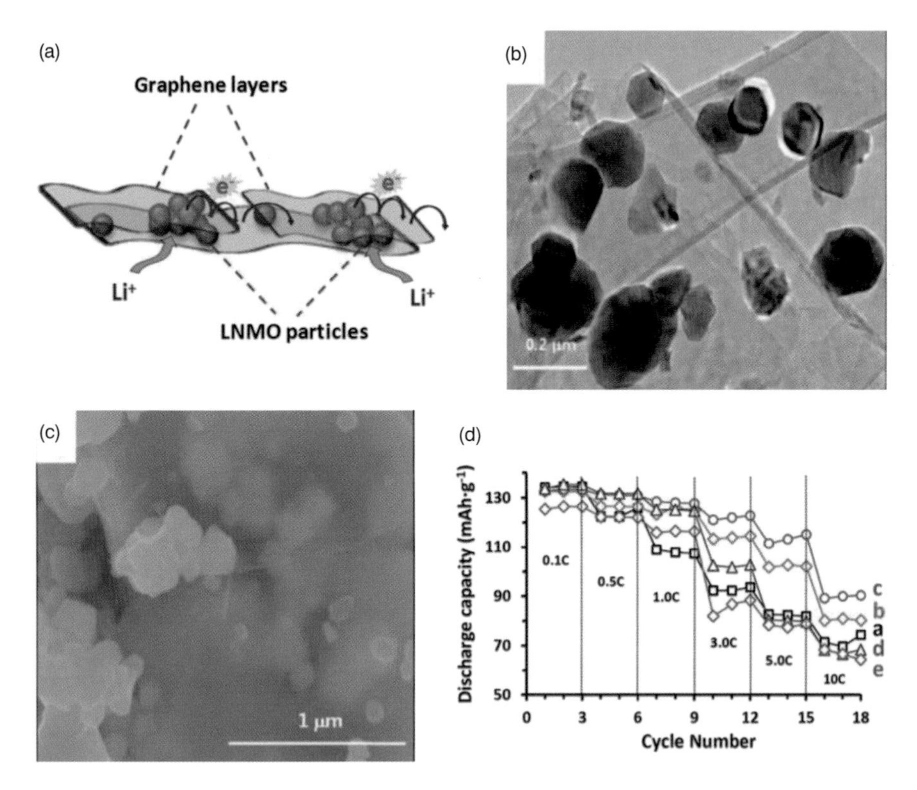

圖 5.28　(a) 利用溶液自組裝法製備石墨烯 /LNMO 複合結構之示意圖；(b) 與 (c) 為 LNMO-G2.5% 複合材之 TEM 與 SEM 表面形貌圖；(d)LNMO 負極材料之快充測試：a. LNMO、b. LNMO-G1%、c. LNMO-G2.5%、d. LNMO-G5%、e. 複合材以 LNMO 與 2.5% 石墨烯混合所製備 [30]

$LiFePO_4$、G/LFP 與 CA-G/LFP 在電流密度為 100mA g^{-1} 下之循環壽命表現，由循環測試結果得到 $LiFePO_4$ 與 Graphene/LFP 表現相似的電化學性特性，然而多孔 Graphene/LFP 稱之為 CA-G/LFP，此複合材具有較好的循環特性，此顯著的結果如圖 5.32(b) 所示，在充電電流密度為 5000mA g^{-1} 下，CA-G/LFP 其電容量相較於 $LiFePO_4$、G/LFP 高出許多，且仍然能維持在 65mA g^{-1} 之表現，Ha 等人以示意圖來解釋其具有優良的特性之原因，如圖 5.33，以此 G/LFP 複合材作為電極材料，鋰

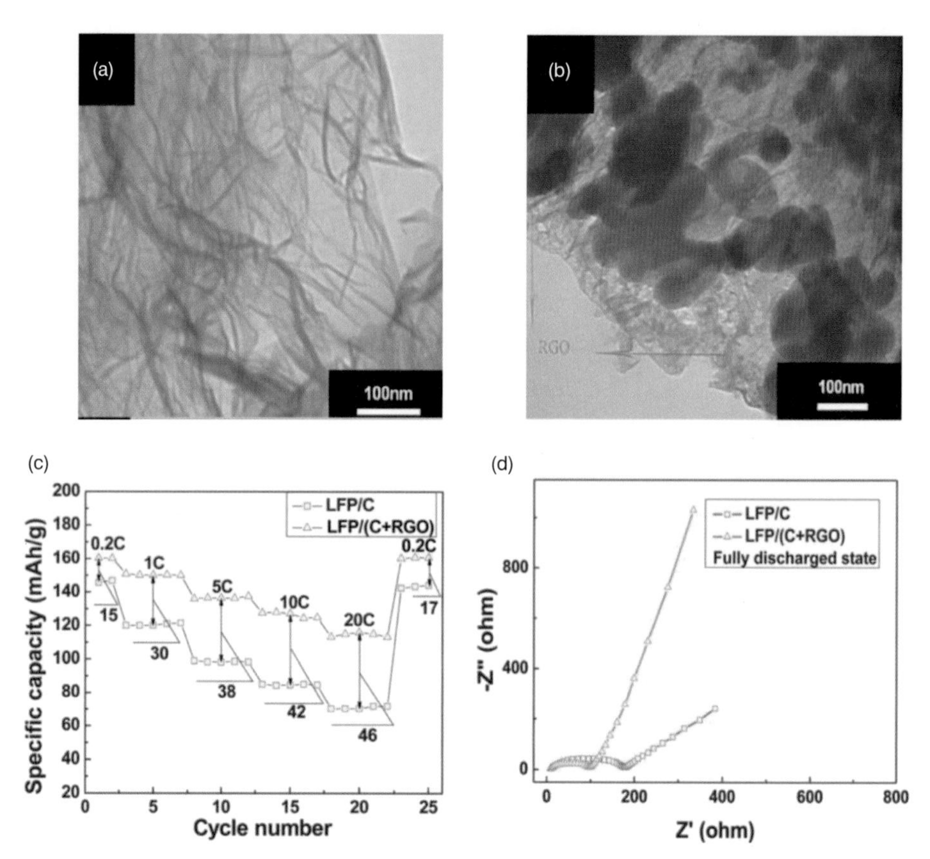

圖 5.29　(a)、(b) 為 GO 與 LFP/（C + RGO）之 TEM 表面形貌；(c)LFP/C 與 LFPO（C + RGO）快速充放電能力；(d) LFP/C 與 LFPO（C + RGO）在完全放電下之電化學阻抗圖 [31]

離子必須繞著電極走，而以 CA-G/LFP 作為電極時，鋰離子可透過 CA/Graphene 的孔洞走捷徑，鋰離子更能快速的通過，而達到快速充放電之功效。

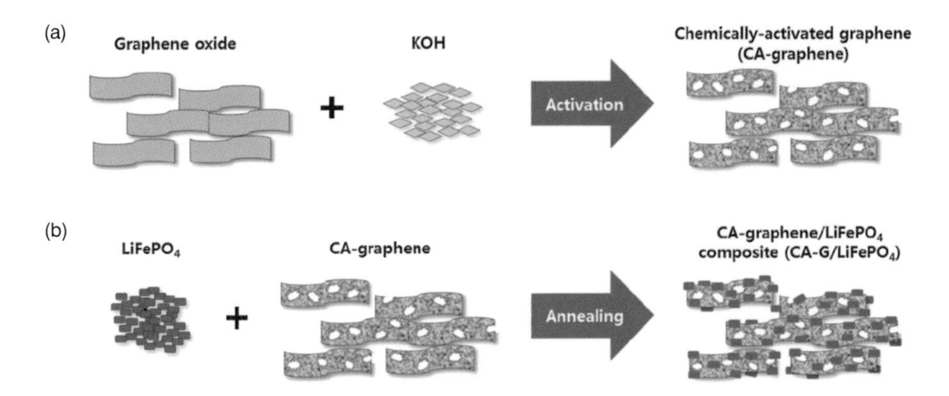

圖 5.30　製備多孔性石墨烯披覆 $LiFePO_4$ 複合材之實驗流程示意圖：(a) 以活化方式製備 CA-Graphene；(b) 以鍛燒方式製備 CA-G/LFP [32]

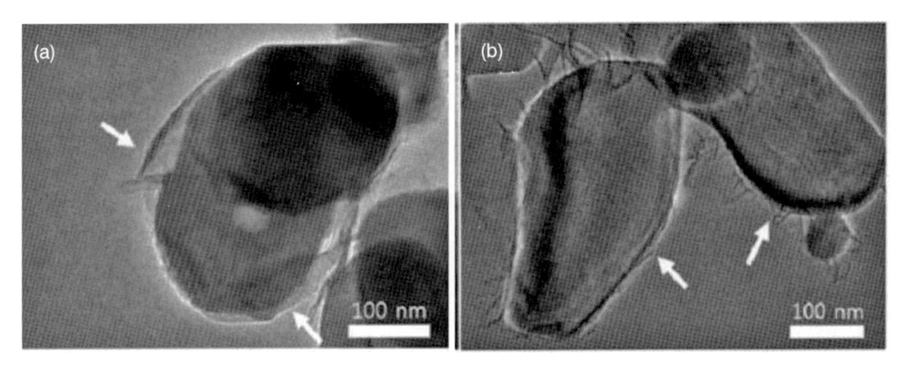

圖 5.31　(a) G/LFP 與 (b) CA-G/LEP 之 TEM 表面形貌

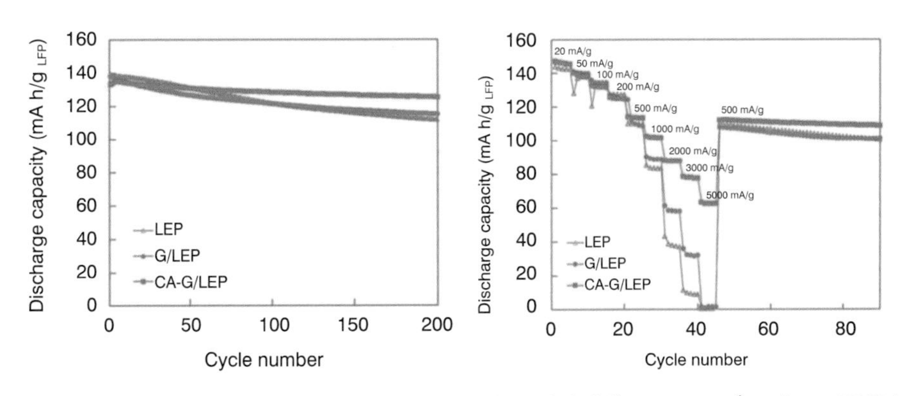

圖 5.32　$LiFePO_4$ 複合材、G/LFP 與 CA-G/LFP 在電流密度為 100mA g^{-1} 下之 (a) 循環壽命；(b) 快速充放電能力 [32]

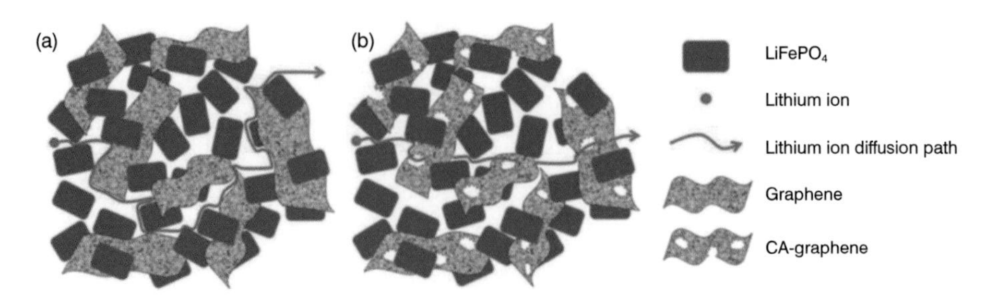

圖 5.33　鋰離子擴散路徑示意圖：(a) G/LFP；(b) CA-G/LFP[32]

5.3 石墨烯在超級電容器之應用

超級電容器（Supercapacitors）又稱為電化學電容器（Electrochemical capacitors）或超電容器（Ultracapacitors），為一適於高功率充放電且具有高循環壽命（超過 10 萬次）的儲能元件，常與具高能量密度的電池搭配使用。雖然超級電容器的能量密度遠高於傳統陶瓷電容與電解電容，但其整體儲能特性仍低於電池與燃料電池，目前一般商用超級電容器的能量密度約為 10Wh/kg，僅約鋰電池（～ 150Wh/kg）的 1/10。電容器依其能量儲存機制，可分為電雙層電容器（Electrical double-layers capacitors）與偽電容器（Pseudo capacitor）兩大類，前者是藉由陰陽離子吸附在電極表面形成電雙層以貢獻電容，其整體儲能特性正比於活性物質的表面積，泛用之活性材為具高比表面積之碳材；而後者的電容特性則由材料的可逆氧化還原反應達到儲能效果，材料以金屬氧化物（如 RuO_2、MnO_2）以及導電高分子等為主，單位面積的比電容，甚至可達 $100\mu F/cm^2$，圖 5.34 為不同的超級電容器材料與比電容量（F/g）比較圖 [34]。目前超級電容器材料的選擇基於價格與特性的考量，仍以碳系材料為主，主要包含碳黑、活性碳、中孔洞多孔性碳材等，表 5-4 列出不同碳材在基礎物性與對應之電容器應用特性比較。而在石墨烯的儲能特性方面，目前已有文獻報導石墨烯可提供一超過 200F/g 的高比電容量 [34、35]，雖在比電容量、能量密度與具高比表面積之活性碳等並無顯著差異，但因其高本質導電度與低微孔比例之孔徑分布特性，使其在電子傳遞以及離子於孔洞之擴散阻力皆有所改善，而可在功率密度的表現上大幅提升，未來在諸如電動車等需極高功率輸出的應用上，更具有應用優勢。此外，在碳／金屬氧化物複合材料開發上，石墨烯同樣為一合適的載體。

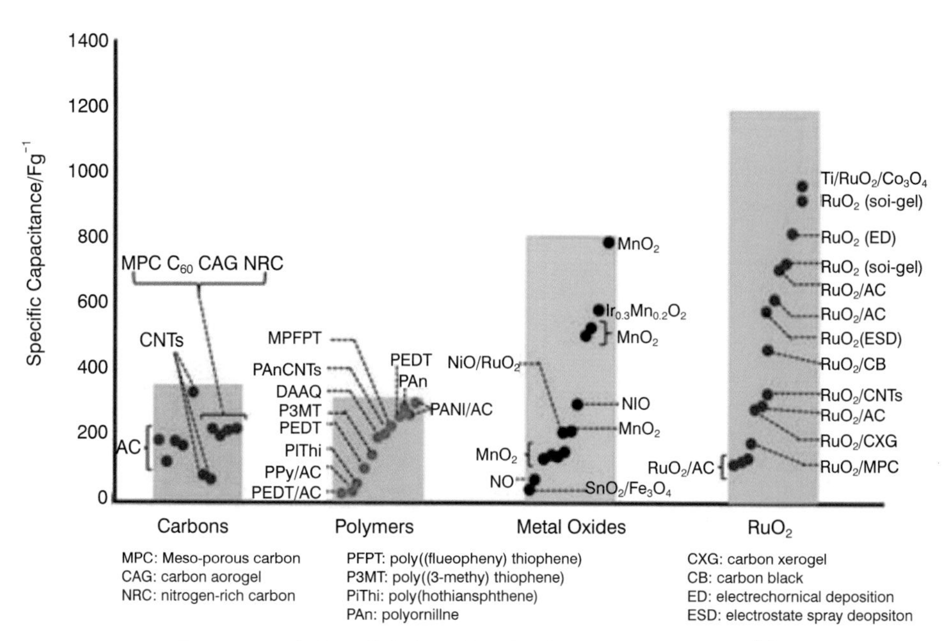

圖 5.34　一般常見的超級電容器材料與比電容量之整理 [34]

表 5-4　不同碳材的基本物性與電容器應用特性 [34]

Carbon	Specitic surface area/ m^2g^{-1}	Density/ $g\ cm^{-3}$	Electrical conductivity/ $S\ cm^{-1}$	Cost	Aqucous clcctrolytc		Drganic clcctrolytc	
					$F\ g^{-1}$	$F\ cm^{-3}$	$F\ g^{-1}$	$F\ cm^{-3}$
Fullerene	1100～1400[17]	1.72	10^{-8}～10^{-1418}	Medium				
CNTs	120～500	0.6	10^{4}～10^{510}	High	50～100	< 60	< 60	< 30
Graphene	2630[20]	> 1	10^{6}	High	100～205[21,22]	> 100～205	80～110[21]	> 80～100
Graphite	10[20]	2.26[19]	10^{423}	Low				
ACs	1000～3500	0.4～0.7	0.1～1	Low	< 200	< 80	< 100	< 50
Tcmplatcd porous carbon	500～3000	0.5～1	0.3～10^{24}	High	120～350	< 200	60～140	< 100
Functionalized porous carbon	300～2200	0.5～0.9	> 300	Medium	150～300	< 180	100～150	< 90
Activatod carbon fibcrs	1000～3000	0.3～0.8	5～10	Medium	120～370	< 150	80～200	< 120
Carbon aerogels	400～1000	0.5～0.7	1～10	Low	100～125	< 80	< 80	< 40

雖然石墨烯比表面積與活性碳相比並沒有比較高，但是基於石墨烯具有良好的導電性與中孔結構，相較於活性碳電解液無法滲透進去的微孔結構，石墨烯在超級電容中具有優良的電化學特性，此外，在鋰離子電池系統中，透過結合石墨烯、高工作電壓的離子液體，能量密度可高達 100Wh/kg 以上 [37]，結果很明顯地指出，石墨烯在超級電容此應用上是非常具有潛力的。Fan 等人 [38] 利用二氧化錳蝕刻石墨烯，簡單的合成多孔石墨烯片（PGNs），圖 5.35 為形成多孔石墨烯材料之示意圖，相應的電化學分析測試為圖 5.36，在 6M KOH、500mV s^{-1} 下，PGNs 比電容為 154F g^{-1}，相較於單純的石墨烯片比電容卻只有 67F g^{-1}，且 PGNs 在充放電 5000 圈之後，其電容損失僅僅 12%。KrishNamoorthy 等人 [39] 則是設計了不同氧化程度的氧化石墨烯，探討了在不同氧化程度下，不同的含氧官能基對其化學與結構特性之影響，圖 5.37 為 GO 之電化學特性測試，此研究成果可提供新的、有利的特點在以 GO 為基底的設備上應用。

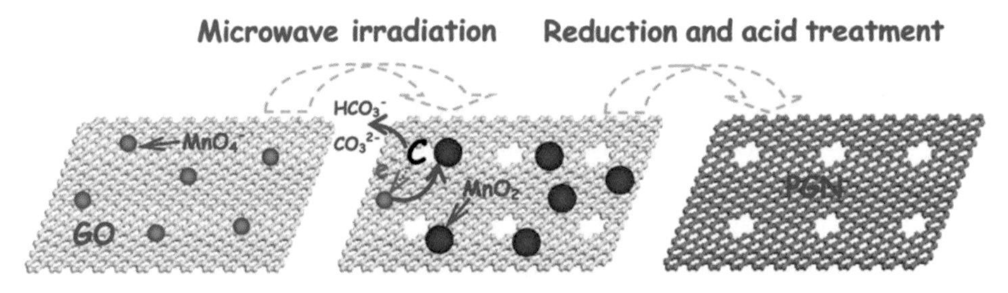

圖 5.35　形成多孔石墨烯材料之示意圖 [38]

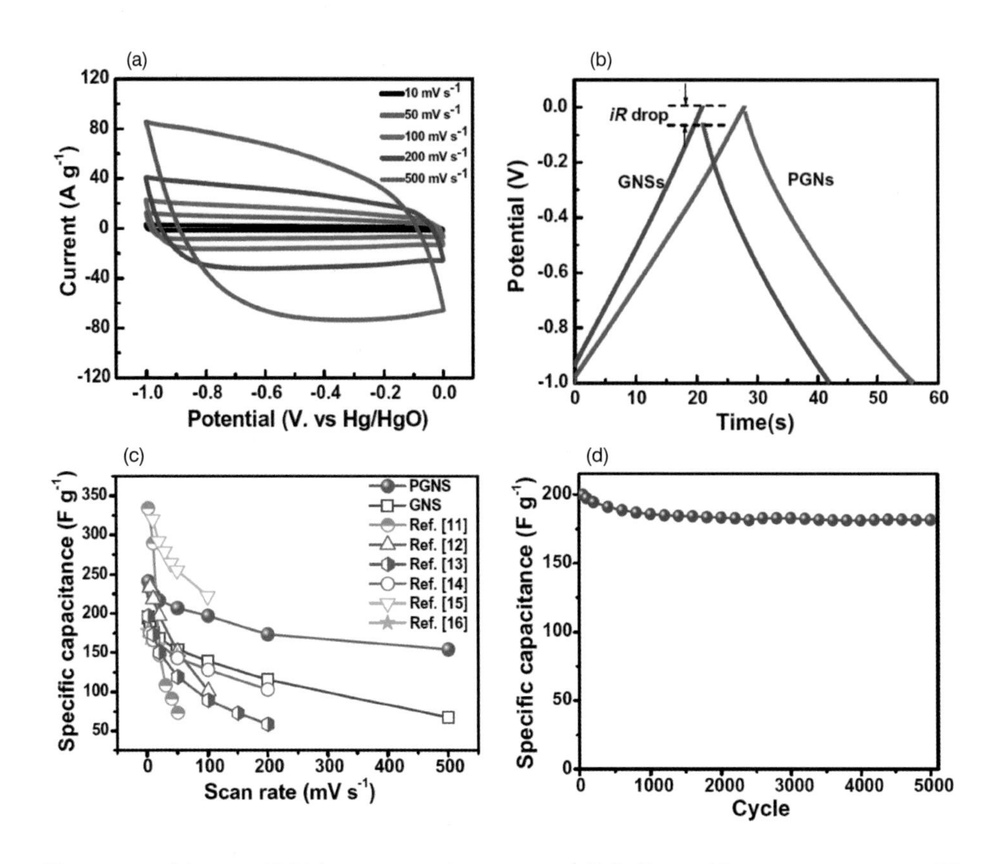

圖 5.36　(a) 以 PGNs 電極在 6M KOH 與 500mV s^{-1} 的條件下，其 10、50、100、200 圈之循環伏安曲線圖；(b) PGNs 與 GNSs 在 50mA cm^{-2} 之電流密度下，其充放電曲線；(c) PGNs、GNSs、商業用活性碳、膨脹石墨烯、活性碳與碳衍生物在不同掃描速率下之電容表現；(d) 以 PGNs 為電極，在 100mV s^{-1} 掃描速率下充放電 5000 圈之循環壽命測試結果

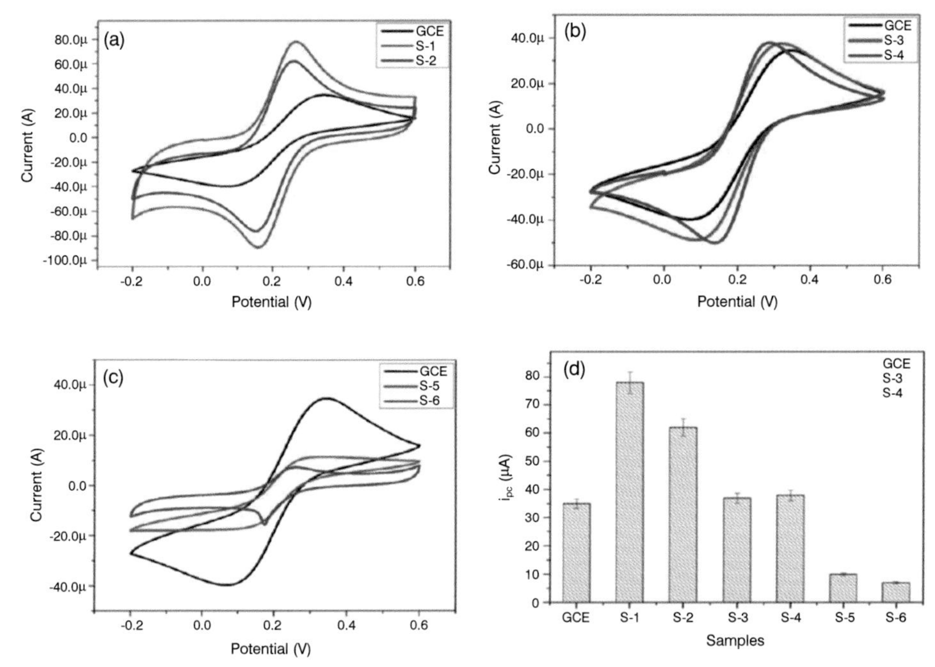

圖 5.37　(a)、(b)與(c)表示在 5mM $K_3[Fe(CN)_6]$ 含有 0.1M KCl 溶液下，以 GO 樣品（S-1 到 S-6）改質 GCE 電極之循環伏安測試；(d) 在不同含氧量其樣品之 i_{pc} 比較情形 [39]

5.4 石墨烯在鋰硫電池之應用

為了開發更具高能量密度的儲能系統，擁有高達 2600Wh kg^{-1} 理論能量密度的鋰硫電池近幾年來受到廣泛注意 [41-47]，然而，陰極硫的絕緣性質與鋰硫化合物在液相電極中具高溶解度，是阻礙目前鋰硫電池商業化的兩個主要關鍵因素 [41]。為了改善陰極硫的這兩個缺點，有許多研究學者嘗試在硫的表面建構出一個電子導電披覆系統，以用來不僅抑制硫化鋰在充放電過程中於電解液的溶解，同時也可大幅提升硫的導電性，這些導電披覆材一般選用碳材，包括中孔碳、微孔碳、多階孔洞碳材、微孔碳球、中空碳球或是奈米碳管[44]，而石墨烯由於具有優越的電子特性、大比表面積與很好的機械性質，也成為鋰硫電池中被用來抑制硫化合物中所使用的碳材選擇之一[45]。

Zhou 等人[42]提出一種以石墨烯包覆中孔碳材之複合材料（RGO@CMK-3/S），並作為鋰硫電池之陰極材料，圖 5.38(a) 為 RGO@CMK-3/S 複合材之示意圖，圖 5.38(b) 為 RGO@CMK-3/S 複合材之 TEM 表面形貌圖，圖 5.38(c) 為 CMK-3/S 與 RGO@CMK-3/S 複合材之循環壽命圖，其結果顯示 RGO@CMK-3/S 複合材涵蓋 53.14 wt.% 的硫，其在 0.5C 下經過 100 圈充放電測試後的不可逆放電電容為 734mAh g^{-1}，Lu 等人[43]組裝了石墨烯－硫－奈米碳纖維（G-S-CNFs）

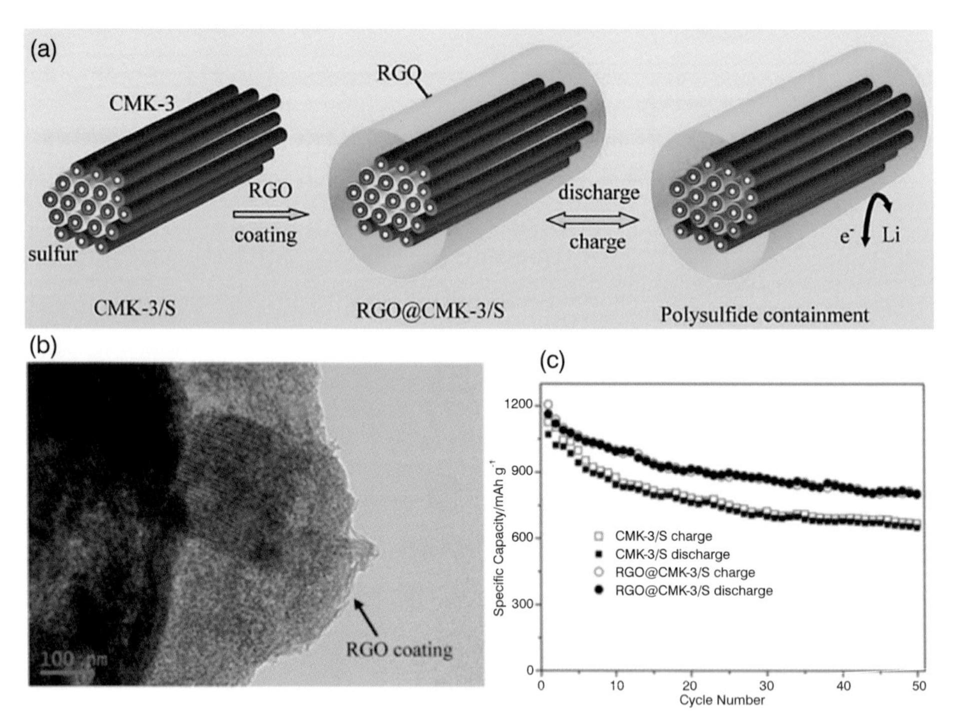

圖 5.38　(a)RGO@CMK-3/S 複合材之合成示意圖；(b)RGO@CMK-3/S 複合材之 TEM 表面形貌圖；(c)CMK-3/S 與 RGO@CMK-3/S 複合材之循環壽命測試結果[42]

同軸結構之奈米複合材料，以三明治結構將石墨烯與 CNFs 作為材料設計的概念，可當作鋰硫（Li-S）電池之陰極材料，結果證實具有顯著的循環壽命與電容量。圖 5.39(a) 與 (b) 分別為 G-S-CNFs 多層同軸奈米複合材料之示意圖與 S-CNFs、G-S-CNFs 之循環壽命圖，G-S-CNFs 陰極複合材料初始電容為 745mAh g^{-1}，即使在高速率（1C）充放電下，1500 圈後充放電其電容仍維持約在 273mAh g^{-1}，每經過 1500 圈充放電後，其衰退率僅只有 0.043%。Zhou 等人 [44] 利用硫 / 二氧化硫 / 乙醇混合溶液，以簡易的一步法合成相互交連的石墨烯纖維之石墨烯一硫（G-S）複合材料，圖 5.40(a) 為以 G-S 複合材製備自立式電極之示意圖，圖 5.40(b) 與 (c) 為以複合材料作為負極，在不同電流密度下之電容量與循環壽命之表現，結果得到 G-S 複合負極材料擁有高的比電容量、良好的快速充放電能力與循環壽命，證明了 G-S 複合負極材料具有優異的電化學性能。

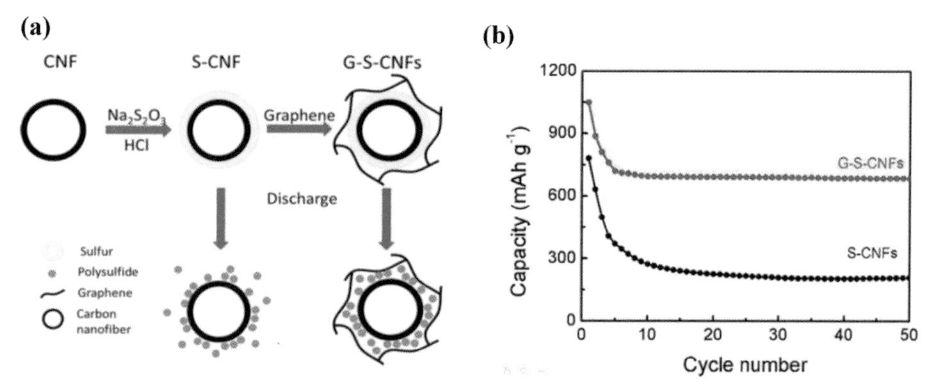

圖 5.39 (a) G-S-CNFs 多層同軸奈米複合材料之合成示意圖；(b) 分別為 S-CNFs 、G-S-CNFs 之循環壽命測試結果 [43]

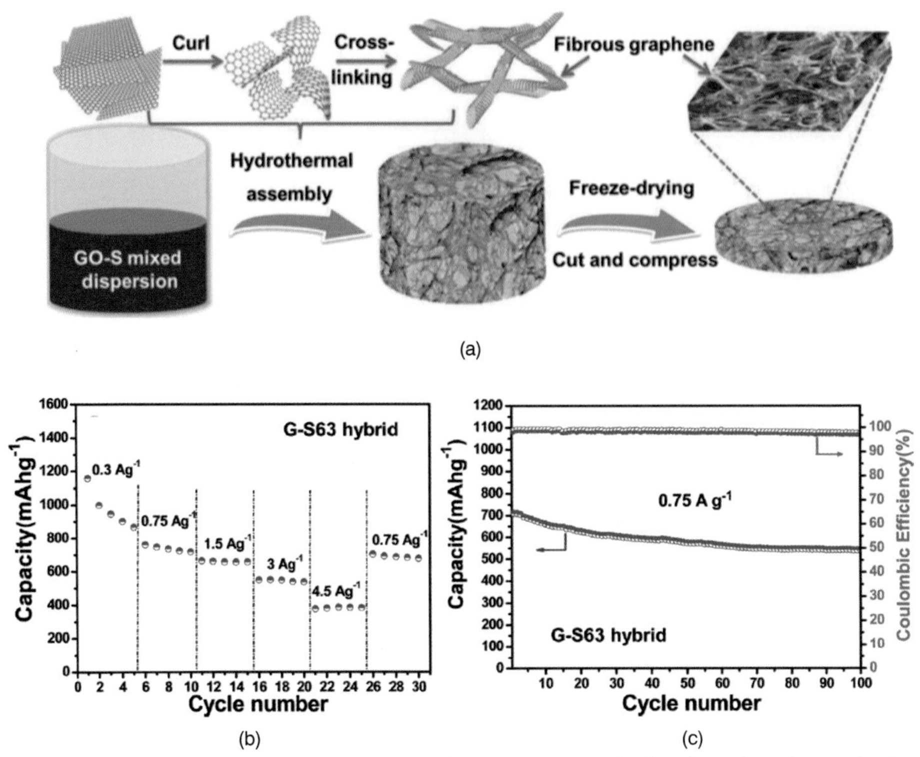

圖 5.40　(a) 利用冷凍乾燥、水熱法與自組裝技術製備 G-S 複合電極之實驗流程示意圖；(b) G-S63 複合材作為負極之快速充放能力圖；(c) 以 G-S65 作為負極在 0.75 A g^{-1} 下，充放電 100 圈後之循環壽命圖 [44]

5.5 石墨烯在燃料電池之應用

燃料電池（Fuel cells）是一種將化學能轉變成電能的綠色儲能系統，化學反應包含了氫氣的氧化反應與氧氣的還原反應，通常為了提升反應轉換率，會在碳材表面添加白金觸媒以提升能量轉換率，故碳材比表面積越大，單位重量所能填充的白金觸媒可以更多，進而提升電池整體能量密度。石墨烯已被驗證在燃料電池可取代傳統碳材，並有優異的電性表現。圖 5.41 為 Qu 等學者 [48] 在 2010 所發表的研究，結果顯示 N 摻雜石墨烯相較於白金 / 碳黑與純石墨烯有更好的電性表現。另外，在儲氫材料方面，合金如鑭鎳合金（$LaNi_5$）、鈦鐵合金（TiFe）、鎂鎳合金（MgNi）等，都有儲氫能力。其中鑭和鈦合金為低溫（< 150 ℃）儲氫材料，但其儲氫能力低（< 2wt %）；鎂合金為高溫儲氫材料，雖然理論儲氫量很高，但它對於氫的吸附動力學並不穩定[49]。此外，合金不僅價格昂貴而且比重大，因而在很大程度上限制了其實際應用。在新型儲氫材料的開發研究中，人們發現石墨烯有很好的儲氫能力，而且這些材料的價格低廉，能夠大幅度降低成本。Rao 等學者[50]研究了石墨烯（3 ～ 4 層）對氫氣和二氧化碳的吸附性能。對氫氣而言，在 100 bar、298K 條件下，其最高氫儲存量可達 3.11wt.%；對於二氧化碳，在 1bar、195K 條件下，其吸附量為 2.1 ～ 3.5wt.%。理論計算表明，如果採用單層石墨烯，其氫氣吸附量可達 7.7wt.%，完全能滿足美國能源部（MOE）對汽車所需氫能的要求（6wt.%）。因而，在儲氫材料方面，石墨烯具有很好的發展前景[48-54]。

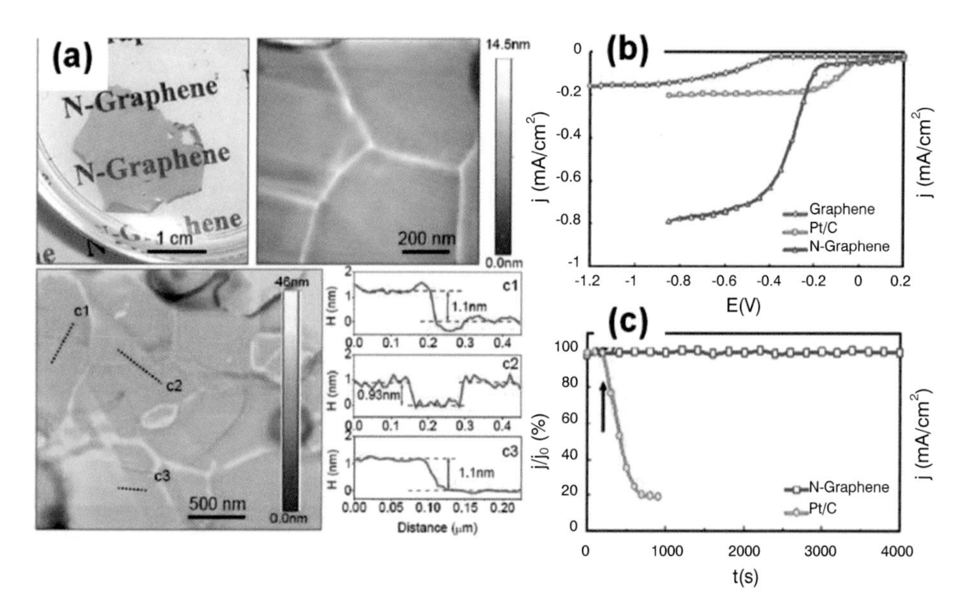

圖 5.41　(a) 氮摻雜石墨烯之外觀與原子力顯微鏡之影響；(b) 石墨烯、白金／碳黑與氮摻雜石墨烯之氧氣還原反應曲線（ORR）；(c) 氮摻雜石墨烯與白金／碳黑複合材料之循環壽命測試[48]

5.6 石墨烯在太陽能電池的應用

太陽能電池（Solar cells）在最外層需使用光可穿透的透明電極，目前的主流是 ITO，然而地球上銦的含量非常稀少。單層石墨烯僅吸收 2.3% 的可見光，且其紅外光的穿透率優於 ITO，可讓太陽光中更多的紅外光穿透到太陽能電池以提升光電轉換效率，石墨烯透明電極因此在太陽能電池之應用受到重視 [55-62]。此外，石墨烯與 CNTs 具有類似之功函數（Work function）～ 4.2eV，也適於作為染料敏化太陽能電池（Dye sensitized solar cells, DSSC）之電極。有研究改以 Graphene/PEDOT-PSS 複合電極作為輔助電極 [56]，在膜厚為 60nm 之條件下，其可見光穿透度可超過 80%，能量轉換效率達 4.6%，遠高於純 PEDOT-PSS 電極之效率（2.3%），整體應用特性與使用 Pt 電極的結果較為接近（結構如圖 5.42 所示）。相較於 PEDOT-PSS 電極，因石墨烯的高表面積與結構缺陷所造成之高催化活性，少量之石墨烯添加將可有效增加其光電流密度以及填充因子。

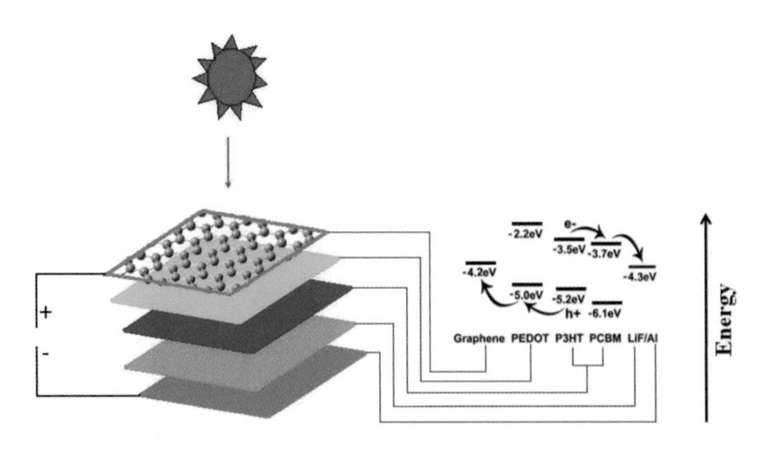

圖 5.42　石墨烯應用在高分子太陽能電池之示意圖 [56]

Wang 等學者指出，目前製備出透明導電薄膜已廣泛應用在金屬氧化物之固態染料敏化太陽能電池[58]，圖 5.43 為該團隊使用石墨烯電極，在 Graphene/TiO_2/dye/spiro-OMeTAD/Au 結構下之太陽能電池之應用，該光電子元件對於電荷收集、電極與 P/N 型半導體材料間的接觸是非常重要的，且由於石墨烯功函數為 4.42eV，因此與目前元件相當匹配，因此可取代氟錫氧化物（FTO，其功函數約 4.4eV），研究結果顯示，使用石墨烯作為 DSSCs 之輔助電極，在 98.3mW/cm^2 之模擬日照條件下，其短路光電流密度（Short circuit photocurrent density）I_{SC} 約為 1.01mA/cm^2，開環電位（Open-circuit voltage）～ 0.7 V，計算之填充因子（FF）為 0.36，整體能量轉換效率為 0.26%。

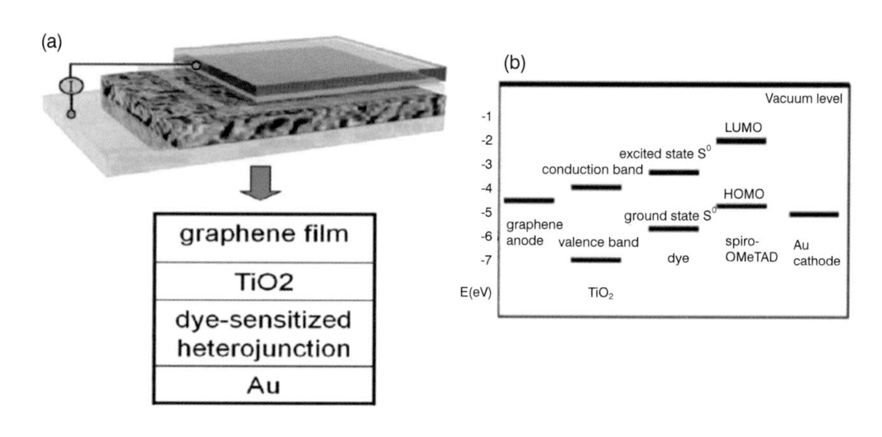

圖 5.43　使用石墨烯電極之染料敏化太陽能電池：(a) 染料敏化電池之結構示意圖：(b) Graphene/TiO_2/dye/spiro-OMeTAD/Au 之相關能階圖[58]

5.7 結語

此章節主要介紹石墨烯材料在儲能材料方面之應用，包含鋰離子電池、超級電容器、燃料電池、鋰硫電池和太陽能電池等，現今石墨烯對能源材料上的應用仍面臨許多挑戰，包括：(1) 如何提出一個符合成本效益與環保的方式合成石墨烯；(2) 如何合成不同幾何形狀之石墨烯；(3) 在不同混合系統下，如何合成不同官能基之石墨烯，相信石墨烯未來在奈米技術上的應用將會改變。

參考文獻

[1] Pan, D., Wang, S., Zhao, B., Wu, M.H., Zhang, H.J., Wang, Y., Jiao Z.: Li storage properties of disordered graphene nanosheets. Chem. Mater. 21, 3136-3142 (2009)

[2] Pollak, E., Geng, B., Jeon, K.-J., Lucas, I.T., Richardson T.J., Wang F., Kostecki, R.: The interaction of Li^{+} with single-layer and few-layer graphene. Nano Lett. 10, 3386-3388 (2010)

[3] Uthaisar, C., Barone, V.: Edge effects on the characteristics of Li diffusion in graphene. Nano Lett. 10, 2838-2842 (2010)

[4] Bharwaj, T., Antic, A., Paven, B., Barone, V., Fahlman B.D.: Enhanced electrochemical lithium storage by graphene nanoribbons. J. Am. Chem. Soc. 132, 12556-12558 (2010)

[5] Uthaisar, C., Barone, V., Fahlman, B.D.: On the chemical nature of thermally reduced graphene oxide and its electrochemical Li intake capacity. Carbon, 61, 558-567 (2013)

[6] Lee, W., Suzuki, S. Miyayama, M.: Lithium storage properties of graphene sheets derived from graphite oxides with different oxidation degree. Ceramics International, 39, S753-S756 (2013)

[7] Chen, X.-C., Wei, W., Lv, W., Su F.-Y., He, Y.-B., Li, B., Kang, F., Yang, Q.-H.: A graphene-based nanostructure with expanded ion transport channels for high rate Li-ion batteries. Chem. Commun. 48, 5904-5906 (2012)

[8] Hu, Y., Li X., Geng, D., Cai, M., Li, R., Sun X.: Influence of paper thickness on the electrochemical performances of graphene papers as an anode for lithium ion batteries. *Electrochemical Acta*, 91, 227-233 (2013)

[9] Liu, Y., Fan, Q., Tang, N., Wan, X., Liu, L., Lv, L., Du, Y.: Study of electronic and magnetic properties of nitrogen doped graphene oxide. Carbon, 60, 538-561 (2013)

[10] Yang, Y.Q., Wu, K., Pang, R.Q., Zhou, X.J., Zhang, Y., Wu X.C., Wu C.G., Wu, H.X., Guo S.W.: Graphene sheets coated with a thin layer of nitrogen-enriched carbon as a

high-performance anode for lithium-ion batteries. RSC Adv. 3, 14016-14020 (2013)

[11] Jiang, Z. Q., Pei, B., Manthiram, A.: Randomly stacked holey graphene anodes for lithium ion batteries with enhanced electrochemical performance. J. Mater. Chem. A, 1, 7775-7781 (2013)

[12] Yang, Y., Ji, X., Yang, X., Wang, C., Song, W., Chen, Q., Banks, C.E.: Electrochemically triggered graphene sheets through cathodic exfoliation for lithium ion batteries anodes. RSC Adv. 3, 16130-16135 (2013)

[13] Liu, N., Luo, F., Wu, H., Liu, Y., Zhang, C., Chen, J.: One step ionic liquid assisted electrochemical synthesis of ionic liquid functionalized graphene sheets directly from graphite. Adv. Funct. Mater. 18, 1518-1525 (2008)

[14] Zhou, M., Tang, J., Cheng, Q., Xu, G., Cui, P., Qin, L. C.: Few-layer graphene obtained by electrochemical exfoliation of graphite cathode. Chemical Physics Lett. 572, 61-65(2013)

[15] Su, C.Y., Lu, A.Y., Xu, Y.P., Chen, F.R., Khlobystov, A.N., Li, L.J.: High-quality thin graphene films from fast electrochemical exfoliation. ACS Nano, 5, 2332-2339 (2011)

[16] Geng, Y., Zheng, Q.B., Kim, J.-K.: Effects of stage, intercalant species and expansion technique on exfoliation of graphite intercalation compound into graphene sheets. J. Nanosci. Nanotechnol. 11, 1084-1091 (2011)

[17] Wang, G. X., Wang, B., Park, J., Wang, Y., Sun, B., Yao, J.: Highly efficient and large-scale synthesis of graphene by electrolytic exfoliation. Carbon, 47, 3242-3246 (2009)

[18] Wang, J., Manga, K.K., Bao, Q., Loh, K.P.: High-yield synthesis of few-layer graphene flakes through electrochemical expansion of graphite in propylene carbonate electrolyte. J. Am. Chem. Soc., 133, 8888-8891 (2011)

[19] Morales, G.M., Schifani, P., Ellis, G., Ballesteros, C., Martínez, G., Barbero, C., Salavagione, H. J.: High-quality few layer graphene produced by electrochemical intercalation and microwave-assisted expansion of graphite. Carbon, 49, 2809-2816 (2011)

[20] Zhou, G., Wang, D.-W., Li, F., Zhang, L., Li, N., Wu, Z.-S., Wen, L., Lu, G.Q., Cheng, H.-M.: Graphene-wrapped Fe_3O_4 anode material with improved reversible capacity and cyclic stability for lithium ion batteries. Chem. Mater., 22, 5306-5313 (2010)

[21] Wu, Z.-S., Ren, W., Wen, L., Gao, L., Zhao, J., Chen, Z., Zhou, G., Li, F., Cheng, H.-M.: Graphene anchored with Co_3O_4 nanoparticles as anode of lithium ion batteries with enhanced reversible capacity and cyclic performance. ACS Nano, 4, 6, 3187-3194 (2010)

[22] Chou, S.-L., Wang J.-Z., Choucair, M., Liu, H.-K., Stride, J.A., Dou, S.-X.: Enhanced

reversible lithium storage in a nanosize silicon/graphene composite. Electrochem. Commun., 12, 303-306 (2010)

[23] Li, X., Geng, D., Meng, X., Wang, J., Liu, J., Li, Y., Wang, D., Yang, J., Li, R., Sun, A.X., 15th IMLB meeting (2010)

[24] Lee, J. K., Smith, K.B., Hayner, C.M., Kung, H.H.: Silicon nanoparticles-graphene paper composites for Li ion battery anodes. Chem. Commun., 46, 2025-2027 (2010)

[25] Kuo, S.-L, Liu, W.-R., Wu, H.-C.: Lithium storage behavior of graphene nanosheets based materials. Journal of the Chinese Chemical Society, 59, 10, 1220-1225 (2012)

[26] Kuo, S.-L, Liu, W.-R., Kuo, C.-P., Wu, N.-L., Wu, H.-C.: Lithium storage in reduced graphene oxides. J. Power Sources, 244, 552-556 (2013)

[27] He, Z., Wang, Z., Guo, H., Li, X., Xianwen, W., Yue, P., Wang, J.: A simple method of preparing graphene-coated $Li[Li_{0.2}Mn_{0.54}Ni_{0.13}Co_{0.13}]O_2$ for lithium-ion batteries. Mater. Lett., 91, 261-264 (2013)

[28] Sun, Y., Yang, S.-B., Lv, L.-P., Lieberwirth, I., Zhang, L.-C., Ding, C.-X., Chen, C.-H.: A composite film of reduced graphene oxide modified vanadium oxide nanoribbons as a free standing cathode material for rechargeable lithium batteries. J. Power Sources, 241, 168-172 (2013)

[29] Ding, Y.-H., Ren, H.-M., Huang, Y.-Y., Chang, F.-H., He, X., Fen, J.-Q., Zhang, P.: Co-precipitation synthesis and electrochemical properties of graphene supported $LiMn_{1/3}Ni_{1/3}Co_{1/3}O_2$ cathode materials for lithium-ion batteries. Nanotechnology, 24, 375401-375408 (2013)

[30] Prabakar, S.J.R., Hwang, Y.-H., Lee, B., Sohn, K.-S., Pyo, M.: Graphene-sandwiched $LiNi_{0.5}Mn_{1.5}O_4$ cathode composites for enhanced high voltage performance in Li ion batteries. J. Electrochem. Soc., 160, 6, A832-A837 (2013)

[31] Ha, J., Park, S.-K., Yu, S.-H., Jin, A., Jang, B., Bong, S., Kim, I., Sung, Y.-E., Piao, Y.: A chemically activated graphene-encapsulated $LiFePO_4$ composite for high-performance lithium ion batteries. Nanoscale, 5, 8647-8655 (2013)

[32] Wang, B., Wang, D., Wang, Q., Liu, T., Guo, C., Zhao, X.: Improvement of the electrochemical performance of carbon-coated $LiFePO_4$ modified with reduced graphene oxide. J. Mater. Chem. A, 1, 135-144 (2013)

[33] Song, B., Lai, M.O., Liu, Z., Liu, H., Lu, L.: Graphene-based surface modification on layered Li-rich cathode for high-performance Li-ion batteries. J. Mater. Chem. A, 1, 9954-9965 (2013)

[34] Zhang, L.L., Zhou, R., Zhao, X.S.: Graphene-based materials as supercapacitor elec-

trodes. J. Mater. Chem. 20, 5983-5992 (2010)

[35] Wang, H., Hao, Q., Yang, X., Lu, L., Wang, X.: Graphene oxide doped polyaniline for supercapacitors. Electrochem. Commun., 11, 1158-1161 (2009)

[36] Lv, W., Tang, D.-M., He, Y.-B., You, C.-H., Shi, Z.-Q., Chen, X.-C., Chen, C.-M., Hou, P.-X., Liu, C., Yang, Q.-H.: Low-temperature exfoliated graphenes: vacuum-promoted exfoliation and electrochemical energy storage. ACS Nano, 3, 3730-3736 (2009)

[37] Liu, C., Yu, Z, Neff, D., Zhamu, A., Jang, B.Z.: Graphene-based supercapacitor with an ultrahigh energy density. Nano Lett., 10, 4863-4868 (2010)

[38] Fan, Z.G., Zhao, Q.K., Li, T.Y., Yan, Y., Ren, Y.M., Feng, J., Wei,T.: Easy synthesis of porous graphene nanosheets and their use in supercapacitors. Carbon, 50, 1699-1703 (2012)

[39] Krishnamoorthy, K.K., Veerapandian, M., Yun, K.S., Kim, S.-J.: The chemical and structural analysis of graphene oxide with different degrees of oxidation. Carbon, 53, 38-49 (2013)

[40] Mhamane, D., Suryawanshi, A., Banerjee, A., Aravindan, V., Ogale, S., Srinivasan, M.: Non-aqueous energy storage devices using graphene nanosheets synthesized by green route. AIP Adv., 3, 042112 (2013)

[41] Wang, X.F., Wang, Z.X., Chen, L.Q.: Reduced graphene oxide film as a shuttle-inhibiting interlayer in a lithium-sulfur battery. J. Power Sources, 242, 65-69 (2013)

[42] Zhou, X.Y., Xie, J., Yang, J., Zou, Y.L., Tang, J.J., Wang, S.C., Ma, L., Liao, Q.C.: Improving the performance of lithium-sulfur batteries by graphene coating. J. Power Sources, 243, 993-1000 (2013)

[43] Lu, S.T., Cheng, Y.W., Wu, X.H., Liu, J.: Significantly improved long-cycle stability in high-rate Li-S batteries enabled by coaxial graphene wrapping over sulfur-coated carbon nanofibers. Nano Lett., 13, 2485-2489 (2013)

[44] Zhou, G.M., Yin, L.-C., Wang, D.-W., Li, L., Pei, S.F., Gentle, I.R., Li, F., Cheng, H.-M.: Fibrous hybrid of graphene and sulfur nanocrystals for high-performance lithium-sulfur batteries. ACS Nano, 7, 6, 5367-5375 (2013)

[45] Ding, B., Yuan, C.Z., Shen, L.F., Xu, G.Y., Nie, P., Lai, Q.X., Zhang, X.G.: Porous nitrogen doped carbon nanotubes derived from tubular polypyrrole for energy storage applications. J. Mater. Chem. A, 1, 1096-1101 (2013)

[46] Xiao, M., Huang, M., Zeng, S.S., Han, D.M., Wang, S.J., Sun, L.Y., Meng, Y.Z.: Sulfur@graphene oxide core-shell particles as a rechargeable lithium-sulfur battery

cathode material with high cycling stability and capacity. RSC Adv., 3, 4914-4916 (2013)

[47] Lu, L.Q., Lu, L. J., Wang, Y.: Sulfur film-coated reduced graphene oxide composite for lithium-sulfur batteries. J. Mater. Chem. A, 1, 9173-9181 (2013)

[48] Seger, B., Kamat, P.V.: Electrocatalytically active graphene-platinum nanocomposites. Role of 2-D carbon support in PEM fuel cells. J. Phys. Chem. C, 113, 7990-7995 (2009)

[49] Si, Y., Samulski, E.T.: Exfoliated graphene separated by platinum nanoparticles. Chem. Mater., 20, 6792-6707 (2009)

[50] Ghosh A., Subrahmanyam, K.S., Rao, C.N.R.: Uptake of H_2 and CO_2 by graphene. J. Phys. Chem. C, 112, 15704-15707 (2008)

[51] Guo, Y.H., Lan, X.X., Cao, J.X., Xu, B., Xia, Y.D., Yin, J., Liu, Z.G.: A comparative study of the reversible hydrogen storage behavior in several metal decorated graphyne. Int. J. Hydrogen Energy, 38, 3987-3993 (2013)

[52] Lee, S.G., Lee M.H., Choi H.C., Yoo D.S., Chung, Y.-C.: Effect of nitrogen induced defects in Li dispersed graphene on hydrogen storage. Int. J. Hydrogen Energy, 38, 4611-4617 (2013)

[53] Lee, S.G., Lee, M.H., Chung, Y.-C.: Enhanced hydrogen storage properties under external electric fields of N-doped graphene with Li decoration. Phys. Chem. Chem. Phys., 15, 3243-3248 (2013).

[54] Li, F., Gao, J. F., Zhang, J., Xu, F., Zhao, J., Sun, L.X.: Graphene oxide and lithium amidoborane: a new way to bridge chemical and physical approaches for hydrogen storage. J. Mater. Chem. A, 1, 8016-8022 (2013)

[55] Fan, B.H., Mei, X.G., Sun, K., Ouyang J.Y.: Conducting polymer/carbon nanotubes composite as counter electrode of dye-sensitized solar cells. Appl. Phys. Lett., 93. 143103 (2008)

[56] Hong, W.J., Xu, Y.X., Lu, G.W., Li, C., Shi, G. Q.: Transparent graphene/PEDOT-PSS composite films as counter electrodes of dye-sensitized solar cells. Electrochem. Commun., 10, 1555-1558 (2008)

[57] Eda, G., Chhowalla, M.: Chemically derived graphene oxide: towards large area thin film electronics and optoelectronics. Adv. Mater., 22, 22, 2392-2415 (2009)

[58] Wang, X., Zhi, L., Müllen, K.: Transparent, conductive graphene electrodes for dye-sensitized solar cells. Nano Lett. 8, 1, 323-327 (2008)

[59] Park, H., Rowehl, J. A., Kim, K. K., Bulovic, V., Kong, J.: Doped graphene electrodes for organic solar cells. Nanotechnology, 21, 505204 (2010)

[60] Tsai, T.-H., Chiou, S.-C., Chen, S. -M.: Int. J. Electrochem. Sci.: Enhancement of dye-sensitized solar cells by using graphene-TiO_2 composites as photoelectrochemical working electrode. 6, 3333-3343 (2011)

[61] Miao, X.C., Tongay, S., Petterson, M.K., Berke, K., Rinzler, A. G., Appleton, B. R., Hebard, A. F.: High efficiency graphene solar cells by chemical doping. Nano Lett. 12, 2745-2750 (2012)

[62] Li, X. M., Zhu, H. W., Wang, K. L., Cao, A., Wei, J. Q., Li, C. Y., Jia, Y., Li, Z., Li, X.,Wu, D.: Graphene-on-silicon schottky junction solar cells. Adv. Mater. 22, 2743-2748 (2010)

第六章

石墨烯於透明導電應用發展

作者　郭信良

6.1 背景

6.2 軟性透明導電材料簡介

6.3 石墨烯製程與透明導電膜應用特性比較

6.4 石墨烯薄膜轉移程序

6.5 石墨烯透明導電膜導電特性改善

6.6 石墨烯導電膜量產技術與產品應用現況

6.7 小結

6.1 背景

隨著觸控面板、顯示器等產業與軟性電子的蓬勃發展，近年來透明導電材料的研究開發受到相當的重視，尤其自 Apple iPhone 智慧型手機的崛起，更引發觸控應用的迅速成長，凡從手機、筆記型電腦至顯示器等各項消費性搭載觸控裝置，更成為近期新產品主流。而作為觸控面板關鍵材料之一的透明導電膜與透明電極，更已被廣泛應用在包括觸控面板、智慧窗、液晶顯示器、OLED 以及太陽能電池等光電元件上，其於不同應用領域的面電阻值需求範圍則如圖 6.1[1] 所示。圖 6.1 顯示，透明導電材料的面電阻值規格依觸控面板、智慧窗、液晶顯示器、OLED、太陽能電池的順序逐步降低；觸控面板與智慧窗所需的面電阻值門檻相對較低，其面電阻隨著不同的產品尺寸約落於 100 ～ 500Ω/ □；顯示器用透明電極所需的面電阻值則約在 100Ω/ □上下，而作為 OLED 顯示器以及太陽能電池的透明電極之面電阻值要求最高，其值甚至需 <10Ω/ □。然而，近年來隨著應用產品尺寸的增加以及功能的提升，透明導電層的導電特性需求也須隨之提升；另一方面，透光度則因考量產品的出光率或發光效率，一般應用上，包含基材的透明導電膜透光度至少須達 80%，其中觸控面板用的導電膜規格甚至更高達 88 ～ 90%，其值也隨著材料技術的發展而愈來愈高。目前廣泛使用的透明導電材料以銦錫氧化物（Tin doped indium oxide, ITO）為主，其為迄今透明導電氧化物中具有最高導電度的材料系統，電阻率可達 1 ～ $2\times10^{-4}\Omega$-cm，此外，ITO 尚具有高透光度、耐候性佳與可濕式蝕刻等應用優勢；而現階段 ITO 在應用上則依所採用的基材不同，可分為導電膜以及導電玻璃，ITO 導電膜基材主要以聚對苯二甲酸乙二酯〔Poly (ethylene terephthalate), PET〕為主，由於受限於高分子膜的耐熱性，ITO 在濺鍍過程無法進行較高溫的燒結而直接限制其導電特性，故在

一定透光度條件下，其面電阻僅約能降至 100 ～ 150Ω/ □；反之，ITO 玻璃則因可承受～ 400℃的燒結，其面電阻值可大幅降至～ 10Ω/ □。儘管如此，ITO 在應用上仍存有潛在的兩大問題，其一為銦礦源大多掌握在中國大陸，導致 ITO 材料價格與其應用產品成本大幅波動；另一則是 ITO 的質脆與不可撓性，也將限制氧化物系透明導電材料在軟性電子的應用與發展。而近年來，新型軟性透明導電材料的發展則以導電高分子（Conducting polymer）、奈米銀線（Silver nanowires）、金屬網格（Metal mesh）、奈米碳管（Carbon nanotubes, CNTs）及石墨烯（Graphene）為主，但迄今其不同材料系統各自擁有獨特的優點與應用上的限制，本文中也將從不同軟性導電材料角度進行概略介紹，再切入石墨烯於透明導電膜的相關技術現況與發展趨勢。

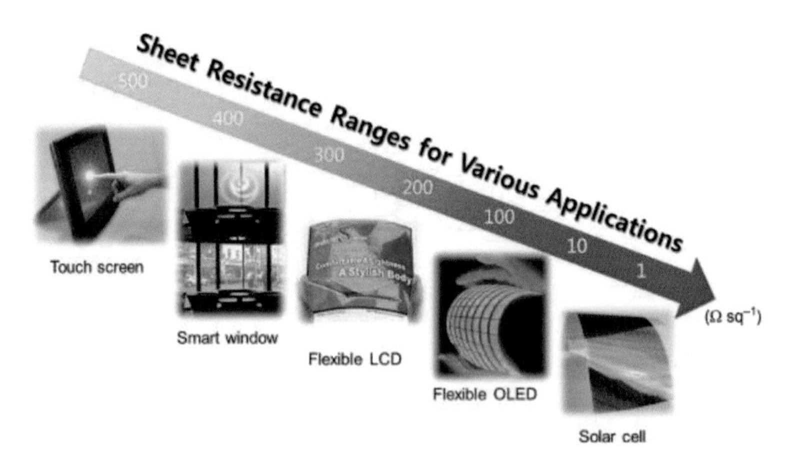

圖 6.1　透明電極應用領域與其對應之面電阻值需求範圍 [1]

6.2 軟性透明導電材料簡介

由於透明導電膜的導電特性與透光度深受導電層厚度影響，導電層厚度愈厚時，面電阻值也愈低，但所對應的透光度也同步降低，因此在不同導電膜規格下，不易進行特性優劣的判斷。為協助評判透明導電膜的品質與進行不同材質或是透光度下的導電膜特性比較，將可透過下列透明導電膜的透光度與面電阻關係式進行評估[2、3]：

$$T(\lambda)=\left(1+\frac{188.5}{R_S}\frac{\sigma_{opt}(\lambda)}{\sigma_{DC}}\right)^{-2}$$

其中，T 為透光度、R_s 為面電阻值，σ_{DC} 與 σ_{opt} 則分別為直流電導率與光導率；將不同導電層的透光度與面電阻帶入，即可進行該薄膜的 σ_{DC}/σ_{opt} 比值的計算，而此值可作為透明導電層的品質因數（Figure of merit），其值愈大時，即表示該導電膜具有愈佳的光學／導電特性。

以下則陸續針對導電高分子、金屬網格、奈米銀線、奈米碳管與石墨烯等透明導電材料進行概述。

6.2.1 導電高分子

導電高分子為分子鏈上具有單鍵及雙鍵交替的共軛（Conjugation）結構聚合物，非定域化（Delocalized）π 電子可沿著分子鏈移動而具有導電特性，其導電率可藉由摻雜（Doping）進行提升。發展至今，導電高分子以聚噻吩（Polythiophene）具有最佳的本質導電性，其中又以水溶性聚二氧乙基噻吩—聚苯乙烯磺酸複合物〔Poly（3,4-ethylenedioxythiophene）/Poly（styrene-4-sulfonate），PEDOT：PSS〕為其代表，其結構如圖 6.2 所示。PEDOT：PSS 是一種藉由 PSS 穩定分散於水中的 PEDOT 凝膠顆粒，經過配方、薄膜製程改善及二甲基亞碸（Dimethyl sulfoxide）或乙二醇（Diethylene glycol）等二級摻雜物的添加，其薄膜導電度可提升至 1,000S/cm，但其導電特性仍與 ITO 有一定的差距。PEDOT 代表性產品為德國 Heraeus 的 Clevios ™及 AGFA Orgacon ™，所形成的透明導電膜規格（含 PET 基材）最佳可達透光度 87 ～ 88%、面電阻 300Ω/ □ [4]。在應用特性上，導電高分子具有高可撓曲的特性，且電阻值幾乎不會隨撓曲次數而改變，但惟其色澤偏藍，且材料本質的耐高溫高濕、耐 UV 等特性不佳；雖目前已可藉由功能性添加劑進行安定性的改善，但目前在實際產品應用推廣上仍相當有限。

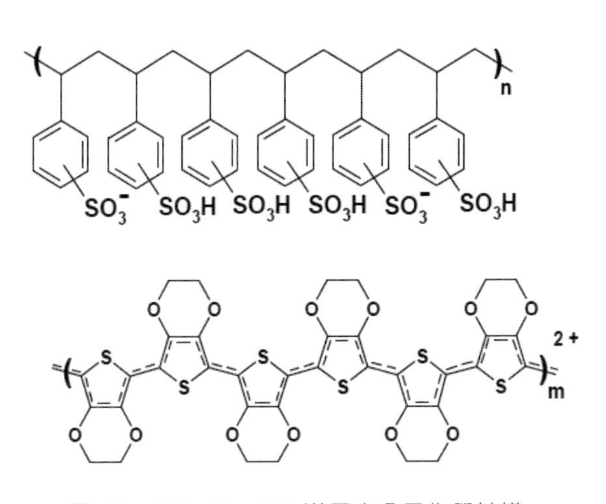

圖 6.2　PEDOT：PSS 導電高分子化學結構

6.2.2 金屬網格

由於銀與銅為具有導電性最佳的兩種金屬（導電率分別為 6.3×10^5 及 5.9×10^5S/cm），因此在金屬型透明導電膜開發中成為主要材料系統；但因金屬的高電子密度，使其在可見光波段具高反射率與低穿透度特性，故需藉由圖案化方式，以改善導電膜的光學特性。金屬網格透明導電膜是藉由連續的金屬格線達到導電通路的效果，透過控制網格的間隙與格線面積比來調控薄膜穿透度；在固定透光度下，其薄膜導電特性可藉由格線厚度進行調控，而此類導電膜可見光穿透度大多落在 80 ～ 87%，面電阻則可小於 5Ω/ □。然而，金屬網格製程技術與格線線寬尺寸的控制，成為本項材料技術發展的關鍵，由於人類眼睛的解析度約為

5～10μm，過粗的金屬格線在實際應用上除了會面臨產品外觀不佳的問題外，規格性的網格結構則會造成雲彩紋（Moiré pattern）的產生，進而影響影像的觀察，因此近期的材料發展則以如何減小格線線寬以及如何改善雲彩紋兩大主軸進行。前期金屬網格導電膜多採用噴印或網印製程，因此格線線寬皆大於 20μm，近期精細化製程技術則以凹版反轉印刷（Gravure offset printing）與黃光製程為主，最細線寬可達 5μm 甚至更低，在導電膜的外觀性質上已有顯著改善。圖 6.3 為 3M 所開發一銀系金屬網格透明導電膜[5]，線寬僅 2～3μm，導電膜規格可達面電阻～18Ω/□，透光度與霧度分別為～89.4% 及 1.5%，整體基礎功能規格優於 ITO 導電膜，因此也被視為在未來非 ITO 系透明導電膜具發展潛力的材料系統；此外，近期 Rolith Inc 更宣稱，該公司開發出次微米級線寬的鋁與銀網格透明導電膜，規格可達透光度 > 95%，面電阻～5Ω/cm。儘管如此，目前金屬網格透明導電膜仍面臨環測安定性不盡理想的問題，因此，在實際產品應用推動上，尚屬於初期發展階段。

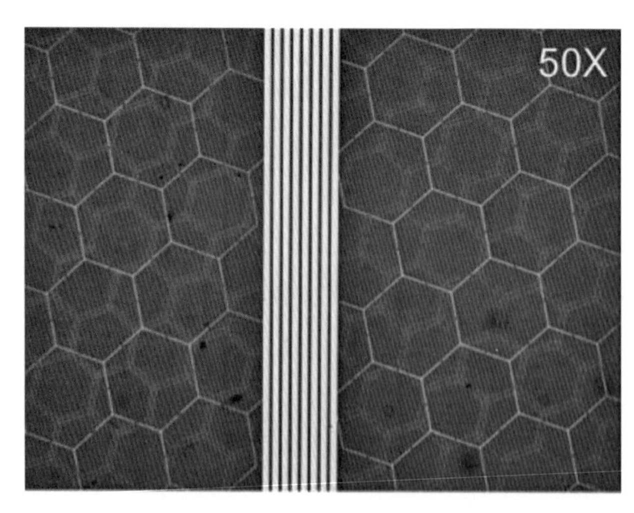

圖 6.3　3M 公司開發之具圖案化透明導電膜的微結構圖[5]

6.2.3 奈米銀線

奈米銀線則為近期另一備受矚目的材料系統，該材料結合圖案化金屬薄膜高導電率的優勢與可進行卷對卷（Roll-to-roll）濕式製程的兩大優勢。由於在相同奈米線的體積下，其薄膜導電度深受奈米線長徑比影響，長徑比愈高，導電通路的滲透起始值（Percolation threshold）愈低，故材料開發關鍵在於如何控制奈米線的直徑、長度與均勻性等特性。一般奈米銀線以 $AgNO_3$ 為前驅物，通常在含有如聚乙烯基吡咯烷酮（Polyvinyl pyrrolidone，PVP）等分散劑或抑制劑之多元醇溶劑（如乙二醇）中進行還原，藉由分散劑在 [100] 面之吸附，使其可沿軸向成長 [6]；目前文獻中所合成之奈米銀線的直徑落於 30 ～ 200 nm，長度最長可達 20 ～ 30μm，且奈米銀線的本質導電率亦可達 10^5S/cm 的數量級。一般而言，雖其形成連續網絡可具有不錯的導電特性，但奈米銀線導電膜仍面臨成膜後霧度偏高以及環境安定性不佳等問題。近期研究也透過光學匹配層以及保護層塗料的開發，以改善其應用特性。

奈米銀線導電膜技術領先廠商為美國 Cambrios Technologies Corporation，其所合成的奈米銀線直徑約 30 ～ 40nm，長徑比可達 200 ～ 500（圖 6.4），其 ClearOhm^{TM} 導電膜產品的可見光穿透度為 90 ～ 91%，面電阻為 150 ～ 250 Ω/ □，霧度僅約為 0.9 ～ 1.3%[7]，其基礎的光學與導電特性可優於 ITO，但環測安定性不足以成為此材料技術的主要開發瓶頸；為提升其黏著性、耐摩擦性與穩定性，可於奈米銀線導電層上再進行保護層的塗佈。目前包含智慧型手錶、智慧型手機與平板電腦等部分觸控產品，都已宣稱導入奈米銀線透明導電膜技術。

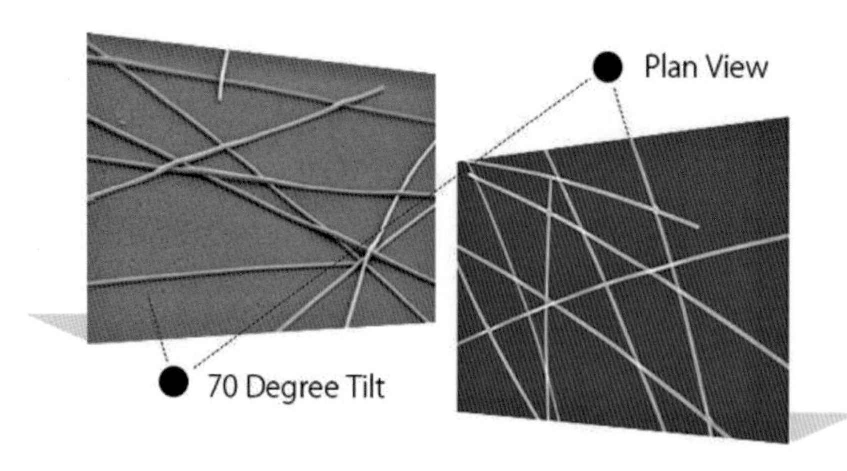

圖 6.4 Cambrios 公司所開發的奈米銀線導電膜 SEM 圖 [7]

6.2.4 奈米碳管

奈米碳管是由單層或多層之石墨層捲曲成直徑 1 至 50nm 間的中空柱狀體，主要依管壁層數可分成單層奈米碳管（Single-walled nanotubes, SWNTs）與多層奈米碳管（Multi-walled nanotubes, MWNT），CNTs 導電性質隨其結構之不同而有很大差異，在電性上，SWNTs 又可依直徑與旋度（Chirality）之差異，再區分為金屬性與半導體性；而 MWNT 由於管徑較粗且為多層結構，特性並不受旋度影響而呈現似金屬性，導電度和石墨較類似。奈米碳管具有優異的導電、導熱與機械特性，單根 SWNTs 的電子遷移率可超過 100,000cm^2/Vs。但由於奈米碳管間的電子傳遞特性與金屬不同，電子是藉由躍遷（Hopping）的方式進行傳遞，因此除了碳管本質導電特性外，其碳管間的接觸阻抗，成為決定碳管導電網絡特性的關鍵因素。故應用在透明導電膜的奈米碳管，以單層奈米碳管與雙層奈米碳管為最佳，因其對可見光的吸收度較低，且在相同的碳管體積濃度下，可提供更多的網絡連結。然而，除了碳管型態上的選擇外，包含了碳管純度、石墨結構的完整性、管徑與管束（Bundle）大小、長徑比、金屬性 SWNTs 比例等差異，以及網絡形貌等對於碳管導電膜特性的影響皆很顯著，但目前無法獨立評估個別之影響性。諸多文獻中，也曾評估以不同製程所合成的奈米碳管在透明導電膜的應用特性，其不同製程的 SWNTs 表面型態與面電阻一透光度關係，顯示如圖 6.5[8]。整體而言，電弧法（Arc discharge）所製備的 SWNTs 具有較佳的石墨化結構、較細的管束與較佳的形貌，因此導電膜具有較佳的功能特性；而化學氣相沉積法（Chemical vapor deposition, CVD）則因製程溫度較低而易產生結構缺陷，故整體應用特性較差，但後期部分研發團隊透過 CVD 製程上的修正，已可製備高品質 SWNTs 或 DWNT，其透明導電膜的應用特性甚至可優於 Arc-SWNTs[9]。

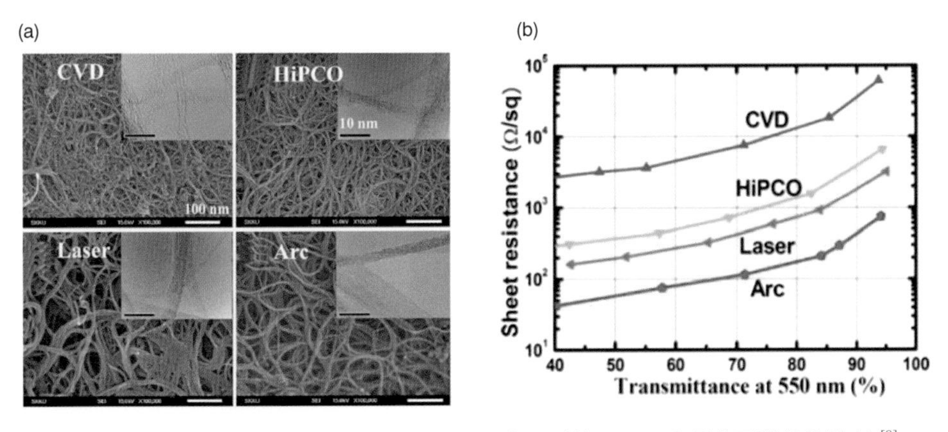

圖 6.5　不同製程方法所製備的 SWNTs (a) 表面型態及 (b) 透明導電膜特性比較 [8]

6.2.5 石墨烯

石墨烯為一具有二維蜂窩狀結構的單層碳原子層，其厚度僅為 0.35nm，近年來因為其獨特之材料特性，使其備受矚目。結構完整的石墨烯具有高導電、高導熱與高機械強度等物理特性，其理論的導熱係數高達 5,300W/mK，常溫下的電子遷移率超過 15,000cm^2/Vs，且其電阻率僅約 10^{-6} Ω-cm，其值甚至較銅與銀等金屬更低，為目前電阻率最小的材料。此外，石墨烯也具有相當獨特的光學特性，單層石墨烯的光穿透度可由菲涅耳方程式（Fresnel equation）進行描述[10]：

$$T = \left(1+\frac{1}{2}\frac{\pi e^2}{4\pi\varepsilon_0\hbar c}\right)^{-2} = \left(1+\frac{1}{2}\pi\alpha\right)^{-2} \approx 1-\pi\alpha \approx 97.7\%$$

根據公式所述，單層石墨烯的可見光區光吸收度僅為 2.3%（圖 6.6），且反射率極低（小於 0.1%），在 300 至 2500nm 之吸收光譜相當平坦，僅有在波長約為 270nm 的紫外光區段有微小的吸收峰[11]（圖 6.7）。

以電子結構觀點，理想的單層石墨烯是一能隙為零的半導體材料，在未經摻雜的情況下，費米能階（Fermi Level）處的理論載子濃度為零，此時單層石墨烯僅呈現一定的電導率，約為 $4e^2/h$，其所推估的面電阻約為 6,000Ω/ □[12]。但實際上，石墨烯於合成過程皆會因缺陷或是基材效應而有摻雜特性的產生，一般機械剝離法及化學氣相沉積法所製備的石墨烯載子濃度約為 10^{12} 至 10^{13}cm^{-2}，遷移率則落於 1,000 至 20,000cm^2/ Vs，故整體導電特性將會有顯著的改善。圖 6.8 比較不同透明導電材料之導電特性以及石墨烯理論計算結果；如圖所示，石墨烯的導電特性深受載子濃度與遷移率所影響，而文獻中所提及之經化學摻雜的單層石墨烯薄膜規格可達透光度為 97.7%、面電阻約為 125Ω/ □，而多層單層石墨烯堆疊所製備的導電膜規格可達透光度～90%、面電阻～ 30Ω/ □，其對應的 σ_{DC}/σ_{opt} 分別可達 128 與 116[13]。若石墨烯載子濃度可達 3.4×10^{12}cm^{-2}、遷移率為 20,000cm^2/Vs 之條件下，石墨烯透明導電膜在透光度為 90% 時，面電阻可望降至 20Ω/ □，其導電層的 σ_{DC}/σ_{opt} 則可提升至 174[11]。此結果也顯示石墨烯具有與其他透明導電材料競爭的潛力與優勢。

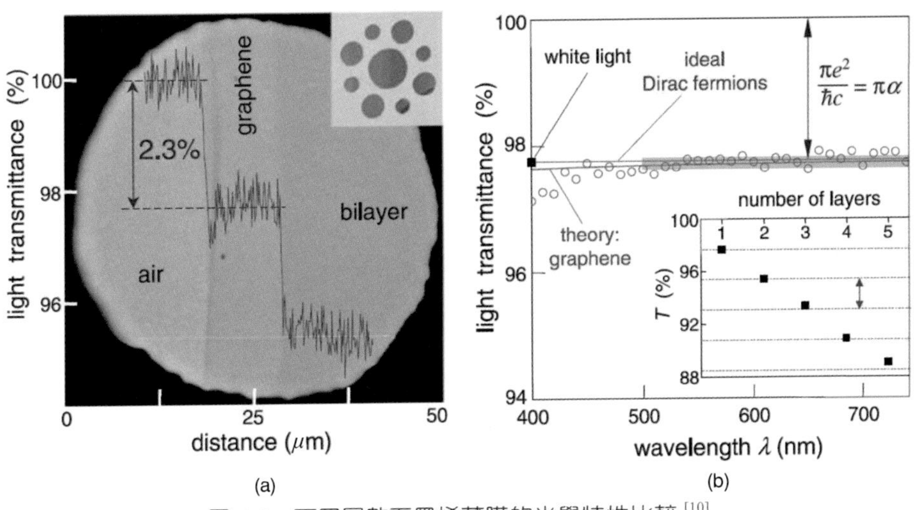

圖 6.6　不同層數石墨烯薄膜的光學特性比較 [10]

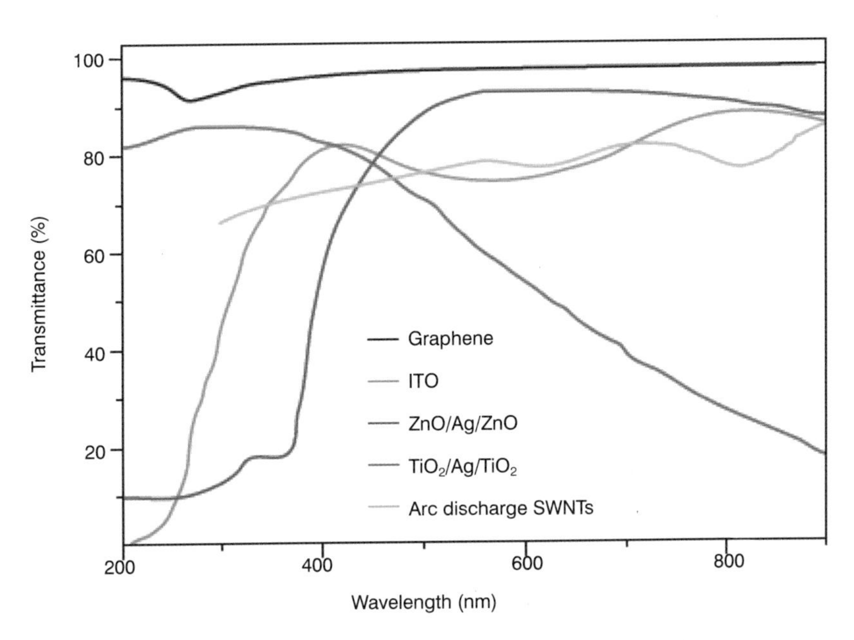

圖 6.7　石墨烯與不同材質導電膜的吸收光譜圖 [11]

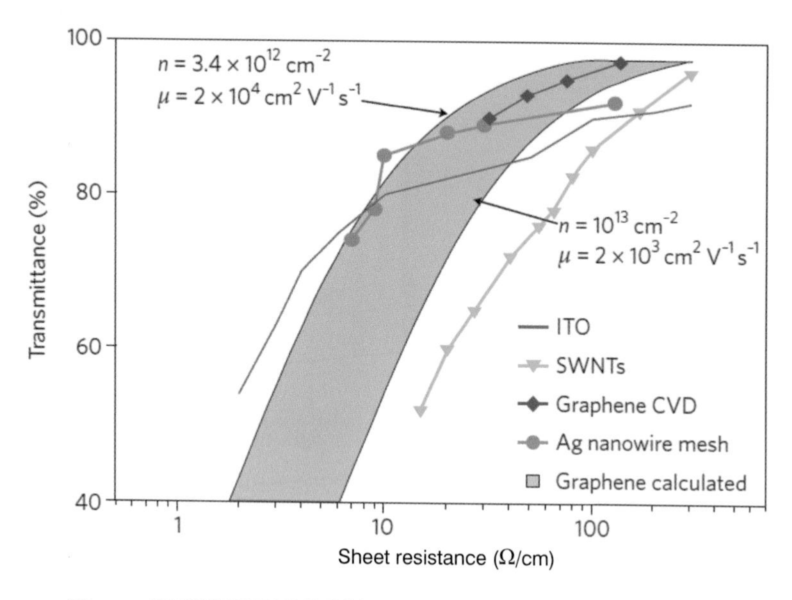

圖 6.8　石墨烯與不同透明導電膜的面電阻與透光度關係圖 [11]

上述所提的幾種軟性透明導電材料，目前分處不同的開發階段，其整體特性整理於表 6-1，圖 6.9 則為目前各透明導電材料系統領導廠商所推出的導電膜產品特性比較 [14]。然而，在實際應用上，除了基礎的光學與導電特性外，包含耐候安定性、圖案化、表面粗糙度以及成本等，都可能是不同應用產品的重要衡量指標。

表 6-1　不同透明導電材料的特性比較

	ITO	導電高分子	金屬網格	奈米銀線	奈米碳管	石墨烯
透光度（%）（含基材）	89～90	87～89	80～89	89～90	87～90	88～90
面電阻（Ω/□）	100～300	300～500	5～50	100～300	300～500	150

	ITO	導電高分子	金屬網格	奈米銀線	奈米碳管	石墨烯
σ_{DC}/σ_{opt}	60～180	15-30	>300	100-400	15-30	60-120
霧度	○	○	△	△	○	○
製程	濺鍍	R2R塗佈	印刷／黃光蝕刻	R2R塗佈	R2R塗佈	CVD
可撓性	△	○	○	○	○	○
圖案化	○	△	○	△	△	△
表面粗糙度	○	○	△	△	△	○
色澤	微黃	微藍	-	微黃	自然色	自然色
耐候性	○	X	△	△	○	○

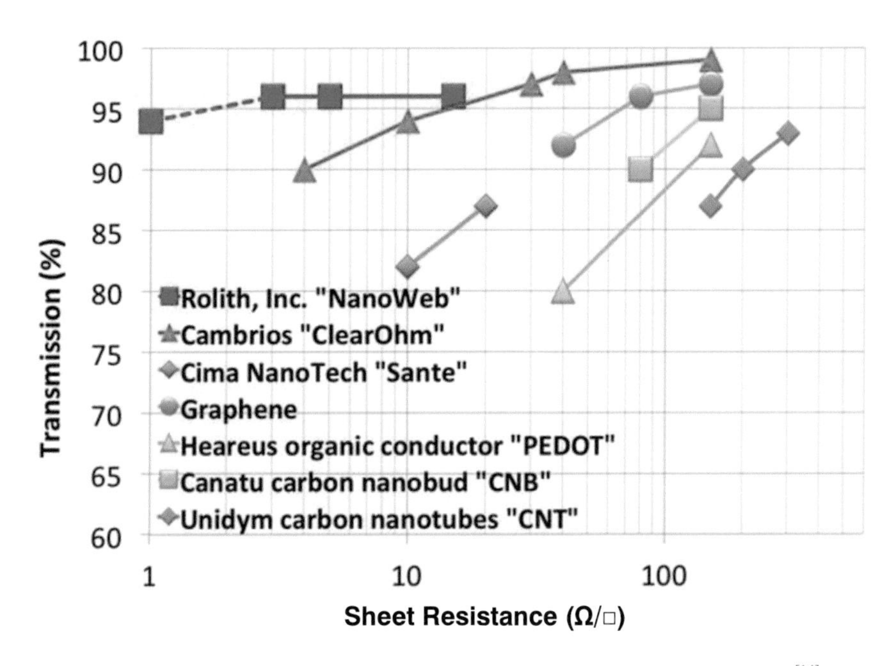

圖 6.9 各透明導電材料系統領導廠商所推出的導電膜產品特性比較 [14]

6.3 石墨烯製程與透明導電膜應用特性比較

自從 2004 年首先由高定向熱裂解石墨（Highly oriented pyrolytic graphite, HOPG）成功分離出單層石墨烯後，迄今已有相當多種石墨烯或石墨烯衍生物製備方法被提出，其中包括了機械剝離法（Mechanical cleavage）[15、16]、碳化矽外延生長法（Epitaxial growth on SiC）[17、18]、化學氣相沉積法[19-33]、液相脫層法（Liquid phase exfoliation）[34-36]、氧化石墨烯還原法（Graphene oxide reduction）[37-53] 等，然而，不同製程方法在所製備的石墨烯尺寸與特性上有很大差異（圖 6.10），其製程條件與對應的透明導電膜應用特性之關係建立，也成為後期研究的重點之一[53-60]；此外，製程技術的可量產性，亦成為相關技術開發與應用的重要關鍵。

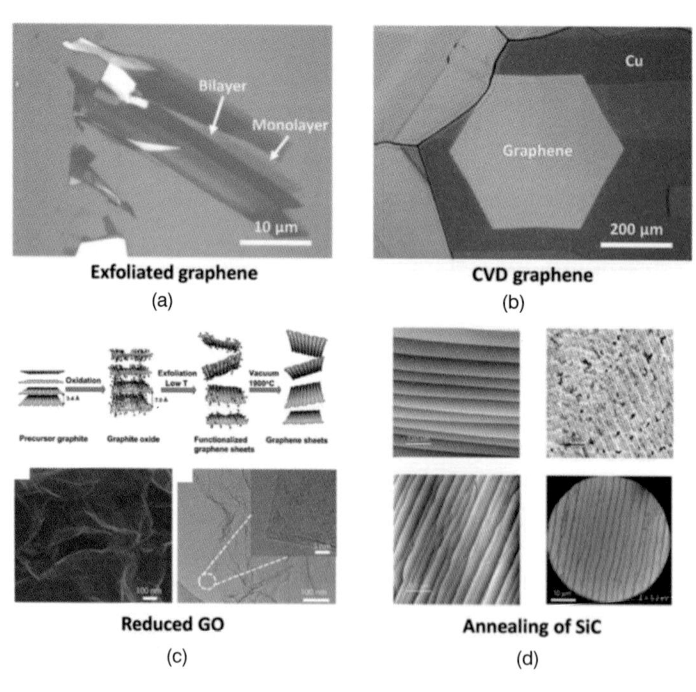

圖 6.10　不同製程方法所製備的石墨烯微結構比較 [55]

機械剝離法是利用膠帶反覆黏貼的方式，將石墨層厚度逐漸減薄，進而完成石墨烯的分離，該方法所製備的單層石墨烯具有相當優異的結構與導電特性，也為初期學術基礎研究的主要石墨烯來源；然而該方法所得的石墨烯尺寸，受限於 HOPG 原材料尺寸，最大僅可達 mm 等級，因此無法作為透明導電膜的應用。碳化矽外延生長法則是使用碳化矽晶圓，在 1500℃高溫熱處理下，於表面析出石墨烯薄膜，但由於其與碳化矽間的鍵結能力較強而無法輕易分離，且製程相當昂貴，也不適於應用至透明導電膜。

而化學氣相沉積為目前單層或少層石墨烯最常使用的製程技術，此製程是使用過渡金屬作為基材，並以如甲烷等氣體作為碳源，在高溫還原氣氛下進行石墨烯的成長；主要成長機制包含了碳源熱裂解（Decomposition）、碳溶於金屬（Dissolution）形成碳化物（Carbide），以及碳析出（Segregation）等三個程序，因此石墨烯的層數、結晶性與均勻性等，皆受作為觸媒的金屬基材本質特性所影響，其中金屬物性更包含了晶面、晶格尺寸、碳溶解度、熔點、催化能力以及化學安定性等項目；而熱處理程序的降溫速率更是決定是否能順利成長石墨烯的關鍵因素。迄今在金屬基材選擇上主要以鎳與銅箔為主，由於鎳的碳溶解度較高，因此較易生成多層石墨烯，在薄膜光學特性上，也造成一定的限制；此外，多層石墨烯薄膜在製備過程中，也容易因局部碳析出程度差異而造成整體均勻性不足，同步影響其導電特性的展現，導電薄膜所呈現的特性約落在 300 ～ 1,000Ω/ □，透光度約 80 ～ 90%。而碳溶解度較低的銅箔則較易形成單層石墨烯，品質較佳的單層石墨烯可展現 300 ～ 500Ω/ □的面電阻值，而透明導電膜特性可藉由疊層方式（Layer-by-layer）進行調控。然而，以銅箔進行石墨烯成長時，在大面積製程上，仍可能面臨層數不均的問題，因此，近期也有部分研究嘗試透過不同金屬觸媒基材的設計，以改善石墨烯成長特性；而在金屬材料的設計選擇上，可使用包含銠、鈀、鉑、銥等貴重金屬基材，搭配合適的熱處理條件，同樣可製備高品質單層石墨烯，在未經摻雜程序下，其面電阻最低可 < 350Ω/ □。另可透過雙成分金屬合金系統，以調控其成長速率，或是藉由碳從碳化物（Carbide）中析出能力的抑制，以助於單層石墨烯的形成。

液相脫層法同樣是使用石墨為原料，利用有機溶劑或水作為媒介，並結合特定表面能的溶劑分子或是嵌入劑，透過高能超音波震盪以及電能等驅動力，而使石墨進行脫層。然而，此製程方法所製備的石墨烯材料層數不易進行控制、產率不高，再加上樣品在進行分離 / 純化，以及製備成穩定的分散液等程序上皆有一定的困難度，因此透過塗佈成膜所得的石墨烯導電層容易會有缺陷或不連續相產生，進而嚴重影響其導電特性。相較於藉由石墨脫層所得之石墨烯片材料，氧化石墨烯（Grapheme oxide, GO）無論在量產性、分散液製備，都有其應用上的優勢。由於透過強氧化製程所製備的氧化石墨烯表面具有許多含氧官能基，因此在整體脫層效果以及與極性溶劑的相容性上都有不錯的表現，故可藉由濕式成膜製程進行石墨烯薄膜的製備。然而，隨著石墨結構的破壞以及含氧官能基的產生，其導電特性受到顯著影響，其本質導電率特性隨 sp^2 比例降低與含氧官能基增加，呈現急遽的變化，導電率可由 > $1x10^5$ S/cm 降至～ $1x10^{-9}$ S/cm[37]（圖 6.11），呈現近乎絕緣的特性。因此，若要以 GO 作為透明導電薄膜的應用，則需藉由還原程序進行石墨結構的修復，以提升其導電特性。目前的還原方法則包括使用聯胺（N_2H_4）、硼氫化鈉（$NaBH_4$）、氫碘酸等化學還原 [38-48] 以及高溫熱處理還原程序 [49-52]。聯胺為目前在 GO 系統中最被廣泛使用且極具還原效果的還原劑，而文獻研究結果指出，GO 經聯胺的還原處理，大部分的含氧官能基可被移除，但對於石墨結構的修復能力有限，因此在還原氧化石墨烯（Reduced graphene oxide, rGO）薄膜導電特性的展現上，其功能規格仍多在面電阻 > 10,000 Ω/ □以上；氫碘酸處理則為近期對於 GO 薄膜特性較有效的化學還原程序，有機會可在薄膜透光度約為 80% 時提供～ 1,000Ω/ □的面電阻。高溫熱處理則為另一較為有效的還原程序，其還原能力與結構修復能力深受熱處理溫度所影響，經 1100℃熱處理，其 rGO 薄膜在透光度～ 80% 時，面電阻約落於 10^3 ～ 10^4Ω/ □。目前透過化學還原並搭配高溫真空燒結程序所得之 rGO 透明導電膜，其最佳特性可在透光度～ 82% 時呈現面電阻～ 800Ω/ □。無論使用直接脫層的石墨烯或是還原氧化石墨烯，藉由分散 / 塗佈製程所製備的薄膜，其 σ_{DC}/σ_{opt} 僅落於 < 1 的區間，與實際應用所需的功能規格仍存在相當大的差距。

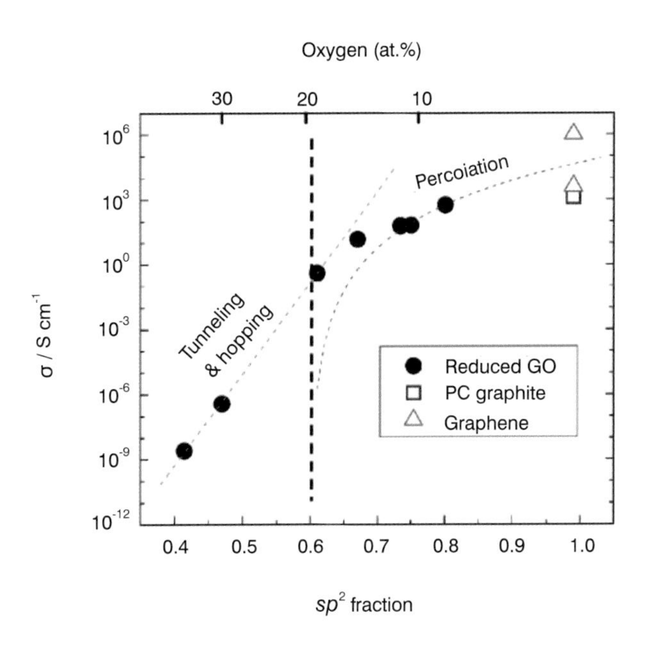

圖 6.11　不同氧化程度的石墨烯導電率與其結構的關係圖 [37]

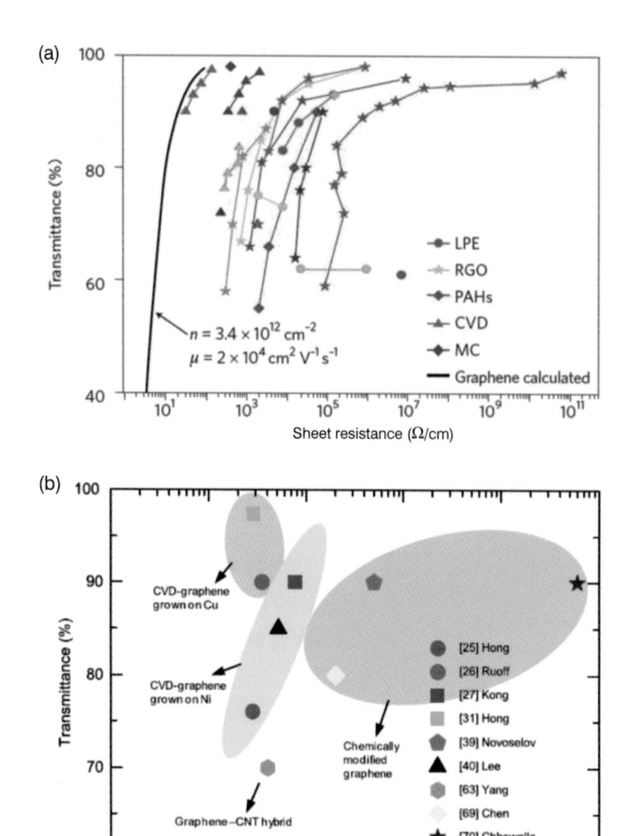

圖 6.12　不同製程方法所製備的石墨烯透明導電膜特性比較：其中 LPE 表示為液相脫層法、RGO 為還原氧化石墨烯、PAHs 為多苯環碳氫化物聚合法、CVD 為化學氣相沉積法、MC 為機械剝離法 [11、58]

6.4 石墨烯薄膜轉移程序

鑒於能製備高品質石墨烯的仍屬 CVD 製程，若欲作為透明導電膜／電極之應用，則須經由石墨烯轉移程序，以將其貼附至諸如玻璃、PET 膜等透明目標基材上；因此，石墨烯轉移技術的開發也成為相關應用領域發展的關鍵項目之一，特別是因石墨烯薄膜於轉移過程容易產生結構破壞以及表面污染的問題而嚴重影響其應用特性。目前文獻中所提出的轉移方法很多，大致可區分為高分子輔助蝕刻轉移[61-66]、高分子載體轉移[67-69]、離型膠帶轉移製程[13、70-71]、電化學脫層轉移（Electrochemical delamination）[73-77]等，以下將針對其不同製程進行介紹。

前期的石墨烯轉移技術，主要以高分子輔助蝕刻轉移程序最為被廣泛使用[61-66]，為了盡可能維持石墨烯薄膜自金屬基材剝離後的完整性與平整性，該製程主要先於石墨烯表面塗佈一層聚甲基丙烯酸甲酯〔Poly (methyl methacrylate), PMMA〕，再使用包含 $FeCl_3$、$Fe(NO_3)_3$ 及 $(NH_4)_2S_2O_8$ 等進行銅、鎳箔之蝕刻，以使石墨烯得以剝離並懸浮於溶液中，待轉貼至基材後，再利用諸如丙酮等有機溶劑，將 PMMA 溶解（圖 6.13），即可完成透明導電膜之製備。然而，此轉移方法所面臨的最主要問題為 PMMA 在移除過程中除了會有殘存問題之外，也可能會因 PMMA 溶解過程的應力釋放而造成石墨烯薄膜局部結構的損傷；後期的相關研究則指出，若能透過第二層 PMMA 塗佈及熱處理，則較能有效保持其結構完整性[61]。此外，聚二甲基矽氧烷（Polydimethylsiloxane, PDMS）也是另一種常用於轉移製程的高分子材料，由於 PDMS 具有柔軟性、高安定性、耐溶劑性等特性，故不須採用 PMMA 的製程手法，而可將 PDMS 塊材直接於石墨烯表層進行加壓，其微弱的黏著特性，除了足以保護石墨烯能經歷金屬基材的蝕刻程序外，在後續與基材之貼附上，也會因石墨烯／PDMS 的作用力相對較弱而能順利進行轉移（圖 6.14）。

為了避免前述濕式蝕刻反應使用大量酸或強氧化劑的有害物質，無蝕刻轉移製程成為後續發展的主要方向。其中，高分子載體轉移方法（Polymer supported transfer methods）為一概念單純的乾式轉移製程，主要是於如 PET 膜等目標基材表面先形成一層能與石墨烯有良好

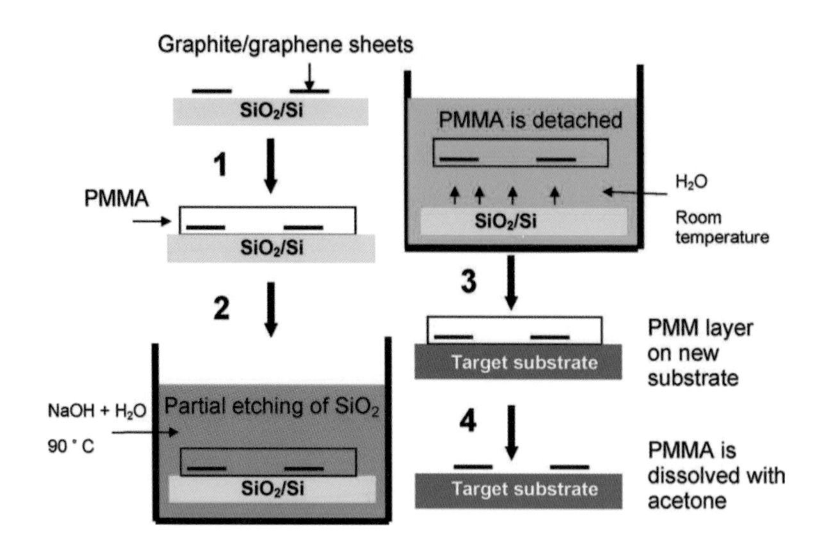

圖 6.13　PMMA 輔助蝕刻轉移製程流程圖 [61]

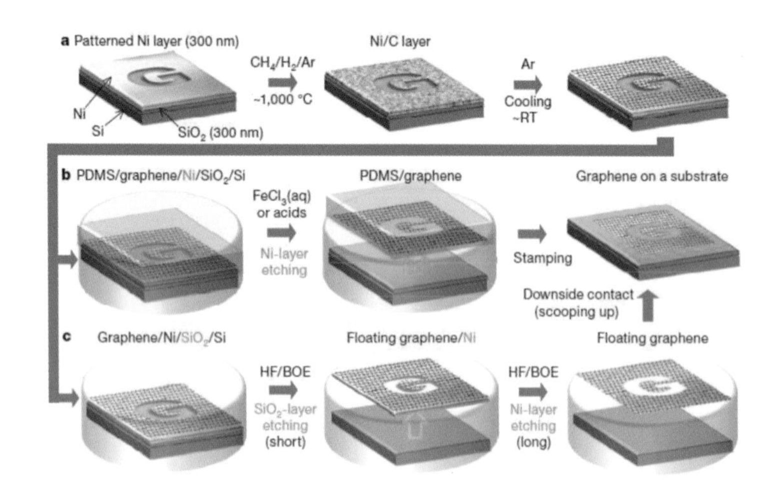

圖 6.14　大面積圖案化石墨烯薄膜之合成、蝕刻與轉移程序示意圖 [64]

鍵結能力的高分子層，再將其與成長在銅箔上之石墨烯層進行壓合，經剝離後即可達成轉移 [67-69]；其中高分子層可為環氧樹脂（Epoxy）或是含有 Nethylamino-4-azidotetrafluorobenzoate（TFPA-NH_2）鍵結分子結構的疊氮化合物（Azide）。但由於須使石墨烯與此高分子層產生鍵結，故轉移過程中仍需提供高溫或加壓，以協助固化或反應發生，且其後續剝離速率也將影響石墨烯結構的完整性（圖 6.15）。部分研究也指出，由於此法對於銅箔的損傷並不嚴重，因此可重複進行 CVD 石墨烯之成長，且整體品質仍能維持一定之水準。

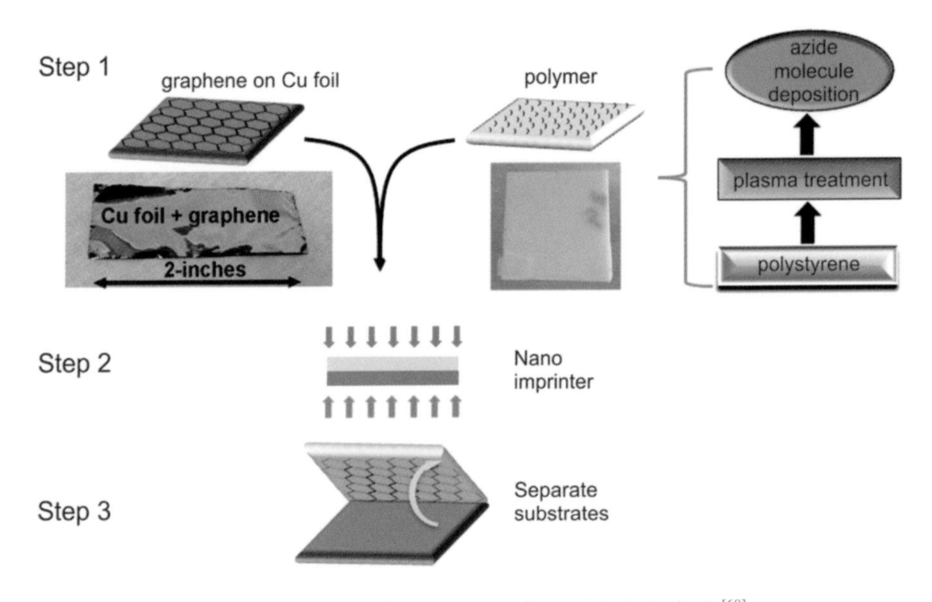

圖 6.15　使用偶氮化合物的石墨烯轉移程序示意圖 [68]

另一方面，離型膠帶轉移製程也是目前大面積化的轉移技術之一 [13、70-71]。離型膠帶轉移製程主要是透過膠帶經特定處理後的黏性急劇降低特性，進而達到離型的效果，離型膠帶大致可分為 UV 型、加熱型與感壓型等三種形式，但目前研究指出，UV 型與加熱型之離型膠帶仍較容易面臨殘膠的問題，而感壓型離型膠帶在使用上則能有較佳的應用特性，尤其在石墨烯的電子遷移率上，差異更為顯著。現階段市售產品上，主要仍以加熱型離型膠帶為主，包含了 Nitto Denko 的 REVAL-

PHA，該產品在常溫下具有很高的黏著力，在高溫下則可進行剝離，且具有 90、120 與 150℃等不同離型溫度之產品。三星電子於 2010 年首度揭露的大尺寸石墨烯觸控面板製作技術，即為採用離型膠帶轉移製程 [13]（圖 6.16）。然而，現階段的離型膠帶價格仍偏高，在實際應用上，仍有相當的開發與改善空間。

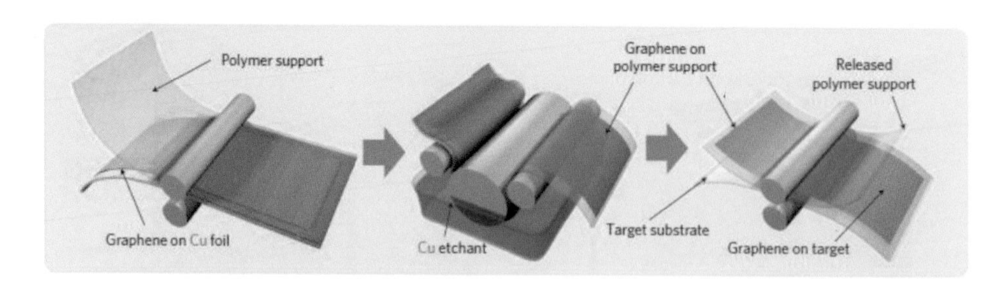

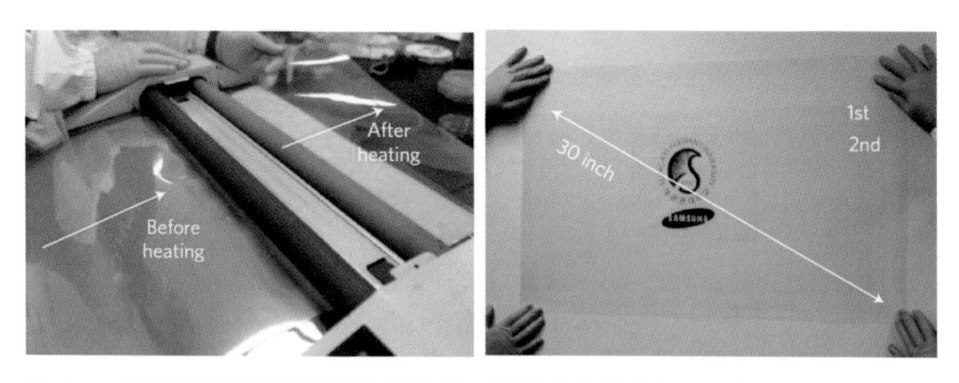

圖 6.16　結合離型膠帶轉移程序的連續式石墨烯透明導電膜製程示意圖與轉移後的石墨烯導電膜外觀 [13]

電化學脫層轉移技術，則為另一新興之轉移技術，可改善金屬基材蝕刻製程的成本以及環境安全，此製程方法是將石墨烯／銅箔作為陰極，藉由電解方式於電極上產生氫氣，達到石墨烯與基材脫離之效果，其脫層特性可透過電解液組成及施加電位進行控制，其最短的製程時間甚至可於數十秒內完成（圖 6.17）。此外，由於銅箔於此製程中並無牽涉反應及破壞，故可重複進行使用，使其在成本上也具有一定優勢。近期也有研究指出，未精確控制的氣體釋放，仍有可能造成石墨烯薄膜破裂與皺褶產生，進而影響其導電特性，故可透過將陰極極化之電位控制於約 −1.5V，進行無氣泡（Bubble free）之脫層程序，即可提升石墨烯薄膜的轉移品質。而此製程概念可與高分子載體轉移、離型膠帶轉移等方法進行結合，此法具有大面積、連續化石墨烯透明導電膜製作潛力，且在業界中已被使用。

圖 6.17　電化學脫層轉移製程：(a) 製程示意圖；(b)～(d) 表面塗佈 PMMA 之石墨烯薄膜由銅箔剝離過程之影像 [73]

此外，也有研究進行自離型層（Self-release layer, SRL）之開發 [78-79]，其整體製程如圖 6.18 所示，先於成長在銅箔之石墨烯表面塗佈一層 SRL，並以 PDMS 貼附後，再將銅箔基材進行蝕刻，最後貼附於目標基材後，可直接從 SRL 層進行剝離。因為石墨烯與 PDMS 之吸附力太強，不易有效將其順利轉移至所需之基材上，故透過特定之 SRL 材料之篩選，使不同介面間分離之所需能量能滿足 $W_{SRL/PDMS} << W_{G/SRL}$, $W_{G/Destination}$ 下之關係，即可成功進行轉移。研究也點出，使用 SRL 與未使用 SRL 轉移製程所得之石墨烯，在結構完整性即有顯著的差異，顯示整體結晶性幾乎未無遭到破壞及污染。

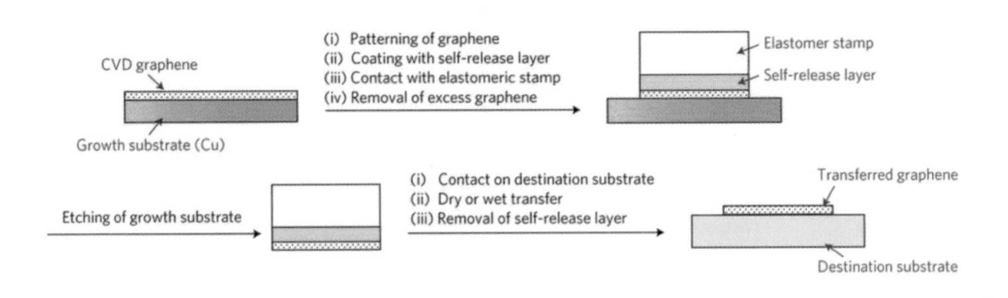

圖 6.18　結合自離型層結構之石墨烯轉移製程示意圖 [78]

6.5 石墨烯透明導電膜導電特性改善

為拓展石墨烯透明導電膜的實際應用可能性，其導電率的提升以及功函數的適切調控，也成為相關應用開發的必要且關鍵項目。為進行上述特性的改善，近年來，多種不同的摻雜方法陸續在研究與文獻中被報導，其中包括了原子取代性摻雜 [80-82]，酸性液體吸附 [13、83-86]、具共軛結構之有機分子的電子轉移 [87-92]、金屬離子還原 [85、92-94]、具高功函數之氧化物摻雜 [95-100]、基材誘導摻雜 [101]、胺類分子吸附 [102]、以及層間化合物 [103、104] 等方式。整體而言，由於石墨烯與單層奈米碳管基礎結構性質一致，因此可應用至石墨烯的化學摻雜系統，且幾乎可沿用發展時程較早的奈米碳管系統，並由於奈米碳管網絡導電更受限於碳管一碳管間之接觸阻抗，化學摻雜對於石墨烯薄膜導電特性的改善也更為顯著。如前述所提，雖然理想的石墨烯為一無能隙且費米能階載子濃度為零的導體，但實際上由 CVD 製程所製備的石墨烯則呈現些微 p 型摻雜特性；因此，若欲再藉由化學摻雜改善其導電特性，仍以 p 型摻雜具有較佳的提升效果。而有效且精確控制其摻雜所造成之載子種類與濃度，也成為石墨烯摻雜製程的重要挑戰之一。

以 B 或 N 原子所進行的石墨烯取代性摻雜，多是藉由高溫反應或是離子／電漿處理，雖其透過形成化學鍵的方式而能有較佳的長時間摻雜安定性，但因摻雜過程多會造成石墨結構的破壞，而易造成石墨烯載子遷移率與導電率的降低，甚至會造成能隙的產生；因此，不會造成石墨烯結構破壞之非共價型的表面轉移摻雜，成為相關研究主要切入的方法。所謂的表面轉移摻雜，是指石墨烯與表面吸附物間發生電荷轉移，根據電荷轉移機制，又可進一步區分為電子摻雜（Electronic doping）與電化學摻雜（Electrochemical doping）兩類。電子摻雜為石墨烯與吸附物間有直接電荷轉移的程序，其驅動力來自兩材料本質電位勢的差異，即石墨烯的費米能階與吸附物的 HOMO 及 LUMO 能階上的差異（圖 6.19）[105]；若吸附物的 LUMO 能階較石墨烯的費米能階為低，電子將會由石墨烯轉移至吸附物而形成 p 型摻雜，反之，當吸附物的 HOMO 能階高於石墨烯的費米能階，則會形成 n 型摻雜。雖然此電荷轉移能有效控制石墨烯的載子濃度，但此經離子化的摻雜，則會造成載子散射機率的增加而使其遷移率降低；以下所介紹的摻雜多屬此類。而電化學摻雜，則是特定吸附物在石墨烯上進行電化學氧化還原反應，主要是藉由石墨烯的存在降低氧化還原反應的能障，而使反應得以在常溫下進行；相較於電子轉移摻雜，電化學摻雜反應屬於緩慢而持續發生，並非在瞬間即發生電荷轉移。目前此摻雜機制中具有 p 型摻雜效果的為潮濕空氣，而具 n 型摻雜效果的則有甲苯 [89]。

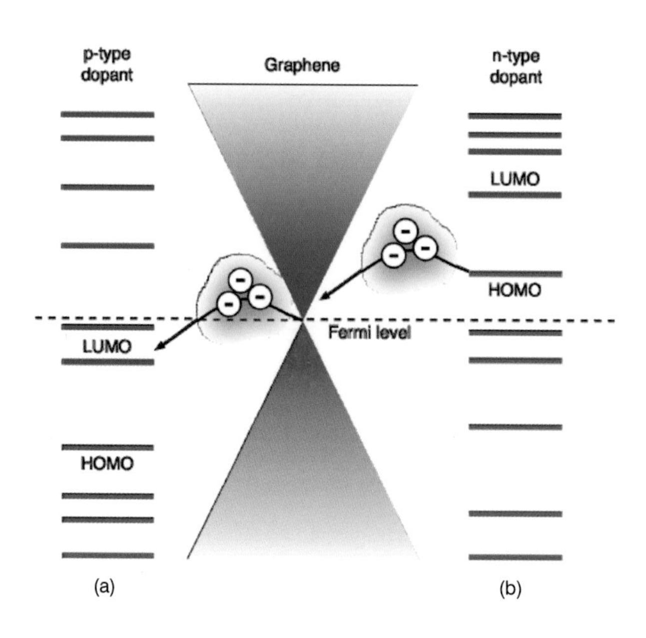

圖 6.19　p 型與 n 型摻雜物的電子能階與石墨烯費米能階相對位置示意圖 [105]

在化學摻雜中，酸性溶液為目前較常使用的系統之一。HNO_3 為一常用的石墨化材料的 p 型摻雜物，電子可透過下列反應，由石墨烯轉移至 HNO_3 而形成錯合物：

$$6HNO_3 + 25C \rightarrow C_{25}^{+}NO_3^{-} \cdot 4HNO_3 + NO_2 + H_2O$$

藉由 HNO_3 的摻雜，石墨烯的面電阻可有效降低，其阻抗減少率大多落於 40 ～ 70% 的區間，且光學特性並未受到顯著影響。然而，此類酸摻雜的安定性不佳，在受熱情形下則會因脫附而喪失摻雜效果。有機系統的 p 型摻雜物則是以具有 F 或是共軛結構等拉電子基團（Electron drawing）的分子為主，包含 Bis (Trifluoro- methanesulfonyl) amide (TFSA)、Tetracyanoquinodimethane (TCNQ) 與 2,3-Dichloro-5,6-Dicyanobenzoquinone (DDQ) 等衍生物，其中又以 TFSA 具有最佳的摻雜效果，石墨烯的載子濃度可有近 5 倍的提升，其面電阻減少率則可高達 60 ～ 70%；此外，由於 TFSA 的疏水性，使整體摻雜具有較佳的安定性。而藉由金屬離子的還原，則為另一有效的摻雜手法；諸如 Au^{3+} 與 Ag^{+} 等，因具有較大的還原電位，而有較高的拉電子能力，因此，較多的電子將可由石墨烯轉移到金屬離子而有奈米金屬的沉積；其整體摻雜效果也深受不同濃度與處理量所影響，面電阻減少率也可達 50 ～ 70%。

另一方面，石墨烯的 n 型摻雜則可透過具有推電子能力基團的化合物進行處理，包含 Ethylene diamine (EDA)、Diethylene triamine (DETA)、Triethylene tetramine (TETA) 等不同結構的胺類分子，皆已被證實具有顯著的 n 型摻雜特性（圖 6.20），且其摻雜效果與其分子結構有關；相較於未經摻雜的石墨烯薄膜，其載子濃度有顯著的增加，而電動遷移率僅有約 10 ～ 30% 的衰退，也導致整體薄膜導電特性有大幅改善，面電阻減少率最高甚至可達 90%。而胺類分子的摻雜穩定性，則與其分子量與不同溫度下的蒸氣壓有關，分子量愈大、蒸氣壓愈低的摻雜分子，具有較高的穩定性。

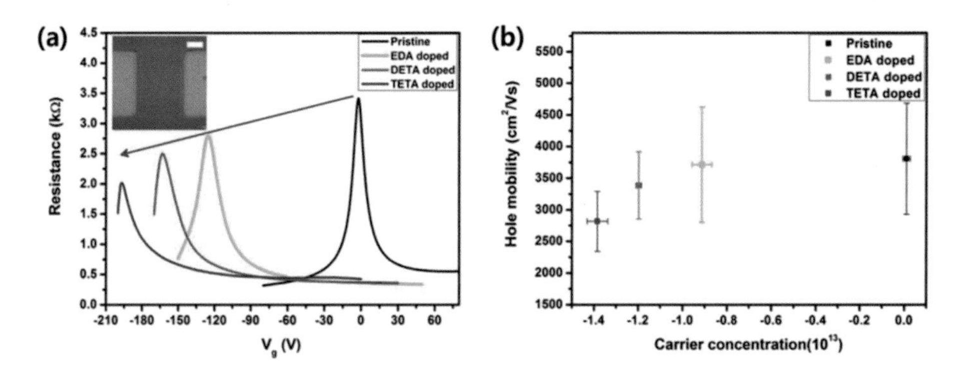

圖 6.20　不同胺類分子摻雜石墨烯的 (a) 場效電晶體特性比較，以及 (b) 電洞遷移率與載子濃度關係圖 [102]

表 6-2　不同摻雜程序對於石墨烯透明導電膜特性的影響比較

摻雜系統	面電阻（Ω/□）／透光率（%）		阻抗減少率（%）	σ_{DC}/σ_{opt}	參考文獻
	摻雜前	摻雜後			
HNO_3	275 / 97.4%	125 / 97.4%	～54%	114	[13]
HNO_3	—	～30 / ～90%	—	116	[13]
HNO_3	320 / 80%	90 / 80%	～70%	18	[82]
HNO_3	650 / ～93%	～250 / ～93%	～62%	20	[82]
HNO_3	—	～50 / 89%	—	63	[86]
I_2	1210 / -	460 / -	～62%	—	[97]
Hydrazine	—	～50 / 89%	—	63	[86]
TFSA	425 / -	129 / -	～70%	—	[87]
TFSA	240 / 88%	90 / 88%	～63%	32	[88]
TCNQ	- / -	182 / 88%	—	16	[90]
DDQ	201 / -	190 / -	～6%	—	[92]
$AuCl_3$	200 / -	149 / -	～25%	—	[92]
$AuCl_3/CH_3NO_2$	445 / 89%	150 / 87%	～67%	17	[93]
$AgNO_3$	430 / 96%	202 / 96%	～53%	45	[94]
$AuCl_3/CH_3NO_2$	—	43 / 89%	—	73	[84]
MoO_3	465 / -	340 / -	～26%	—	[96]
MoO_3	1210 / -	600 / -	～50%	—	[97]
MoO_3	1120 / -	560 / -	～50%	—	[98]
EDA	～900 / -	～125 / -	～86%	—	[102]
DETA	～900 / -	～130 / -	～86%	—	[102]
TETA	～900 / -	～100 / -	～89%	—	[102]
$FeCl_3$	—	8.8 / 84%	—	235	[103]
LiC_x	—	3.0 /91.7%	—	1419	[104]

然而，多數化學摻雜為低分子量的氣體或有機分子，其與石墨烯間的弱凡得瓦爾作用力，並不足以提供良好的長時間安定性以及環測穩定性。而 MoO_3 無機摻雜系統提供一相對較佳的熱與化學穩定性之摻雜製程選擇；由於 MoO_3 具有較高的功函數（～ 6.8eV），與功函數約為 4 ～ 4.3eV 的石墨烯接觸後，將會自發地產生電子轉移，而使石墨烯成為 p 型摻雜，其所造成的費米能階變化可達 0.7eV 以上，載子濃度甚至可高達 $1\times10^{13}cm^{-2}$[95、97]，且其整體摻雜效果深受 MoO_3 沉積厚度所影響[98]。該研究也進一步指出，經暴露於空氣中，整體的摻雜效果初期會有明顯的衰退。相較於未經摻雜之石墨烯薄膜，經 MoO_3 摻雜後的薄膜導電率可有近 1 倍的提升[98、99]（圖 6.21），且在室溫擺放與經 300℃高溫處理後，仍僅約 10 ～ 20% 的電阻值改變（圖 6.22）。此外，部分研究則透過將結構中含有 $-CF_x$、$-NO_2$ 等具拉電子能力的分子改質於無機粒子表面，再將其與石墨烯薄膜進行堆疊以進行摻雜[101]。透過此摻雜製程，石墨烯薄膜的導電性最佳可有近 2 倍的提升，且由於摻雜分子已被固定化，所以包含高溫、高溫高濕以及耐溶劑性等整體摻雜穩定性均可大幅提升。

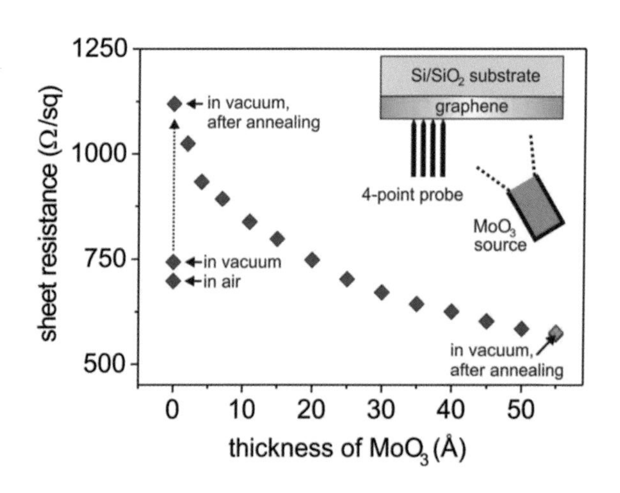

圖 6.21　石墨烯薄膜經不同厚度 MoO_3 摻雜過程之 in-situ 面電阻變化情形[99]

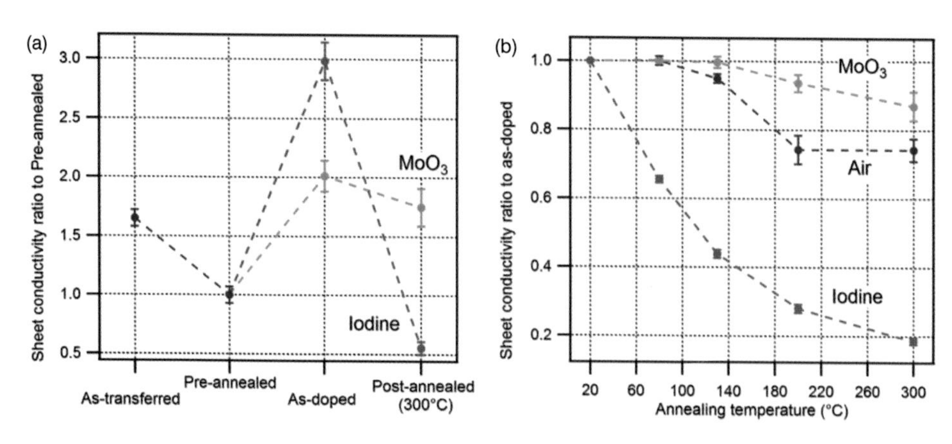

圖 6.22 (a) 石墨烯薄膜經不同前處理與摻雜後，以及 (b) 摻雜樣品經不同溫度熱處理後的導電率變化 [98]

有別於石墨烯透過表面吸附／接觸所得之化學摻雜效果，部分研究也指出，可藉由石墨層間化合物（Graphite intercalation compound, GIC）之概念進行石墨烯電性的調控。以 $FeCl_3$ 與少層石墨烯（層數約 4～5層）所形成的層間化合物，其載子密度甚至可高達$8.9\times10^{14}cm^{-2}$，且室溫下的載子平均自由徑可達～ 0.6μm，而所製備的透明導電膜特性則可於透光度～ 84% 時能展現面電阻～ 8.8 Ω/ □的高導電特性 [103]。此外，相較於其他層間化合物，$FeCl_3$ 嵌入系統具有較高的安定性，該 GIC 可於空氣環境下穩定度達一年以上，顯示其可應用潛力；然而，$FeCl_3$ 於石墨結構的嵌入製程仍須於 > 300℃之環境下進行，且其整體嵌入特性仍需在石墨層數大於 3 層的石墨烯材料系統，才會有較顯著的影響，因此也限制了材料系統與應用領域。另一方面，針對少層石墨烯進行鋰離子嵌入以形成 LiC_6，不僅因結構改變而可降低石墨層的吸光特性，更可同步提升其電子傳遞特性（圖 6.23）。在厚度達 19 層 LiC_6 的層間化合物透明導電膜，可於透光度高達 91.7% 時，展現面電阻為 3.0Ω/ □的高導電特性，其 σ_{dc}/σ_{opt} 估算可高達 1,400，遠超出 ITO 及其

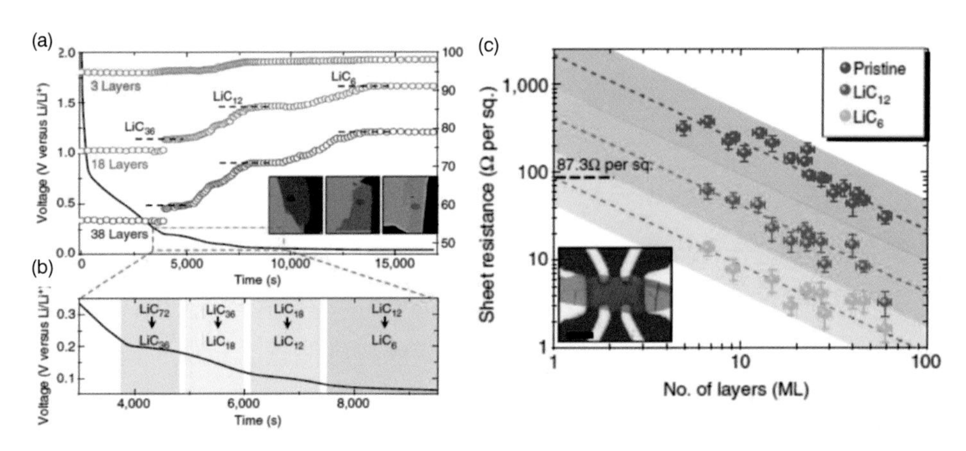

圖 6.23 (a)、(b) 為不同電化學鋰離子嵌入程度的光穿透度變化情形，以及 (c) 石墨烯與 LiC_x 之面電阻、層數變化關係圖 [104]

他連續相透明導電材料之特性 [104]。然而，因 LiC_x 安定性不佳，因此現階段在應用上仍不具實用性，但卻也點出相關材料與製程概念的開發潛力。

6.6 石墨烯導電膜量產技術與產品應用現況

石墨烯於透明導電應用上，除了須滿足應用基礎的光學與導電功能規格外，其量產性與成本也成為石墨烯在實用化的關鍵瓶頸；迄今已有相當多研究針對其量產技術進行開發。鑒於石墨烯 CVD 製程屬批次製程，且產量受限於反應爐的升降溫速率過慢，儘管實際於高溫的反應時間大多小於 1 小時，但整體製程時間預期仍須達 4 ～ 5 小時以上；因此，為了大幅提升石墨烯的生產速度，現階段的研發仍以快速升溫化學氣相沉積（RT-CVD）製程 [106、107] 以及卷對卷連續製程 [108-111] 開發為兩大主軸。

RT-CVD 製程主要透過高效能的紅外線加熱機制，可使升降溫程序大幅縮短，不僅整體製程時間可縮減至 1 小時以內（圖 6.24），更可降低石墨烯製程反應溫度，以減少銅於高溫時之揮發所導致的結構缺陷產生 [106、107]。韓國三星電子為提升其量產安全性，更開發出不使用氫氣氣氛的 RT-CVD 製程 [107]，透過反應加熱器結構設計與反應氣氛控制，以完成高品質、高均一性的單層石墨烯製作，其最大尺寸可達 400×300 mm^2，且於無化學摻雜下之面電阻可達 249±17 Ω/ □。此外，更結合氧氣電漿圖案化技術，以完成觸控感測器之製作，搭載石墨烯觸控面板的智慧型手機展示如圖 6.25。

為獲得更有效率的石墨烯製程，卷對卷 CVD 製程技術的開發為其發展主要方向。在連續製程中，由於銅箔仍須在特定氣氛與高溫環境中經一定的滯留時間，才能完成石墨烯的成長，因此，設備／機構的設計以及反應器的溫度分布與氣氛控制，則成為連續製程的關鍵技術。常壓 CVD 連續製程技術則於 2011 年首先被提出 [108]，鑒於滯留時間與氣氛的控制為石墨烯成長的關鍵，因此卷對卷連續製程的關鍵技術則在於設備／機構的設計以及反應參數的控制，尤其以反應器溫度控制為最。日本索尼（Sony）為改善反應器高溫操作不便問題，則藉由焦耳加熱（Joule heating）取代傳統爐管加熱方式 [109]；在 CH_4/H_2 氣氛中，直接於銅箔基材施加特定電流，可使其升至 1000℃以完成單層石墨烯之成長，而整體之反應器溫度仍可維持在 100℃以下。此外，更進一步整合卷對卷轉移製程（圖 6.26），於 PET 基材表面塗佈環氧樹脂黏著層，經貼合／ UV 固化 / 銅箔蝕刻後，可順利完成石墨烯透明導電膜的製作，其面電阻可達～ 500Ω/ □，再透過 $AuCl_3$ 化學摻雜程序，其面電阻可降至～ 150Ω/ □且整體透光度損失僅為 2.9%。日本產業技術綜合研究所（National institute of advanced industrial science and technology, AIST）則採用表面波電漿化學氣相沉積製程（Surface wave plasma-chemical vapor deposition，SWP-CVD），完成幅寬～ 300mm 之連續

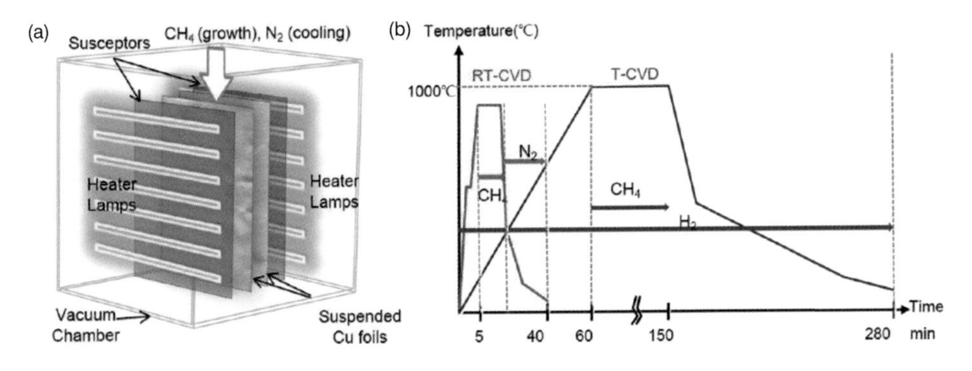

圖 6.24　(a)RT-CVD 製程裝置示意圖；(b)RT-CVD 與一般 CVD 石墨烯製程條件比較 [107]

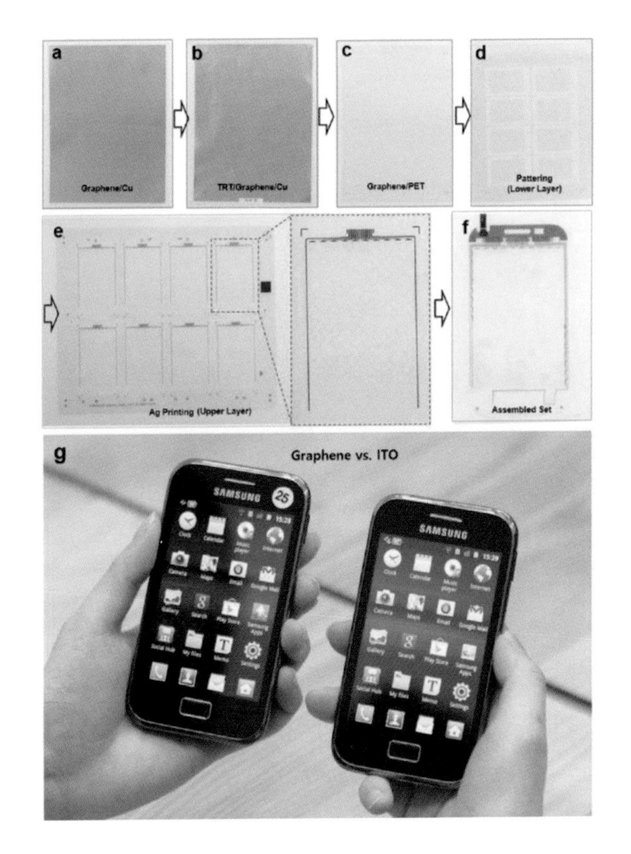

圖 6.25　搭載石墨烯與 ITO 觸控面板的智慧型手機外觀比較 [107]

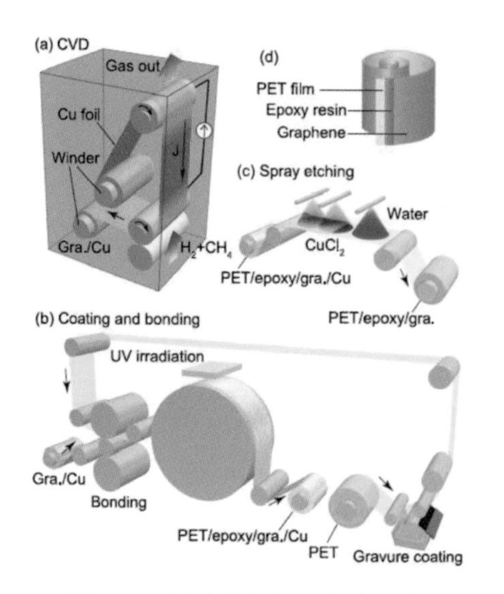

圖 6.26 結合焦耳加熱的連續式卷對卷石墨烯製程技術示意圖及其成品外觀 [109]

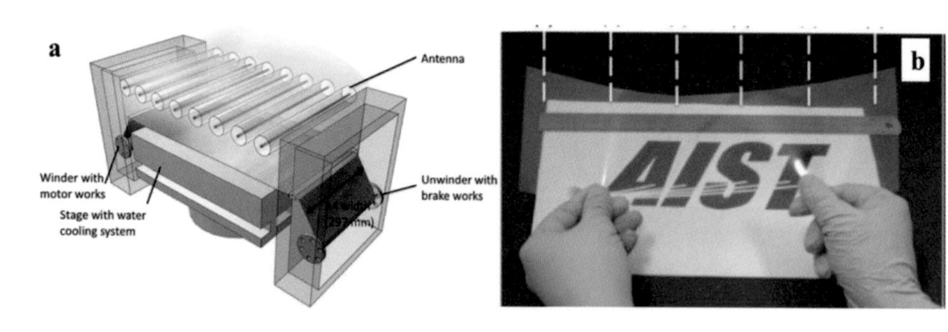

圖 6.27 (a) 連續式 SWP-CVD 反應設備示意圖；(b) 利用 SWP-CVD 製程技術所得之石墨烯透明導電膜外觀 [110、111]

式石墨烯的卷對卷量產技術 [110、111]；其製程使用 CH_4/H_2 之混合電漿，製程溫度控制低於 380℃，整體石墨烯成長時間小於 30 秒。但目前此製程所成長的石墨烯仍為少層石墨烯，尚無法有效製備高品質之單層石墨烯，其導電薄膜之特性，現階段僅可達透光度 87%、面電阻～ 500Ω/ □之規格。

6.7 小結

石墨烯材料發展至今不過僅有十年的時間，但整體材料與應用技術的發展卻非常快速，尤其在透明導電膜的相關應用開發上，也隨其獨特的光學與電性而備受重視。雖然目前石墨烯在基礎導電與光學特性上已接近 ITO，且具有更佳的可撓性，然而其在製程量產性、穩定性以及材料安定性等，甚至與既有透明導電膜製程技術的整合上，都有相當的改善空間，再加上諸多新型軟性導電材料同步發展下，更不易在既有產品的材料取代性上，看到立即且顯著的競爭優勢。不過，預期隨著材料特性不斷改進、終端應用產品型態與結構上的改變，甚至是依據材料特性所引發的新型產品設計，將會是石墨烯或其他軟性導電材料快速成長的契機。

參考文獻

[1] S. Bae, S. J. Kim, D. Shin, J.-H. Ahn, and B. H. Hong, Physica Scripta, T146, 014024 (2012)

[2] S. De , P. J. King , P. E. Lyons , U. Khan , J. N. Coleman , ACS Nano, 4 , 7064 (2010)

[3] T. M. Barnes , M. O. Reese , J. D. Bergeson , B. A. Larsen, J. L. Blackburn , M. C. Beard , J. Bult , and J. van de Lagemaat , Advanced Energy Materials, 2, 353 (2012)

[4] http://www.heraeus-clevios.com

[5] http://solutions.3m.com/wps/portal/3M/en_US/AdhesivesForElectronics/Home/ Products/ EMIEMC/TransparentConductors/

[6] Y. Sun , Y. Yin , B. T. Mayers , T. Herricks , and Y. Xia, Chemistry of Materials, 14, 4736 (2002)

[7] http://www.cambrios.com

[8] http://nt03.skku.ac.kr/cnt.html

[9] http://www.toray.jp/films/en/news/pdf/110422_transparent.pdf

[10] R. R. Nair, P. Blake, A. N. Grigorenko, K. S. Novoselov, T. J. Booth, T. Stauber2, N. M.

R. Peres and A. K. Geim, Science, 320, 1308 (2008)

[11] F. Bonaccorso, Z. Sun, T. Hasan and A. C. Ferrari, Nature Photonics, 6, 611 (2010)

[12] A. K. Geim and K. S. Novoselov, Nature Materials, 6, 183 (2007)

[13] S. Bae, H. Kim, Y. Lee, X. Xu, J.-S. Park, Y. Zheng, J. Balakrishnan, T. Lei, H. R. Kim, Y. I. Song, Y.-J. Kim, K. S. Kim, B. Ozyilmaz, J.-H.Ahn, B.H.HongandS. Iijima, Nature Nanotechnology, 5, 574 (2010)

[14] http://www.rolith.com/applications/transparent-conductive-electrodes

[15] K. S. Novoselov, A. K. Geim, S. V. Morozov, D. Jiang, Y. Zhang, S. V.Dubonos, I.V. Grigorieva and A. A. Firsov, Science, 306, 666 (2004)

[16] P. Blake, P. D. Brimicombe, R. R. Nair, T. J. Booth, D. Jiang, F. Schedin, L. A. Ponomarenko, S. V. Morozov, H. F. Gleeson, E. W. Hill, A. K. Geim, and K. S. Novoselov, Nano Letters, 8, 1704 (2008)

[17] K. V. Emtsev, A. Bostwick, K. Horn, J. Jobst, G. L. Kellogg, L. Ley, J. L. McChesney, T. Ohta, S. A. Reshanov, J. R € ohrl, E. Rotenberg, A. K. Schmid, D. Waldmann, H. B. Weber, and T. Seyller, Nature Materials, 8, 203 (2009).

[18] C. Berger, Z. Song, X. Li, X. Wu, N. Brown, C. Naud, D. Mayou, T. Li, J. Hass, A. N. Marchenkov, E. H. Conrad, P. N. First, and W. A. de Heer, Science, 316, 1191 (2006)

[19] Q. K. Yu, J. Lian, S. Siriponglert, H. Lim Y. P. Chen, and S. S. Pei, Applied Physics Letters, 93, 113103 (2008)

[20] L. G. De Arco, Y. Zhang, A. Kumar, and C. Zhou, IEEE Transactions on Nanotechnology, 8, 135 (2009)

[21] A. Renina, X. Jia, J. Ho, D. NEzich, H. Son, V. Bulovic, M. S. Dresselhaus, and J. Kong, Nano Letters, 9, 30 (2009)

[22] K. S. Kim, Y. Zhao, H. Jang, S. Y. Lee, J. M. Kim,K. S. Kim, J.-H. Ahn, P. Kim, J.-Y. Choi, and B. H. Hong, Nature, 457, 706 (2009)

[23] X. Li, W. Cai, J. An, S. Kim, J. Nah, D. Yang, R. Piner, A. Velamakanni, I. Jung, E. Tutuc, S. K. Banerjee, L . Colombo, R. S. Ruoff, Science, 324, 1312 (2009)

[24] J. Coraux, A. T. N'Diaye, C. Busse, and T. Michely, Nano Letters, 8, 565 (2008)

[25] P. W. Sutter, J.-I. Flege, and E. A. Sutter, Nature Materials, 7, 406 (2008)

[26] P. Sutter, J. T. Sadowski, and E. Sutter, Physical Review B, 80, 245411 (2009)

[27] S. Y. Kwon, C. V. Ciobanu, V. Petrova, V. B. Shenoy, J. Bareno, V. Gambin, I. Petrov, amd S. Kodamabaka, Nano Letters, 9, 3985 (2009)

[28] G. Jo, M. Choe,C. Y. Cho, J. H. Kim, W. Park, S. Lee, W. K. Hong, T. W. Kim, S. J. Park, B. H. Hong, Y. H. Kahng, and T. Lee, Nanotechnology, 21, 175201 (2010)

[29] S. S. Chen, W. W. Cai, R. D. Piner, J. W. Suk, Y. P. Wu, Y. J. Ren, J. Y. Kang, and R. S. Ruoff, Nano Letters, 11, 3519 (2011)

[30] Y. P. Gong, X. M. Zhang, G. T. Liu, L. Q. Wu, X. M. Geng, M. S. Long, X. H. Cao, Y. F. Guo, W. W. Li, J. B. Xu, M. T. Sun, L. Lu, L. W. Liu, Advanced Functional Materials, 22, 3153 (2012)

[31] Y. G. Yao and C. P. Wong, Carbon, 50, 5203 (2012)

[32] B. Dai, L. Fu, Z. Zou, M. Wang, H. Xu, S. Wang, and Z. Liu, Nature Communications, 2, 522 (2011)

[33] D. Ma, Y. Zhang, M. Liu, Q. Ji, T. Gao, Y. Zhang, and Z. Liu, Nano Research, 6, 671 (2013)

[34] Y. Hernandez, V. Nicolosi, M. Lotya, F. M. Blighe, Z. Sun, S. De, I. T. McGovern, B. Holland, M. Byrne, Y. K. Gun'Ko, J. J. Boland, P. Niraj, G. Duesberg, S. Krishnamurthy, R. Goodhue, J. Hutchison, V. Scardaci, A. C. Ferrari, and J. N. Coleman, Nature Nanotechnology, 3, 563 (2008).

[35] M. Lotya, Y. Hernandez, P. J. King, R. J. Smith, V. Nicolosi, L. S. Karlsson, F. M. Blighe, S. De, Z. Wang, I. T. McGovern, G. S. Duesberg, and J. N. Coleman, Journal of the American Chemical Society, 131 , 3611 (2009)

[36] S. De, P. J. King, M. Lotya, A. O'Neill, E. M. Doherty, Y. Hernandez, G. S. Duesberg, and J. N. Coleman, Small, 6 , 458 (2010)

[37] C. Mattevi, G. Eda, S. Agnoli, S. Miller,K. A. Mkhoyan, and O. Celik, Advanced Functional Materials, 19, 2577 (2009)

[38] Y. Q. Liu, L. Gao, J. Sun, Y. Wang, and J. Zhang , Nanotechnology, 20, 465605 (2009)

[39] H. A. Becerril, J. Mao, Z. Liu, R. M. Stoltenberg, Z. Bao, and Y. Chen, ACS Nano, 2 , 463 (2008)

[40] H.-J. Shin, K. K. Kim, A. Benayad, S.-M. Yoon, H. K. Park, I.-S. Jung, M. H. Jin, H.-K. Jeong, J. M. Kim, J.-Y. Choi, and Y. H. Lee, Advanced Functional Materials, 19 , 1987 (2009)

[41] Y.-Z. Wang, Y. Wang, F. Han, and X.-L. Cai, New Carbon Materials, 27 , 266 (2012)

[42] J. Zhao, S. Pei, W. Ren, L. Gao, H.-M. Cheng, ACS Nano, 4 , 5245 (2010)

[43] W. Gao, L. B. Alemany, L. Ci, and P. M. Ajayan, Nature Chemistry, 1 , 403 (2009)

[44] S. Pei, J. Zhao, J. Du, W. Ren, and H.-M. Cheng, Carbon, 48 , 4466 (2010)

[45] X. Li, G. Zhang, X. Bai, X. Sun, X. Wang, E. Wang, and H. Dai, Nature Nanotechnology, 3 , 538 (2008)

[46] J. Wu, H. A. Becerril, Z. Bao, Z. Liu, Y. Chen, and P. Peumans, Applied Physics Letters, 92 , 263302 (2008)

[47] L. Shi, J. Yang, Zh. Huang, J. Li, Zh. Tang, Y. Li, and Q. Zheng, Applied Surface Science, 276, 437 (2013)

[48] A. Nekahi, P.H. Marashi, and D. Haghshenas , Applied Surface Science, 295, 59 (2014)

[49] Y. Liang, J. Frisch, L. Zhi, H. Norouzi-Arasi, X. Feng, J. P. Rabe, N. Koch, and K. Müllen, Nanotechnology, 20 , 434007 (2009)

[50] J. B. Wu, M. Agrawal, H. A. Becerril, Z. N. Bao, Z. F. Liu, Y. S. Chen, and P. Peumans, ACS Nano, 4, 43 (2010)

[51] S. J. Wang, Y. Geng, Q. B. Zheng, and J. K. Kim, Carbon, 48, 1815 (2010)

[52] Q. B. Zheng, M. M. Gudarzi, S. J. Wang, Y. Geng, Z. G. Li, and J. K. Kim, Carbon, 49, 2905 (2011)

[53] Q. Zheng, Z. Li, J. Yang, and J.-K Kim, Progress in Materials Science, 64, 200 (2014)

[54] Y. Zhang, L. Zhang, and C. Zhou, Accounts of Chemical Research, 46, 2329 (2013)

[55] S. H. Chae, and Y. H. Lee, Nano Convergence, 1, 15 (2014)

[56] Y. Lee and J.-H. Ahn, NANO: Brief Reports and Reviews, 8, 1330001 (2013)

[57] J. Du , S. Pei , L. Ma , and H.-M. Cheng, Advanced Materials, 26, 1958 (2014)

[58] G. Jo, M. Choe, S. Lee, W. Park, Y. H Kahng, and T. Lee, Nanotechnology, 23, 112001 (2012)

[59] D. Shin, S. Bae, C. Yan, J. Kang, J. Ryu, J.-H. Ahn, and B. H. Hong, Carbon Letters, 13, 1 (2012)

[60] R. Ahmad, M. S. Shamsudin, M. Z. Sahdan, M. Rusop, S. M. Sanip, Advanced Materials Research, 832, 316 (2014)

[61] A. Reina, H. Son, L. Jiao, B. Fan, M. S. Dresselhaus, Z.-F. Liu and J. Kong, the Journal of Physical Chemistry C, 112, 17741 (2008)

[62] X. Li, W. Cai, J. An, S. Kim, J. Nah, D. Yang, R. Piner, A. Velamakanni, I. Jung, E. Tutuc, S. K. Banerjee, L. Colombo, and R. S. Ruoff, Sciences, 324, 1312 (2009)

[63] X. Li, Y. Zhu, W. Cai, M. Borysiak, B. Han, D. Chen, R. D. Piner, L. Colombo, and R.

S. Ruoff, Nano Letters, 9, 4359 (2009)

[64] K. S. Kim, Y. Zhao, H. Jang, S. Y. Lee, J. M. Kim, K. S. Kim, J.-H. Ahn, P. Kim, J.-Y. Choi, and B. H. Hong, Nature, 457, 706 (2009)

[65] J. Kang, D. Shin, S. Bae, and B. H. Hong, Nanoscale, 4, 5527 (2012)

[66] WO patent 2013048063A1

[67] T. Yoon, W. C. Shin, T. Y. Kim, J. H. Mun, T. Kim and B. J. Cho, Nano Letters, 12, 1448 (2012)

[68] E. H. Lock, M. Baraket, M. Laskoski, S. P. Mulvaney, W. K. Lee, P. E. Sheehan, D. R. Hines, J. T. Robinson, J. Tosado, M. S. Fuhrer, S. C. Hernandez and S. G. Walton, Nano Letters, 12, 102 (2012)

[69] US patent 20120244358 A1

[70] P. Pham, NNIN REU Research Accomplishments, 192 (2010)

[71] Y. Lee, S. Bae, H. Jang, S. Jang, S.-E. Zhu, S. H. Sim, Y. I. Song, B. H. Hong, and J.-H. Ahn, Nano Letters, 10, 490 (2010)

[72] J. Kang, S. Hwang, J. H. Kim, M. H. Kim, J. Ryu, S. J. Seo, B. H. Hong, M. K. Kim, and J.-B. Choi, ACS Nano, 6 5360 (2012)

[73] Y. Wang, Y. Zheng, X. Xu, E. Dubuisson, Q. Bao, J. Lu, and K. P. Loh, ACS Nano, 5,9927 (2011)

[74] L. Gao, W. Ren, H. Xu, L. Jin, Z. Wang, T. Ma, L.-P. Ma, Z. Zhang, Q. Fu, L.-M. Peng, X. Bao & H.-M. Cheng, Nature Communications, 3, 699 (2012)

[75] C. J. L de la Rosa, J. Sun, N. Lindvall, M. T. Cole, Y. Nam, M. Löffler, E. Olsson, K. B. K. Teo, and A. Yurgens, Applied Physics Letters, 102, 022101 (2013)

[76] C. T. Cherian, F. Giustiniano, I. Martin-Fernandez, H. Andersen, J. Balakrishnan, and B. Özyilmaz, Small, 2014 (in press) (DOI: 10.1002/smll.201402024)

[77] WO patent 2013043120 A1

[78] J. Song, F.-Y. Kam, R.-Q. Png, W. L. Seah, J.-M. Zhuo, G.-K. Lim, P. K. H. Ho, and L.-L. Chua, Nature Nanotechnology, 8, 356 (2013)

[79] J.-Y. Choi, Nature Nanotechnology, 8, 311 (2013)

[80] D. Wei, Y. Liu, Y, Wang, H, Zhang, L, Huang, and G. Yu, Nano Letters, 9, 1752 (2009)

[81] L. S. Panchakarla, K. S. Subrahmanyam, S. K. Saha, Achutharao Govindaraj, H. R. Krishnamurthy, U. V. Waghmare, and C. N. R. Rao, Advanced Materials, 21, 4726

(2009)

[82] Y.-B. Tang, L.-C. Yin, Y. Yang, X.-H. Bo, Y.-L. Cao, H.-E. Wang, W.-J. Zhang, I. Bello, S.-T. Lee, H.-M. Cheng, and C.-S. Lee, ASC Nano, 6, 1970 (2012)

[83] A. Kasry, M. A. Kuroda, G. J. Martyna, G. S. Tulevski, and A. A. Bol, ACS Nano, 4, 3839 (2010)

[84] S. Das, P. Sudhagar, E. Ito, D.-Y. Lee, S. Nagarajan, S. Y. Lee, Y. S. Kang, and W. Choi, Journal of Materials Chemistry, 22, 20490 (2012)

[85] J. Kang, H. Kim, K. S. Kim, S.-K. Lee, S. Bae, J.-H. Ahn, Y.-J. Kim, J.-B. Choi, and B. H. Hong, Nano Letters, 11, 5154 (2011)

[86] J. B. Bult, R. Crisp, C. L. Perkins, and J. L. Blackburn, ACS Nano, 7, 7251 (2013)

[87] S. Tongay, K. Berke, M. Lemaitre, Z. Nasrollahi, D. B. Tanner, A. F. Hebard, and B. R. Appleton, Nanotechnology, 22, 425701 (2011)

[88] D. Kim , D. Lee , Y. Lee , and D. Y. Jeon, Advanced Functional Materials, 23, 5049 (2013)

[89] H. Pinto, R. Jones, J. P. Goss, and P. R. Briddon, Journal of Physics: Condensed Matter, 21, 402001 (2009)

[90] C.-L. Hsu, C.-T. Lin, J.-H. Huang, C.-W. Chu, K.-H. Wei, and L.-J Li, ACS Nano, 6, 5031 (2012)

[91] H. Pinto and A. Markevich, Beilstein Journal of Nanotechnology, 5, 1842 (2014)

[92] H.-J. Shin, W. M. Choi, D. Choi, G. H. Han, S.-M Yoon, H.-K. Park, S.-W. Kim, Y. W. Jin, S. Y. Lee, J. M. Kim, J.-Y. Choi, and Y. H. Lee, Journal of American Chemical Society, 132, 15603 (2010)

[93] K. K. Kim, A. Reina, Y. Shi, H. Park, L.-J Li, Y. H. Lee, and J. Kong, Nanotechnology 21, 285205 (2010)

[94] D. H. Shin, K. W. Lee, J. S. Lee, J. H. Kim, S. Kim, and S.-H. Choi, Nanotechnology 25, 125701 (2014)

[95] Z. Chen, I. Santoso, R. Wang, L. F. Xie, H. Y. Mao, H. Huang, Y. Z. Wang, X. Y. Gao, Z. K. Chen, D. Ma, A. T. S. Wee, and W. Chen, Applied Physics Letters, 96, 213104 (2010)

[96] S. L. Hellstrom, M. Vosgueritchian, R. M. Stoltenberg, I. Irfan, M. Hammock, Y. B. Wang, C. Jia, X. Guo, Y. Gao, and Z. Bao, Nano Letters, 12, 3574 (2012)

[97] L. Xie, X. Wang, H. Mao, R. Wang, M. Ding, Y. Wang, B. O¨ zyilmaz, K. P. Loh, A. T.

S. Wee, Ariando, and W. Chen, Appiled Physics Leeters, 99, 012112 (2011)

[98] L. D'Arsié, S. Esconjauregui, R. Weatherup, Y. Guo, S. Bhardwaj, A. Centeno, A. Zurutuza, C. Cepek, and J. Robertson, Appiled Physics Leeters, 105, 103103 (2014)

[99] J. Meyer, P. R. Kidambi, B. C. Bayer, C. Weijtens, A. Kuhn, A. Centeno, A. Pesquera, A. Zurutuza, J. Robertson, and S. Hofmann, Scientific Reports, 4, 5380 (2014)

[100] Y. Wang , S. W. Tong , X. F. Xu , B. Özyilmaz , and K. P. Loh, Advanced Materials, 23, 1514 (2011)

[101] US patent 20130130060 A1

[102] Y. Kim, J. Ryu, M. Park, E. S. Kim, J. M. Yoo, J. Park, J. H Kang, and B. H. Hong, ACS Nano, 8, 868 (2014)

[103] I. Khrapach, F. Withers, T. H. Bointon, D. K. Polyushkin, W. L. Barnes, S. Russo, and M. F. Craciun, Advanced Materials, 24, 2844 (2012)

[104] W. Bao, J. Wan, X. Han, X. Cai, H. Zhu, D. Kim, D. Ma, Y. Xu, J. N. Munday, H. D. Drew, M. S. Fuhrer, and L. Hu, Nature Communications, 5, 4224 (2014)

[105] H. Pinto and A. Markevich, Beilstein Journal of Nanotechnology, 5, 1842 (2014)

[106] K. Kim, J. Riikonen, S. Arpiainen, O. Svensk, C. Li and H. Lipsanen, MRS Proceeding, 1451, 27 (2012)

[107] J. Ryu, Y. Kim, D. Won, N. Kim, J. S. Park, E.-K. Lee, D. Cho, S.-P. Cho, S. J. Kim, G. H. Ryu, H.-A-S. Shin, Z. Lee, B. H. Hong, and S. Cho, ACS Nano, 8, 950 (2014)

[108] T. Hesjedal, Applied Physics Letters, 98, 133106 (2011)

[109] T. Kobayashi, M. Bando, N. Kimura, K. Shimizu, K. Kadono, N. Umezu, K. Miyahara, S. Hayazaki, S. Nagai, Y. Mizuguchi, Y. Murakami, and D. Hobara , Applied Physics Letters, 102, 023112 (2013)

[110] T. Tamada, M. Ishihara, J. Kim, M. Hasegawa, and S. Iijima, Carbon, 50, 2615 (2012)

[111] T. Tamada, M. Ishihara, and M. Hasegawa, Thin Solid Films, 532, 89 (2013)

第七章

氧化石墨烯於人工光合作用的應用

作者　陳貴賢　許新城

7.1 前言

7.2 光觸媒

7.3 光觸媒反應效率之因素

7.4 石墨烯與氧化石墨烯之發展

7.5 氧化石墨烯在人工光合作用上之應用

7.6 奈米金屬添加之氧化石墨烯

7.7 結論

7.1 前言

自人類有歷史以來，地球氣候的變遷來自於自然的發生，但今日人類的活動卻嚴重影響地球氣候，工業革命後，大量溫室氣體排放到大氣中，這些氣體使得原來的溫室效應更加劇烈，導致地球均溫持續上升，如圖 7.1 所示，在 1950 年前，二氧化碳濃度從未超過 300 ppm 的平均線，隨著工業發達與科技進步，短短幾十年間，提升了將近 100 ppm，使得海平面升高、降雨量改變及氣候異常，威脅人體健康、環境，甚至其他更多的生態體系。

2010 年人類約製造了 3 億噸的二氧化碳，其中有 43% 來自煤炭的燃燒，36% 來自燃油以應付日益增加的能源需求。[1]

目前全球能源使用量到 2050 年大約會達到年使用量 27Tear-Watt（TW），甚至在 2100 年達到 43TW 的需求，能源大量使用的背後，除了能源來源問題，產生的環境影響也是不容忽視的，大量二氧化碳排放，成為近幾年來重要環境議題之一，如何減少大氣中二氧化碳濃度進而減緩全球暖化，成為目前最重要的目標。

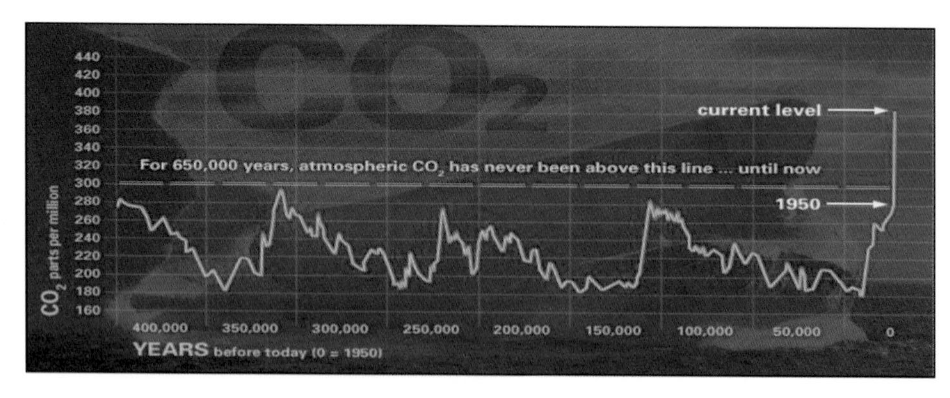

圖 7.1　過去四十萬年來二氧化碳濃度變化

資料來源：NOAA

7.1.1 尋求降低溫室氣體排放的方式

目前降低二氧化碳的方法為使用高效率的發電系統，以降低二氧化碳的排放量或是發展高效率的能源利用方式，若以各國回收與儲存二氧化碳之技術分類，則可分為物理與化學法兩種方式。物理法可以進一步細分為物理吸收、物理吸附與低溫冷凝；化學法則可分為二氧化碳重組、二氧化碳氫化、光觸媒還原二氧化碳，產生各種可供利用的產物，如：碳氫化合物、高分子或是利用酵素將二氧化碳轉成各種生質材料。另外，二氧化碳捕捉、掩埋、化學處理等方法，非常耗能且須高成本運作[2、3]，為了可以節省成本、減少能耗並兼具環境保護，目前電化學催化與光催化還原是將二氧化碳轉換成有機物的最主要技術，其中光催化與電化學催化相較，最大的優勢在於不需要透過輸入電能進行催化反應，而是利用天然的太陽光作為外加的能量來源，太陽能是一個有吸引力的替代能源，因為它是最豐富且可持續的自然能源。每年地球接收太陽輻射的能量約為 120000TW，比目前全球能源需求高 10000 倍。以太陽能電池為例，是將太陽能轉化為電能直接使用或貯存到電池中；而利用光觸媒將太陽能轉換成儲存在化學鍵的能量，直接轉換太陽光為燃料，稱為太陽能燃料，以作為長期的替代能源解決方案，其形式可以是氫的形式〔通過光分解水產生，如式 (1) 和 (2)〕，或以直接、間接的光還原二氧化碳產生的碳氫化合物〔CO、HCOOH、CH_3OH 等如式 (7-3) ～ (7-7)〕，電位相對於在 pH 為 7 的標準氫電極。

$$2H_2O \rightarrow O_2 + 4H^+ + 4e^- \qquad E^o = +0.82\ V \qquad (7\text{-}1)$$

$$2H^+ + 2e^- \rightarrow H_2 \qquad E^o = -0.41\ V \qquad (7\text{-}2)$$

$$CO_2 + 2H^+ + 2e^- \rightarrow HCOOH \qquad E^o = -0.61\ V \qquad (7\text{-}3)$$

$$CO_2 + 2H^+ + 2e^- \rightarrow CO + H_2O \qquad E^o = -0.53\ V \qquad (7\text{-}4)$$

$$CO_2 + 4H^+ + 4e^- \rightarrow HCHO + H_2O \qquad E^o = -0.48\ V \qquad (7\text{-}5)$$

$$CO_2 + 6H^+ + 6e^- \rightarrow CH_3OH + H_2O \qquad E^o = -0.38\ V \qquad (7\text{-}6)$$

$$CO_2 + 8H^+ + 8e^- \rightarrow CH_4 + 2H_2O \qquad E^o = -0.24\ V \qquad (7\text{-}7)$$

這項優勢使光觸媒運作的同時不再額外製造二氧化碳，使得光觸媒還原二氧化碳效率無形中提升。這個構想來自於葉綠素光合作用，植物進行光合作用，包含了光反應及暗反應：光反應中植物利用吸收的水分及太陽光，將水分解為質子及氧氣，氧氣被排出氣孔外，質子及部分能量被轉移到暗反應加以利用，將氣孔內吸收的二氧化碳轉化為葡萄糖，並被植物所利用；人工光合作用則藉由半導體受光激發產生電子電洞，分別進行二氧化碳轉化為碳氫燃料，水分解為質子及氧氣，如圖 7.2 反應示意圖所示。

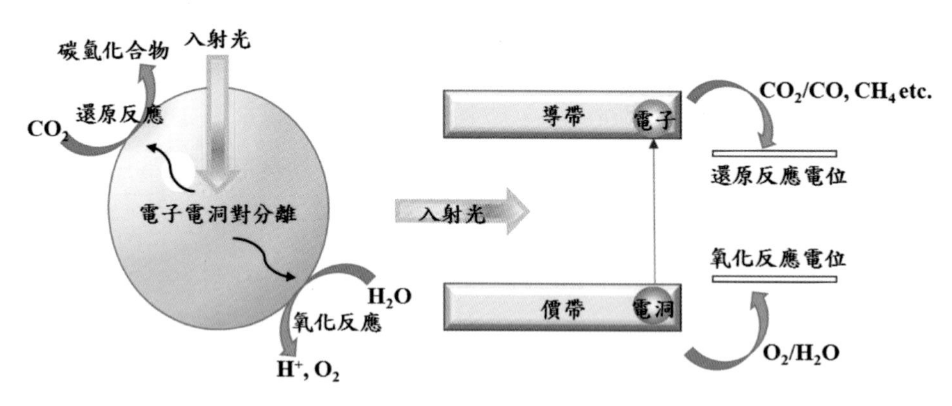

圖 7.2　半導體受光激發產生電子電洞分離，分別進行氧化、還原反應

7.2 光觸媒

二氧化碳光催化過程是一種模擬大自然的人造光合作用系統，關鍵過程主要分為三項：(1) 光觸媒吸收太陽能光；(2) 電荷分離和電子傳

輸；(3) 藉由觸媒的輔助進行催化來驅動所需要化學反應，且採用的觸媒必須穩定而能長時間使用。與自然界光合作用相比，人工光合作用需要一個光捕捉系統，即光觸媒，將太陽能蒐集並轉化為驅動化學反應〔式 (7-1) ～ (7-7)〕所需的氧化還原電位。對一個需要長期穩健的系統而言，半導體似乎更具發展潛力。其中，常見的觸媒如圖 7.3 所示，常被科學家討論的半導體材料以金屬氧化物為大宗，主要具有光捕獲性能、光電化學和光催化活性，如 CdS、CdSe、WO_3、GaP 與 ZnO，其中又以二氧化鈦（TiO_2）為主。二氧化鈦其實已在各種形式、技術中被應用出來，是各式半導體材料中，最早以光觸媒形式呈現在世人面前的。

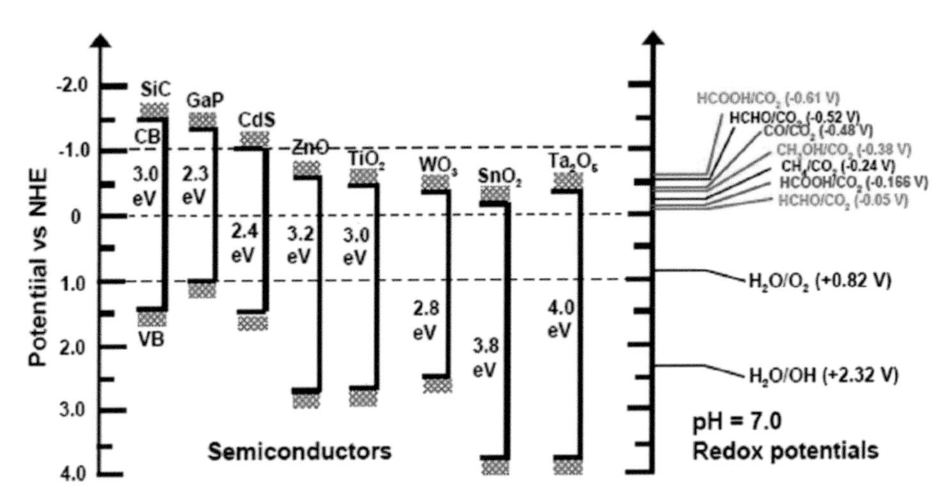

圖 7.3　半導體材料與含水電解質（pH7）中接觸帶的位置，可見光譜對應的能量為 1.56eV（800 奈米）到 3.12 電子伏特（400 奈米）[4]

光觸媒也可稱為光催化劑，主要為利用特定光波長之光源照射在光觸媒上進行的化學反應，其可稱為光催化反應，在表面如有氧氣和水分子之存在，將會產生 OH^- 和 O_2^- 等自由基，這些自由基具有很強之氧化能力，很容易和周圍之分子或化合物等發生反應，尤其可分解對環境有害之有機物或無機物等，所以常用於環保的領域上。光催化反應在利用此光能轉換成化學能時，此種反應根據自由能變化可分為兩種，當反應自由能變化小於零時，利用產生之化學能促使有機物產生分解或高分子染劑，以產生降解等，另一方面當自由能變化大於零所發生之化學反應，例如水解產氫以及將二氧化碳還原成有機化合物等，皆需外界提供能量才可進行反應，不同光觸媒對能量反應不同。而光觸媒在目前的應用上，可用來殺菌、除臭、防污以及清除空氣雜質等，其在環保的應用上有顯著效果[5、6]。

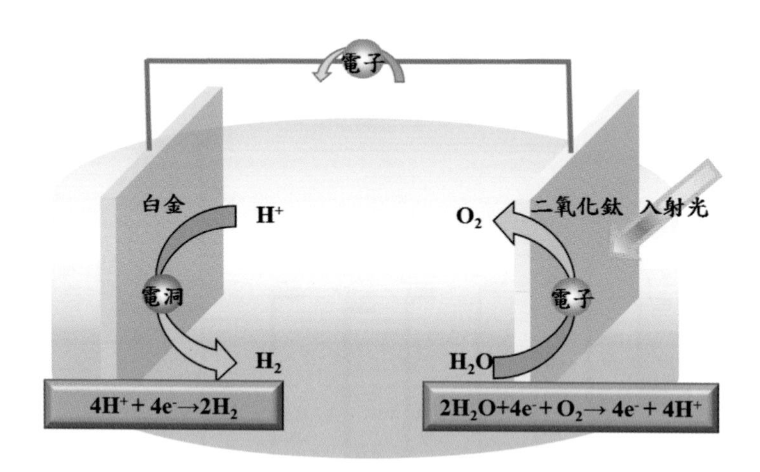

圖 7.4　本多一藤嶋效應反應示意圖

在 1972 年時，東京大學的本多健一（Kenichi Honda）與藤嶋昭（Akira Fujishima）於《*Nature*》期刊上[6]發表一篇論文，證明了光催化分解水的現象，稱之為本多一藤嶋效應，他們利用二氧化鈦（TiO_2）當作光觸媒，將紫外光照射在光觸媒上時，由於 TiO_2 被激發產生電子電洞對，利用電場之導引，電子被傳導至陰極之白金電極，將氫離子與傳導之電子發生還原反應，產生氫氣，而電洞在二氧化鈦表面進行水氧化成氧氣之反應，其實驗裝置如圖 7.4 所示。且 TiO_2 具有優異的化學和熱穩定性，易於製造，並且成本低廉，是利用太陽能能量轉換的主要優點，然而，由於二氧化鈦具有較寬的能隙（約 3.0 ～ 3.2 電子伏特），所以這種材料只吸收紫外線範圍的光。不過，利用太陽光可將自然界中之水分解，取得氫氣與氧氣，以此理論應用在處理污染物以及有效利用此反應來產生化學能，這對於目前環保意識及能源危機都具有重大指標性意義，使得光觸媒之發展受到全世界科學家的重視。

Yamashita 等人利用不同型態 TiO_2 當作二氧化碳還原之光觸媒，發現可得到不同產物，可推知光觸媒對於產物（如甲醇、甲烷等）具有高度選擇性[7]，當光觸媒中摻雜不同的金屬或氧化物等，皆會對二氧化碳還原中產物的產率以及產物種類有影響，也更證實了整個光催化還原反應具有相當的選擇性。[8-10]

而二氧化碳光催化還原之機制，主要是由特定光波長之光激發半導體，使電子與電洞對分離，當電子躍遷至導電帶，而電洞停留在價帶上，此過程稱為「跨能隙光激發」（Band-gap photoexcitation）。[11] 如圖 7.5 所示，光觸媒上的電子將遵循三種方式進行，分別是方式 1：電子傳導至觸媒表面和表面之電洞產生表面再結合（Surface recombination），即圖 7.5 路徑 (3)；方式 2：也可能會在觸媒內即產生內部再結合（Volume recombination），即圖 7.5 路徑 (3)；方式 3：其他部分之電子將會沿著圖 7.5 路徑 (1) 傳至觸媒表面，與吸附在表面之物質產生還原反應，而電洞也將沿著圖 7.5 路徑 (2) 傳至表面，與吸附物質產生氧化反應。

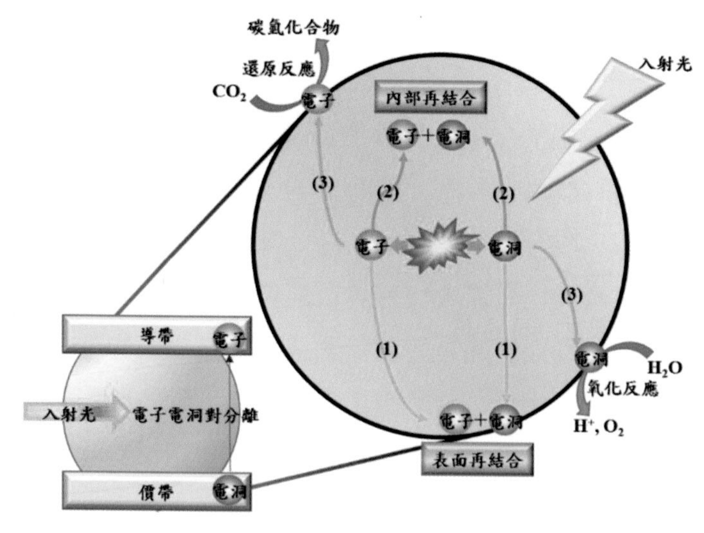

圖 7.5　電子與電洞對分離路徑圖

7.2.1 光觸媒的種類

目前常見的光觸媒半導體材料，我們可以將這些寬能隙的半導體材料進一步改質，並以此改質方法，將這些半導體光觸媒材料分類成幾個種類，如金屬／半導體共觸媒、光敏化光觸媒、異質接面改質光觸媒以及 Z 型傳導光觸媒等。

1. 金屬／半導體共觸媒

目前科學家利用一些方法，將金屬顆粒以奈米等級的尺寸覆蓋在半導體材料表面上，諸如 $NaBH_4$ 還原法、水熱法還原、光還原或是熱還原法等。利用這些外加在半導體材料表面的奈米金屬顆粒，在奈米金屬顆粒與半導體材料的接面上製造能階的彎曲（Band bending），從而形成一個能障，而能障的彎曲方向取決於半導體材料的主要載子型式與奈米金屬顆粒之費米能階間的平衡，這個能障有助於電子電洞對的分離，

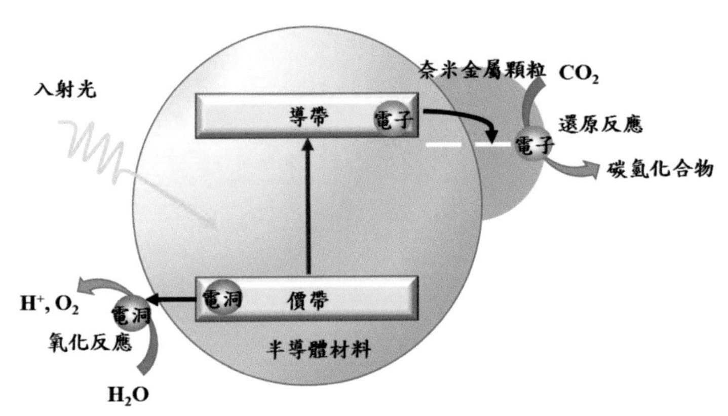

圖 7.6 金屬摻雜之半導體光觸媒應用在二氧化碳還原之示意圖

並且可以抑制電子電洞對的再結合速率，從而使更多電子有機會進行還原反應並提高效率。

2. 光敏化光觸媒

目前科學家嘗試在半導體材料表面上添加各式小能隙染料分子作為光敏化劑，目的在於使光觸媒表面發生光敏化作用，如圖 7.7 所示。由於小能隙的染料分子具有較高的光轉換能力（Light harvesting）進而使得光觸媒對太陽光的吸收區域擴大到長波長的可見光區。如果染料分子受到激發時所需之氧化能階較半導體傳導帶高時，則光敏化劑受激發後所激發出之電子就可躍遷到半導體光觸媒之傳導帶上，可以提供較多的受激發電子進行二氧化碳還原反應。

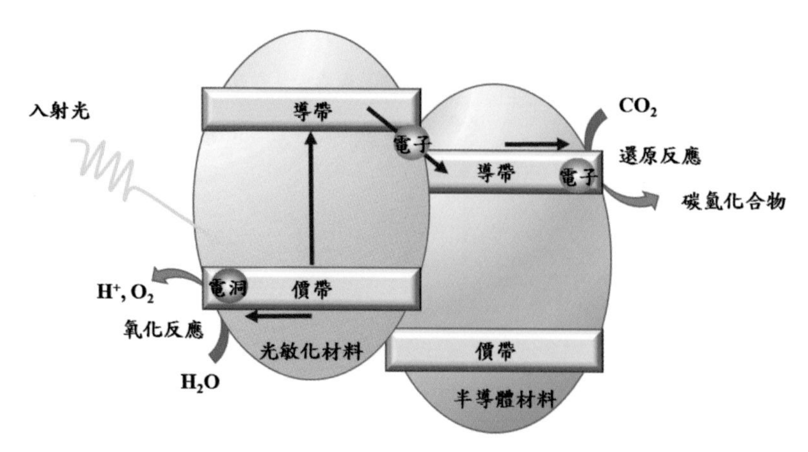

圖 7.7　光敏化半導體光觸媒應用在二氧化碳還原之示意圖

3. 異質接面改質光觸媒

由於一些半導體材料如 TiO_2、ZnO 和 In_2O_3 等，這些半導體材料的光捕捉能力，大部分都受限於材料本身具有較寬的能隙範圍，所以科學家想出利用其他半導體複合在一起，使得整體能隙範圍可以縮小，諸如利用一些 CdS、$TiSi_2$、CuO、CdSe、AgBr、PbS 以及 In_2S_3 等，在兩個半導體對齊費米能階後所形成的平衡能譜，兩個半導體各自受光激發所分離的電子電洞對會往最穩定方向躍遷，能帶位置較高的受激發電子會躍遷到能帶較低的位置後與二氧化碳行還原反應；而價帶位置較低的電洞則會往較高位置的價帶移動，最終與水分子行氧化反應，這過程中亦會因為能階彎曲形成一個能障，這個能障會有助於電子電洞對的拆解，並且阻止電子電洞對的再結合。在這個異質接面半導體系統，則會因為兩半導體在互相接觸後，能隙平衡後的結果形成一個第二型式（Type-2）之半導體接面，這個半導體接面會因為具有一個能隙階梯，從而降低電子電洞對在躍遷到反應電位時的能障，也可稱作反應過電位（Overpotential）。

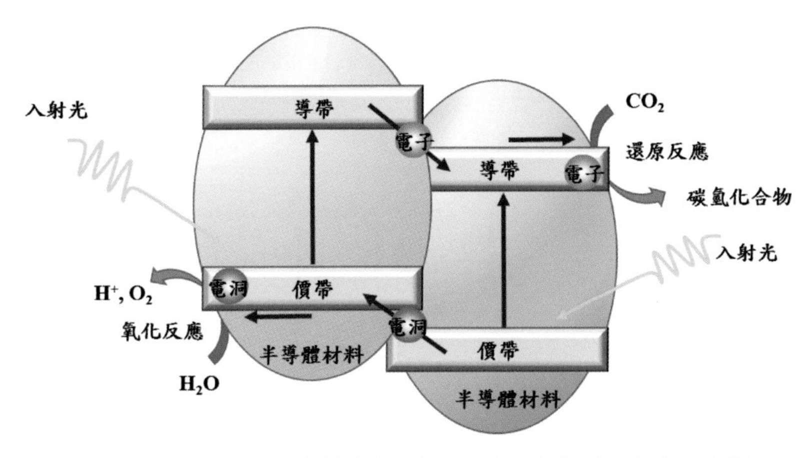

圖 7.8　異質接面改質半導體光觸媒應用在二氧化碳還原之示意圖

4. Z型傳導光觸媒

Z 型傳導（Z-Scheme）改質光觸媒過去多是運用在光催化水分解系統，主要是因為目前大部分的半導體光觸媒無法同時高效率的進行全反應（Overall reaction），所以科學家發展出一種同時利用兩個不同能隙位置的小能隙半導體光觸媒來進行氧化還原反應的系統。其中，我們可將光觸媒依能隙位置分為氧化端光觸媒與還原端光觸媒兩種，分別進行氧化反應與還原反應。使用 Z-Scheme 來進行光催化二氧化碳反應時，導帶位置較低的半導體光觸媒會將受光激發之電子躍遷到價帶位置較高的半導體光觸媒上進行電子補充，這個躍遷過程就像是一個 Z 字型，所以被稱為 Z 型傳導（Z-Scheme）型式，如圖 7.9 所示。過程中位於較低價帶位置的電洞會進行氧化反應，而位於較高導帶位置的電子則會與外界進行還原反應。由於這個 Z 型傳導系統中是由兩個小能隙的半導體所組成，所以其光捕捉能力會較一般寬能隙半導體來得更有效率，從而提高光催化效能。

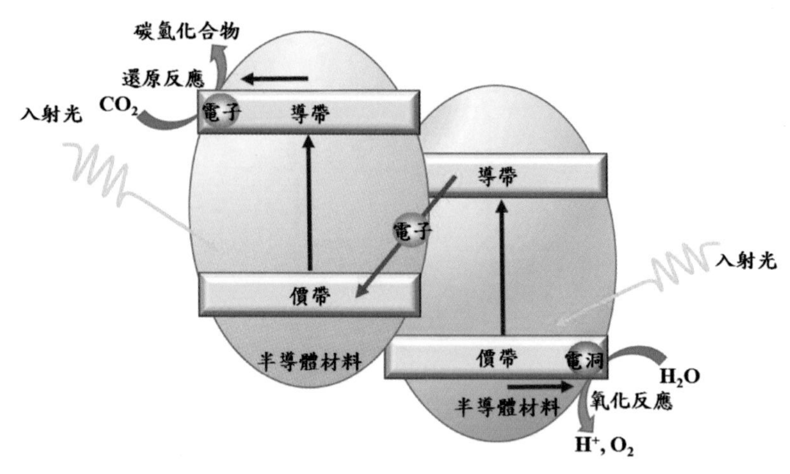

圖 7.9　Z 型傳導半導體光觸媒應用在二氧化碳還原之示意圖

7.3 光觸媒反應效率之因素

7.3.1 電荷捕捉效應

利用光激發產生之電子電洞對，有機率會產生電子電洞再結合，當電子被有效束縛在觸媒內部（Bulk trap）或表面上（Surface trap）時，可有效減少電子電洞對再結合並有效增加反應效率，而研究中指出在光觸媒製備過程中，一定會有缺陷，這些缺陷也可以將表面之電子束縛住並減少再結合效率，另外也可用金屬摻雜以及表面修飾等方式增加電荷捕捉之效應 [11、12]。

正如圖 7.6 所示，如果在光觸媒表面添加金屬作為共觸媒，不但可增加觸媒之活性位置，也可由金屬捕捉電子降低電子電洞再結合速率，光催化效率可得到有效提升 [8、9、11、13]。因此，如果電子都朝著圖 7.5 方式 3 的路徑進行，觸媒效率將可獲得提升。Nazimek 等人利用 Ru

和 WO_3 改質之 TiO_2 異質光觸媒，進而得到 CO_2 以非常高的效率轉換成甲醇（約 97%），其反應的方式是將水當作氫離子或自由基的來源 [14、15]，並且在反應過程中需要吸收大量的熱，其反應機制如下所示：

$$CO_2 + 2H_2O \xrightarrow{hv} CH_3OH + O_2 \tag{7-8}$$

$$H_2O + 2p^+ \rightarrow \frac{1}{2} O_2 + 2H^+ \tag{7-9}$$

$$H_2O \rightarrow eaq^-, H^*, {}^*OH, H^+, H_2, H_2O_2 \tag{7-10}$$

Thampi 等人利用 Ru/RuO_x 當作 TiO_2 光觸媒的光敏化劑，他們使用 CO_2 及 H_2 來進行光催化反應，分別在黑暗及光照射下觀察甲烷的產率，藉由光激發產生之 Ru-C 所需能量必須包含在 TiO_2 能隙的範圍中，Ru-C 將由導電帶上的電子、CO_2 和 Ru 觸媒等構成，其反應式如下 [16]：

$$4e^- + CO_2 + Ru(catalyst) \rightarrow Ru—C + 2O^{2-} \tag{7-11}$$

其反應過程中在表面的 C 再與氫氣反應產生甲烷氣體：

$$Ru—C + 2H_2 \rightarrow Ru + CH_4 \tag{7-12}$$

Melsheimer 等人則繼續將 Thampi 研究做得更完整，他們指出先前研究並沒有固有的光化學效應（Intrinsic photochemical effects），而主要是探討熱效應（Thermal effects）。[13] 他們並提出光觸媒是利用 Ti^{3+} 為主要促進光敏化劑反應的中心，並且可幫助二氧化鈦將光轉化成熱，以及增進還原效率。

7.3.2 能階位置

半導體光觸媒中之能階位置，在光催化反應中扮演重要的角色，如圖 7.3 所示，由於光的激發產生電子電洞對時，半導體之導帶位置必須高於產生還原反應的電位，才可能發生還原反應；反之，價帶位置須低於產生氧化反應的電位，才可能發生氧化反應。所以在光催化反應中，要產生氧化還原反應，其反應的能階位置必須在光觸媒的能隙之間，才有可能發生反應。

7.3.3 還原劑之影響

在還原劑的選擇上，大多數都是使用 H_2 或 H_2O，[16-20] 其中還原劑在整個光催化反應中扮演了接受電洞的角色，可從其中取得質子或自由基。添加不同的還原劑不但會影響產率大小，也會產生不同產物，其反應路徑也將改變，如圖 7.10 和圖 7.11 所示。Kohno 等人利用 Ru/TiO_2 和 ZrO_2 當作二氧化碳還原的光觸媒，並且使用 H_2 作為還原劑，則可得到主產物為 CO。[21] A. Blajeni 等人則利用水當作還原劑使用在不同的半導體上（$SrTiO_3$、WO_3 和 TiO_2 等），主要產物將是甲醛以及甲醇等。[22] 如果實驗中未添加還原劑，即使有光源照射在光觸媒上，也不會有光催化反應，若同時加入 H_2 和 H_2O 當作還原劑時，將可能同時得到 CH_4、CO 和 C_2H_6。[20] 由此得知，還原劑的選擇在光催化還原反應中可視為重要一環，還原劑與 CO_2 之比例也是影響反應效率的因素之一。[23]

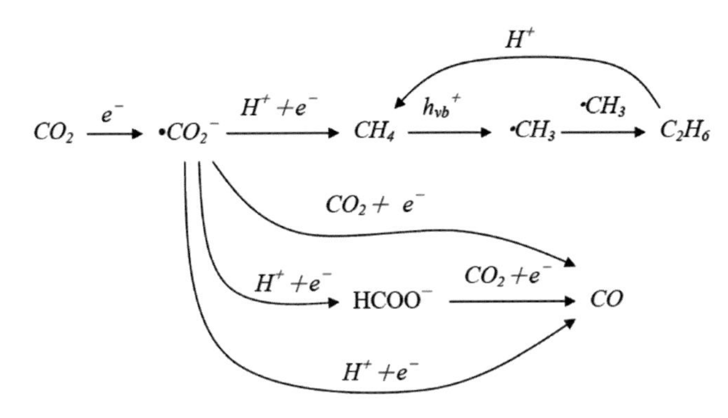

圖 7.10　二氧化碳光催化還原反應中，氫氣為還原劑可能之反應路徑 [20]

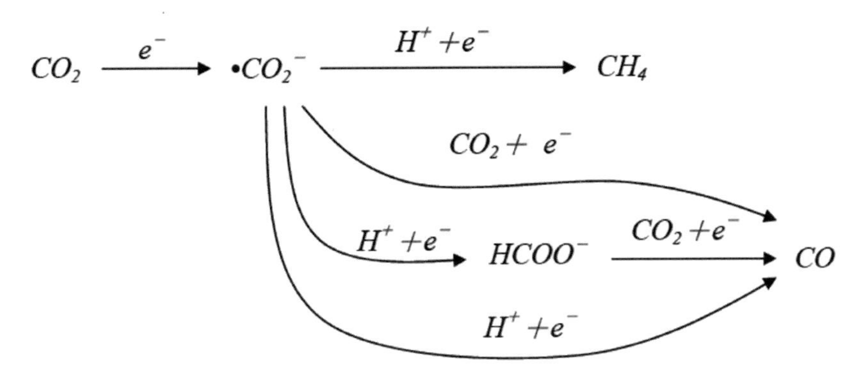

圖 7.11　二氧化碳光催化還原反應中，水為還原劑可能之反應路徑 [20]

7.3.4 光強度之影響

在 Roy 等人的研究中，指出光的強度也會影響產物之效率，研究中利用一組太陽光強度與兩組太陽光強度照射在光觸媒上，並將溫度都控制在 55°C 下進行二氧化碳光還原，其中，兩組太陽光強度照射下的產率，比一組太陽光強度照射下增加了 50%，其產率的比較如圖 7.12 所示。[24]

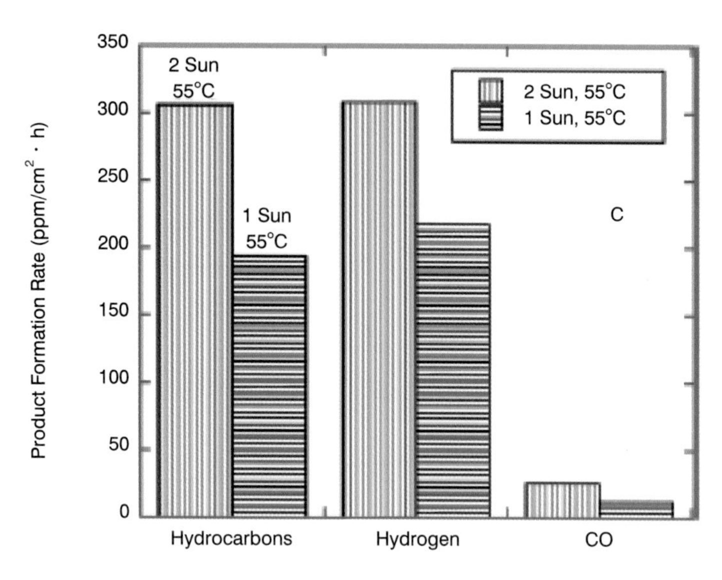

圖 7.12　相同溫度下，不同光強度之二氧化碳光還原產率 [24]

如果能增加光源在光觸媒上的利用率，也可增進整體產率，Wu 等人利用不同的金屬或金屬氧化物摻雜在 TiO_2 上，作為二氧化碳還原之光觸媒，再將光觸媒覆蓋在光纖上，其中主要的好處是可使光均勻在光纖中折射，實驗裝置如圖 7.13 所示，光的使用率大幅提升。[25、26]

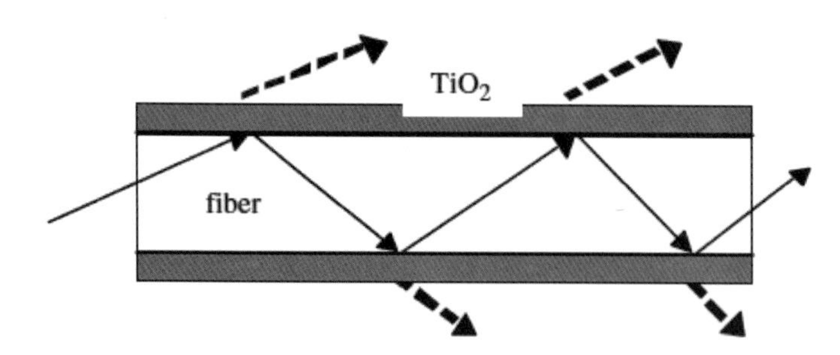

圖 7.13　光源覆蓋 TiO_2 之光纖折射示意圖 [25]

7.3.5 光觸媒之量子效應

Zhang 等人利用濕式化學法（Wet-chemical process）製造 TiO_2 光觸媒，並且控制其平均粒徑（Average particle size），再將不同粒徑之 TiO_2 作光催化活性的測試，可得知大約在 11 ～ 20nm 具有最大效率，如果小於此範圍，則容易因電子電洞之表面再結合影響，導致光催化效率下降。[27]

Dodd 等人利用三個製程步驟，如機械研磨（Mechanical milling）、熱處理（Heat treatment）和清洗（Washing）等方式，控制ZnO 光觸媒粒徑大小，得到粒徑 28 ～ 57 nm 之樣品，測得之光催化活性以 33nm 為最佳，這與表面積和電子電洞再結合達到最佳的平衡。[28]

觸媒之大小對於電荷分離及光催化反應有一定程度的影響，當光觸媒之尺寸小至 10nm 內，奈米效應將更加顯著，其表面積變大、表面能增加及表面原子占大部分比例，主要之物理、化學特性將會改變。其中主要包括三大效應：量子尺寸效應、表面效應和量子穿隧效應等。而量子尺寸效應及表面效應具有相當的影響，量子尺寸效應在光學性質上之改變，主要在於當粒徑小到某個值時，半導體的能隙將變寬，而如果在 UV-vis 吸收光譜量測中，可觀察到藍移（Blue shift）的現象，此現象可增加電子電洞之持續存在的時間，將可增加氧化還原能力。表面效應方面則主要是由於表面積過大，因為有高表面能造成其具有很高的活性，容易發生反應，因此使表面穩定進行光催化反應是重要的因素。

7.4 石墨烯與氧化石墨烯之發展

7.4.1 石墨烯（Graphene）

石墨烯（Graphene）是一種由碳原子利用 sp^2 混成軌域形成的六角

形之單層層狀結構，Geim 和 Novoselov 在一篇《*Nature materials*》期刊中指出，他們利用膠帶將石墨片（Graphite）兩側反覆撕開，直到獲得單層石墨烯，得到在理論上不會穩定存在的二維結構。[29] 是世界上最薄也最硬的材料，在電性上具有低電阻率的特性，電子傳遞相當快，主要之發展為應用在電晶體及電子元件上，由於此材料非常薄，所以在光性上具有高透光性，幾乎完全透明，故適合在面板上的應用性 [30]。

7.4.2 氧化石墨烯之發展

相對於石墨烯導體而言，氧化石墨烯具有半導體或絕緣體之特性，其決定半導體與絕緣體的主要因素為氧化程度，太高的氧化程度會導致氧化石墨烯具有絕緣體的性質。Lerf 等人利用 ^{13}C 和 ^{1}H 之 NMR 圖譜，得知氧化石墨烯在整個石墨烯層中可能含有的官能基，如 C-O-H 和 C-O-C 等鍵結均勻散布在基面（Basal plane），而也可能有少部分之 C-O-O-H 和 C-O-O-C 等，其中大部分 C/O 比例約在 2.1 ～ 2.9 間，取決於氧化的程度，其結構如圖 7.14 所示。[31、32]

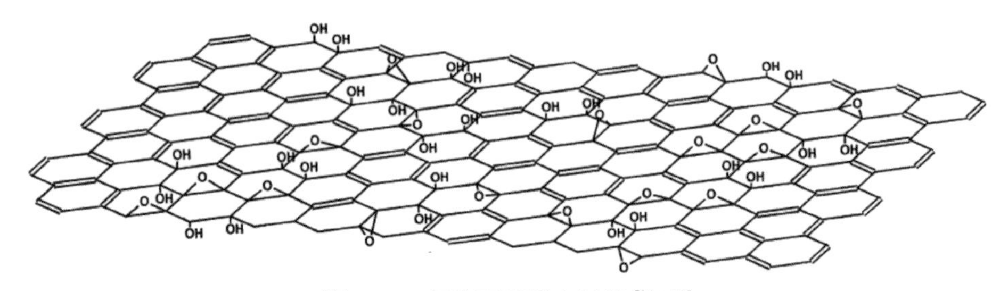

圖 7.14　氧化石墨烯之結構 [31、32]

在氧化石墨烯的製程上，利用石墨經由氧化的過程，可得到氧化石墨烯，[33] 將石墨氧化後，由於含氧官能基將會把層與層的距離拉大，又因為氧化石墨烯在水中具有非常好的分散性，可將石墨烯層剝離（Exfoliation），[34] 所以也有人利用氧化石墨烯在溶液中還原得到石墨烯（r-GO），並且氧的官能基被去除後，導電度將大幅提升，[35] 如圖 7.15 所示，反應路徑為：(1) 石墨氧化後層與層距離增加；(2) 在水溶液中將氧化石墨烯剝離；(3) 利用化學法還原氧化石墨烯將氧官能基去除（例如：Hydrazine 還原法）。氧化石墨烯層與層間一定有少許水分子會與氧的官能基產生氫鍵，以致無法得到完全無水之氧化石墨烯，如圖 7.16 所示，氧化石墨烯之氧官能基會與水產生氫鍵。如果利用照光或熱處理，可將層與層之水分子去除，但也會造成官能基脫離。

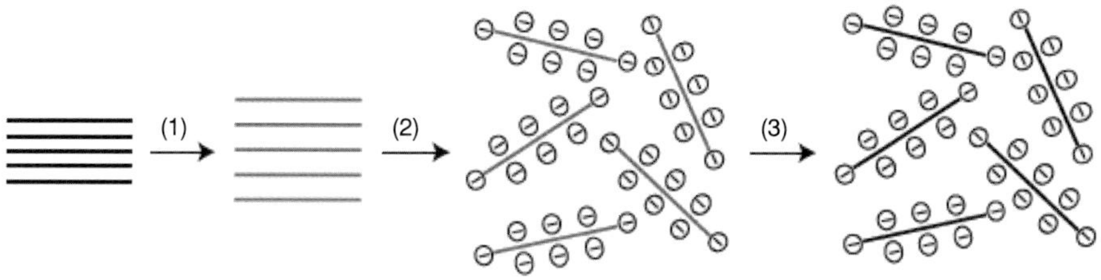

圖 7.15　水溶液中利用化學法，將氧化石墨烯還原成石墨烯示意圖 [35]

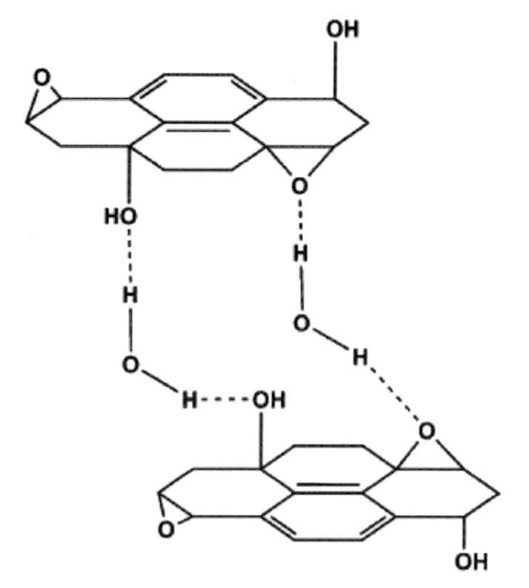

圖 7.16　氧化石墨烯氧官能基與水產生氫鍵之示意圖 [32、38、39]

另外，利用水中分散後的氧化石墨烯沉積在基板上得到之單層石墨烯，其厚度大約 1nm，而寬度可達數個 μm，此氧化石墨烯紙（Grapheme oxide paper）具有許多良好特性，可作為半導體或絕緣體，可增加電子元件上的應用。

在 Marcano 等人的研究中，[36] 他們指出利用磷酸當作第二反應酸取代原本修改是 Hummers 法之氧化石墨烯（Modified Hummer's GO），[33] 此方法可減少在 Hummers 法製造氧化石墨烯的過程中產生之毒性氣體，如 NO_2、N_2O_4 或 ClO_2，其中後者可能會引發爆炸，此種氧化石墨烯稱為改良式氧化石墨烯（Improved graphene oxide），研究結果發現，此種氧化石墨烯之基面上的缺陷，相較於修改式氧化石墨烯來得少，他們也利用 Hydrazine reduction 方法，將兩種氧化石墨烯還原為石墨烯，可發現改良式氧化石墨烯具有較好的導電度，這也間接表示，改良式氧化石墨烯具有較好的結構完整性。如圖 7.17 所示，在 Higginbotham 的研究中，[37] 他們發現利用磷酸混合過錳酸鉀與硫酸，可將多壁奈米碳管（Multiwall carbon nanotubes, MWCNTs）氧化成石墨烯奈米帶（Grapheme oxide nanoribbons, GONRs），他們主要研究在氧化過程中是否添加磷酸對於 CNTs 氧化之影響。圖 7.17 步驟 9 為未加入第二反應酸時，容易造成基面上的缺陷；而圖中的步驟 10 則因磷酸的添加，藉由石墨烯基面與磷酸上的氧分子鍵結後，形成一環型結構保護基面，且不會過度氧化造成缺陷，保持結構完整性。

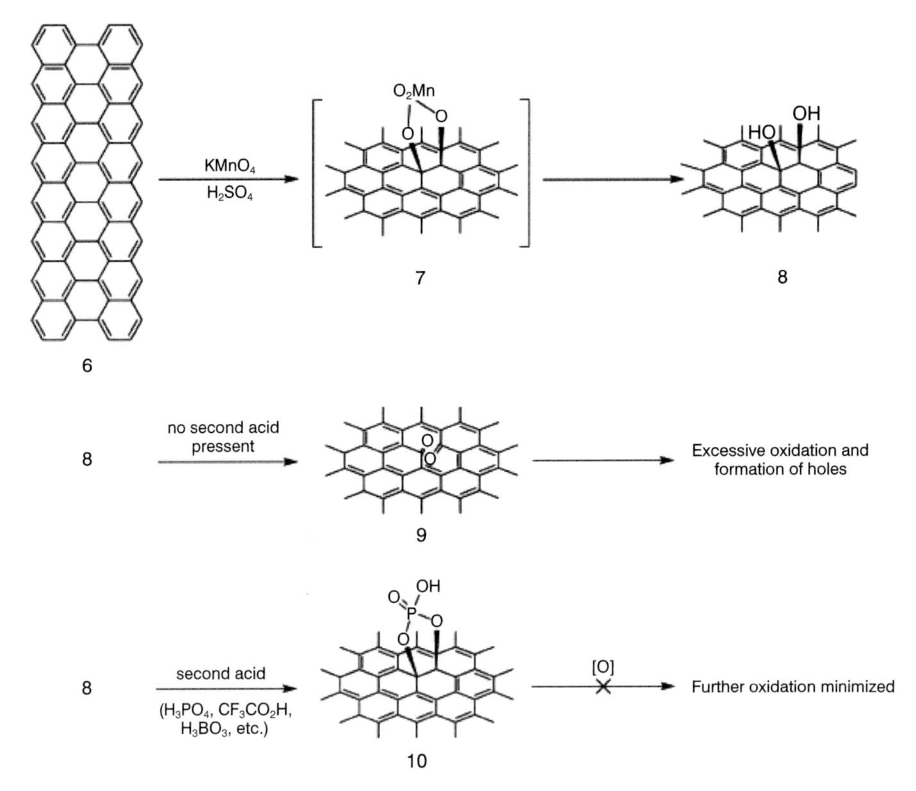

圖 7.17　添加磷酸對於 CNTs 氧化過程中造成缺陷的影響示意圖 [37]

7.5 氧化石墨烯在人工光合作用上之應用

學者為了增加二氧化鈦吸收光的範圍及提升效能，他們費盡心思縮小 TiO_2 能隙，並增加可見光的吸收和提高光催化性能，包括奈米結構、元素摻雜耦合與窄能隙 p 型半導體形成 p-n 介面，如氧化亞銅修飾、染料敏化、嫁接二氧化矽或氧化鐵，結合石墨烯或碳 60 作為電子受體或使用能產氫的共觸媒。

近年來，也有許多研究團隊將石墨基材應用於光觸媒上，諸如奈米碳管及石墨烯等，因其具有大量的 π 電子、良好的導電性，適合幫助光生電子轉移，以降低電子電洞對再結合，此外，奈米碳管及石墨烯比表面積大，能幫助吸附二氧化碳，增加反應機會，進而提升觸媒效率。Asi 等人以 Ag@AgBr/CNTs 作為觸媒，於碳酸鉀溶液中照射可見光（$\lambda > 420$ nm）進行二氧化碳還原反應，並比較不同奈米碳管長度對觸媒效率之影響，其結果顯示，在長度較長（5 ～ 15μm）的奈米碳管存在下，較能幫助電子電洞對分離，具有最高的觸媒效率，其產物分別有甲烷、甲醇、一氧化碳及乙醇，由於較長的奈米碳管可使電子移動路徑增長，且可幫助電子轉移，因此有較高的觸媒效率。[40] Gui 等人以多壁奈米碳管及二氧化鈦核殼結構作為觸媒（MWCNTs/TiO_2），在低功率（15W）的可見光下進行二氧化碳還原反應，其甲烷產率在 6 小時照射後達到最大值 0.17μmol $g^{-1}h^{-1}$，比單獨多壁奈米碳管或二氧化鈦作為觸媒時高出許多；在多壁奈米碳管存在下，電子不僅可由二氧化鈦遷移至奈米碳管而減少電子電洞對再結合率，也可增加可見光的吸收作為光敏化劑，因此光觸媒效率可以大幅提升。[41]

Liang 等人比較用溶液法剝離的石墨烯－商用 P25 二氧化鈦（SEG-P25）共觸媒和溶液法還原的氧化石墨烯－商用 P25 二氧化鈦（SRGO-P25）共觸媒的效率，其研究結果顯示，SEG-P25 的二氧化碳轉換效率不論在紫外光或可見光（4.5 倍的甲烷產率）下，都較 P25 高出許多，而 SRGO-P25 僅在紫外光下進行二氧化碳還原時，略高於 P25（2.3 倍的甲烷產率），由於 SEG 的缺陷密度及片電阻值較 SRGO 要小，光生電子經 P25 遷移至 SEG 後，可移動較長的距離，減少電子電洞再結合且增加與二氧化碳的反應機會，故效率提升較多。[42] 其後，進一步比較一維的單壁奈米碳管－二氧化鈦奈米片（1D-SWCNTs-TiNS）及二維溶液法剝離的石墨烯－二氧化鈦奈米片（2D-SEG-TiNS）之二氧化碳光還原效率，結果顯示，2D-SEG-TiNS 之甲烷產率較 1D-SWCNTs-TiNS 要高，由於二維結構的 SEG 與同樣是二維結構 TiNS 其介面接合較為緊密，使得光生電子更容易轉移，因此有較佳的觸媒效率。[43]

除了二氧化鈦－石墨烯共觸媒外，氧化石墨烯也單獨被應用在光降解 [44] 及光觸媒上，Yeh 等人單以氧化石墨烯在紫外光照射下進行水分解反應，其結果顯示，在含氧官能基存在時，氧化石墨烯為一半導體材料，其能隙大小與含氧官能基的含量有關，未加入其他共觸媒時，氧化石墨烯即可水解產生氫氣及氧氣，而隨著照光時間增加，氧化石墨烯將被還原，其能隙縮小，但導帶位置不變，因此氫氣產率並未下降，而因價帶電位降低，使得氧氣產率下降。但進一步以添加氮摻雜的方式，使氧化石墨烯表面增加氮鍵結，形成 n 型半導體的方式，選用微小尺寸的氧化石墨烯做為量子點，讓原有 p 型性質的氧化石墨烯可以含有 n 型性質，進一步提升產率。[45-47]

為解決能源問題並降低化石燃料的使用，以減少碳排放。由中央研究院原子與分子研究所副所長陳貴賢研究員、凝態中心林麗瓊主任帶領的團隊，嘗試在減少二氧化碳的面向上，試圖尋找更具開創性、發展性的新穎光觸媒，利用氧化石墨烯的光催化活性，在自行設計之連續式光催化還原系統上，將二氧化碳進行轉化，測得主要反應產物為甲醇，並有商用 TiO_2（P25）光觸媒多達 6 倍的效率 [48]。

合成所使用的改質氧化石墨烯（Improved Hummers GO）是使用有名的 Modified Hummers 法，並進行配方的調整，將磷酸添加到合成反應中，增加氧化石墨烯表面的保護，提升穩定性，在原子力顯微鏡下所觀察到的 Hummers 氧化石墨烯、改質氧化石墨烯及其所對應之厚度分布如圖 7.18(a)、(b) 所示，氧化石墨烯已經成功的被氧化並剝離出來，相較之下，改質後的氧化石墨烯可輕易地分散為一層而附在基板上，厚度約為 1 奈米左右，由於氧化官能基的鍵結，造成平面彎曲，通常氧化程度高的氧化石墨烯，理論的單層厚度約為 0.9 奈米左右，所以比已知的單層石墨烯厚度理論值（約為 0.34 奈米）大了許多；

Hummers 氧化石墨烯經計算可知層數約有三層左右，因此可以想見相同單位重量下的兩個氧化石墨烯，在應用上將造成利用率的不同，使效率出現差異。

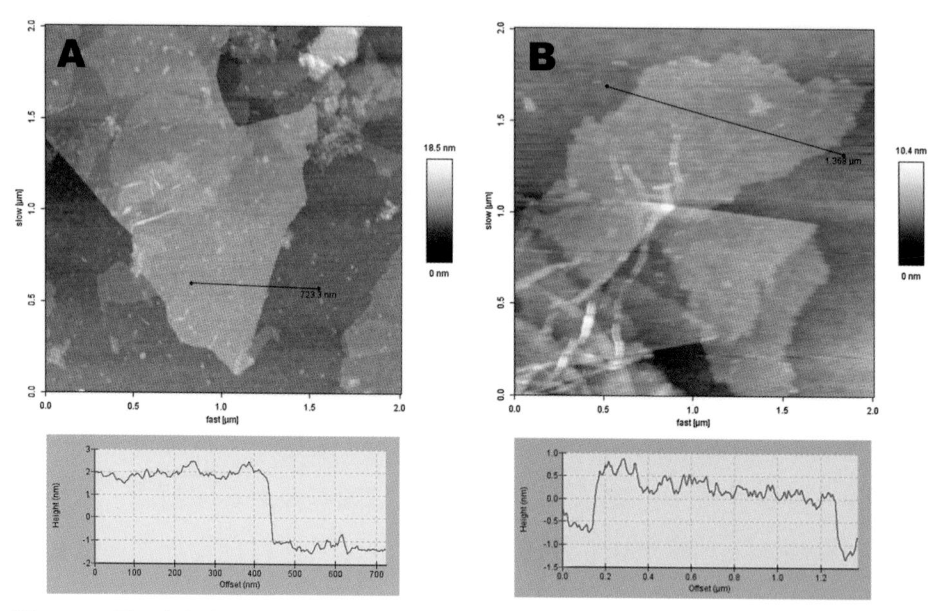

圖 7.18　原子力顯微鏡觀察之 (a) Modified Hummers GO；(b) Improved Hummers GO，與其對應之厚度分布圖

改質氧化石墨烯的表面富含氧官能基，基本上形貌仍維持石墨烯的六角晶格結構，如圖 7.19 所示，圖中被量測出來的能階位置，已被轉換成電化學電位的方式（V vs. RHE @pH 7）呈現，從示意圖中可以發現，整個改質氧化石墨烯的能階範圍涵蓋甲醇（−0.38V）與氫氣（−0.41V）會進行反應的還原電位，及水氧化成氧氣的氧化電位（0.82V），表示改質氧化石墨烯適合做為二氧化碳光還原的觸媒，也可以理解其可能的反應機制，在一開始時，被合成出來的改質氧化石墨烯，其能隙約為 3.2 電子伏特，經由光激發後的電子電洞對由價帶分

離，其電洞與水反應生成質子與氧氣，躍遷至導帶的電子結合被生成的質子，並與二氧化碳反應成產物甲醇與水。

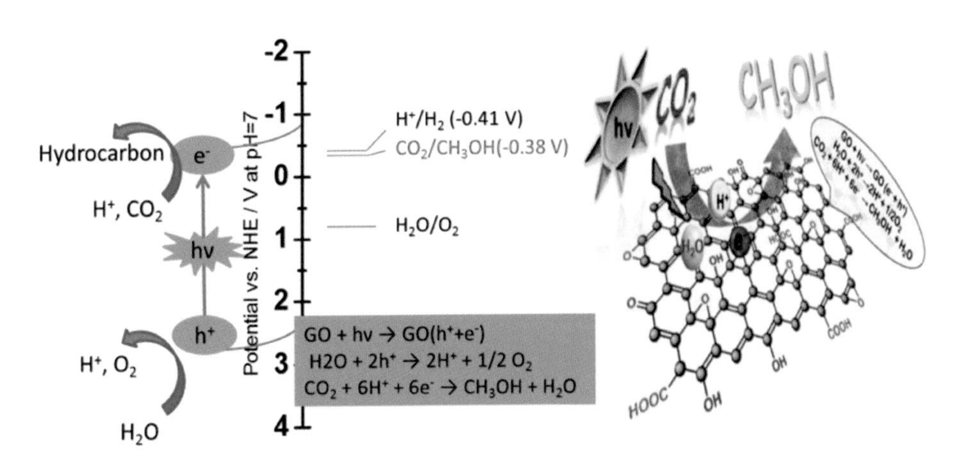

圖 7.19　光激發改質之氧化石墨烯還原二氧化碳

將不同氧化石墨烯（GO-1:Hummers 氧化石墨烯；GO-2 及 GO-3：5%、10% 磷酸含量氧化石墨烯）與商用二氧化鈦（P25）進行光催化實驗，反應以連續式方式進行實驗，每一小時將產物注入氣相層析儀一次，測得甲醇產率，如圖 7.20，在開始照射後第二小時前，產率迅速增加，第二小時後趨於穩定，且可以發現 TiO_2（P-25）穩定時間較氧化石墨烯慢，而 Hummers 氧化石墨烯隨時間慢慢開始減少產率，表現不如含磷酸之改質氧化石墨烯穩定。其產率呈現 GO-3 > GO-1> GO-2 > TiO_2（P-25）的關係，GO-3 與 TiO_2（P-25）分別可以得到 0.172 及 0.04 μmol g-cat^{-1} h^{-1}的產量，如果考慮到觸媒平面上的活性點多寡，我們根據 GO-3 與 TiO_2（P-25）的比表面積（分別是 53.7 與 55 m^2 g^{-1}）計算，得到單位活性點面積為 3.2×10^{-3} 與 0.54×10^{-3} μmol per surface cat^{-1} h^{-1}，GO-3 的產率可以達到 TiO_2（P-25）的 6 倍之多。了解氧化石墨烯進行二氧化碳光還原光催化機制，可以使我們進一步提升二氧化碳的被轉化率，Chhowalla 和 Eda 提出了在氧化石墨烯的含氧官能團（C-OH 或 C-O-C），是在其平面上發生電子電洞對的地方。[49] 相同地，假設在石墨烯的平面跟邊界處，將含有大量的含氧官能基團，造成平面上能隙的拉伸，以具有半導體性質，令電子容易被光從價帶激發到導帶，我們認為被光激發出的電子和電洞會遷移到 GO 表面，造成氧化活性點或還原活性點，分別與所吸收的反應物發生光催化反應。

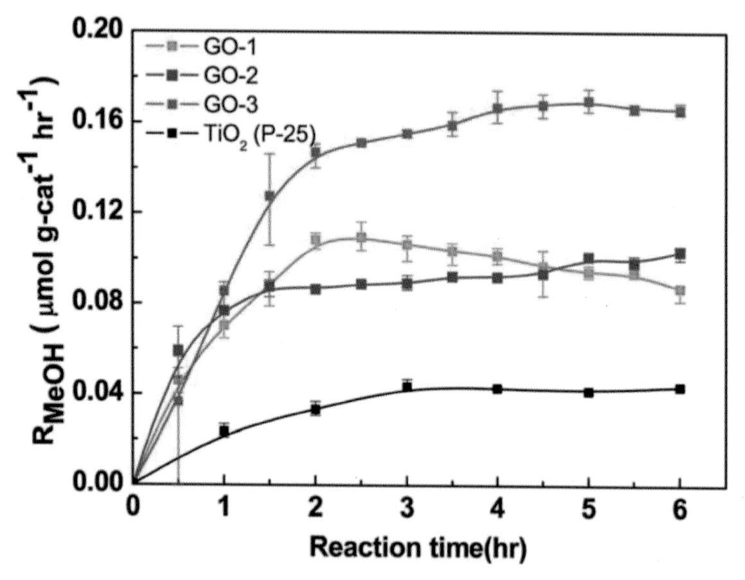

圖 7.20　不同氧化石墨烯與商用二氧化鈦（P25）於光催化反應中之甲醇產率（R_{MeOH}）

整個反應也進行了非常重要的同位素實驗，針對二氧化碳與甲醇來測試，以碳 13 的二氧化碳當作反應物，通入反應槽中，進行相同步驟的實驗，來驗證產物中甲醇的碳來源。從圖 7.21 發現，根據 CO_2 與水反應產生甲醇與氧氣的化學反應式，通入一般二氧化碳的實驗中，氣相質譜分析儀的圖譜顯示所測到的甲醇和二氧化碳分子量以 32 及 44 為主；通入碳 13 二氧化碳的實驗中，測到二氧化碳分子量為 45，表示反應中確實生成了含有碳 13 的甲醇（分子量 =33），證明了氧化石墨烯足以作為光觸媒的有力證據。

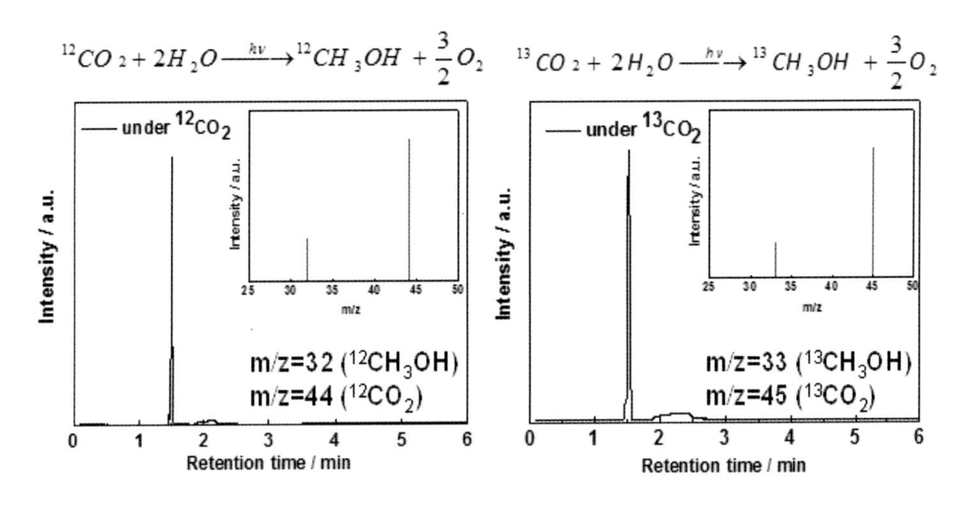

圖 7.21　以反應物碳 13 與碳 12 之同位素二氧化碳檢測產物分子量

7.6 奈米金屬添加之氧化石墨烯

為了增加整體二氧化碳轉換的效率，整個團隊積極鑽研各種方法，有氧化石墨烯本身具有能隙調節的功能，因此直接在氧化石墨烯上著手進行能隙調節；奈米金屬添加在氧化石墨烯上作為電子束縛，減少電子電洞再結合；染料敏化及共觸媒增加吸光效果等方式，其中，以奈米金屬銅顆粒添加之氧化石墨烯，已獲得初步大幅提升的效果，也順利反應出其他產物，如乙醛，更衍生出產物選擇率的探討。[50] 銅奈米顆粒是以一步微波合成法合成在氧化石墨烯上，方法簡單、可大量化，如圖 7.22 所示，其中的縮寫為 Cu/GO-1（5wt% Cu）、Cu/GO-2（10wt% Cu）、

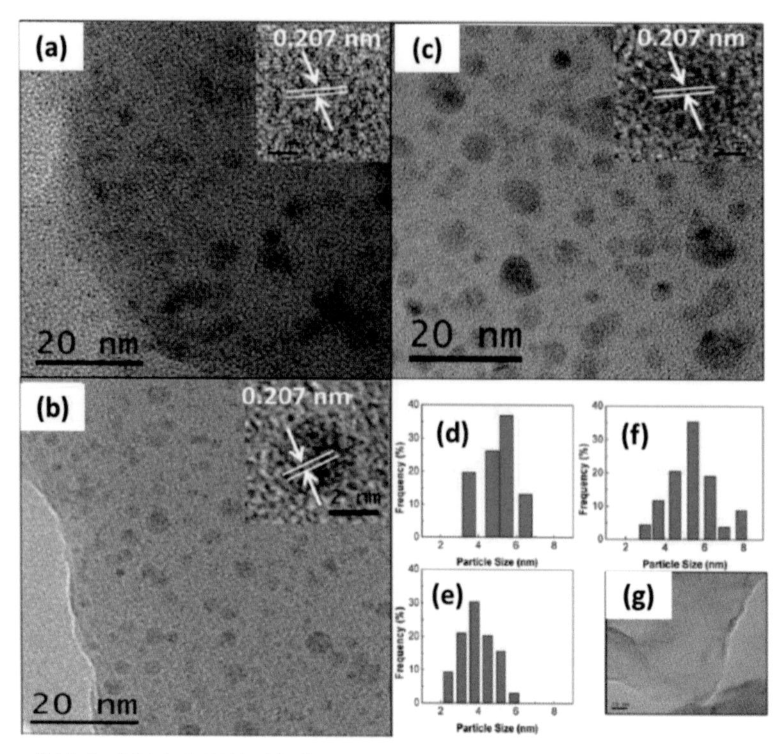

圖 7.22　微波合成銅奈米顆粒／氧化石墨烯複合材料，(a)～(c) Cu/GO-1、Cu/GO-2 和 Cu/GO-3 的 TEM 圖（右上小圖為各 Cu/GO 高解析 TEM 圖像）；(d)～(f) Cu/GO-1、Cu/GO-2 和 Cu/GO-3 銅奈米顆粒的尺寸分布圖；(g) 氧化石墨烯之 TEM 圖像

和 Cu/GO-3（15wt% Cu），影像中銅顆粒大小平均為 Cu/GO-1: 5.06 ± 1.3、Cu/GO-2: 4.15± 1.3 和 Cu/GO-3: 5.36 ± 1.7 奈米，其中尤以 Cu/GO-2 分布最為均勻，插圖中各 Cu/GO 之高解析 TEM 圖像顯示，均表示晶格間隙為 0.207 奈米的銅（111）面心結構。

圖 7.23 顯示了不同銅含量的 Cu/GO 複合材料，經過 2 小時的光照射，催化二氧化碳形成太陽能燃料（甲醇和乙醛）的速率，以及使用原始 GO 和商業的 TiO_2（P-25）的速率。相較之下，GO 的光催化太陽能燃料的生產速度非常低，約為 0.11μmol g-cat^{-1} h^{-1}；銅奈米顆粒輔助

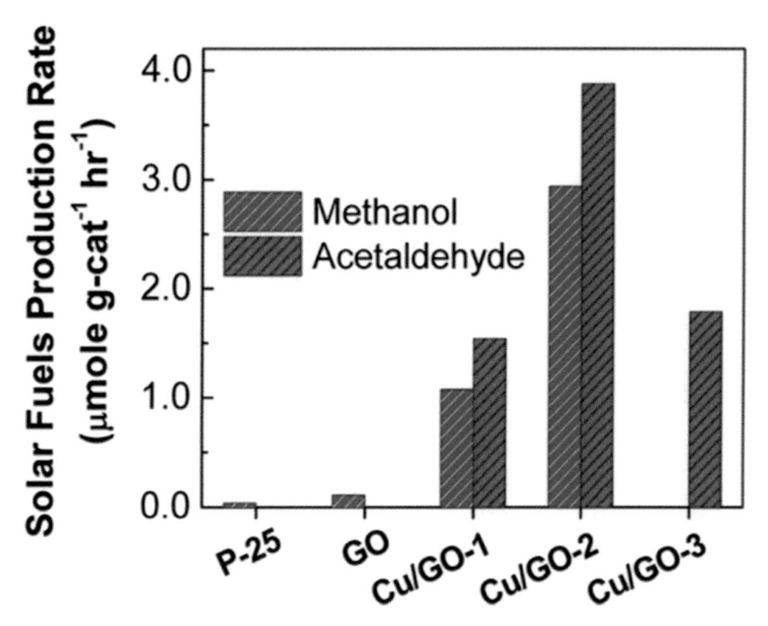

圖 7.23　比較 P25、GO、Cu/GO-1、Cu/GO-2 和 Cu/GO-3 太陽能燃料產生的速率

GO 催化劑的方式，明顯改善 GO 光催化太陽能燃料的生產速度。其中，存在 5%（重量）銅奈米顆粒於其中的 GO（Cu / GO-1），總生產速率提高到 2.64μmol g-cat^{-1} h^{-1}，以增加到 10%（重量）的銅奈米顆粒（Cu/ GO-2）所示，生產速率達到最高值 6.84μmol g-cat^{-1} h^{-1}，生產效率超過原始 GO 的 60 倍，或是 P-25 的 240 倍。值得注意的是，據我們所知，這是以往文獻報導中，光催化還原二氧化碳的最高生產速率。

眾所周知光催化還原二氧化碳主要是牽涉到電荷載子產生、電荷載子傳輸，然後在特定的電位下進行多電子化學還原反應。其電荷載子的產生，一開始是 Cu/GO 被可見光激發，光子能量比 GO 的能隙更高，使得電子電洞對在 Cu/GO 光催化劑的表面生成。接著，表面上銅奈米顆粒做為電子受體，接受產生的電子，並由於在金屬一半導體介面上，具有增強電荷分離的效果，進而抑制受光激發出的電子電洞對再結合。最後，電子從金屬 d 軌域轉移到二氧化碳的 (C-O)π^* 軌域，形成多電子還原的 C-O 鍵斷裂與 C-H 鍵形成過程，生成主要產物甲醇和乙醛，而氫氣則為競爭關係的副產物。

圖 7.24 顯示，GO 和 Cu/GO 複合材料之功函數和能隙位置，以及光催化反應機制。利用紫外光光電子能譜（UPS）量測觀察到，隨著負載越來越多的銅奈米顆粒，如圖 7.24(a) 中，Cu/GO 複合材料功函數會持續地增加。這可以歸因於電子從 GO 表面自發性地轉移成銅奈米顆粒，導致費米能階往更負的電位位移。因為銅奈米顆粒的費米能階比 GO 的導帶低，光激發的電子可以輕易地從 GO 導帶傳輸到銅奈米顆粒，而電洞則被停留在 GO 的價帶。累積在銅奈米顆粒的電子則進行二氧化碳還原，而停留在 GO 的電洞參與氧化反應。因此，在 GO 與銅奈米顆粒介面的電荷分離和抑制載子再結合，致使 GO 光催化二氧化碳還原的提升。

從 Cu/GO-2 獲得生產速率的最大值來看，它的導帶正是催化反應最適合的位置。因此，我們推斷是銅奈米顆粒存在，將 Cu/GO-2 上的 GO 之導帶調整到最佳位置、最佳能量去進行光催化還原二氧化碳反應。

除了用 Cu/ GO 複合材料來增強光催化活性之外，藉由銅負載的變化，生成的產物與其不同生產速率，又是另一個有趣的問題。為了解釋圖 7.19 中所觀察到的產速變化，利用電化學循環伏安法，在乙腈溶液中量測 GO、Cu/ GO-1、Cu/GO-2 和 Cu/GO-3 導帶的位置。在圖 7.24(b) 中，清楚地顯示出的二氧化碳多電子還原成甲醇和乙醛的可行性。相比之下，Cu/GO-3 導帶的位置約為 −0.35V，略低於 CO_2/CH_3OH 的還原電位，使該反應中產生乙醛為主。最近，Kuhl 等人已經證實了二氧化碳在銅表面上的電化學還原細節與機制，與本研究中觀察到的（C1-C2）產物分布結果非常相近。[51] 此外，除了導帶位置的影響之外，在

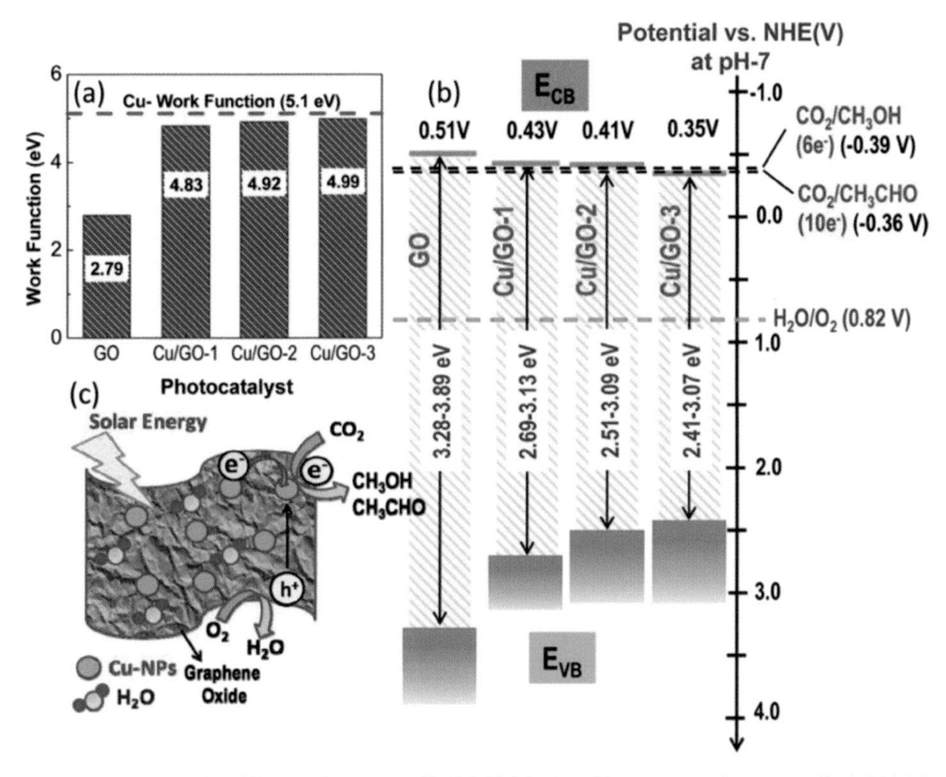

圖 7.24　(a) UPS 量測的 GO 和 Cu/GO 複合材料之功函數；(b) GO 與 Cu/GO 複合材料能隙邊緣位置；(c) 光催化反應機制示意圖

過量銅含量的存在下，易促使光催化重組甲醇，而減少甲醇產量，畢竟甲醇氧化所需的能量較低於水分解所需的能量。Cu/GO 複合材料於金屬的銅奈米顆粒存在下，激發態的載子再結合現象減少了。電荷載子會被金屬奈米粒子接收與奈米顆粒的尺寸非常相關，因為奈米顆粒的尺寸大小會影響介面的電子能態，而使導帶的位置有所差異。在 10wt%Cu/GO 上，導帶的位置被調節到有利於在選擇性還原二氧化碳成為特定產品物的能級，銅奈米粒子在氧化石墨烯表面的大小和密度，影響光催化進行二氧化碳還原的效率很大，具有高表面積、尺寸小的銅粒子提供較短的路徑使電荷快速轉移進而被捕捉。

此外，在 Cu/GO-2 中，用 10wt% 的銅奈米顆粒比其他 Cu/GO 複合材料有更好的電子穩定性，我們認為是銅奈米顆粒和石墨烯氧化物之間有非常強的相互作用，提高了催化劑的活性。

7.7 結論

在本文中，我們利用氧化石墨烯具有的半導體性質、富含官能基的基面，仿效大自然的光合作用，應用於二氧化碳光還原的議題上，得到了顯著的效果，我們期望這個議題，能夠一直被提升、延續下去。如此一來，除了可以在人類擺脫石化燃料前有個暫時可以「回收再利用」二氧化碳的方案，在講究「碳足跡」的新興名詞下，減少二氧化碳的問題將會在工業上掀起一陣風暴，可能以成本的方式被攤開來討論，也可能被列入公司優劣的評比中，且未來或許也可以從這條路——抽取空氣中的二氧化碳來生產塑膠，徹底擺脫對於開採地底石油的依賴。

參考文獻

[1] M. Aresta, A. Dibenedetto, A. Angelini, Catalysis for the Valorization of Exhaust Carbon: from CO2 to Chemicals, Materials, and Fuels. Technological Use of CO2. Chemical Reviews, 114 (2013) 1709-1742.

[2] B.R. White Cm Fau - Strazisar, E.J. Strazisar Br Fau - Granite, J.S. Granite Ej Fau - Hoffman, H.W. Hoffman Js Fau - Pennline, H.W. Pennline, Separation and capture of CO2 from large stationary sources and sequestration in geological formations--coal-beds and deep saline aquifers. J. Air Waste Manage. Assoc., 53 (2003) 645-715.

[3] Q. Zhang, Y. Li, E.A. Ackerman, M. Gajdardziska-Josifovska, H. Li, Visible light responsive iodine-doped TiO2 for photocatalytic reduction of CO2 to fuels. Applied Catalysis A: General, 400 (2011) 195-202.

[4] W. Tu, Y. Zhou, Z. Zou, Photocatalytic Conversion of CO2 into Renewable Hydrocarbon Fuels: State-of-the-Art Accomplishment, Challenges, and Prospects. Advanced Materials, (2014) n/a-n/a.

[5] A. Kudo, Photocatalyst Materials for Water Splitting. Catalysis Surveys from Asia, 7 (2003) 31-38.

[6] A. Fujishima, K. Honda, Electrochemical Photolysis of Water at a Semiconductor Electrode. Nature, 238 (1972) 37-38.

[7] H. Yamashita, Y. Fujii, Y. Ichihashi, S.G. Zhang, K. Ikeue, D.R. Park, K. Koyano, T. Tatsumi, M. Anpo, Selective formation of CH3OH in the photocatalytic reduction of CO2 with H2O on titanium oxides highly dispersed within zeolites and mesoporous molecular sieves. Catalysis Today, 45 (1998) 221-227.

[8] I.H. Tseng, W.-C. Chang, J.C.S. Wu, Photoreduction of CO2 using sol-gel derived titania and titania-supported copper catalysts. Applied Catalysis B: Environmental, 37 (2002) 37-48.

[9] J. Ettedgui, Y. Diskin-Posner, L. Weiner, R. Neumann, Photoreduction of carbon dioxide to carbon monoxide with hydrogen catalyzed by a rhenium(I) phenanthroline-polyoxometalate hybrid complex. Journal of the American Chemical Society, 133 (2011) 188-190.

[10] N. Ahmed, Y. Shibata, T. Taniguchi, Y. Izumi, Photocatalytic conversion of carbon dioxide into methanol using zinc-copper-M(III) (M=aluminum, gallium) layered double hydroxides. Journal of Catalysis, 279 (2011) 123-135.

[11] A.L. Linsebigler, G. Lu, J.T. Yates, Photocatalysis on TiO2 Surfaces: Principles, Mechanisms, and Selected Results. Chemical Reviews, 95 (1995) 735-758.

[12] L. Spanhel, M. Haase, H. Weller, A. Henglein, Photochemistry of colloidal semiconductors. 20. Surface modification and stability of strong luminescing CdS particles. Journal of the American Chemical Society, 109 (1987) 5649-5655.

[13] J. Melsheimer, W. Guo, D. Ziegler, M. Wesemann, R. Schlögl, Methanation of carbon dioxide over Ru/Titania at room temperature: explorations for a photoassisted catalytic reaction. Catalysis Letters, 11 (1991) 157-168.

[14] D. Nazimek, B. Czech, Artificial photosynthesis - CO2 towards methanol. IOP Conference Series: Materials Science and Engineering, 19 (2011) 012010.

[15] J. Grodkowski, T. Dhanasekaran, P. Neta, P. Hambright, B.S. Brunschwig, K. Shinozaki, E. Fujita, Reduction of Cobalt and Iron Phthalocyanines and the Role of the Reduced Species in Catalyzed Photoreduction of CO2. The Journal of Physical Chemistry A, 104 (2000) 11332-11339.

[16] K.R. Thampi, J. Kiwi, M. Gratzel, Methanation and photo-methanation of carbon dioxide at room temperature and atmospheric pressure. Nature, 327 (1987) 506-508.

[17] M. Anpo, H. Yamashita, Y. Ichihashi, S. Ehara, Photocatalytic reduction of CO2 with H2O on various titanium oxide catalysts. Journal of Electroanalytical Chemistry, 396 (1995) 21-26.

[18] K. Teramura, T. Tanaka, H. Ishikawa, Y. Kohno, T. Funabiki, Photocatalytic Reduction of CO2 to CO in the Presence of H2 or CH4 as a Reductant over MgO. The Journal of Physical Chemistry B, 108 (2003) 346-354.

[19] K. Ikeue, S. Nozaki, M. Ogawa, M. Anpo, Photocatalytic Reduction of CO2 with H2O on Ti-Containing Porous Silica Thin Film Photocatalysts. Catalysis Letters, 80 (2002) 111-114.

[20] C.-C. Lo, C.-H. Hung, C.-S. Yuan, J.-F. Wu, Photoreduction of carbon dioxide with H2 and H2O over TiO2 and ZrO2 in a circulated photocatalytic reactor. Solar Energy Materials and Solar Cells, 91 (2007) 1765-1774.

[21] Y. Kohno, H. Ishikawa, T. Tanaka, T. Funabiki, S. Yoshida, Photoreduction of carbon dioxide by hydrogen over magnesium oxide. Physical Chemistry Chemical Physics, 3 (2001) 1108-1113.

[22] B. Aurian-Blajeni, M. Halmann, J. Manassen, Photoreduction of carbon dioxide and water into formaldehyde and methanol on semiconductor materials. Solar Energy, 25 (1980) 165-170.

[23] M. Anpo, H. Yamashita, K. Ikeue, Y. Fujii, S.G. Zhang, Y. Ichihashi, D.R. Park, Y. Suzuki, K. Koyano, T. Tatsumi, Photocatalytic reduction of CO2 with H2O on Ti-MCM-41 and Ti-MCM-48 mesoporous zeolite catalysts. Catalysis Today, 44 (1998) 327-332.

[24] S.C. Roy, O.K. Varghese, M. Paulose, C.A. Grimes, Toward Solar Fuels: Photocatalytic Conversion of Carbon Dioxide to Hydrocarbons. ACS Nano, 4 (2010) 1259-1278.

[25] J. Wu, T.-H. Wu, T. Chu, H. Huang, D. Tsai, Application of Optical-fiber Photoreactor for CO2 Photocatalytic Reduction. Topics in Catalysis, 47 (2008) 131-136.

[26] T. -V. Nguyen, J. C. S. Wu, Photoreduction of CO2 to fuels under sunlight using optical-fiber reactor. Solar Energy Materials and Solar Cells, 92 (2008) 864-872.

[27] Z. Zhang, C.-C. Wang, R. Zakaria, J.Y. Ying, Role of Particle Size in Nanocrystalline TiO2-based Photocatalysts. The Journal of Physical Chemistry B, 102 (1998) 10871-10878.

[28] A. Dodd, A. McKinley, M. Saunders, T. Tsuzuki, Effect of Particle Size on the Photocatalytic Activity of Nanoparticulate Zinc Oxide. Journal of Nanoparticle Research, 8 (2006) 43-51.

[29] A.K. Geim, K.S. Novoselov, The rise of graphene. Nat Mater, 6 (2007) 183-191.

[30] C. Lee, X. Wei, J.W. Kysar, J. Hone, Measurement of the Elastic Properties and Intrinsic Strength of Monolayer Graphene. Science, 321 (2008) 385-388.

[31] A. Lerf, H. He, T. Riedl, M. Forster, J. Klinowski, 13C and 1H MAS NMR studies of graphite oxide and its chemically modified derivatives. Solid State Ionics, 101-103, Part 2 (1997) 857-862.

[32] H. He, J. Klinowski, M. Forster, A. Lerf, A new structural model for graphite oxide. Chemical Physics Letters, 287 (1998) 53-56.

[33] W.S. Hummers, R.E. Offeman, Preparation of Graphitic Oxide. Journal of the American Chemical Society, 80 (1958) 1339-1339.

[34] S. Stankovich, D.A. Dikin, G.H.B. Dommett, K.M. Kohlhaas, E.J. Zimney, E.A. Stach, R.D. Piner, S.T. Nguyen, R.S. Ruoff, Graphene-based composite materials. Nature, 442 (2006) 282-286.

[35] D. Li, M.B. Muller, S. Gilje, R.B. Kaner, G.G. Wallace, Processable aqueous dispersions of graphene nanosheets. Nat Nano, 3 (2008) 101-105.

[36] D.C. Marcano, D.V. Kosynkin, J.M. Berlin, A. Sinitskii, Z. Sun, A. Slesarev, L.B. Alemany, W. Lu, J.M. Tour, Improved Synthesis of Graphene Oxide. ACS Nano, 4 (2010) 4806-4814.

[37] A.L. Higginbotham, D.V. Kosynkin, A. Sinitskii, Z. Sun, J.M. Tour, Lower-Defect Graphene Oxide Nanoribbons from Multiwalled Carbon Nanotubes. ACS Nano, 4 (2010) 2059-2069.

[38] A. Lerf, H. He, M. Forster, J. Klinowski, Structure of Graphite Oxide Revisited . The Journal of Physical Chemistry B, 102 (1998) 4477-4482.

[39] T. Szabó, O. Berkesi, P. Forgó, K. Josepovits, Y. Sanakis, D. Petridis, I. Dékány, Evolution of Surface Functional Groups in a Series of Progressively Oxidized Graphite Oxides. Chemistry of Materials, 18 (2006) 2740-2749.

[40] M. Abou Asi, L. Zhu, C. He, V.K. Sharma, D. Shu, S. Li, J. Yang, Y. Xiong, Visible-light-harvesting reduction of CO2 to chemical fuels with plasmonic Ag@AgBr/CNTs nanocomposites. Catalysis Today, 216 (2013) 268-275.

[41] M.M. Gui, S.-P. Chai, B.-Q. Xu, A.R. Mohamed, Enhanced visible light responsive MWCNTs/TiO2 core-shell nanocomposites as the potential photocatalyst for reduction of CO2 into methane. Solar Energy Materials and Solar Cells, 122 (2014) 183-189.

[42] Y.T. Liang, B.K. Vijayan, K.A. Gray, M.C. Hersam, Minimizing Graphene Defects

Enhances Titania Nanocomposite-Based Photocatalytic Reduction of CO2 for Improved Solar Fuel Production. Nano Letters, 11 (2011) 2865-2870.

[43] Y.T. Liang, B.K. Vijayan, O. Lyandres, K.A. Gray, M.C. Hersam, Effect of Dimensionality on the Photocatalytic Behavior of Carbon-Titania Nanosheet Composites: Charge Transfer at Nanomaterial Interfaces. The Journal of Physical Chemistry Letters, 3 (2012) 1760-1765.

[44] K. Krishnamoorthy, R. Mohan, S.J. Kim, Graphene oxide as a photocatalytic material. Applied Physics Letters, 98 (2011) 244101-244103.

[45] T.-F. Yeh, J.-M. Syu, C. Cheng, T.-H. Chang, H. Teng, Graphite Oxide as a Photocatalyst for Hydrogen Production from Water. Advanced Functional Materials, 20 (2010) 2255-2262.

[46] T.-F. Yeh, F.-F. Chan, C.-T. Hsieh, H. Teng, Graphite Oxide with Different Oxygenated Levels for Hydrogen and Oxygen Production from Water under Illumination: The Band Positions of Graphite Oxide. The Journal of Physical Chemistry C, 115 (2011) 22587-22597.

[47] T.F. Yeh, C.Y. Teng, S.J. Chen, H. Teng, Nitrogen-doped graphene oxide quantum dots as photocatalysts for overall water-splitting under visible light illumination. Advanced materials, 26 (2014) 3297-3303.

[48] H.-C. Hsu, I. Shown, H.-Y. Wei, Y.-C. Chang, H.-Y. Du, Y.-G. Lin, C.-A. Tseng, C.-H. Wang, L.-C. Chen, Y.-C. Lin, K.-H. Chen, Graphene oxide as a promising photocatalyst for CO2 to methanol conversion. Nanoscale, 5 (2013) 262.

[49] G. Eda, M. Chhowalla, Chemically derived graphene oxide: towards large-area thinfilm electronics and optoelectronics. Advanced materials, 22 (2010) 2392-2415.

[50] I. Shown, H.C. Hsu, Y.C. Chang, C.H. Lin, P.K. Roy, A. Ganguly, C.H. Wang, J.K. Chang, C.I. Wu, L.C. Chen, K.H. Chen, Highly Efficient Visible Light Photocatalytic Reduction of CO2 to Hydrocarbon Fuels by Cu-Nanoparticle Decorated Graphene Oxide. Nano letters, 14 (2014) 6097-6103.

[51] K. P. Kuhl, E. R. Cave, D. N. Abram, T. F. Jaramillo, New insights into the electrochemical reduction of carbon dioxide on metallic copper surfaces. Energy & Environmental Science, 5 (2012) 7050-7059.

第八章

石墨烯之其他應用

作者　尹崇維　潘建甫　黃韋皓　賴舜以　孫嘉良

8.1 石墨烯在燃料電池上的應用

8.2 石墨烯在生物感測器上的應用

8.1 石墨烯在燃料電池上的應用

8.1.1 燃料電池簡介

全球工業及科技的快速發展，大量使用石化能源產生電力、發展交通及工業，所排放之二氧化碳（CO_2）造成了地球的溫室效應，成為氣候變遷和極端氣候的元凶之一。減少石化燃料的使用、抑制二氧化碳排放以及開發替代石化燃料的新能源或再生能源，攸關各國經濟發展，也決定了地球環境能否永續。燃料電池（Fuel cell）具有高效率、低污染與低噪音的特點，為因應永續與潔淨能源的發展，與太陽能光電、風力發電並行的新能源科技。燃料電池可以依據所使用的燃料、電解質與操作溫度等進行分類。最方便的分類方式是以所使用的電解質種類來分為：鹼性燃料電池（Alkaline fuel cell, AFC）、磷酸燃料電池（Phosphorous acid fuel cell, PAFC）、固體氧化物燃料電池（Solid oxide fuel cell, SOFC）、熔融碳酸鹽燃料電池（Molten carbonate fuel cell, MCFC）和質子交換膜燃料電池；其中質子交換膜燃料電池（Proton exchange membrane fuel cell, PEMFC）因陽極燃料不同，又可分為：以氫氣為燃料之質子交換膜燃料電池和以甲醇為燃料之直接甲醇燃料電池（Direct methanol fuel cell, DMFC），或是用乙醇為燃料之直接乙醇燃料電池（Direct ethanol fuel cell, DEFC）。

在質子交換膜燃料電池中，氫氣燃料的供應可以高壓儲氫罐作高壓儲存，但此種方式有其危險，不過豐田（Toyota）已經在 2014 年底發表了一款命名為 MIRAI 的氫燃料電池車，開啟了其與特斯拉（Tesla）的鋰電池電動車競爭的序章，另外，發展固態儲氫材料以物理或化學性吸附，具有相當高的研究潛力；另一方面若以碳氫化合物（甲醇、乙醇、甲酸等）為燃料的電池，則液態之物質作為燃料比氫氣更具高安全性與攜帶方便性。目前最常見的液態燃料電池為直接甲醇燃料電池。而相較於甲醇，乙醇有更高的能量密度且毒性較低，更能夠取代甲醇燃料電池作為新一代替代能源[1]。

石墨烯在近幾年於科學及科技領域中，吸引了許多人的關注，石墨烯由於具有獨特的物化性：高表面積（單層石墨烯的理論值為 2,630m^2/g）、極佳的熱傳導性、電導性和高機械強度，因此在許多的應用中具有相當的潛力，例如電子產品、能源儲存以及其他應用（超級電容[2]、電池[3、4]、燃料電池[5、6]、太陽能電池[7]以及生物科學 / 生物科技[8]）。碳可能是最被廣泛使用於電極的材料，在燃料電池的陽極和陰極電極中，傳統上碳材料都是扮演著金屬〔尤其是白金（Pt）〕奈米粒子的支撐體〔或基底（Support）〕的角色，有優良的導電度，以提供電流或電子傳導的路徑，高表面積可以協助分散奈米粒子來避免聚集或團聚，適當的巨觀孔隙度（Porosity）可以幫助質量傳輸〔（Mass transport），反應物的輸送和產物的移除〕。然而以石墨烯作為支撐體的電極相較於以奈米碳管作為支撐體的電極，在電催化活性和巨觀規模下的傳導性展現了優越性能[9]。這表明了在電化學領域中石墨烯有機會取代奈米碳管，成為新興的基底碳材。石墨烯是所有維度的石墨材料基本結構（0D 的富勒烯、1D 的奈米管、3D 的石墨）。由還原氧化石墨烯製備而成的官能化石墨烯由於存在著晶格缺陷，因而具有皺褶結構。在中國科技院長春應用化學研究所電分析化學國家重點研究室服務的 Wei Chen 教授，在 2014 年於《*Chemical reviews*》發表一篇回顧型論文中，對同樣關於石墨烯和燃料電池的主題有非常仔細的回顧[10]，根據此篇論文，從石墨烯負載奈米電催化劑觸媒可分類為：(1) 白金（Pt）奈米晶體；(2) 低白金（low-Pt）奈米晶體；(3) 非白金（Non-Pt）奈米晶體〔包含鈀（Pd）、金（Au）、銀（Ag）、鐵（Fe）、鈷（Co）、鎳（Ni）、和其他非貴重金屬（non-noble），奈米觸媒〕；(4)

非金屬（metal-free）電催化劑觸媒[10]。

8.1.2 石墨烯陽極觸媒的應用——氧化反應

由陽極觸媒的電催化反應可分為：(1) 甲醇氧化反應（Methanol oxidation reaction, MOR）、(2) 甲酸氧化反應（Formic acid oxidation reaction, FAOR）、(3) 乙醇氧化反應（Ethanol oxidation reaction, EOR）、(4) 氫的氧化反應（Hydrogen oxidation reaction, HOR）；甲醇燃料電池由於其高能量密度、低污染、低工作溫度（60°C ~ 100°C）[10]，因而成為現今用於攜帶型電子產品的燃料電池中較有潛力的選項[11]。但是甲醇燃料電池也有其不足之處，例如低陽極電催化活性。而在石墨烯被發現之前，燃料電池所使用的觸媒多為將白金金屬附載在碳黑（carbon black，Cabot 公司的 XC 72 是一般常用的型號）上，形成 Pt/C 觸媒，但此觸媒用在燃料電池中的電化學觸媒活性和穩定性都有待提升。如今了解到石墨烯可以作為優良電極材料後，全世界的學者和科學家便開始著手研究在石墨烯表面上附載奈米尺寸的金屬觸媒。例如：單金屬的 Pt[12]、Pd[13]、Au[14]，或是二元金屬的 PtPd[15]、PtRu[16]、PtAu[17]、PtNi[18]，甚至到三元金屬的 PtPdAu[19]、PtPdCu[20]，都是目前已經有的研究成果。除了將奈米金屬粒子（Nanoparticle）修飾在石墨烯表面上以外，金屬奈米粒子的尺寸以及形狀的不同，都會影響奈米金屬粒子的電化學性質。E. G. Castro 等人就使用十二烷基硫醇來控制 Pt 奈米粒子的平均粒徑，使平均粒徑小於 3nm[21]。S. Guo 等人則是研究將 PtPd 的形狀作成奈米樹枝狀（Nanodendrite），藉此來改變觸媒的活性[22]。除此之外也有人試著作成奈米花（Nanoflower）、奈米網狀（Nanonetwork or netlike assembly）、奈米框架（Nanoframe）或是奈米棒（Nanorod）的形狀。圖 8.1 顯示了我們實驗室黃品勳同學製作的

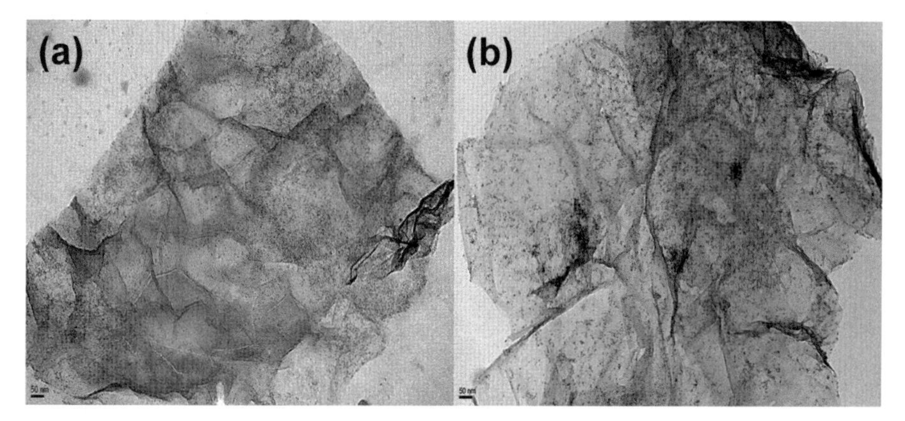

圖 8.1 (a) Pt 奈米粒子附載在氮摻雜石墨烯上的穿透式電子顯微鏡照片；(b) 二元金屬 PtPd 奈米粒子附載在氮摻雜石墨烯上的穿透式電子顯微鏡照片；以上兩種觸媒材料都曾經被我們拿來做為燃料電池陽極電極和進行相關電化學如甲醇和乙醇氧化反應的測試

資料來源：長庚大學化工與材料工程研究所黃品勳同學碩士論文

Pt 奈米粒子和雙元金屬 PtPd 奈米粒子附載在氮摻雜石墨烯上的穿透式電子顯微鏡照片。

8.1.3 石墨烯作為陰極觸媒的應用——氧還原反應

除了將石墨烯作為燃料電池的陽極觸媒外，也有許多人進行燃料電池陰極氧還原的研究。2010 年 Y. Shao 等人就將 Pt 結合在石墨烯上，作氧還原實驗 [23]。其研究使用石墨烯、碳黑以及奈米碳管作為基底碳材，在上面放上 Pt 奈米粒子。結果顯示 Pt 附著在石墨烯上會有較佳的持久性。但是因為金屬觸媒使用久了會造成表面產生毒化現象，使觸媒活性降低，同時又因為 Pt 的價格較高，因此尋求其他方法解決這些前述問題成為重要課題。其中一個方法是使用非白金系的觸媒，如四氧化三鈷（Co_3O_4）[24]；另外一種方法就是藉由在石墨烯表面加上不同種類的官能基來改變石墨烯表面的結構，藉此改變石墨烯表面特性，如此一來就可以形成不需要奈米金屬的觸媒。M. Cattelan 等人利用化學氣相沉積（Chemical vapor deposition, CVD）法製備硼摻雜石墨烯（B-graphene）[25]；Y. Shao 等人使用電漿製備氮摻雜石墨烯（N-graphene）[26]；C. Zhang 等人使用熱退火（Thermal annealing）法製備磷摻雜石墨烯（P-graphene）[27]；Z. Yang 等人使用 CVD 法製備硫摻雜石墨烯（S-graphene）[28]。除此之外，也有在進行磺酸化、碘化，甚至碘、氮同時摻雜的實驗。實驗結果大多顯示將石墨烯表面進行改質後，與現行的 Pt/C 觸媒相比，可以得到較好的氧還原活性。除了提高氧還原活性之外，也避免使用高成本的奈米金屬粒子，可以使成本降低。

8.1.4 石墨烯在燃料電池的其他應用

當然大部分以高分子製備的質子傳導膜一直都是許多研究高分子的科學家和學者的領域，傳統的做法是將奈米碳管或石墨烯當作是添加劑加入質子傳導膜中，2014 年底，S. Hu 在《*Nature*》期刊上發表完美的單層石墨烯和氮化硼（Boron nitride）有相當好的質子傳導度[29]，開啟了另一個研究方向的起點；另外作者與國防大學葛明德教授合作，以 CVD 在不鏽鋼上成長石墨烯[30]，證實石墨烯可以提升不鏽鋼的防蝕效果，抗腐蝕效果更好的有石墨烯保護不鏽鋼，有機會被加工成為燃料電池的雙極板（bipolar plate），提供目前除了石墨雙極板（graphite bipolar plate）的另一種選擇。

8.2 石墨烯在生物感測器上的應用

8.2.1 生物感測器介紹

生物感測器是由生物受體與信號轉換器構成的感測元件。生物受體必須與待測物在高度專一的條件下反應，而不會與檢體中的其他物種作用。酵素與抗體是最常用的生物受體，但DNA片段、細胞、胞器、植物，甚至動物組織都可做為生物受體。信號轉換器是生物感測器的偵測器，用來偵測生物受體與待測物作用時產生的信號。信號可以是電流、電壓或導電度的改變，也可以是轉換器表面附著物質量改變的壓電信號，或者是伴隨熱反應的濕度改變。感測器的用途是轉換分析物和辨識元件間反應產生之物理或化學變化，並用可量化之物理訊號呈現，依照感測器技術不同，可分為電化學式、光學式、壓電式、熱學式及磁性式等生物感測器。電化學式感測器成本低、易於使用、結構簡單、便於攜帶，目前已有許多的生物感測器文獻都屬於電化學之感測器。其中又包含電位式及電流式生物感測器等。目前市面上在日常生活中與我們息息相關的生物感測器就是葡萄糖（Glucose）生物感測器。血液中的葡萄糖即為血糖，在人體中，血糖的濃度是被嚴格控制的。血糖濃度失調會導致多種疾病，如持續血糖濃度過高的高血糖和過低的低血糖都是不健康的，而由多種原因導致的持續性高血糖就會引發糖尿病，這也是與血糖濃度相關的最顯著疾病。

8.2.2 石墨烯於電化學生物感測器上之應用

在1960年代，已有學者在其領域上發表相關研究，而利用碳材料應用於生物感測器的系統上，已經被大家廣泛重視[31]，多孔性碳材在生物感測器上顯現出其良好的性能，而被選為成為偵測生物分子優勢的材料[32]，其高導電性的特質，有助於電化學中電子訊號的傳遞，加上其多孔的性質，導致面積的增大，在固定酵素上和吸收分子上有良好的應用，而可以不用再以其他化學改質方法來達到相同的效果。這些材料已經成功應用於葡萄糖和乳酸（Lactate）的感測器上[33]。富勒烯在生物感測器上是一個良好的導電介質也已被證實，吸附性好的富勒烯，可以在電子介質中扮演重要的角色，結合多孔性碳和富勒烯的材料，在循環伏安生物感測器上有不錯的效果[34]。而在近幾年，奈米碳管應用於電化學生物感測器相當熱門，奈米碳管本身具有優異的物理和化學性質，以其為基底載材來修飾電極，達到偵測生物分子的效果已越來越受到學者的重視。在 2005 年，Li 等人使用多壁奈米碳管表面官能化後，修飾葡萄糖氧化酵素；他們使用多壁奈米碳管－幾丁聚醣（MWCNTs-Chitosan）複合材料修飾電極偵測DNA，獲得偵測極限為0.252 nm，成功製備出 DNA 生物感測器[35]。另一方面，由酵素來分類的話，石墨烯的生物感測器可分為：葡萄糖氧化酶生物感測器（Glucose oxidase biosensor）、細胞色素 C 生物感測器（Cytochrome c biosensor）、煙酰胺腺嘌呤二核苷酸酶生物感測器（NADH biosensor）、血紅素生物感測器（Hemoglobin biosensor）、辣根過氧化物酶生物感測器（HRP biosensor）、膽固醇生物感測器（Cholesterol biosensor）等等[36]，或者也可以從不同的檢測物質來分類[37]；而石墨烯運用在感測器與奈米碳管相比，更具有許多優勢[38、39]，在電化學性質上，Pumera 於 2010 年提出在石墨烯的邊緣面有快速的非均質電子傳遞（Heterogeneous electron transfer），而其 Alwarappan 團隊更進一步提出使用循環伏安法（Cyclic voltammetry, CV）和差式脈衝伏安法（Differential pulse voltammetry, DPV），印證出其傳遞速率快慢會影響在同時偵測維生素 C（Ascorbic acid, AA）、血清素（Serotonin, ST）和多巴胺（Dopamine, DA）其氧化峰的變化，且說明了單壁奈米碳管非均值電子傳遞速率較慢而導致氧化峰無法明顯分開[40]，而石墨烯這樣的碳材做為感測器上的運用，在 2008 年被 Papakonstantinou 所研究，其研究團隊在矽基材上成長石墨烯，並與未修飾玻璃碳電極同時偵測 AA、DA、UA（Uric acid），可以明顯發現石墨烯可以同時觀察到三個氧化峰，而玻璃碳電極卻不能同時偵測，這表示石墨烯在未經修飾的情況下，便能同時偵測三種待測物。我們曾經使用氧化銅（CuO）奈米粒子石墨烯複合材料來偵測葡萄糖[41、42]。圖 8.2 是本實驗室陳嘉宏同學將氧化鎳奈米粒子附載在氮摻雜石墨烯上低倍率的掃描式電子顯微鏡照片和能量散射光譜的分析，這種材料也被我們拿來做為在鹼性溶液下葡萄糖電化學感測的測試。另外我們也將白金奈米粒子合成在石墨烯上形成複合材料[43]，發現奈米粒子可以加強 AA、DA、UA 的偵測效能。

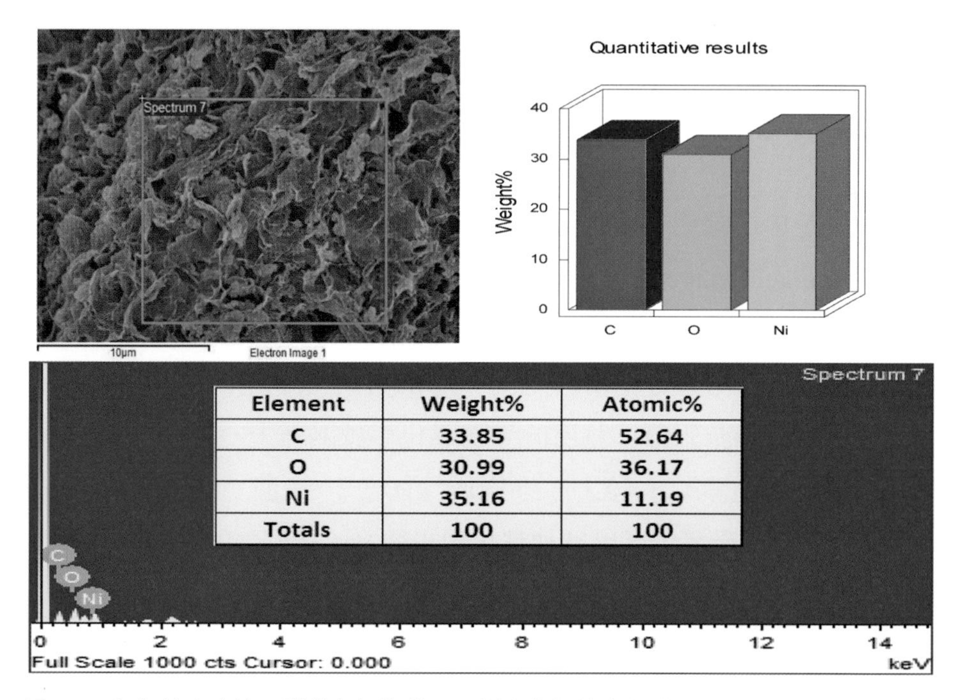

Element	Weight%	Atomic%
C	33.85	52.64
O	30.99	36.17
Ni	35.16	11.19
Totals	100	100

圖 8.2　氧化鎳奈米粒子附載在氮摻雜石墨烯上的低倍率掃描式電子顯微鏡照片和能量散射光譜的分析，以上觸媒材料曾被作者拿來做為在鹼性溶液下葡萄糖電化學感測的測試

資料來源：取自長庚大學化工與材料工程研究所陳嘉宏同學碩士論文

8.2.3 其他類型的石墨烯生物感測器

現在有許多人嘗試將石墨烯應用在各式生物感測器上，例如免疫感測器、肽基感測器、核酸感測器等等。Liu 等人在 2010 年提出一個三明治的模型，用在甲胎蛋白（Alpha fetoprotein, AFP）的偵測上。Liu 使用了修飾有捕獲抗體的氧化石墨烯作為能量的受體，以及修飾有捕獲抗體的量子點（Quantom dot），作為能量予體 [44]。量子點的螢光會因為三明治結構以及 AFP 的存在而被氧化石墨烯淬火。這便是將石墨烯應用於免疫感測器的研究。而 Li 等人在 2011 年進行肽基感測器的研究，是將石墨烯應用在偵測凝血酶和基質金屬蛋白酶 -2（MMP-2）。MMP-2 為含有蛋白酶基質序列的生物素化肽鏈，可藉由生物素一鏈黴的交互作用共軛在氧化石墨烯上。結果會使經歷螢光淬火的量子點貼附在肽的另一端 [45]。

8.2.4 石墨烯奈米帶在電化學生物感測器上的應用

將石墨烯切割成為瘦而細長的長條型帶狀結構，就稱為石墨烯奈米帶（Graphene nanoribbon, GNR），石墨烯奈米帶也可以透過奈米碳管沿長軸打斷鍵結後打開而得到，因為石墨烯奈米帶的長條狀有大量邊緣結構，很適合用來做生物感測器，在 2011 年我們已成功利用微波快速製備出石墨烯奈米帶，並用於生物電化學感測器上 [46]，且利用電化學儀器偵測維生素 C（AA）、多巴胺（DA）、尿酸（UA）的生物感測靈敏性，奈米碳管的長度往往都是數十微米，碳管之間會因為凡得瓦爾力的關係糾纏在一起，往往在之後應用上會有很大的問題，希望可以藉由控制不同長度的氧化石墨烯奈米帶，來增加感測 AA、UA、DA 的能力。目前文獻中有很多方法來切短奈米碳管的長度，將其短碳管應用在各領域中，並從這些文獻中可以發現，經處理過的短奈米碳管有一些獨特的性質。在 2015 年我們成功切短了石墨烯奈米帶 [47]，發現到酸切八小時所製作出來的石墨烯奈米帶偵測效果最好，修飾在玻璃碳電極後，其 AA、DA、UA 的氧化電流可達 44.66 μA、320.3 μA 、310.5 μA，比起其他材料在相同濃度待測物下，訊號還要來得明顯，從微分脈衝伏安法可以得到，UA 和 DA 在低濃度下靈敏度分別為 24.22 $\mu A \mu M^{-1} cm^{-2}$、40.86 $\mu A \mu M^{-1} cm^{-2}$，其應用於生物感測領域中展現出優越的偵測靈敏性，圖 8.3 為多壁奈米碳管和石墨烯奈米帶的穿透式電子顯微鏡照片。

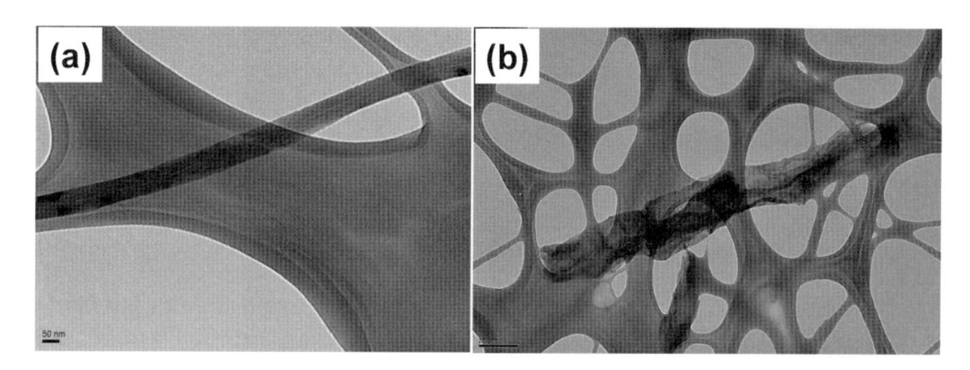

圖 8.3 (a) 多壁奈米碳管的穿透式電子顯微鏡照片，未處理前的多壁奈米碳管平均長度是 10.8μm；(b) 切短後再以微波處理展開的石墨烯奈米帶穿透式電子顯微鏡照片，處理後的平均長度可以小於 1.0 μm

資料來源：長庚大學化工與材料工程研究所蘇群皓同學碩士論文

參考文獻

[1] C.-L. Sun, J.-S. Tang, N. Brazeau, J.-J. Wu, S. Ntais, C.-W. Yin, H.-L. Chou, E.A. Baranova, Particle size effects of sulfonated graphene supported Pt nanoparticles on ethanol electrooxidation, Electrochimica Acta, 162 (2015) 282-289.

[2] M.D. Stoller, S.J. Park, Y.W. Zhu, J.H. An, R.S. Ruoff, Graphene-Based Ultracapacitors, Nano Lett., 8 (2008).

[3] E. Yoo, J. Kim, E. Hosono, H. Zhou, T. Kudo, I. Honma, Large Reversible Li Storage of Graphene Nanosheet Families for Use in Rechargeable Lithium Ion Batteries, Nano

Lett., 8 (2008).

[4] D.H. Wang, D.W. Choi, J. Li, Z.G. Yang, Z.M. Nie, R. Kou, R. Kou, D.H. Hu, C.M. Wang, L.V. Saraf, J.G. Zhang, I.A. Aksay, J. Liu, Ternary Self-Assembly of Ordered Metal Oxide Graphene Nanocomposites for Electrochemical Energy Storage, ACS Nano, 4 (2010).

[5] B. Seger, P.V. Kamat, Fuel Cell Geared in Reverse: Photocatalytic Hydrogen Production Using a TiO 2 /Nafion/Pt Membrane Assembly with No Applied Bias, J. Phys. Chem. C, 113 (2009).

[6] R. Kou, Y. Shao, D. Wang, M.H. Engelhard, J.H. Kwak, J. Wang, V.V. Viswanathan, C. Wang, Y. Lin, Y. Wang, I.A. Aksay, J. Liu, Enhanced activity and stability of Pt catalysts on functionalized graphene sheets for electrocatalytic oxygen reduction, Electrochemistry Communications, 11 (2009) 954-957.

[7] J. Wu, H.c.A. Becerril, Z. Bao, Z. Liu, Y. Chen, P. Peumans, Organic solar cells with solution-processed graphene transparent electrodes, Applied Physics Letters, 92 (2008) 263302.

[8] Z. Liu, J.T. Robinson, X.M. Sun, H.J. Dai, PEGylated Nanographene Oxide for Delivery of Water-Insoluble Cancer Drugs, J. Am. Chem. Soc., 130 (2008).

[9] Y. Wang, Y. Li, L. Tang, J. Lu, J. Li, Application of graphene-modified electrode for selective detection of dopamine, Electrochemistry Communications, 11 (2009) 889-892.

[10] M. Liu, R. Zhang, W. Chen, Graphene-supported nanoelectrocatalysts for fuel cells: synthesis, properties, and applications, Chemical reviews, 114 (2014) 5117-5160.

[11] L. Dong, R.R.S. Gari, Z. Li, M.M. Craig, S. Hou, Graphene-supported platinum and platinum-ruthenium nanoparticles with high electrocatalytic activity for methanol and ethanol oxidation, Carbon, 48 (2010) 7.

[12] W. Li, M. Jun-Hong, Synthesis and Electrocatalytic Properties of Pt Nanoparticles on Nitrogen-Doped Reduced Graphene Oxide for Methanol Oxidation, Acta Phys. -Chim. Sin., 30 (2014).

[13] M. Lee, B.-H. Kim, Y. Lee, B.-T. Kim, J.B. Park, Synthesis and Characterization of Graphene and Graphene Oxide Based Palladium Nanocomposites and Their Catalytic Applications in Carbon-Carbon Cross-Coupling Reactions, Bulletin of the Korean Chemical Society, 35 (2014) 1979-1984.

[14] Q.X. Zhang, Q.Q. Ren, Y.Q. Miao, J.H. Yuan, K. Wang, One-step synthesis of graphene/polyallylamine-Au nanocomposites and their electrocatalysis toward oxygen

reduction, Talanta, 89 (2012).

[15] Y.Z. Lu, Y.Y. Jiang, W. Chen, Graphene nanosheet-tailored PtPd concave nanocubes with enhanced electrocatalytic activity and durability for methanol oxidation, Nanoscale, 6 (2014).

[16] Y.S. Wang, S.Y. Yang, S.M. Li, H.W. Tien, S.T. Hsiao, Three-dimensionally porous graphene-carbon nanotubes composite-supported PtRu catalysts with an ultrahigh electrocatalytic activity for methanol oxidation, Electrochimica Acta, 87 (2013).

[17] C.V. Rao, C.R. Cabrera, Y. Ishikawa, Graphene-Supported Pt-Au Alloy Nanoparticles: A Highly Efficient Anode for Direct Formic Acid Fuel Cells, J. Phys. Chem. C, 115 (2011).

[18] B.M. Luo, S. Xu, X.B. Yan, Q.J. Xue, PtNi Alloy Nanoparticles Supported on Polyelectrolyte Functionalized Graphene as Effective Electrocatalysts forMethanol Oxidation, J. Electrochem. Soc., 160 (2013).

[19] Y.Z. Zhang, Y.E. Gu, S.X. Lin, J.P. Wei, Z.H. Wang, One-step synthesis of PtPdAu ternary alloy nanoparticles on graphene with superior methanol electrooxidation activity, Electrochimica Acta, 56 (2011).

[20] C.G. Hu, H.H. Cheng, Y. Zhao, Y. Hu, Y. Liu, L.M. Dai, Newly-Designed Complex Ternary Pt/PdCu Nanoboxes Anchored on Three-Dimensional Graphene Framework for Highly Efficient Ethanol Oxidation, Adv Mater, 24 (2012).

[21] E.G. Castro, R.V. Salvatierra, W.H. Schreiner, Marcela M. Oliveira, A.J.G. Zarbin, Dodecanethiol-Stabilized Platinum Nanoparticles Obtained by a Two-Phase Method: Synthesis, Characterization, Mechanism of Formation, and Electrocatalytic Properties, Chem. Mater., 22 (2010) 11.

[22] S. Guo, S. Dong, E. Wang, Three-Dimensional Pt-on-Pd Bimetallic Nanodendrites Supported on Graphene Nanosheet: Facile Synthesis and Used as an Advanced Nanoelectrocatalyst for Methanol Oxidation, ACS Nano, 4 (2010).

[23] Y. Shao, S. Zhang, C. Wang, Z. Niea, J. Liu, Y. Wang, Y. Lin, Highly durable graphene nanoplatelets supported Pt nanocatalysts for oxygen reduction, Journal of Power Sources, 195 (2010).

[24] Y. Liang, Y. Li, H. Wang, J. Zhou, J. Wang, T. Regier, H. Dai, Co(3)O(4) nanocrystals on graphene as a synergistic catalyst for oxygen reduction reaction, Nature materials, 10 (2011) 780-786.

[25] M. Cattelan, S. Agnoli, M. Favaro, D. Garoli, F. Romanato, M. Meneghetti, A. Barinov, P. Dudin, G. Granozzi, Microscopic View on a Chemical Vapor Deposition Route

to Boron-Doped Graphene Nanostructures, Chemistry of Materials, 25 (2013) 1490-1495.

[26] Y. Shao, S. Zhang, M.H. Engelhard, G. Li, G. Shao, Y. Wang, J. Liu, I.A. Aksay, Y. Lin, Nitrogen-doped graphene and its electrochemical applications, Journal of Materials Chemistry, 20 (2010).

[27] C. Zhang, N. Mahmood, H. Yin, F. Liu, Y. Hou, Synthesis of phosphorus-doped graphene and its multifunctional applications for oxygen reduction reaction and lithium ion batteries, Adv Mater, 25 (2013) 4932-4937.

[28] Z. Yang, Z. Yao, G. Li, G. Fang, H. Nie, Z. Liu, X. Zhou, X. Chen, S. Huang, Sulfur-Doped Graphene as an Efficient Metal-free Cathode Catalyst for Oxygen Reduction, ACS Nano, 6 (2012).

[29] S. Hu, M. Lozada-Hidalgo, F.C. Wang, A. Mishchenko, F. Schedin, R.R. Nair, E.W. Hill, D.W. Boukhvalov, M.I. Katsnelson, R.A. Dryfe, I.V. Grigorieva, H.A. Wu, A.K. Geim, Proton transport through one-atom-thick crystals, Nature, 516 (2014) 227-230.

[30] N.-W. Pu, G.-N. Shi, Y.-M. Liu, X. Sun, J.-K. Chang, C.-L. Sun, M.-D. Ger, C.-Y. Chen, P.-C. Wang, Y.-Y. Peng, C.-H. Wu, S. Lawes, Graphene grown on stainless steel as a high-performance and ecofriendly anti-corrosion coating for polymer electrolyte membrane fuel cell bipolar plates, Journal of Power Sources, 282 (2015) 248-256.

[31] S. Sotiropoulou, V.G. Gavalas , V. Vamvakaki, N.A. Chaniotakis, Novel carbon materials in biosensor systems, Biosensors and Bioelectronics, 18 (2003).

[32] V.G. Gavalas, N.A. Chaniotakis, T.D. Gibson, Improved operational stability of biosensors based on enzyme-polyelectrolyte complex adsorbed into a porous carbon electrode, Biosensors & bioelectronics, 13 (1998).

[33] V.G. Gavalas, N.A. Chaniotakis, Polyelectrolyte stabilized oxidase based biosensors: effect of diethylaminoethyl-dextran on the stabilization of glucose and lactate oxidases into porous conductive carbon, Analytica Chimica Acta, 404 (2000).

[34] V.G. Gavalas, N.A. Chaniotakis, [60]Fullerene-mediated amperometric biosensors, Analytica Chimica Acta, 409 (2000).

[35] J. Li, L. Qian, Y. Liu, S. Liu, S. Yao, DNA biosensor based on chitosan film doped with carbon nanotubes, Analytical Biochemistry, 346 (2005).

[36] T. Kuila, S. Bose, P. Khanra, A.K. Mishra, N.H. Kim, J.H. Lee, Recent advances in graphene-based biosensors, Biosens Bioelectron, 26 (2011) 4637-4648.

[37] A.T. Lawal, Synthesis and utilisation of graphene for fabrication of electrochemical sensors, Talanta, 131 (2015) 424-443.

[38] M. Zhou, Y. Zhai, S. Dong, Electrochemical Sensing and Biosensing Platform Based on Chemically Reduced Graphene Oxide, Anal. Chem., 81 (2009).

[39] C.X. Lim, H.Y. Hoh, P.K. Ang, K.P. Loh, Direct Voltammetric Detection of DNA and pH Sensing on Epitaxial Graphene: An Insight into the Role of Oxygenated Defects, Anal. Chem., 82 (2010).

[40] S. Alwarappan, A. Erdem, C. Liu, C.Z. Li, Probing the Electrochemical Properties of Graphene Nanosheets for Biosensing Applications, J. Phys. Chem. C, 113 (2009).

[41] Y.-W. Hsu, T.-K. Hsu, C.-L. Sun, Y.-T. Nien, N.-W. Pu, M.-D. Ger, Synthesis of CuO/graphene nanocomposites for nonenzymatic electrochemical glucose biosensor applications, Electrochimica Acta, 82 (2012) 152-157.

[42] C.-L. Sun, W.-L. Cheng, T.-K. Hsu, C.-W. Chang, J.-L. Chang, J.-M. Zen, Ultrasensitive and highly stable nonenzymatic glucose sensor by a CuO/graphene-modified screen-printed carbon electrode integrated with flow-injection analysis, Electrochemistry Communications, 30 (2013) 91-94.

[43] C.L. Sun, H.H. Lee, J.M. Yang, C.C. Wu, The simultaneous electrochemical detection of ascorbic acid, dopamine, and uric acid using graphene/size-selected Pt nanocomposites, Biosensors & bioelectronics, 26 (2011) 3450-3455.

[44] M. Liu, H. Zhao, X. Quan, S. Chen, X. Fan, Distance-independent quenching of quantum dots by nanoscale-graphene in self-assembled sandwich immunoassay, Chemical Communications, 46 (2010).

[45] J. Li, C.-H. Lu, Q.-H. Yao, X.-L. Zhang, J.-J. Liu, H.-H. Yang, G.-N. Chen, A graphene oxide platform for energy transfer-based detection of protease activity, Biosensors and Bioelectronics, 26 (2011).

[46] C.L. Sun, C.T. Chang, H.H. Lee, J. Zhou, J. Wang, T.K. Sham, W.F. Pong, Microwave-Assisted Synthesis of a Core-Shell MWCNTs-GONR Heterostructure for the Electrochemical Detection of Ascorbic Acid, Dopamine, and Uric Acid, ACS Nano, 5 (2011) 7788-7795.

[47] C.L. Sun, C.H. Su, J.J. Wu, Synthesis of short graphene oxide nanoribbons for improved biomarker detection of Parkinson's disease, Biosensors & bioelectronics, 67 (2015) 327-333.

第九章

石墨烯在複合材料上的應用

作者　吳定宇

自從曼徹斯特大學兩位俄籍科學家蓋姆（Andre K. Geim）和諾佛謝洛夫（Konstantin S. Novoselov）以在自然界中發現穩定存在的單層石墨烯為題獲得諾貝爾物理獎後，石墨烯的相關應用技術發展與關鍵產品之開發便進入如火如荼的階段。就材料開發的角度而言，直接將粉體狀的石墨烯複合於不同類型的基材中，開發出多樣化的功能性複合材料，不僅是一種非常直觀的產品開發手段，也是能快速將石墨烯由研究階段導入市場應用階段的發展方向。本文將從奈米複合材料、複合材料的製程工序與石墨烯複合材料的相關應用作一基本介紹。

9.1 奈米複合材料的基本介紹

奈米複合材料可定義為由具有奈米尺度但不同表觀型態的填料（Filler）混合於不同特性的基材中，藉由添加奈米尺度之填料的特殊物性，以強化原有基材的不足或達到各種特殊功能性為設計目的[1]。由於此類填料具有奈米尺度（通常為小於 100nm），故一般又稱此類填料為奈米填料（Nano-filler）；作為奈米複合材料之基材選擇，可包含金屬（Metal）、陶瓷（Ceramic）及高分子樹脂。奈米填料的選擇按材質的不同，可區分成金屬類、陶瓷類或碳系三種不同填料，另按尺度或型態選擇，可包含奈米粉體（如奈米二氧化矽、奈米導電碳黑、奈米二氧化鈦或奈米金屬粉等）、一維奈米材料（如奈米碳管、奈米碳纖維、奈米氧化鋅或奈米銀線等）、二維奈米材料（如奈米黏土、石墨薄片、石墨烯等）等。另外，亦有其他研究運用填料的協同效應發展三相或多相複合材料系統（Muti-phase composites），或稱混成複合材料（Hybrid composites）[2]。該名詞之出現，可追溯到 1980 年代早期由荷蘭的 Delft 大學提出，並由美國鋁業公司（Aluminum company of America, Alcoa）發展的高性能層狀氧化鋁複合材料開啟多相混成複合材料之產品開發先河。直至今日，奈米複合材料的發展已逐漸達到成熟階段，自早期至今，大量的前人研究成果持續對奈米複合材料的發展提供許多寶貴經驗，都對後續新興研發，如石墨烯等先進奈米材料運用於功能性奈米複合材料提供有利的助益，可加速石墨烯於複合材料的發展曲線與拓展石墨烯的市場應用性 [3]。

Durand 等人所編撰《複合材料研究現況》（*Composite materials research progress*）一書 [3] 明白定義出奈米複合材料的發展面向與關聯圖。Durand 等人提到依照添加物的種類，可區分成碳系填充物與非碳系填充物兩類，碳系填充物多應用於改善複合材料的阻尼特性、機械強度、導電及導熱的傳導特性等；非碳系填充物則多應用於改善複合材料的阻燃性、組氣性、抗潛變能力、表面機械特性等。其次，依混合種類可大致區分成雙相複合材料或多相混成複合材料兩類，再依複合材料的外觀型式，可將雙相複合材料分為一維纖維型態（1D fiber type）、二維板狀與紙狀型態（2D sheet/paper type）、三維塊狀型態（Bulk form）三種；若將上述雙相複合材料加入纖維或基材，則可轉化形成多相混成材料，並依據混合順序前後與填充物型態，可區分成一維纖維類雙相填充物、二維板狀或紙狀雙相填充物三種。上述的奈米複合材料，均需經過適當的介面特性調整工法，方可將上述奈米填料均勻混合分散於基材中，製成具有特殊功能性的奈米複合材料。另外，Durand 等人 [3] 亦提到，奈米複合材料所具備的特殊功能性，使其能被廣泛使用於許多不同的應用中，如輕量化航空器、抗衝擊保護系統、熱管理系統模組、燃料電池、電子設備與裝置、感測器、多樣化的功能性塗料、電子遮罩用塗料或裝置等。

奈米複合材料的設計概念，在於可運用奈米材料與基材兩者之優勢，並著重於奈米複合材料的功能性設計、合成方法設計與材料體系的穩定性設計等三個面向，從而設計複合材料最適化配方選擇、填料分散與基材介面特性控制方法，選定最佳的混合製成與連續化工序、解決填

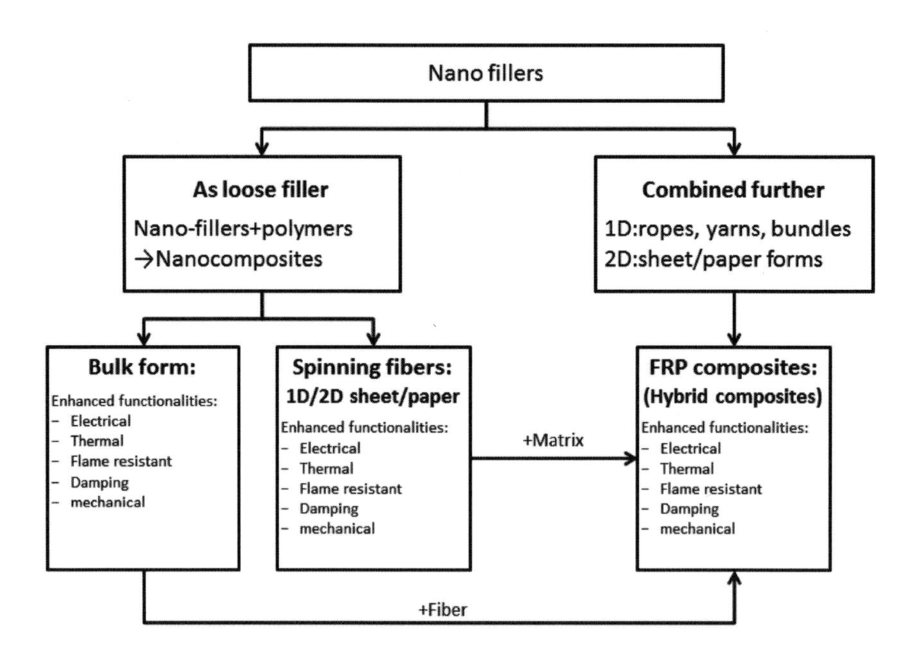

圖 9.1　複合材料的強化機制與路徑 [3]

料於基材內的分散與凝集問題，最終獲得高性能或功能性的奈米複合材料。根據張立德等人編撰之《奈米複合材料》一書所述 [4]，奈米複合材料具有下列特點：(1) 可發揮各組成份的協同效用（Cooperative effect）；(2) 功能性的可設計性，可針對奈米複合材料的性能需求調整製造方法；(3) 製作工法的調整與精進，可避免多次加工與重複加工。不過，雖然奈米複合材料的性能可設計性是其最大特點，但受到許多內在與外在因素影響，如奈米材料的分散細微性及均勻度、奈米材料的活性、奈米材料的含量、奈米材料與基材的相容性等，上述各項因素都將影響奈米複合材料最終的性質與穩定性的變化。

直至今日，奈米複合材料已依據末端的功能化需求，發展出多種不同形式的功能性材料 [3]，包含：

1. 增強複合材料的機械特性，包含複材強度（Strength）、複材剛性（Stiffness）、複材韌性（Toughness）、抗衝擊強度（Impact resistance）或結構穩定性（Structural durability）等。

2. 增強複材的傳導特性，包含導電特性（Electrical conductuvity）、導熱特性（Thermal conductivity）。

3. 增強複材的熱穩定性，包含阻燃性（Flame resistance）或增加耐溫溫度。

4. 增強複材的阻尼特性（Acoustic damping）。

5. 增強複材的尺寸安定性，如降低熱膨脹係數（Coefficient of thermal expansion）或尺寸收縮率（Shrinkage）。

6. 增強複材的表面機械特性，包含磨耗特性（Wear）、硬度（Hardness）或耐磨性（Abrasion resistance）。

7. 提升複材的阻隔特性（Barrier properties）。

自俄籍科學家蓋姆和諾佛謝洛夫發現石墨烯的存在之後，石墨烯被應用於奈米複合材料的議題，儼然成為現代奈米科學研究發展的主流。不過，早在他們之前發現的奈米碳管（Carbon nanotubes, CNTs），已因具有的高導電、高導熱與高強度等機械特性而被廣泛應用於開發奈米碳管複合材料[5、6]。不過，奈米碳管發展至今最大的瓶頸在於其單位製造成本過高，無法有效降低[7]，使得奈米碳管複合材料的發展在經過了超過20年後，仍未在市場應用端取得有效的突破。

相較於同系的奈米碳管，同樣有高寬厚比及低密度特性的石墨烯，因具有更低的製程成本與較易分散特性，已成為目前高性能奈米複合材料發展的選項之一。Kotov等人[8]於《自然》期刊中發表之論文「碳薄片溶液」（Carbon sheet solutions）中即提到，當碳纖維無法提供適當特性，且奈米碳管因價格過高而無法被使用時，哪一種奈米材料是同時滿足可被大眾接受的價格且具有良好優異特性呢？石墨烯顯然是目前的選項之一。若從材料特性的觀點比較奈米碳管與石墨烯兩項奈米碳材料之差異（圖 9.2），可發現石墨烯在導電與導熱特性上，具有較奈米碳管更佳的特性表現。因此，石墨烯在上述製程概念推波助瀾下，快速地被導入諸如導電、導熱、機械性能強化、熱穩定性增強或阻氣阻水等阻隔特性不同的應用場域中，發展出各式各樣的潛在性應用技術。

不過，雖然石墨烯具有上述優異材料特性，但如同一般奈米填料運用於奈米複合材料的製備過程中容易發生團聚分散不均，或與基材不相容而介面特性不佳等問題，進而導致石墨烯奈米複合材料的性質提升有限，並大幅侷限其後續的市場應用性。因此，發展適當的介面調質製程（Interface modification process）與具有可量產化的混摻製程（Mixing process），將是使石墨烯由研發階段邁向市場應用階段的重要課題。

9.2 高分子奈米複合材料的製程介紹

功能性高分子奈米複合材料的製程種類繁多，可依據填料及基材樹脂的特性調配適當方法，以強化最終的複材效能。Camargo 等人[9] 在「奈米複合材料：合成、結構、特性及新應用機會」（Nanocomposites: synthesis, structure, properties and new application opportunities）一文中，對主要製程方法有相當完整性的描述與比較。Camargo 等人歸納了：(1) 高分子或高分子預聚物的溶液插層法（In-situ intercalative polymerization）；(2) 原位插層聚合法（In-situ intercalative polymerization）；(3) 熔融插層法（Melt intercalation）；(4) 直接混合法（Direct mixing）；(5) 模板合成法（Template synthesis）；(6) 原位聚合法（In-situ polymerization）及 (7) 溶膠一凝膠法（Sol-gel process），並整理出相關複合材料製程的優劣性比較（如圖 9.3 所示）[9]。

Materials	Tensile strength	Thermal conductivity (W/mk) at room temperature	Electrical conductivity (S/m)	References
Graphene	130 ± 10 GPa	$(4.84 \pm 0.44) \times 10^3$ to $(5.30 \pm 0.48) \times 10^3$	7200	[73-84]
CNT	60-150 GPa	3500	3000-4000	[35,85-88]
Nano sized steel	1769 MPa	5-6	1.35×10^6	[89,90]
Plastic (HDPE)	18-20 MPa	0.46-0.52	Insulator	[91-93]
Rubber (natural rubber)	20-30	0.13-0.142	Insulator	[94,95]
Fiber (Kevlar)	3620 MPa	0.04	Insulator	[96,97]

圖 9.2　石墨烯、奈米碳管及其他常見的工程材料基本性質比較 [7]

Process	Advantages	Limitations	Ref.
Intercalation / Prepolymer from Solution	Synthesis of intercalated nanocomposites based on polymers with low or even no polarity. Preparation of homogeneous dispersions of the filler.	Industrial use of large amounts of solvents.	5, 18, 151-157
In-situ Intercalative Polymerization	Easy procedure, based on the dispersion of the filler in the polymer precursors.	Difficult control of intragallery polymerization. Limited application	158-164
Melt Intercalation	Environmentally benign; use of polymers not suited for other processes; compatible with industrial polymer processes.	Limited applications to polyolefins, who represent the majority of used polymers.	165-169
Template Synthesis	Large scale production; easy procedure.	Limited applications; based mainly in water soluble polymers, contaminated by side products.	170-175
Sol-Gel Process	Simple, low processing temperature; versatile; high chemical homogeneity; rigorous stoichiometry control; high purity products; formation of three dimensional polymers containing metal-oxygen bonds. Single or multiple matrices. Applicable specifically for the production of composite materials with liquids or with viscous fluids that are derived from alkoxides.	Greater shrinkage and lower amount of voids, compared to the mixing method.	58-73

圖 9.3　高分子複合材料的製程方法一覽與優劣性分析 [9]

功能性複合材料通常會受組成相之尺寸大小及表觀型態的變化而產生各式各樣功能性。Hussan 等人 [10] 提到填料的尺寸由微米級縮小至奈米級時，於相當體積比的前提下，衍生出相當高的比表面積，並可創造出與眾不同的材料物性。Hussan 等人 [10] 提到填料的表觀型態可區分成粒狀、纖維狀及片狀三種。圖是不同表觀型態的填料之幾何型態及其對應的比表面積／體積比方程式的示意圖。圖中可見，對於粒狀（3/r）與纖維狀（$2/r + 2/\ell$）的粉體而言，單位體積下的比表面積與其比表面積成反比關係，意即直徑越小，則比表面積越大；但對於纖維狀及片狀填料而言，由於 X-Y 方向的尺寸項 (1) 相對於 Z 軸方向之變化極小而可忽略，其比表面積／體積比主要受到纖維直徑及片狀厚度而影響。因此可知理論上而言，粉體的粒徑、直徑及片狀粉體厚度，是影響對應的比表面積／體積比的重要因素。

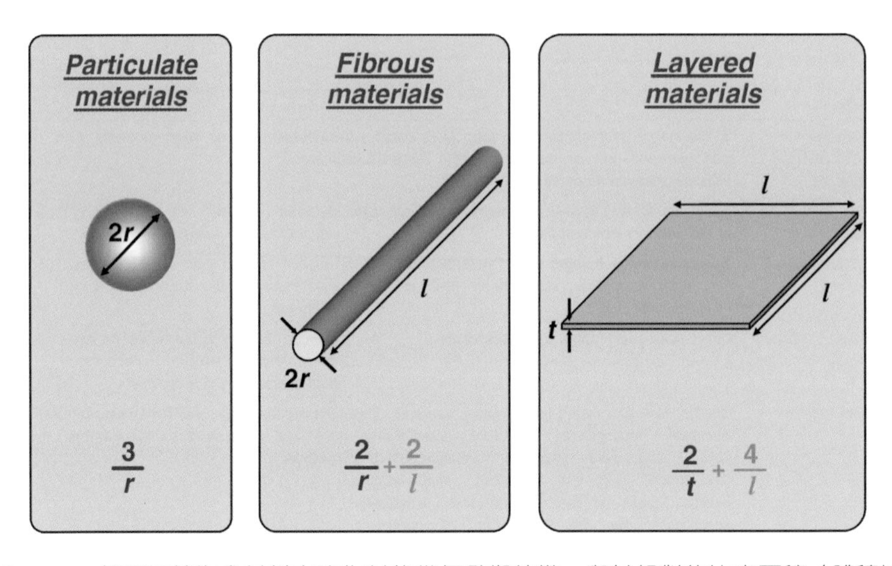

圖 9.4　一般運用於複合材料之強化材的幾何外觀特徵，與其相對的比表面積／體積比關係式 [10]

功能性複合材料的材料物性，通常受到填料尺寸大小、表觀型態及其與基材的混合度所影響 [11]。Alexandre 等人 [11] 以片狀二氧化矽填料製備之高分子複合材料架構的複合材料混合分散機制，是目前較為統一且廣被認可的說法。Alexandre 等人 [11] 提到以片狀二氧化矽粉體於高分子基材中，可依插層程度分成相分離型（Phase seperated）、插層型（Intercalated）及剝離型（Exfoliated）三種不同微觀結構。首先，當基材高分子未能有效插入片狀填料之層間，且高分子僅能環繞於填料外側時，其微觀結構屬於相分離型結構，且其材料物性與一般傳統微米級複合材料大致相同；當基材高分子之分子鏈深入片狀填料層間，並與片狀材料本身之層狀結構形成有序排列的結構特徵，此稱為插層型結構；而當原片狀結構特徵因插入層間的高分子而分散剝離，則稱為剝離型結構。

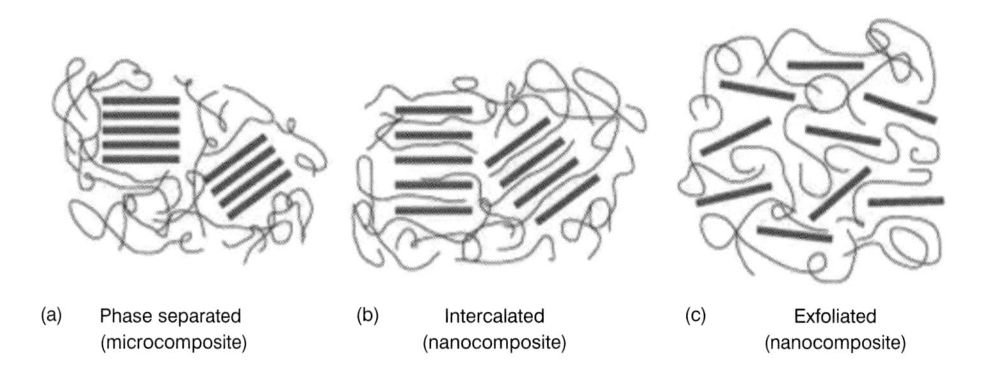

圖 9.5　不同插層型式的二氧化矽／高分子複合材料示意圖：(a) 相分離型（phase seperated）；(b) 插層型（Intercalated）；(c) 剝離型（exfoliated）[11]

Paul 等人 [12] 運用 TEM 及 XRD 分析具有不同分散度的奈米複合材料之微觀結構，並分析各種不同分散程度的模型，如圖 9.6 所示。就相分離型結構（Paul 等人稱 Immiscible structure）而言，XRD 的分析結果可見原顯著片狀結構繞射峰，顯示分散於複合材料中的片狀填充物仍然未被基材高分子插層剝離，同時 TEM 照片中仍可見厚度明顯的填料，可印證 XRD 的實驗結果；分析受基材高分子插層後產生的 XRD 結果可見，其繞射峰已明顯向低角度偏移，顯示其層間距已明顯變大，而 TEM 照片中可見基材高分子插入層間之明顯證據，同時原片狀填料仍未有明顯剝離現象；最後，當片狀材料明顯剝離後，於 XRD 結果中已無法發現明顯的繞射峰，且 TEM 照片中也可發現，被插入的片狀結構已被剝開而未呈現有序排列的狀態。

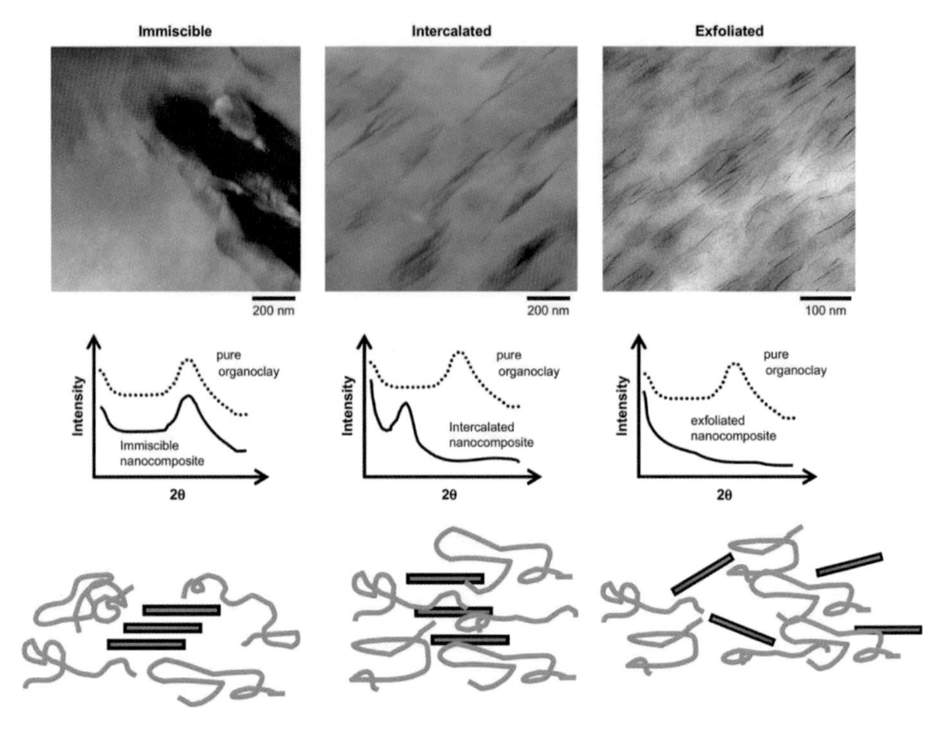

圖 9.6　Paul 等人以廣角度 X 光繞射量測法（Wide angle X-ray scattering, WAXS）和 TEM 結果分析以有機黏土於高分子樹脂中的不同分散狀態 [12]

Paul 等人 [12] 認為，在上述的結構模型解釋（如圖 9.7 所示）中，發生高分子插層反應的主要原因，來自於小分子量、高分子鏈或寡聚物的插層反應所致。Paul 等人 [12] 描述具有特定尺寸大小，但不具特定排列方向之片狀團聚物填料（8mm）與高分子基材在熔融混合過程中，受到混煉過程所產生的剪力而分散成類晶團聚物（Tactoids），此類晶團聚物在持續作用的剪力下，基材高分子分別以擴散與剪力剝離兩種作用，將片狀填料逐漸剝離分散，最終達到分散剝離的微觀結構。不過，作者認為在熔融混合剪力剝離的模型中，單純靠機械力的分散是無法達成完全剝離的狀態，高分子與片狀物間的化學反應及親和力的高低，亦是造成剝離程度差異的關鍵要素。

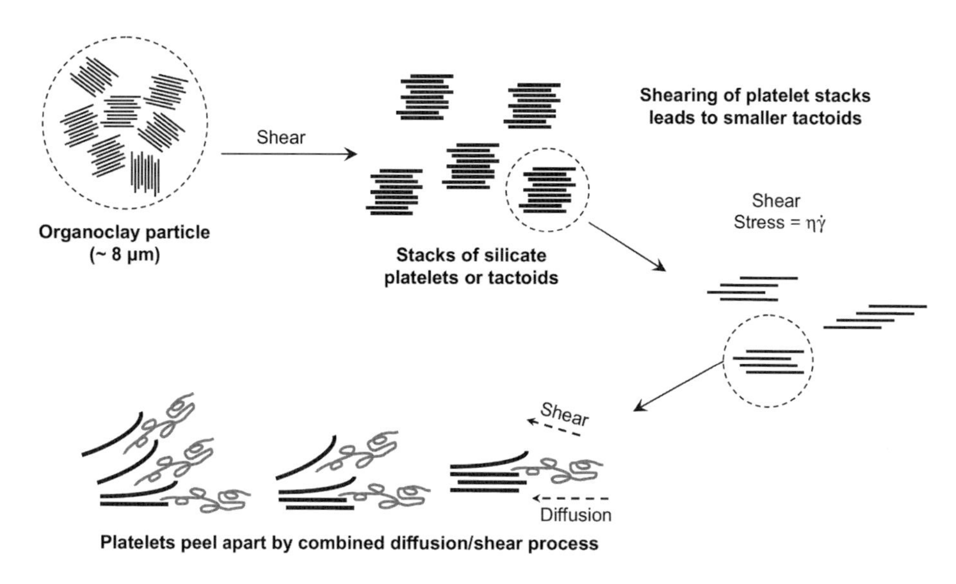

圖 9.7　有機黏土於熔融混合過程中，在高分子樹脂中的分散機制 [12]

9.3 石墨烯複合材料之基本介紹

石墨烯功能性複合材料（Graphene based functional composites）的製程發展，在近幾年石墨烯的浪潮推波助瀾下發展得相當迅速。石墨烯能興起這股研究熱潮的主因，不外乎是因石墨烯本身優異的材料物性，同時相對於一般現今常見的填料，可在更低的含量中，創造出更有效的強化結果 [13-15]。Kim 等人 [16] 提到，「石墨烯」與「石墨烯複合材料」相關論文發表數目在 2005 年後快速激增，而至 2009 年後發表數目已達將近 3000 篇，由此足見石墨烯及其在複合材料方面的應用相當受到注目。石墨烯功能性複合材料可依基材選擇不同，而區分成石墨烯／金屬複合材料、石墨烯／高分子複合材料及石墨烯／無機複合材料等三大類。在 2014 年韓國濟州島舉辦的國際碳材料年會中，韓國先進技術研究院 Hong Soon Hyung 教授以「奈米碳複合材料的發展現況與展望」（Status and prospect of carbon nanomaterials filled nanocomposites）為題，探討奈米碳管與石墨烯等奈米碳材料複合各種不同基材製備的奈米複合材料的特性變化 [17]。Hong Soon Hyung 教授首先歸納出各種不同形式的奈米複合材料相關製程方法（如圖 9.8 所示），可見以奈米級填料製備金屬基或陶瓷基複合材料，多以粉末冶金或熔融混合的製程方法，或可藉由熱噴塗、化學氣相沉積或物理濺鍍的方法成形；而以奈米級填料製備高分子基複合材料，則多以原位聚合法、溶液混合法或熔融混合法為主要製程手段。就石墨烯／金屬複合材料而言，Hong Soon Hyung 教授發現，在石墨烯可以均勻分散於金屬基材的狀態下，石墨烯僅需在體積分率 1% 的低添加量下，即可有效提升複合材料的拉伸強度。同時若在固定相同體積分率的前提下，石墨烯相對於其他填料，有著最為有效的強化效果。另外，對於石墨烯／陶瓷複合材料而言，Hong Soon Hyung 教授亦在複材的裂縫中發現石墨烯扮演著抵抗裂

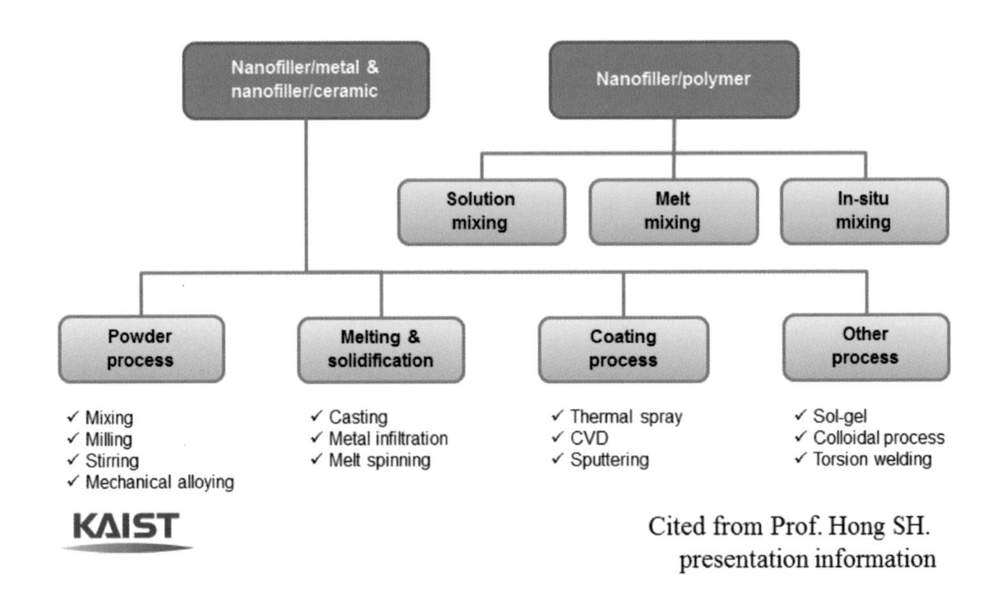

圖 9.8　各種不同形式奈米複合材料相關的製程方法

紋延伸的抑制角色，促使原基材破裂時裂紋直線成長的型態，轉變成彎曲延伸的形式而抑制裂紋成長，進而提升基材的破裂韌性（如圖 9.9 所示）。除了機械強化之外，Ramirez 等人[18]以添加量 12 ～ 15% 石墨烯，發展石墨烯／ Si_3N_4 陶瓷複合材料，並發現此複合材料不僅具有良好的導電特性，且具有明顯的異向特性。Fan 等人[19]運用球磨法混合石墨烯與氧化鋁粉製備石墨烯／氧化鋁複合材料，發現在添加量 15% 時，可有效提升氧化鋁複合材料導電度達 57S/cm。

石墨烯應用於高分子複合材料的產品開發，一直是目前石墨烯的產業化發展中相當重要的一環。石墨烯高分子複合材料在機械特性、導熱、阻氣、導電及阻燃的應用上，具有遠優於原有高分子基材的材料物性。同時，相較於一般碳系填料而言，石墨烯高分子複合材料可在更低的添加含量下展現出相同或更佳機械特性與導電性[16、20-22]。雖然奈米

Comparison of strengthening efficiency of filler for metal matrix composites

Reinforcement		Matrix		Composite	Strengthening efficiency of reinforcement
Type	Vol%	Type	Yield Strength(MPa)	Yield Strength(MPa)	
Alumina particles	10	Zn-Al-Cu	310	380	2.3
Alumina fiber	10	Al-12Si-Ni-Cu	210	247	1.8
SiC particle	10	Al alloy CW67	340	425	2.5
SiC whisker	10	AZ91	87	154	7.6
Carbon fiber	10	A357	360	499	3.9
Carbon fiber	10	Cu	232	347	5.0
Carbon nanotubes	5	Cu(4.0μm)	150	360	28.0
	5	Cu(1.5μm)	195	465	27.7
	5	Ni	175	348	19.8
	10	Ni	175	578	23.0
Graphene	1	Cu	160	232	45.0
	2.5	Cu	160	284	31.0

Strengthening efficiency reinforcement

$$R=\frac{\sigma_c-\sigma_m}{V_f\sigma_m}$$

σ_c :Yield strength of composite
σ_m:Yield strength of matrix
V_f :Volume fraction of fillers

KAIST

Cited from Prof. Hong SH. Presentation information

圖 9.9　不同奈米級填料對於金屬複合材料在強度提升之比較

碳管在複合材料的機械性質提升上可產生顯著效果，但石墨烯之特殊的結構性，使其在複合材料的導熱性能與導電性能具有更加的強化效果。不過，如同一般填充型複合材料所面臨的挑戰一樣，依據使用端的需求改善石墨烯的分散狀態與堆疊狀態，及其與基材介面鍵結特性，是提升石墨烯強化效果的關鍵。一般而言，結構特性完整的石墨烯與高分子基材相容性不佳，作為複合材料填充材的強化效果亦普遍不佳；另一方面，氧化石墨烯由於表面具有大量的含氧官能基，而可改善高分子基材的相容性。同時，氧化石墨烯表面具有之大量的羰酸基及羥基，使其具有明顯的親水性可穩定懸浮於水中。因此，就目前研究發展趨勢而言，多以氧化石墨烯或改質石墨烯為填料投入功能性複合材料的研究開發。不過，由於氧化石墨烯之導電特性屬於絕緣體特徵，故作為傳導性功能化複合材料的發展受到極大限制。

Kuilla 等人 [22] 在「石墨烯基高分子複合材料的近期發展」（Recent advances in graphene based polymer composite）一文中詳細整理出石墨粉、膨脹石墨粉、石墨薄片及氧化或還原石墨烯相關等高分子複合材料之強度性質比較（如圖 9.10 所示），使用的高分子基材，包含環氧樹脂（Epoxy）、聚甲基丙烯酸甲脂（PMMA）、聚丙烯（PP）、線性低密度聚乙烯（LLDPE）、高密度聚乙烯（HDPE）、聚苯乙烯（PS）、聚苯硫醚（PPS）、聚乙烯醇（PVA）、熱塑性聚胺脂（TPU）、聚醚醯亞胺（PETI）等。從表中整理結果可知，運用石墨烯、膨脹石墨或石墨於不同基材樹脂作為機械性質強化材的選擇，多遵循低添加量、溶液混合法、熔融混合法及表面改質以優化介面特性等原則，使基材樹脂獲得較為突出的強化效果，如在石墨烯體積百分率 5.1% 下，可使 TPU 基材強度提升 200%；或在石墨烯添加量 5% 下，提升 PMMA 基材強度達 133%；或運用平均片徑 1μm 的石墨烯（XGNP-1）

Matrix	Filler type	Filler loading (wt%[a],vol%[b])	process	%increase E	%Increase TS	% Increase flexural strength
Epoxy	EG	1[a]	Sonication	8	-20	
	EG	1[a]	Shear	11	-7	
	EG	1[a]	Sonication and shear	15	-6	
	EG	0.1[a]	Solution			87
PMMA	EG	21[a]	Solution	21		
	GNP	5[a]	Solution	133		
PP	EG	3[b]	Melt			8
	XGNP-1	3[b]	Melt			26
	XGNP-15	3[b]	Melt			8
	Graphite	2.5[b]	SSSP		60	
LLDPE	XGnP	15[a]	Solution		200	
	Parrafin Coated XGnP	30	Solution		22	
HDPE	EG	3[a]	Melt	100	4	
	UG	3[a]	Melt	33		
PPS	EG	4[a]	Melt			-20
	S-EG	4[a]	Melt			-33
PVA	GO	0.7[a]	Solution		76	
	Graphene	1.8[b]	Solution		150	
TPU	Graphene	5.1[b]	Solution	200		
	Suflonated graphene	1[a]	solution		75	
PETI	EG	5[a]	In situ	39		
		10[a]	In situ	42		

圖 9.10　石墨烯／石墨基高分子複合材料之機械性質的研究成果整理 [22

於熔融混合法下，提升 PP 基材強度達 133% 等，上述結果都證明，石墨烯於強化機械特性之功能性複合材料應用上，有著相當顯著的效果。

考慮石墨烯高分子複合材料的製程方法對複合材料之性質影響，必須從石墨烯的微觀結構特徵、高分子系統的分子結構、極性或流動性及兩者介面間的交互作用，上述影響因素將決定石墨烯高分子複合材料的加工條件與最終的產品性能。因此，藉由探討石墨烯高分子複合材料的熔體及懸浮體流變行為，可幫助我們理解石墨烯於高分子基材中的分散行為及其與基材間的交互關係。

就熔融混合之製程方法而言，因其成型加工條件大多需要歷經高溫、高剪切的熔融過程，故運用穩態流變測試來探討複合體系的黏度、應變與剪切速率間的關係，可以描述石墨烯與高分子基材在不同加工條件下的特徵。Achby 等人[23]探討石墨烯／聚丙烯（PP）複合材料的流變行為時，發現其儲存模量及損耗模量均會隨石墨烯含量增加而增加。Achby 等人認為，這是因為隨著石墨烯含量的增大，基材高分子之分子鏈的鬆弛行為逐漸被抑制，導致其儲存模量大幅增加。相關的流變行為亦可在數種不同高分子基材中獲得類似的實驗結果，如石墨烯／聚碳酸酯系統[24]、石墨烯/PE 系統[25]、或石墨烯／聚乳酸系統[26]，均可得到類似的流變行為結果。不過，陳春銀等人[27]探討氧化石墨烯／尼龍（PA11）複合材料之製程方法時，發現不同的流變特性。陳春銀等人發現隨著剪切速率增加，整體複材的表現黏度下降，且剪切應力增大，整體呈現明顯「剪切變稀」的非牛頓流體特徵。陳春銀等人認為，這應是 PA11 中混亂糾結的分子鏈在外力作用下鬆弛解開後，使表面具有含氧官能基之石墨烯與 PA11 結構中之短分子鏈發生反應而降低聚合度，使分子間纏結作用減小導致熔體較易流動；另一方面，在氧化石墨烯含量逐漸增加的過程中，發生在基材中的團聚現象愈發嚴重，使其產生明顯的相分離現象所致。

對於石墨烯的懸浮體系而言，Kumar 等人[28]探討具有液晶行為（Liquid crystalline）的氧化石墨烯懸浮液的流變特性，提到可以用 Power 法與 Curreau 模型描述氧化石墨烯懸浮液因液晶特性而具有剪切變稀的行為。另外，Kumar 等人提到，不論剪切速率高低，懸浮液的剪切黏度會於氧化石墨烯的固含量達到臨界體積含量 0.33% 時突然降低，這也代表典型的等向型一向列型相轉變行為。動態測試結果顯示，在低氧化石墨烯體積分率（0.08%）時，懸浮液體系呈現液體行為；且會在添加量達 0.45% 時，懸浮液體系呈現液晶行為；而當氧化石墨烯添加量達 0.83%，懸浮液體系會呈現向列型液晶行為。

如同常見之填料式複合材料的製程，石墨烯複合材料的製程選擇及穩定性，仍受到高分子種類與極性、分子量、親疏水性、官能基種類與反應性、及其與石墨烯間的介面特性所影響。尋找適當的介面改善方法，以及提升與基材間相容特性的技術開發，是目前多數石墨烯複合材料研究開發的重點發展課題。一般而言，除了在既具有結構良好與性能優異的石墨烯粉體發展適當的分散技術有諸多研究成果發表外，運用石墨烯合成過程中的中間產物「氧化石墨烯」作為起始反應原料，亦是石墨烯高分子複合材料發展上的重點研究項目。楊永崗等人 [29] 提到氧化石墨烯是具有層狀結構之石墨，其是以強力氧化後加水分解得到的石墨層間化合物。氧化石墨烯的合成方法可分成 Brodie 法、Staudenmaier 法及 Hummers 法 [30]，且最早可追溯到 1898 年。此三類方法皆使用強質子酸處理，形成原始石墨合成一階型（Stage-1）石墨層間化合物後，加入強氧化劑對其產生劇烈的氧化反應，以生成氧化石墨烯。氧化石墨烯的結構因源自於石墨材料而具備準二維層狀結構，層間含有大量的含氧官能基團，包含環氧基、羥基和羧基基團 [31]，而大致可分成三種：Ruess 模型、Hofmann 模型和 Scholz-Boehm 模型 [32]。由於氧化石墨烯具有大量含氧官能基，因此其離子交換容量較一般黏土類礦物大，可容許長鏈脂肪羥、過渡金屬離子、親水性分子和聚合物等通過層間氫鍵、離子鍵、共價鍵等作用插入形成層間化合物。乾燥的氧化石墨烯層間距一般認為是 0.59nm ～ 0.67nm，並於相對溼度 45% ～ 100% 下，其層間距達到 0.8nm ～ 1.15nm。另一方面，元素分析結果顯示，氧化石墨烯的化學式可能為 $C_8O_{2-x}(OH)_{2x}$（$0 < x < 2$），且 C：O：H 比在 6：2.33：1.2 和 6：3.7：2.83 之間，此與製備過程中的氧化條件有關 [29]。由於氧化石墨烯表面具有大量的含氧官能基，可視高分子樹脂的種類採取直接混合，或再進行適當的表面改質工程提升介面鍵結能力，得到良好機械特性的石墨烯／高分子複合材料 [16-22]。不過，對於良好導電或導熱特性的應用需求而言，氧化石墨烯由於受到強氧化反應作用，石墨烯層表面修飾的含氧官能基使其幾乎呈現絕緣特性，進而限

制其在導電或導熱複合材料應用端的使用性。因此，採取適當的還原製程，在保有適當反應官能基的前提下，改善氧化石墨烯的結構特性，是目前將氧化石墨烯應用於導電或導熱複合材料之產品開發上相當常見的做法。

Du 等人 [33] 將不同還原方法得到的還原氧化石墨烯（Reduced graphene oxide, RGO）細分成高溫還原氧化石墨烯（Thermal reduced graphene oxide, TRGO）及化學還原氧化石墨烯（Chemical reduced graphene oxide, CRGO）兩類，並將常見的氧化石墨烯或還原氧化石墨烯之複合材料的製備方法整理描繪製圖，如下圖 9.11 所示。Du 等人提到氧化石墨烯可透過常見的複合材料製程，如液相混合法、熔融混合法及原位聚合法等手段，均勻分散於高分子基材中，而異於一般熟知的奈米碳管，具有板狀結構的氧化石墨烯或還原石墨烯，並不會有纏繞糾結而不易分散的問題，但還原後之石墨烯容易在強凡德瓦爾力作用下容易產生重新堆疊的問題，進而影響後續的分散性與使用性，因此，如何解決與防止石墨烯或還原石墨烯在高分子基材內部重新堆疊聚集，是製備石墨烯／高分子複合材料的重要議題。

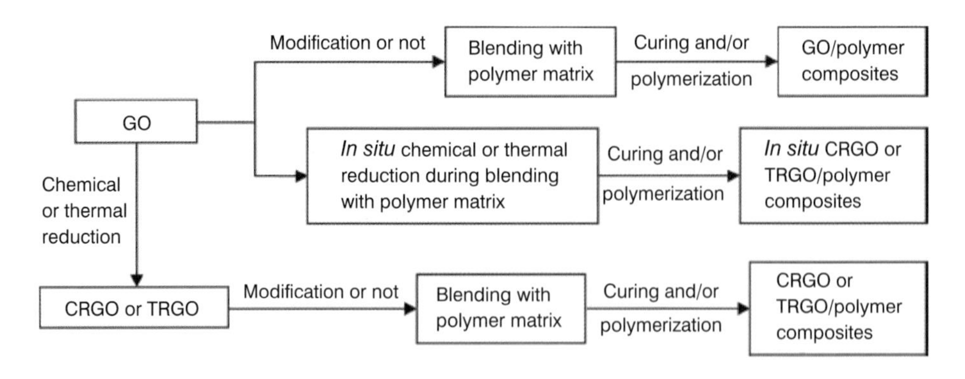

圖 9.11　氧化石墨烯或還原氧化石墨烯之複合材料的製備方法一覽 [33]

Du 等人提到就氧化石墨烯與還原石墨烯之複合材料的製備手法而言，由於石墨烯在外觀上無異於一般常用在作為複合材料的添加粉體，因此不論是石墨烯、氧化石墨烯或還原氧化石墨烯，其在複合材料的製程方法上，與前述傳統複合材料之製程方法相同，而可大致區分成下列三種：(1) 原位聚合插層法；(2) 溶液插層法；(3) 熔融插層法。同時，可視不同種類之高分子樹脂的需求，選擇適當的介面改質製程，以提升石墨烯與高分子基材的相容性。以下即對各種不同製程方法分別介紹 [22]。

9.3.1 原位聚合插層法

對於原位聚合插層法而言，多數做法是將石墨烯或經改質的石墨烯先與液態高分子單體與適當的反應起始劑（Initiateor）進行混合，兩者透過擴散作用進入石墨烯的層間，進行插層反應，並在受到適當反應溫度或能量照射下產生聚合反應。運用原位聚合插層法的主要目的，在於解決石墨烯與高分子基材兩相間存在的強凡德瓦爾力作用影響，透過適當化學反應，引發共價鍵鍵結的形式，使石墨烯可與高分子基材順利連結，以提升石墨烯與高分子基材間的介面相互作用與應力傳遞狀態。一般常見的做法在於利用氧化石墨烯表面的活性基團參與有機小分子的聚合反應，於石墨烯表面直接聚合得到石墨烯／高分子複合材料，同時在適當的反應條件下，高分子鏈在聚合延伸的過程中，會幫助石墨烯進一步插層剝離，使石墨烯於高分子基材中的分散程度更佳。

Chen 等人 [34] 以超音波均勻分散氧化石墨烯於二甲基甲醯胺溶劑中得到的氧化石墨烯分散液為起始反應原料，複合聚醯胺酸於分散液反應體系中，透過原位部分還原反應（In situ partial reduction）與亞胺化反應（Imidization）不同反應條件得到改質石墨烯／ PI 複合材料。

Patole 等人[35]將高溫下製得之石墨烯搭配 SDS 為分散劑，於高能超音波作用下製備石墨烯水性微乳化懸浮液為起始原料，將苯乙烯單體滴加於懸浮液中，並以 AIBN 為起始劑，於 85℃下進行聚合反應，於石墨烯表面原位聚合出聚苯乙烯微粒而得到聚苯乙烯球改質石墨烯，最後將此改質石墨烯分散於聚苯乙烯分散液中，以製備石墨烯／聚苯乙烯複合材料，相關製作流程示意圖如圖 9.12，並可在改質石墨烯添加量達 20wt% 時，降低石墨烯／聚苯乙烯複合材料之表面電阻至 $10^2\Omega/cm$。

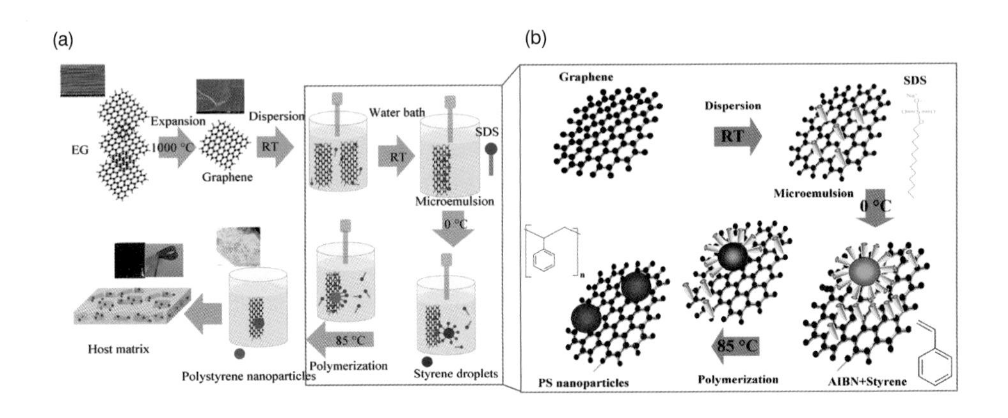

圖 9.12　以聚苯乙烯改質石墨烯製備之石墨烯／聚苯乙烯複合材料的製作方法與表面改質的流程示意圖：(a) 石墨烯／聚苯乙烯複合材料製備流程；(b) 改質石墨烯的流程示意圖[35]

Li 等人[36]以具有多重活性官能基團的氧化石墨烯為起始反應物，嘗試將聚氨酯的預聚物（Prepolymer）以原位聚合法嫁接於氧化石墨烯的表面，並複合環氧樹脂形成氧化石墨烯／聚氨酯／環氧樹脂複合材料，最後可在氧化石墨烯低添加量（0.066wt%）下，同時達到提升複材剛性（拉伸模數提升 18%）與伸長量提升 1 倍，其表面改質流程如下圖 9.13 所示。

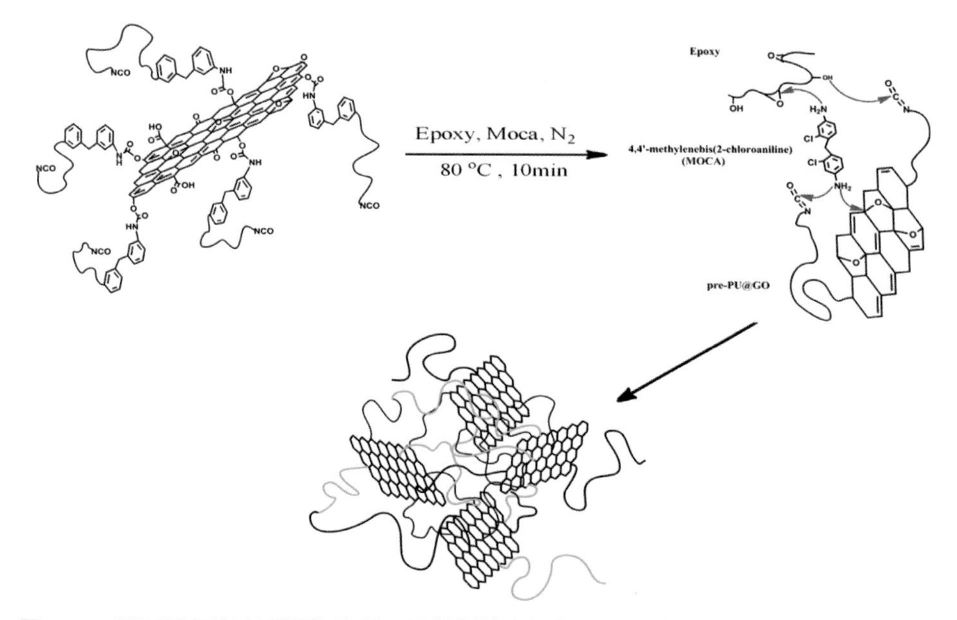

圖 9.13　運用聚氨酯之預聚物改質石墨烯製備之氧化石墨烯／聚氨酯／環氧樹脂複合材料的製作方法與表面改質的流程示意圖

9.3.2 溶液共混插層法

溶液插層法的基本原理是透過選擇適當的溶劑系統，使溶劑可溶型高分子樹脂或預聚物可適當地與石墨烯或改質石墨烯混合的一種製程方法。一般熟知結構良好的石墨烯幾乎不具溶解性，且容易發生聚集現象。因此，透過發展適當的表面改質製程，將適當的有機官能基團引入石墨烯表面，改善其與高分子基材的相容性，是可以預期的關鍵製程。另外，了解石墨烯的表面特性，並藉由適當的分散技巧，輕易分散於適當的溶劑系統，如水、丙酮、四氫呋喃或二甲基甲醯胺等不同溶劑系統。當分散石墨烯的溶劑系統揮發後，基材高分子可穩定吸附於石墨烯表面，並在乾燥過程中以層狀堆疊的方式形成石墨烯複合材料。

另一方面，以化學法製得之氧化石墨烯由於表面具有大量的羥基、羧基或環氧基等反應官能基，而可穩定分散於水溶液系統中。因此，選擇適當的水溶性高分子如聚乙烯醇、聚乙二醇、纖維素或聚乙烯縮丁醛等，即可利用溶液共混方法製備石墨烯／高分子複合材料。以石墨烯／聚乙烯醇複合體系為例，常見的製程方法，包含將脫酸純化後的氧化石墨溶液以超音波震盪產生穩定分散的氧化石墨烯水溶液；同時，將聚乙烯醇以適當條件製備透明澄清的聚乙烯醇溶液，與前述的石墨烯水溶液均勻攪拌、分散後，製得石墨烯／聚乙烯醇分散液，以鑄模成型或塗佈成型的方式，得到石墨烯／聚乙烯醇複合材料。

此外，溶液共混插層法的製程技術可因應有機溶劑系統的多元化與選擇適當的石墨烯表面改質方法，進而創造出各式不同類別石墨烯／高分子複合材料。以石墨烯／聚氨酯複合材料的製作流程而言，可選擇對氧化石墨烯表面先行磺酸化改質工程，使氧化石墨烯可均勻分散於 DMF 溶劑系統中，透過直接溶液還原工程於 DMF 系統中還原氧化石墨烯，得到改質石墨烯／ DMF 懸浮分散液體；同時，再次將可溶於 DMF 溶劑中的熱塑性聚氨酯以適當比例溶解於改質石墨烯／ DMF 懸浮液中，並進行適當的分散，防止石墨烯重新疊合聚集，最後再經塗佈成型與適當的乾燥程序得到改質石墨烯／聚氨酯複合材料。

Mu 等人 [37] 以分散在甲苯溶液的膨脹石墨作為起始原料，混合溶解於甲苯溶液中的矽膠樹脂，於真空降溫過程乾燥形成膨脹石墨／矽膠預混合物，最後再於 190℃下以 9.8MPa 熱壓成型製成膨脹石墨／矽膠複合材料，並在膨脹石墨 18phr 時，得到最佳的導熱特性。作者另外亦比較熔融混合法與溶液插層法兩者的優劣性，發現在熔融混合法製備的過程中，容易因碰壞膨脹石墨結構，不僅造成膨脹石墨的基面大小縮小外，更使膨脹石墨需藉由更高添加量，才能使複材之特性明顯增加；另一方面，相較於溶液插層法可使膨脹石墨片仍然保有完整結構，使複材可於較低添加量下，有效提升其導熱特性。

Liang 等人 [38] 以溶液插層法將氧化石墨烯與聚乙烯醇於不同溶劑系統下進行共混製備石墨烯／ PVA 奈米複合材料，並探討氧化石墨烯強化聚乙烯醇基材的行為。Liang 等人提到由於氧化石墨烯表面具有的含氧官能基可與聚乙烯醇產生強氫鍵作用，同時溶液插層的做法亦有效改善石墨烯於基材中的分散狀態，而使兩者介面間的應力傳遞效率提升，因此可在低氧化石墨烯的添加量（0.7wt%）下，有效提升拉伸強度達 76%，且拉伸模數可提升 62%。

9.3.3 熔融插層法

在熔融插層法中，石墨烯將在不具溶劑的狀態下，與呈現熔融狀態高分子基材以常見的混合設備（如單螺桿或雙螺桿壓出機）進行混合，熔融態的高分子鏈藉由機械能插入石墨烯的層間進而剝離石墨烯，最終形成均勻混合的石墨烯複合材料。此種製程方法的優勢，在於可運用於無法進行原位聚合或溶劑溶解的高分子系統，同時亦具有製程速度快且穩定性高等優點。石墨烯的分散性與其相對應之樹脂相容性，是運用本法進行開發時的最大問題，通常而言，由於石墨烯與一般樹脂相容性都不佳，因此選用適當的相容劑或透過適當的改質手段，都會有助改善後續混合與分散的衍生問題。

Kim 等人 [39] 以 XG-science 公司生產的 XGnp-15 石墨烯粉體為起始原料，複合線性低密度聚乙烯樹脂（LLDPE）製備石墨烯／LLDPE 複合材料。為求石墨烯能均勻分散於高分子樹脂中，Kim 等人將定量的石墨烯先與 LLDPE 於二甲苯中均勻混合製作預混合物，之後透過雙螺桿壓出機進行混煉，壓出製作石墨烯／LLDPE 複合材料，且可在低石墨烯添加含量（7wt%）下，有效提升複材熱膨脹特性與熱穩定性。

Kalaitzidou 等人 [40] 同樣以 XG-science 公司生產之不同片徑大小石墨烯粉體（包含 XGnP-1 及 XGnP-15 兩種粉體）為起始原料，以熔融混合插層法複合聚丙烯製備石墨烯／聚丙烯複合材料，並探討複材之熱穩定性與氣阻特性。除上述石墨烯粉體外，Kalaitzidou 等人亦導入具有線性結構特徵之氣相成長碳纖維、PAN 系碳纖維、碳黑及奈米黏土等，以比較各種不同添加物之熱穩定性與氣阻特性的差異。Kalaitzidou 等人提到石墨烯相較於其他填充物的優勢，在於其具備之二維板狀結構，故能在兩個不同方向上改善複材的熱膨脹特性。更進一步說，具有越大寬厚比的石墨烯，即便在更低的添加量，也都能非常有效的改善聚丙烯之氣阻性，同時添加石墨烯亦可提升複材的導熱特性。

Istrate 等人 [41] 以液體剪切法製備之薄層石墨烯為起始材料，在低石墨烯添加量的狀態下，運用熔融混合法複合 PET 樹脂製備石墨烯／PET 複合材料，並探討複材之機械特性的變化。其中，石墨烯的添加量介於 0.01wt% ～ 0.1wt%；熔融混合溫度為 260℃。以上述方式製備之石墨烯／ PET 複合材料可於石墨烯添加量 0.07% 下，提升複材強度達 40%，且拉伸模數達 10% 以上。

9.4 石墨烯的介面改質工程

石墨烯的介面特性，一直是複合材料發展中的重點討論項目，其原因不外乎是原始石墨烯在彼此間強凡德瓦爾力作用下，而在混合的過程中，不容易被高分子基材的分子鏈插層進入石墨烯層間，進而產生良好而穩定的分散，因此，許多文獻報導運用結構特性良好的石墨烯作為高分子複合材料填充材時，容易產生聚集現象，從而造成最終複合材料性質下降 [16、20、22、42-44]。為使石墨烯可有效運用於複合材料的應用開發中，多數文獻選擇使用石墨烯的中間產物——氧化石墨烯作為介面調整的起始反應物，其主因在於氧化石墨烯表面具有之大量含氧官能基，可於後續的化學官能化改質製程中提供修飾反應的起始點，藉由選擇適用於特定基材的適當反應官能基，改善石墨烯本體與高分子基材的分散性以避免聚集，並可增加其與基材間的相容性，從而改善複合材料的最終物性。可用於修飾的反應官能基與反應製程的選擇相當多元，常見的反應種類以胺化反應（Amination）、酯化反應（Esterification）、異氰酸化反應（Isocyanate modification）或高分子表面纏繞披覆法（Polymer wrapping）等。此外，亦有少數研究運用離子液體以電化學改質方法（Electrochemical modification）改質石墨烯，或運用 π-π interaction 的製程概念，改善石墨烯與基材間的介面行為[22]。通常而言，常見化學改質製程以共價鍵修飾法（Covalent modification）與非共價鍵修飾法（Non-covalent modification）兩種為主，其他亦有分散介質下還原反應（Reduction in stabilization medium）、親核取代反應（Nucleophilic substitution）或重氮鹽耦合反應（Diazonium salt coupling）等。以下將常見的化學改質製程進行介紹：

1. 共價鍵修飾法

共價鍵修飾法是將具有特定官能基的反應物以共價鍵的方式修飾到石墨烯上，以改善石墨烯的反應活性或與高分子基材間的相容性。通常而言，氧化石墨烯或還原石墨烯（Reduced graphene oxide）表面所具有的含氧官能基，如羥基、羧基或環氧基，都可作為共價鍵修飾法的反應活性點，利用上述活性官能基團，通過適當的常見化學反應，使特定反應官能基修飾於石墨烯表面，達到改善石墨烯反應活性或其與高分子基材間之相容性的目的。一般共價鍵修飾法的反應形式之差異，又可細分為：有機小分子修飾法、聚合物修飾法及離子接枝修飾法三種不同改質方法，以下將分別敘述其製程概念與相關研究成果：

(1) 有機小分子修飾法

小分子修飾表面改質方法的起源已久，多數奈米碳材料，如奈米碳管均運用類似分散技巧與概念，發展出多樣化的修飾方法與改質程序，以提升奈米碳材料於高分子系統中的分散性與相容性。常見的改質方法可大致區分成數類，如磺酸化改質、異氰酸鹽化改質、矽烷化改質或醯胺化反應改質等，都已有大量文獻發布相關研究成果。Stankovich 等人 [45] 可能是最早發展氧化石墨烯之表面改質技術的研究團隊，他們以氧化石墨為起始反應原料，透過異氰酸根、氧化石墨表面的羧基與羥基進行反應，發展出一系列異氰酸酯改質石墨烯的合成技術，如圖 9.14。此類表面改質石墨烯可在 DMF 或多種極性非質子溶劑系統中均勻分散，且可達到長時間穩定不沉降的效果。表面矽氧烷化改質製程則是另一種常見的修飾製程方法，除反應官能基有多樣化的選擇性以適應不同高分子基材系統外，更可隨水相或溶劑相等不同溶劑體系而產生不同程度的改質效果。

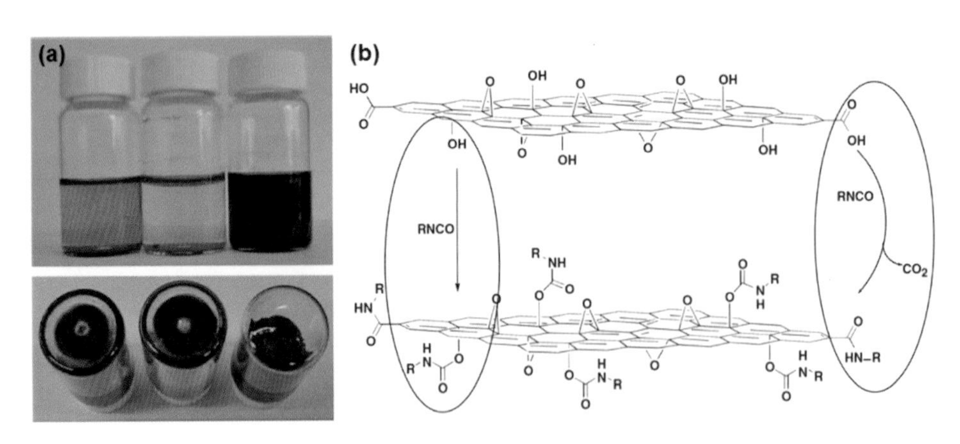

圖 9.14　Stankovich 等人發展之氧化石墨烯的異氰酸酯化改質技術：(a) 改質前後石墨烯的懸浮狀態；(b) 異氰酸酯化改質技術的反應示意圖 [45]

Wang 等人 [46] 以 3- 氨丙基三乙氧基矽烷（3-aminopropyltriethoxysilane, AMPTS）為改質劑且 N,N’- 二環己基碳二亞胺為催化劑（N,N’-dicyclohexyl- carbodiimide, DCC），對還原石墨烯進行化學改質，發現改質後的石墨烯具有較佳分散特性，且與環氧樹脂基材具有良好的介面鍵結特性，使得複材之機械強度可提升 52%，且展現出較佳的熱穩定性。Yang 等人 [47] 同樣以 APTS 為改質劑與 DCC 為催化劑，對氧化石墨烯進行化學改質，使原無法穩定分散於溶液中的氧化石墨烯可呈現分散狀態，同時在改質石墨烯的添加下，可改善 Silica monoliths 的壓縮破裂強度（Compressive failure strength）與韌性（Toughness）分別達 19%、92%。Gong 等人 [48] 運用 PVA 作為改質劑，與氧化石墨烯於催化酯化反應作用下進行化學改質，產生 PVA 改質氧化石墨烯，發現於尼龍六（Nylon 6）基材中分散良好的 PVA 改質石墨烯，可在低添加含量下（< 2%），有效提升 Nylon 6 的拉伸強度達 34%。醯胺化反應是另一種有效的修飾製程方法。Haddon 等人 [49] 以十八胺（ODA）上的氨基與氧化石墨烯表面的羧基反應可得到長鏈烷基改質的石墨烯，並可穩定分散於四氫呋喃或四氯化碳等有機溶劑中。

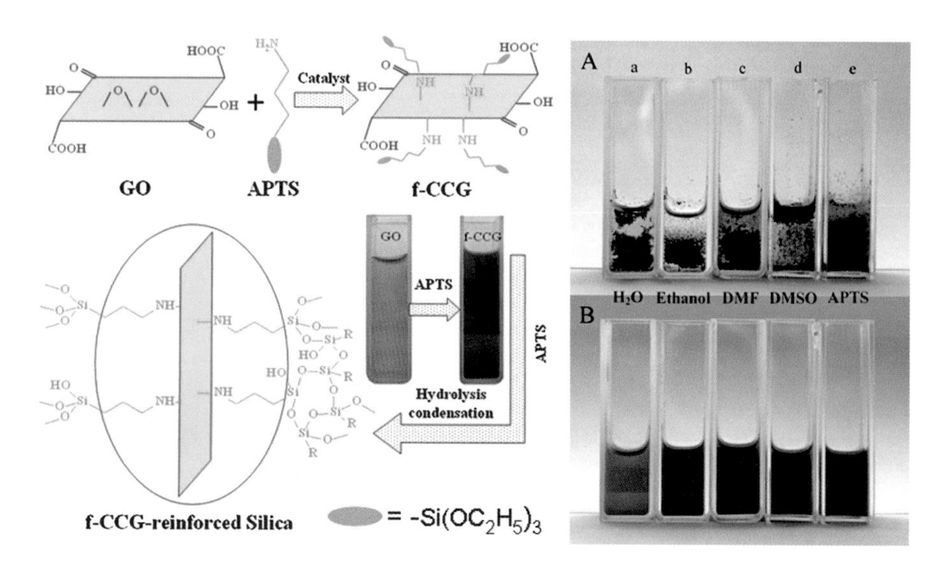

圖 9.15 Yang 等人發展之氧化石墨烯的矽烷改質方法流程示意圖及改質前後之石墨烯的懸浮分散狀態的差異比較

氧化石墨烯表面的羧基是共價鍵修飾法中常見的起始反應官能基團選擇，而且多數文獻會透過活性較高的反應官能基團作為促進劑的選擇，如亞硫醯氯（thionyl chloride, $SOCl_2$）、1-（3- 二甲氨基丙基）-3- 乙基碳二亞胺鹽酸鹽〔1-ethyl-3-(3-dimethylaminopropyl)- carbodiimide , EDC〕、N,N'- 二環己基碳二亞胺（N, N'-dicyclohexylcarbodiimide, DCC）等。透過後續的親核取代反應，將含有胺基或氫氧基的高分子，以共價鍵型式修飾於氧化石墨烯表面，並一舉改善石墨烯與高分子的親和性 [50]。另外，氧化石墨烯表面的環氧基亦是共價鍵修飾法中常見的反應活性點，亦可藉由適當的反應條件進行開環反應，以滿足不同化學反應所需。Wang 等人 [51] 運用十八胺上的氨基與氧化石墨烯表面的環氧基進行開環反應，並在 80℃下反應 24 小時，得到的石墨烯可在四氫呋喃、甲苯及二氯苯等溶劑中產生穩定分散。

(2) 聚合物修飾法

除上述的小分子修飾法可達到進行石墨烯表面改質製程的目標外，直接於氧化石墨烯表面成長各種形式的高分子，亦是一種有效的製程改質方法，此類方法常被稱為原子轉移自由基聚合法（Atom transfer radical polymerization, ATRP）。在此類改質方法中，通常會將表面覆有羧基的氧化石墨烯透過前處理反應產生富含羥基的表面，可作為後續引發 ATRP 聚合反應的起始點，通常而言，此類反應會搭配適當的起始劑 如2-bromo-2-methylpropionyl bromide或α-bromoisobutyryl-bromide 等，以及適當的添加濃度，以便控制聚合反應之發生。Goncalves 等人 [52] 以上述之 ATRP 法於氧化石墨烯表面聚合 PMMA 高分子鏈，使其可與 PMMA 基材具有更佳的介面特性，相關的反應流程如圖 9.16 所示。另一種反應路徑可運用氧化石墨烯表面的羧基為反應起始點，在以二胺單體為反應劑，且搭配適當起始劑的狀態下，引發 ATRP 反應，使其以化學鍵形式於氧化石墨烯表面鍵結高反應性的胺基官能基 [53]。

Shen 等人 [54] 以還原石墨烯為起始原料，運用苯乙烯、丙烯醯胺與熱起始劑過氧化二苯甲醯（BPO）於適當反應條件下進行共聚反應，可得到具有兩親特性的聚苯乙烯－聚丙烯醯胺崁段共聚物改質石墨烯。

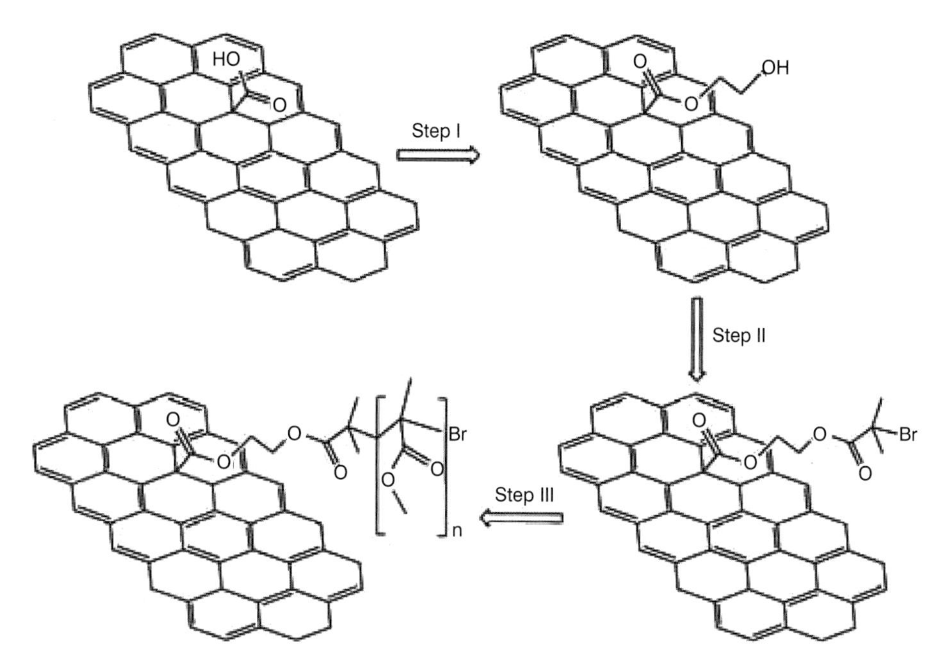

圖 9.16　運用 ATRP 反應概念對氧化石墨烯進行表面聚合 PMMA 之反應機構示意圖

(3) 離子液體接枝法

運用上述原子轉移自由基聚合法可使氧化石墨烯表面修飾小分子達到改質功效外，近來許多文獻開始大量運用 ATRP 法搭配具有汙染性低且溶解性好的離子液體進行表面修飾工程，以提升石墨烯於溶劑中的分散特性。Song 等人 [55] 以聚合離子液體對石墨烯進行表面改質，發現運用離子液體修飾的石墨烯製備之複合材料可具有較強的溶解性及正電性，此對石墨烯後續要應用於生物感測器的用途上有潛在的應用價值；Liu 等人 [56] 運用電化學法將離子液體 1- 辛基 -3- 甲基咪唑六氟磷酸鹽直接摻雜於石墨烯中，改善石墨烯於N，N二甲基甲醯胺（DMF）溶液中的分散性；張利鋒等人[57]運用兩步法將不同鏈長的咪唑四氟硼酸類離子液體對石墨烯進行表面修飾，實驗結果發現經離子液體表面修飾的石墨烯具有較佳的熱穩定性，且可提升石墨烯於常見之有機溶劑中的分散性，同時增加咪唑四氟硼酸類離子液體的烷基鏈長有利於樣品的分散性，使其可穩定分散於乙腈、甲醇及丙酮中，作者推測，離子液體以π-π交互作用及陽離子-π鍵作用的方式摻雜進入石墨烯片層間，不僅可有效阻止石墨烯發生團聚現象，且其較強的極性易增加了整個材料的分散性。

2. 非共價鍵修飾法

非共價鍵修飾法是將石墨烯與修飾劑相互作用（如氫鍵作用、靜電作用等），實現對石墨烯的改性，該法不破壞石墨烯的共軛結構，可保持其優異的導電性能。通常而言，經由高度酸化後的氧化石墨烯於聯胺還原後，會由均勻分散的水溶液轉變為聚集的型態。上述還原石墨烯即可運用常見的介面活性劑，如SDS、Triton X-100與延長超音波震盪時間或其他任何形式的分散方法再次進行分散。Stankovich等人[58]報導了將Poly（sodium 4-styrenesulfonate）披覆於還原石墨烯表面，以產生穩定分散的石墨烯分散液。Hao等人[59]以陰離子型TCNQ（7,7,8,8-tetracyanoquino dimethane）為穩定劑，製備可穩定分散的石墨烯分散液，Hao等人認為TCNQ之特點在於可輕易吸附於石墨烯表面，因而可在水中穩定分散石墨烯，故可於適當配比下，輕易地進行量化合成高品質分散的石墨烯分散液。同時，以TCNQ分散石墨烯的製程方法，不僅可在水中對石墨烯進行分散，亦可在DMF或DMSO等有機溶液系統中產生良好的石墨烯分散液。Yang等人[60]報導了一種運用poly〔2,5-bis (3-sulfonatopropoxy)-1,4- ethynylphenylene-alt-1,4-ethynylphenylene〕非共價鍵修飾石墨烯的製程方法（如圖9.17所示），

Yang 等人提到改質後的石墨烯可具有良好的分散性，在不另加任何高分子的前提下，可穩定分散 8 個月以上，同時經此製程修飾後之石墨烯不僅具有優異的導電特性，表面具有之負電荷亦適於後續進行其他不同的官能化製程。

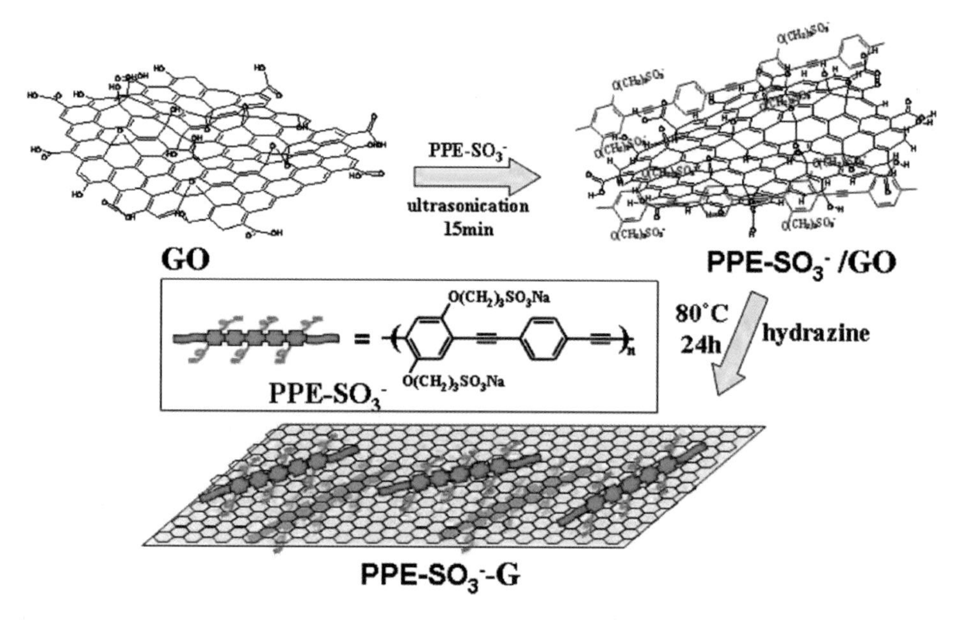

圖 9.17　改質劑 $PPE\text{-}SO_3^-$ 的化學結構及 $PPE\text{-}SO_3^-$ 改質氧化石墨烯的流程圖

9.5 石墨烯複合材料之應用

9.5.1 石墨烯懸浮液的製備與應用

石墨烯懸浮液（Graphene suspension）是指一種均勻分散的石墨烯複合流體（Composite fluid），可視為一種由石墨烯與特定溶液系統所產生的複合材料。石墨烯懸浮液發展源自於以液相剝離法（Liquid exfoliation）製備石墨烯的合成技術，主要之核心概念在於液相剝離法是在具有層狀結構的石墨層間插入有機分子或聚合物，形成一種類似膨脹石墨（Expended graphite）的層狀結構體，並在液相中運用外力，快速將石墨烯層自石墨結構體表面剝離，進而產生均勻分散於液相中石墨烯懸浮液。史丹福大學的戴宏傑教授發表於《*Nature nanotechnology*》期刊的研究論文「高導電石墨烯及朗繆爾一布勞傑特膜」（Highly conducting graphene sheets and Langmuir–Blodgett films），可能是最早提出運用液相剝離製程製備石墨烯懸浮液的研究 [61]，Dai 等人 [61] 以發煙硫酸重新插層後之膨脹石墨為石墨母材，運用四丁基溴化季銨鹽做為插層劑，且二甲基甲醯胺（N,N-dimethylformamide）為分散介質，經過超音波震盪及離心分離等多段工序後，得到穩定分散的石墨烯懸浮液，並宣稱以此製程所得之石墨烯懸浮液，可獲得結構完整及導電性能優異的單層石墨烯（High quality graphene sheet），相關實驗流程示意圖如圖 9.18 所示。Dai 等人 [61] 進一步運用 AFM、FTIR、電性量測分析該石墨烯的結構特徵及電性表現，發現相較於傳統酸性氧化製程下製備之還原石墨烯（R-GO）而言，以此製程製備之石墨烯可於 800℃高溫氬氣熱處理後，得到結構更為完整的石墨烯，不過，從其電性量測數據中可見，雖在低溫下，此製程之石墨烯因結構較為完整，而其電阻變化較為不明顯，但最終的電阻過大，以致 Dai 等人將其應用於透明導電膜的開發上，綜合性能（最佳面電阻 >10kΩ 下，透光率仍小於 85%）仍遠遠落後於目前業界（透光率 >85%，且面電阻 <100Ω/cm）之門檻要求（如圖 9.19 所示）。

都柏林大學 J. Coleman 等人 [62-65] 發展一系列溶劑型石墨烯懸浮液系統，主要製程概念是以未經氧化插層處理之石墨母材於適當有機溶劑中，以高能超音波直接於液相中剝離產生石墨烯，進而形成溶劑型的石墨烯懸浮液。此種製程概念解決了一般製作氧化石墨烯需先經過如強酸氧化、中和脫酸、固液分離、乾燥收集及化學還原等複雜流程，而僅需篩選適當的有機溶劑及適當的石墨母材固含量，透過高能超音波於溶劑中直接剝離石墨，產生穩定分散的石墨烯懸浮液系統，大幅改善石墨烯懸浮液的生產流程及效率。J. Coleman 等人 [63] 使用之溶劑包含 N- 甲基吡咯烷酮（NMP）、N, N- 二乙基甲醯胺（DMA）、γ- 丁內酯（GBL）及 1,3- 二甲基 -2- 咪唑烷酮（DMEU），比較各溶劑間合成石墨烯懸浮液的差異性，發現選擇適當表面張力的溶劑是提升石墨烯固含量的主要關鍵，不過 J. Coleman 等人 [64] 在使用 NMP 為溶劑下，可獲得石墨烯固含量 6μg/mL，且平均層數落於 2 ～ 6 層的石墨烯懸浮液，但此固含量仍相對過低，且不適於工業化量產。J. Coleman 等人 [65] 另在水性系統中運用陰離子介面活性劑十二烷基苯磺酸鈉（Sodium

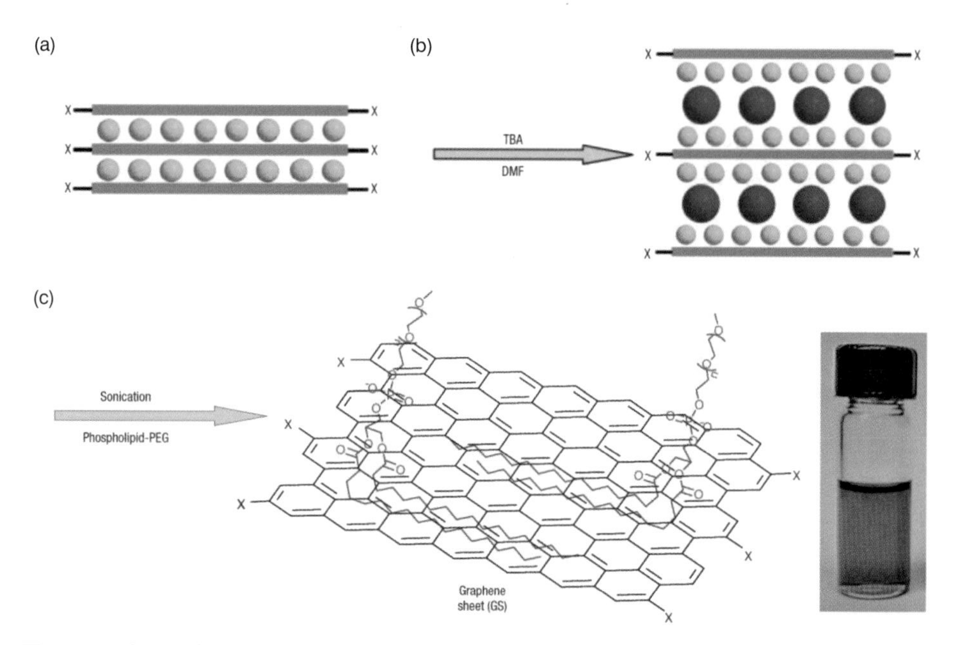

圖 9.18　液相剝離製程製備單層石墨烯：(a) 以硫酸對膨脹石墨進行重新插層反應的示意圖；(b) 以 TBA 對插層石墨進行再插層反應的示意圖；(c) 表面披覆 DSPE-mPEG 之改質石墨烯之示意圖與其懸浮液照片

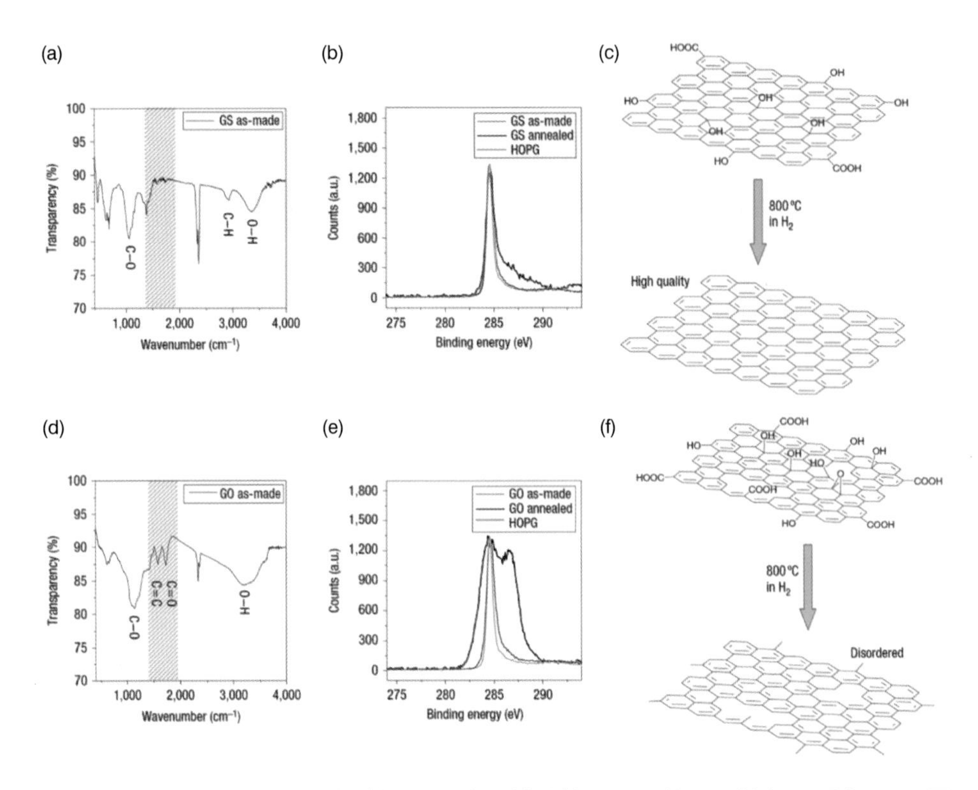

圖 9.19　石墨烯及氧化石墨烯的結構分析與電性比較：(a) 原始石墨烯之 IR 分析；(b) 原始石墨烯之 XPS 分析；(c) 經 800℃高溫氫氣還原之高品質石墨烯示意圖；(d) 氧化石墨烯之 IR 分析；(e) 氧化石墨烯之 XPS 分析；(f) 經 800℃高溫氫氣還原之石墨烯示意圖

Dodecylbenzene sulfonate, SDBS），於水相中剝離產生石墨烯懸浮液，其最佳固含量為 0.1mg/ml，且石墨烯平均層數介於 2～10 層間。J. Coleman 於 2014 年韓國濟州島舉辦國際碳年會時，受邀針對石墨烯懸浮液技術發表演講時提到，由於使用高能超音波法製備石墨烯懸浮液雖然有效，但不適宜進行量產製程，因此發展可以工業化量產之製程，則是石墨烯懸浮液可被大量運用的重要瓶頸。因此，J. Coleman 等人先評估在高能超音波建構之環境下剝離石墨烯所需剪力大小與石墨烯片徑、表面能間的關係，並定義出最小的攪拌轉速，再運用可被量化的高速剪切法，開發石墨烯懸浮液的量產製程。目前 J. Coleman 等人可運用高速剪切破碎法，開發出每小時可生產 300 公升且固含量為 5g 的石墨烯懸浮液。

運用氧化石墨烯系統搭配適當的介面活性劑、穩定劑與溶劑，組合成的分散系統製備石墨烯懸浮液是相當常見的製程概念，除上述 J. Coleman 等人發展相關的石墨烯懸浮液系統外，Rodney S. Ruoff 等人 [66] 曾經運用超音波分散法，於 DMF 溶劑中分散低濃度氧化石墨烯〔0.1 ～ 1 mg 氧化石墨烯 (GO)/mL〕，不過即便經過相當長的處理時間，仍無法產生穩定分散的氧化石墨烯懸浮液，同時，將此分散過的氧化石墨烯分散液經化學還原製程之後，溶液中的氧化石墨烯將會凝結成顆粒和沉澱。因此，Ruoff 等人 [66] 提到，要得到良好分散的還原石墨烯（Reduced graphene）懸浮液，可先將氧化石墨烯懸浮液於水中進行預分散處理（Predispersion），並針對不同溶劑，包含 N, Ndimethyl-formamide (DMF)、N-methylpyrrolidone (NMP)、Ethanol、Dimethyl-sulfoxide (DMSO)、Acetonitrile、Acetone、Tetrahydrofuran (THF)、Diethylether、Toluene 及 1,2-dichlorobenzene (DCB) 進行懸浮液分散性測試。Ruoff 等人認為，製備還原石墨烯分散液之分散溶劑的選擇方法，可依 Hansen 方程式中溶劑的溶解度參數高低，作為選擇適當溶劑的判斷指標，包含分散參數（Dispersion cohesion parameter, δd）、極性參數（Polarity cohesion parameter, δp）及氫鍵參數（Hydrogen bonding cohesion parameter, δh）等。以 DMF ／ H_2O 混合液、DMF、NMP、DMSO 及酒精具有較高的極性參數（δp）與氫鍵參數（δh）總和值，故對石墨烯具有較佳的分散特性；反之，如 DCB、Diethylether 及甲苯則總和值較低，故其無法有效分散石墨烯。Dimitrios Konios 等人 [67] 同樣探討在不同溶劑系統下製備氧化石墨烯及還原石墨烯懸浮液，比較不同溶劑兩者溶解度差異。Dimitrios Konios 等人藉由系統化比較多種不同溶劑系統下石墨烯分散程度的差異，關於氧化石墨烯及還原石墨烯於不同溶劑系統下的溶解度，如圖 9.20 所示。他們發現，NMP、DMF、Ethylene glycol、THF 及 Water 在剛經超音波處理製程後，能使石墨烯呈現極佳的分散表現，而上述五種溶劑的共通點都是具有非常顯著的偶極距。不過，Dimitrios Konios 等人提到對於 DCB 溶劑而言，雖然他們都仍然有相似的偶極距大小，但其對於氧化石墨烯的分散力，卻並未有太大的幫助，因此 Dimitrios Konios 等人認為，溶劑的極性並非為判別溶解度的唯一指標。Dimitrios Konios 等人同樣導入 Hansen 方程式與 Hildebrand 溶解度參數指標，探討解讀溶劑分散性與石墨烯溶解度間的關係，並得到與 Ruoff 等人 [66] 類似的結果。從圖 9.20 可見選擇 Hildebrand 溶解度參數相近的溶劑與溶質，將會產生較佳的分散效果，由於氧化石墨烯表面具有的含氧官能基，使氧化石墨烯比還原石墨烯具有較強極性，因此對氧化石墨烯而言，NMP 溶劑具有最佳的溶解度，且在 DMF、水與 Ethylene glycol 中，會有非常少量的析出；另一方面，還原石墨烯因具有的高極性之含氧官能基，除可使其於 NMP 溶劑、水與 Ethylene glycol 產生良好的分散外，還原石墨烯亦可於非極性溶劑，如 Chloroform、Chlorobenzene 與甲苯中獲得較佳的分散。

Solvents	Dipole moment	Surface tension (mN/m)	δ_T (MPa$^{1/2}$)	GO Solubility (μg/mL)	rGO Solubility (μg/mL)
Di water	1.85	72.8	47.8	6.6	4.74
Acetone	2.88	25.2	19.9	0.8	0.9
Methanol	1.70	22.7	29.6	0.16	0.52
Ethanol	1.69	22.1	26.5	0.25	0.91
2-propanol	1.66	21.66	23.6	1.82	1.2
Ethylene glycol	2.31	47.7	33	5.5	4.9
Tetrahydrofuran (THF)	1.75	26.4	19.5	2.15	1.44
N,N-dimethylformamide (DMF)	3.82	37.1	24.9	1.96	1.73
N-methyl-2-pyrrolidone (NMP)	3.75	40.1	23	8.7	9.4
n-Hexane	0.085	18.43	14.9	0.1	0.61
Dichloromethane (DCM)	1.60	26.5	20.2	0.21	1.16
Chloroform	1.02	27.5	18.9	1.3	4.6
Toluene	0.38	28.4	18.2	1.57	4.14
Chlorobenzene (CB)	1.72	33.6	19.6	1.62	3.4
o-Dichlorobenzene (*o*-DCB)	2.53	36.7	20.5	1.91	8.94
1-Chloronaphthalene (CN)	1.55	41.8	20.6	1.8	8.1
Acetylaceton	3.03	31.2	20.6	1.5	1.02
Diethyl ether	1.15	17	15.6	0.72	0.4

圖 9.20　氧化石墨烯及還原石墨烯於不同溶劑系統中的偶極距、表面張力及 Hildebrand 溶解度參數指標

大陸近年投入石墨烯的產業研發蔚為一股熱潮，許多石墨烯相關產業在各地區如雨後春筍般萌芽展開。中國廈門凱納石墨烯技術公司申請之石墨烯懸浮液專利[68]（一種高濃度小片徑石墨烯分散液，專利編號：CN 103407998A），則沿用酸化氧化反應製程獲得的氧化石墨作為原料，選擇適當溶劑並經適當時間球磨混合及離心篩選後得到高濃度小片徑的石墨烯分散液。中國寧波墨西科技有限公司申請之石墨烯分散液專利[69]（石墨烯分散液及製備石墨烯材料粉體的方法，專利編號：CN 104071778A），發明內容是運用石墨烯水性漿料為填料主體，並透過分批添加高沸點的有機溶劑的方式得到石墨烯混合漿料，最後透過加熱揮發水分方式，去除混合漿料中的水分，得到石墨烯分散液。中國東麗先端材料研究開發有限公司申請之石墨烯分散液專利[70]，運用聚氧乙烯蓖麻油作為分散劑的選擇，以發展穩定分散的石墨烯分散液，並可應用於導電材料、抗靜電材料、電子產品的電磁遮罩材料、鋰離子電池的電極材料、微波吸收材料等領域。其中，溶劑選擇可為 N- 甲基吡咯烷酮或 N- 乙基吡咯烷酮等，且可分散的石墨烯總固含量可達 10wt%。中國南京科孚奈米技術有限公司申請之石墨烯分散液專利[71]（一種石墨烯分散液製備方法，專利編號：CN 103253656 A）中，是以石墨烯為原料，並運用高能超音波法製備穩定分散石墨烯分散液，具有分散剝離性良好、粒徑均勻且能夠穩定存在等特性，主要之石墨烯產物以少層石墨烯為主，其粒徑分布在 300nm 到 1μm，厚度為 2 ～ 10 層，而穩定存放時間可達三個月以上。中國常州大學申請之石墨烯分散液專利[72]（一種石墨烯均勻分散液的製備方法，專利編號：CN 102583335 B）中，選用非離子與陰離子表面活性劑，如聚醚多元醇（P123）、斯盤 80（Span 80）、斯盤 85（Span 85）或聚乙二醇辛基苯基醚 X100（Triton X100）等，作為分散劑製備適當的分散系統，天然／人工石墨粉為原料開發石墨烯懸浮液，經高壓反應攪拌及高速離心後，得到單層和數層石墨烯的分散液。

石墨烯懸浮液的工業化發展，在近年是受到相當注目的一種發展項目，其主因不外乎是藉由液相氧化合成及還原後之石墨烯懸浮液，搭配其他水性高分子單體或樹脂直接進行原位聚合（Insitu-polymerization），或混摻製成功能性水性塗料，更可在還原製程前，將表面富含反應官能基氧化石墨烯進行選擇性的介面改質，使其相容於各種不同特性的樹脂。不過，工業化製程開發大多注重的是製程效率與放大的可能性，因此選用的處理製程多以超高能超音波法、高能球磨法及高速液相剪切法製備石墨烯懸浮液。同時，石墨烯在液相中的懸浮與分散穩定性高低，仍與石墨烯的分散機制溶劑選擇有很大關聯性，許多公司正針對此製程深度開發相關石墨烯懸浮液產品。美國 Anstron Materials Incorporation（AMI）公司研發團隊 Bor Z. Jang 等人 [73]，在 2012 年獲證之石墨烯懸浮液製程專利中（美國專利 US8,226,801 B2, Mass production of prostine nano graphene materials），運用膨脹石墨為石墨母材，於水中或溶劑中添加適當的石墨母材與介面活性劑，並運用高能超音波製程，於超過 200W 的功率下破碎 1 小時，可獲得穩定懸浮的石墨烯懸浮液。Bor Z. Jang 等人認為，合成石墨烯懸浮液的關鍵因素在於選用適當的分散溶劑及分散劑，使用合適的分散溶劑，可使分散液中石墨烯的最佳固含量達到 10mg/ml 以上；分散溶劑與石墨烯表面的接觸角大小是關鍵指標，其與石墨烯表面的接觸角越小，則越容易獲得越薄的石墨烯懸浮液，如圖 9.21 所示。

AMI 公司亦針對該公司生產之不同規格石墨烯粉體，生產不同特性的石墨烯懸浮液，分別有 ANG GO solution 與 N002-PS graphene oxide solution 兩種不同規格氧化石墨烯懸浮液產品，其固含量分別為 1.0% 與 0.5%。

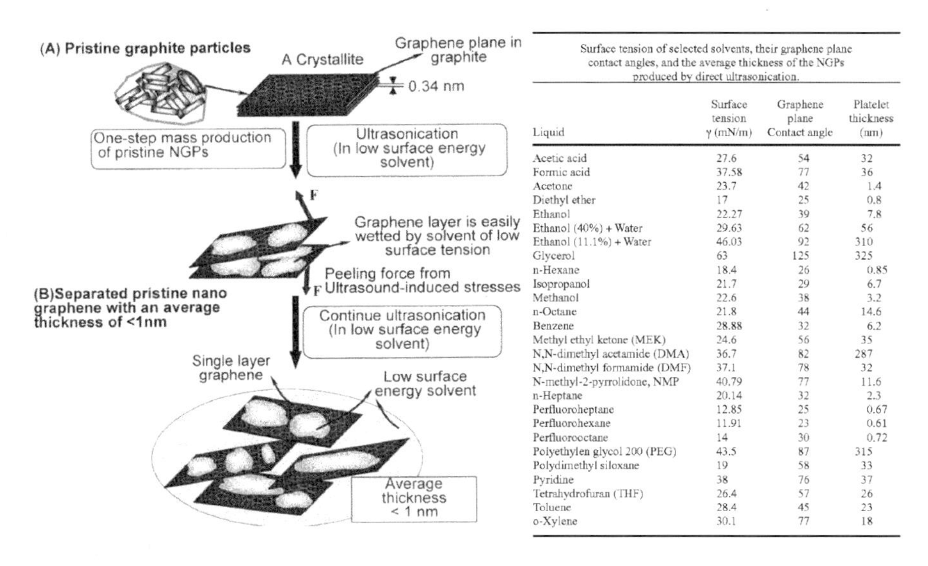

Surface tension of selected solvents, their graphene plane contact angles, and the average thickness of the NGPs produced by direct ultrasonication.

Liquid	Surface tension γ (mN/m)	Graphene plane Contact angle	Platelet thickness (nm)
Acetic acid	27.6	54	32
Formic acid	37.58	77	36
Acetone	23.7	42	1.4
Diethyl ether	17	25	0.8
Ethanol	22.27	39	7.8
Ethanol (40%) + Water	29.63	62	56
Ethanol (11.1%) + Water	46.03	92	310
Glycerol	63	125	325
n-Hexane	18.4	26	0.85
Isopropanol	21.7	29	6.7
Methanol	22.6	38	3.2
n-Octane	21.8	44	14.6
Benzene	28.88	32	6.2
Methyl ethyl ketone (MEK)	24.6	56	35
N,N-dimethyl acetamide (DMA)	36.7	82	287
N,N-dimethyl formamide (DMF)	37.1	78	32
N-methyl-2-pyrrolidone, NMP	40.79	77	11.6
n-Heptane	20.14	32	2.3
Perfluoroheptane	12.85	25	0.67
Perfluorohexane	11.91	23	0.61
Perfluorooctane	14	30	0.72
Polyethylen glycol 200 (PEG)	43.5	87	315
Polydimethyl siloxane	19	58	33
Pyridine	38	76	37
Tetrahydrofuran (THF)	26.4	57	26
Toluene	28.4	45	23
o-Xylene	30.1	77	18

圖 9.21　AMI 公司之液相合成石墨烯懸浮液技術製備流程及其於不同溶劑系統下的接觸角、表面張力與所得之石墨烯厚度差異

美國 XG-science 公司為國際石墨烯領先生產商之一，可提供不同分散溶劑規格的石墨烯分散液，分散體系包含水、異丙醇（IPA）及有機溶劑等多樣化體系，而以分散於有機溶劑體系中具有較佳的分散特性。XG-science 公司建議的分散溶劑選擇相當常見，包含 NMP 、DMF 、THF 、甲苯、Ethyl acetate 、Isopropanol 、酒精、丙酮與 MEK 、Chloroform 、2 Amino-butane ，並建議可以超音波震盪法分散石墨烯於低黏度分散溶劑中，而高速剪切混合法較適於將石墨烯混合於高黏度溶劑體系中。XG-science 公司另針對水性分散體系開發出不同的配方系統，並建議在純水系統中調整 pH 值 7～9，可大致獲得穩定的石墨烯分散液；另外，可藉由添加適量的 Sodium dodecylbenzene sulfonate (SDBS)、Poly (Sodium styrene sulfonate, PSS, 70k Mw, 30% H_2O solution)、Polyoxyethylene octyl phenyl ether 等不同水性分散劑，搭配超音波震盪或高速剪切混合法得到石墨烯分散液。

Type	Picture	Specification	discruiption
ANG GO Solution-1.0 Graphene Oxide Solution		✓ Graphene Powder or Graphene Oxide: Graphene oxide polymer ✓ Solids Content (Percent):~ 1.00% ✓ Water Content (Percent):~ 99.0% ✓ Average Z Dimension:1-1.2 nm (Single Layer GO) ✓ Average X-Y Dimension:~ 500 nm ✓ Carbon by Weight:≥ 46.00 % ✓ Oxygen by Weight:≤ 46.00 ✓ Hydrogen by Weight:≤ 3.00% ✓ Nitrogen by Weight:≤ 0.50%	Angstron's ANG GO Solution-1.0 is an aqueous graphene oxide dispersion with a concentration of 1.0 wt% (1 ml of solution contains 0.010 grams of graphene oxide). The average z-dimension (thickness) of the materials is ~1-1.2 nm. The average x-y lateral dimensions are 554 nm and the carbon content is ~46.0% carbon.
N002-PS Graphene Oxide Solution, Thickness 1.0 - 1.2nm | X-Y <1 Micron		✓ Graphene Powder or Graphene Oxide: Graphene Oxide ✓ Solids Content (Percent)::≤ 0.50 ✓ Water Content (percent):≥ 99.50 ✓ Average Z Dimension (nm):1.0 – 1.2 ✓ Average X & Y Dimensions (um):0.554 ✓ Specific Gravity:1.002 – 1.008 ✓ Carbon by Weight Percent:≥ 46.00 ✓ Oxygen by Weight Percent:≤ 46.00 ✓ Hydrogen by Weight Percent:≤ 3.00 ✓ Nitrogen by Weight Percent:≤ .50	Angstron's N002-PS is a solution of graphene oxide dispersed in water at 0.5% concentration, or 0.005 g/ mL (i.e every 1 mL of solution contains 0.005 g of graphene oxide). The average z-dimension (thickness) of the materials is ~1-1.2 nm. The x-y dimensions are, at most, 554 nm and the carbon content is ~46.0% carbon.

圖 9.22　AMI 公司之石墨烯懸浮液產品規格與相關應用用途

西班牙的 Graphenea 公司投入石墨烯相關產品發展，可提供氧化石墨烯懸浮液的相關產品，如圖 9.23 所示。目前該公司可提供不同容量包裝的石墨烯懸浮液且固含量為 0.4%，依據該公司目前提供的產品規格，可見其具有明顯的含氧官能基，固含量中含有一定程度的單層石墨烯，不過其石墨烯的片徑相對較小，僅約 1μm ～ 5μm。

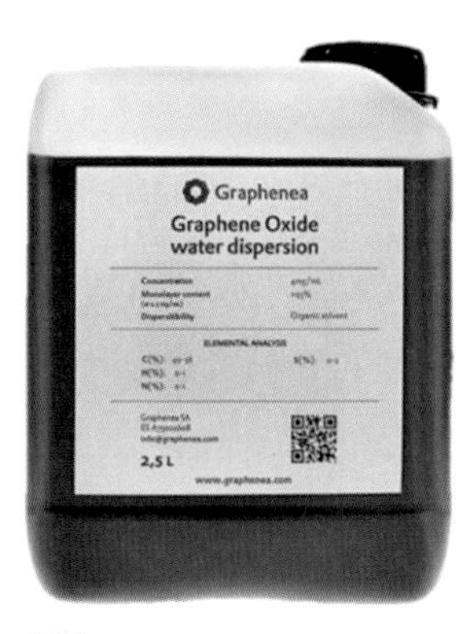

Graphene Oxide (4 mg/mL, Water Dispersion 2500 mL)

Properties
Form: Dispersion of graphene oxide sheets
Sheet dimension: Variable
Color: Yellow-brown
Odor: Odorless
Dispersibility: Polar solvents
Solvent: Water
Concentration: 4 mg/ml
Monolayer content (measured in 0.5 mg/mL): >95% (*)

XPS

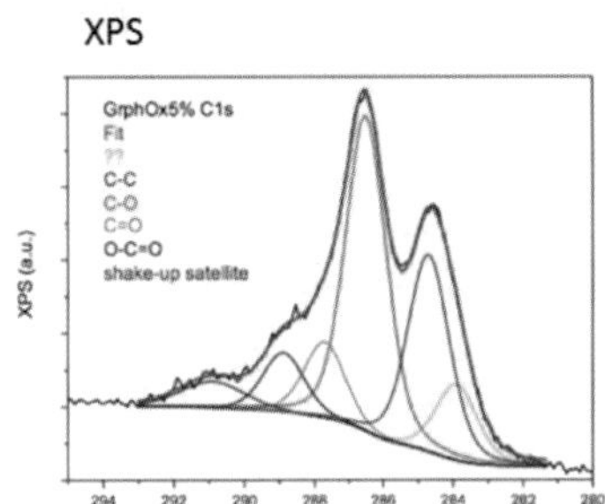

SEM

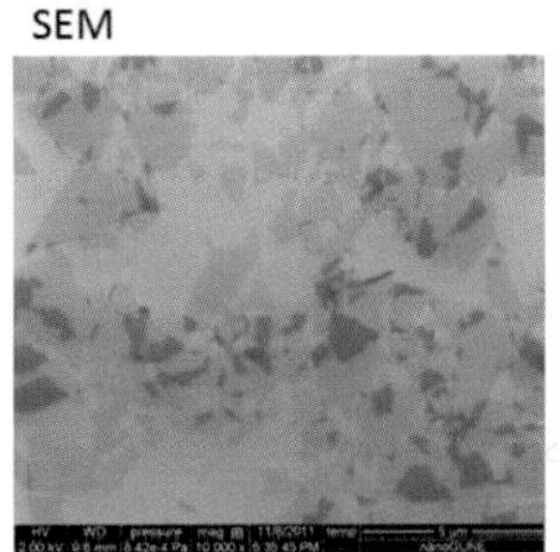

TEM

圖 9.23　Graphenea 公司之氧化石墨烯懸浮液的產品規格與分析結果

9.5.2 導電複合材料：導電塗料、導電膜材及導電塑料的相關應用

石墨烯在導電相關應用的開發，一直是受到注目的議題，原因不外乎是石墨烯具有優異的導電特性，使其在導電複合材料的應用上具有相當大的潛力。不過，如同一般常見的導電填料，石墨烯仍須在與基材複合的過程中，克服分散、配向與介面間等課題，才能徹底發揮石墨烯的優異電性。

導電型複合材料的產品樣態包羅萬象，主要可依外觀型態、加工方法及使用場域歸納為導電塗料、導電膜材及導電塑膠三種。導電塗料是一種具有電流傳遞與排除靜電累積的功能性塗料，按其形成之導電機制，可區分成本質型導電塗料與摻合型導電塗料兩種[71]。本質型導電塗料是以具有導電性的導電高分子為成膜材料，因此不須額外加入其他導電填料，即具有良好的導電特性。本質型導電塗料多以具有共軛π鍵為主體的導電高分子為主，如常見的PEDOT、聚苯胺、聚乙炔及聚苯硫醚等，當導電高分子其自身結構設計或經過不同摻雜後，具有一定程度的電子電洞對，分子結構中容易具有易流動的載流子，使其電導率大幅提高，甚至有可能達到金屬的導電水準。不過，雖然此類導電高分子系統組成之導電塗料具有相當優異的物性，且可透過改質或摻雜的方法，隨意地調整膜體的導電特性，可應用於抗靜電包裝膜、透明導電膜或高性能鋁解質電容的電極材料等不同產品領域中，但其製造成本高、製備程式繁雜、難控制、環境穩定性不佳等缺點，是其尚未被大量商業化廣泛應用的主要因素。

摻合型導電塗料是一種在絕緣高分子基材中摻入適當與適量導電填料，使其具有導電性能的塗料系統，其塗料的導電特性是藉由導電填料的彼此堆疊作用下，提供自由電子遷移的路徑，引發塗料之電性提升，此類塗料具有成本低、施工方便、導電特性可控制與應用範圍廣等特點。就摻合型導電塗料的導電機制而言，一般認為，複合材料中導電機制的組成，包含導電通路的形成和導電通路形成後的導電過程兩個方面[74-77]。導電通路之形成，是指導電填料透過適當混摻工序加入基材中，並於成形過程中彼此相接，達到接觸導電的過程。其中，當複合材料中的導電填料與不具導電特性的基材比例達到一特定限度以上時，導電填料彼此相互接觸，形成導電通道，產生顯著下降的電阻特性，隨著導電填料含量逐漸增多，各導電粒子的間距進一步縮小，進一步產生不同方向的導電通道，形成鏈狀的導電路徑。Miyasaka K 等人[78]認為基材與導電填料間的介面效應，是影響複材電性的關鍵因素，同時導電填料的外觀型態、尺寸大小及分布狀態、基材樹脂的聚合度與結晶性，或製程工序中的加工條件，都對引發複合材料之導電通路之形成有很大影響。

導電過程中的載流電子遷移過程是複材中導電通路形成後，影響複材整體電性的關鍵因素。一般熟知複合材料中的載流電子遷移過程之導電機制，可分成臨界滲流作用（Percolation theory）、穿隧效應（Tunneling effect）及場發射效應（Filed emission effect）三種不同類型的導電理論，來解釋流電子遷移的導電過程[79]。臨界滲流作用機制架構於導電填料相互接觸連結成鏈，電子從而在導電鏈間移動產生導電作用。臨界滲流作用發生於導電填料含量較高而達到某一特定含量時，導電填料彼此相互緊密堆疊接觸或間隙小於 1nm，才能形成導電通道，創造出可形成電流流經的通道而具有導電性，此時填料之特定含量即稱滲流臨界值（Percolation threshold value），而導電粒子因接觸所產生的作用稱為滲流作用。不過，臨界滲流作用機制僅從宏觀角度解釋導電特性與導電填料含量間的關係，但對導電材料的溫敏特性或壓阻特性等特定影響因素，則無法準確描述。

穿隧效應與場發射效應兩種不同的導電機制，皆可由量子力學理論來探討複合材料導電特性與填充之導電填料間隙的關係，其不僅與導電填料的濃度有直接關係，還將受到環境溫度而影響其最終的導電性，因此透過上述兩種不同導電機制，可較臨界滲流作用機制更能解釋非歐姆特性的變化。穿隧效應發生於導電填料與外加電壓都較低時，即使導電填料間沒有互相直接接觸，導電網絡還是能藉由電子受外加電場或熱震動下，於導電填料之間遷移產生導電特性。一般可以發生電子穿隧效應的填料間隔距離大多以小於 10nm 為基準，意即在此間隔距離、外加電場作用下，電子仍然可穿過隔離層而產生導電作用。場發射效應則發生於導電含量較低，但外加電較高時，由於相鄰的兩個導電粒子間存在一電位差，於外在電場作用下，電子可飛越樹脂的介面層，於相鄰的導電粒子間產生電流。一般認為複合材料的導電行為是由上述三種機制相加乘下的結果，如當導電填料含量或外加電壓都較低時，導電填料間的間距較大，此時由緊密接觸而產生的導電網絡機率就減小，此時複材內的導電機制以穿隧效應為主導機制；當導電填料含量較低但外加電壓較高時，則場發射機制的作用將變得相當顯著；最後，當導電填料含量高且各填料間間距較小，複材導電機制則由須緊密接觸的導電網絡產生之臨界滲流作用居主導作用。

導電複合材料的產品樣態相當多元，一般可大致區分成液態與固態導電複合材料兩類。對液態型導電複合材料而言，產品種類即為我們一般熟知的導電塗料。而就導電塗料的角度，可再依照導電性、塗料黏度、使用方法及應用場域的不同，可細分成導電油墨（Conductive ink）、抗靜電塗料（Anstistatic coating）、導電膠（Conductive paste）、抗腐蝕塗料（Anti-corrosion coating）、EMI 塗料（EMI coating）等不同類型的導電塗料。另一方面，固態型導電複合材料類的產品，多以射出或壓出加工成型的導電塑料、具有平面導電或異方向性導電特性的導電板、以纖維形式存在的導電紗線或導電織物等產品樣態。

就液態導電複合材料而言，影響導電塗料之導電性能的關鍵因素，包含導電粉體、基材樹脂及溶劑、研磨分散及加工塗佈等工程參數等。以下即分別就各影響因素進行敘述[80]：

1. 導電粉體

導電粉體中對導電塗料特性的影響因素，包含粉體粒徑、粉體表面特性及導電粉體種類與含量等三種。導電粉體粒徑之大小，影響複材導電特性的原因，在於在導電填料相同含量下，導電粉體的粒徑越小，則在基材中產生的導電網絡數目即越多，但相對其分散性就難以控制；其次，導電填料的表面特性與其表面的官能基有很大關聯性，當導電填料表面具有大量的氫鍵與凡德瓦爾力時，此時導電填料的溶解度參數增大而不利於進行分散，但其容易因局部凝集析出，產生導電網路結構，導致塗料的導電特性有效提升，但其他物理或化學特性則從而下降；反之當導電填料表面僅具凡德瓦爾力時，此時導電填料的溶解度參數下降而利於進行分散，有利於調整控制塗料的整體特性；最後，導電粉體的型態與含量則決定導電塗料的基礎性能。

2. 基材樹脂

一般導電塗料使用的主要為環氧樹脂、丙烯酸樹脂、聚氨脂與聚脂樹脂等不具導電性的基材樹脂，或使用 PEDOT、聚苯胺或聚吡咯等導電性的基材樹脂等，並依據使用場域、加工條件、導電粉體之差異而有所不同。判別基材樹脂的主要依據，在於考慮樹脂溶解度需與導電粉體的溶解度相互匹配，同時樹脂本身的分子量大小、外觀黏度、耐化學性能、耐溶劑特性、吸濕性、耐溫性、加工特性或環境穩定性，都是決定適當樹脂的重要考量因素。

3. 混合溶劑

溶劑對導電塗料特性的影響因素，包含溶解度參數、揮發性及使用量等。在溶劑的選擇上，溶解度參數需與樹脂溶解度參數保持一致，避免樹脂反應析出造成電性下降；溶劑揮發性是塗料用溶劑的另一個重要考量因素，其主因在於揮發量的高低是決定塗料乾燥速度的重要因素，且會直接影響塗膜的形成與品質；溶劑的含量亦是影響塗料品質的一個關鍵要素，其主因在於溶劑過多或過少都會使塗料難以混合或難以形成穩定分散，而影響最終的塗料導電特性，同時溶劑的極性須與分散劑溶劑極性保持一致，使分散劑可於溶劑中獲得舒展，產生較佳的空間位阻，使導電填料可有效分散於系統中。

4. 研磨分散

一般而言，導電填料相對於高分子基材的相容性都不佳，因而未經表面處理與適當研磨分散的填料容易團聚沉澱，導致整體塗料品質下降。研磨分散的主要目的，在於將原有團聚或粒徑過大的導電填料，以機械力方式在一定時間內把填料粉體顆粒打碎分離，並使其粒徑分布於一定細度、提升塗料的物性與導電性能。研磨分散的製程方法與製程參數對塗層遮蓋率、導電網絡的形成具有深遠影響，研磨時間過短，各導電填料粉體因可能粒徑分布不均，導致塗料內各處濃度分布不均及網絡形成不一致；研磨時間過長，亦會使導電填料的粒徑分布過小，導電粉體會在塗料中分布過開而不利於形成導電通道，同時過長的研磨時間亦因破壞其微觀結構，降低整體的塗料性能。

5. 助劑

助劑在導電塗料中存在之目的，在於改善塗料的加工性、附著性與提升最終導電膜的導電性能。塗料中功能化助劑種類相當多元，如改善導電填料分散特性的分散劑、提升塗料分布的流平劑、抑制金屬導電填料氧化性的防氧化劑等。分散劑的選擇必須同時考量導電填料的表面特性與塗料中之基底樹脂的匹配性，才能提升導電填料於樹脂中的潤濕性及分散性，從而提升塗料的導電性[81]。黃俊宇[82]提到偶合劑是目前相當常見的分散劑選擇之一，其主要功能在於透過化學反應與導電填料表面進行鍵結，並與基底樹脂進行交聯，使原先相容性不佳的導電填料與基底樹脂，藉由偶合劑嫁接連結而提升彼此之相容性。同時，偶聯劑的種類與添加量都是影響最終塗膜導電性能與機械性能的關鍵因素，根據導電填料的種類、外觀型態或粒徑分布，選擇適當的偶聯劑種類與添加量是必須的。添加過量偶聯劑不僅會使樹脂產生過強的架橋作用，並大量覆蓋包裹於導電填料表面，除使導電填料顆粒間的接觸機會減少外，更會使樹脂容易產生膠化反應，造成儲存穩定性下降。

石墨烯被運用於導電油墨之開發相當常見，同時在導電類的相關商品化開發中，亦是常見選項之一。通常而言，石墨烯導電油墨是由石墨烯、基底樹脂、助劑與溶劑等組成具有導電等特殊功能的油墨產品，其具有導電性能優異、印體重量輕、加工條件良好易於控制及成本低廉等優勢，可於塑料薄膜、紙張及金屬薄片等多樣化基材上進行印刷。透過選擇適當的基底樹脂、助劑與溶劑系統，可使石墨烯油墨開發出適用於各種不同印刷方法的油墨組成，並可應用於印刷線路板（PCB）、無線射頻辨識（RFID）、薄膜開關、導電線路、有機發光體（OLED）或電極傳感器等用途上[83]。Lee 等人[84]以 SDS 穩定分散的石墨烯分散液作為導電油墨之主體，並以氨水調整 pH 值，提升油墨的穩定性。Lee 等人[84]提到印刷塗層的重量會隨著印刷次數增加而呈線性增加，且塗層導電性最佳達到 6S/m；同時，當塗層經過 400℃熱處理後，可藉由清除塗層中的 SDS，以提升最終電性達 121.95S/m。Torrisi 等人[85]開發石墨烯噴墨導電墨水，以應用於薄膜開關用途上，其利用具高度環境穩定性的導電高分子 Poly[5,5'-bis (3-dodecyl-2-thienyl)-2,2'-bithiophene]（PQT-12）作為黏結劑，且運用具高導電性之石墨烯作為導電高分子間嫁接物，使電子傳遞更具效率。Torrisi 等人[85]提到其開發之石墨烯噴墨導電墨水製備的薄膜電晶體之電子遷移率可達 $95cm^2/VS$，且可在透光率 80% 下，表面電阻達 30kΩ/cm。Secor 等人[86]以酒精複合乙基纖維素為分散液系統製備石墨烯噴墨印刷油墨，經實際印刷測試後，可於 250℃熱處理後得到電阻率 $< 4m\Omega$ 之導電塗層。Secor 等人[86]比較線寬細度、塗層穩定度及機械往覆彎曲測試後的電性變化，得知石墨烯導電噴霧油墨適於應用在軟性電子電路佈局等。

由普林斯頓大學成立之 Vorbeck 公司，在 2009 年開發出一系列導電油墨產品，產品名稱為「Vor-ink™」，且通過環保署認證其產品安全性且可於市場進行販售，如圖 9.24 所示。Vor-ink™ 是以 Vorbeck 公司自行生產的石墨烯粉體（產品型號 Vor-x®）針對不同量產製程之加工條件與用途，開發適當配方所得之導電油墨，製程種類包含網版印刷（Screen printing）、凹版印刷（Gravure printing）及凸版印刷（Flexographic printing）三種，如表 9.1 所示。根據 Nanalye 網站市場分析資料「Vorbeck 公司的商業化石墨烯產品」（Vorbeck's Commercially Available Graphene Products）一文中可知，Vorbeck 公司已於 2012 年提升其導電油墨年生產量達 40 噸，每桶導電油墨的單位售價分別依 0.5 公斤至 1.1 磅為 87.5 美元至 140 美元，依平均售價 116 美元與年產能 40 噸估算，Vorbeck 公司預估可創造 84 億年營收。

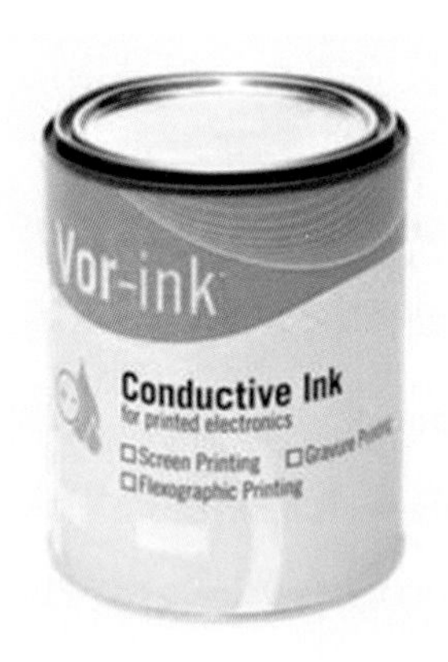

圖 9.24　Vorbeck 公司發展之 Vor-ink™ 導電油墨產品

表 9.1　Vor-ink™ 導電油墨之產品型號一覽表。

Product	Conductivity (ohm/sq/mil)	Processing	Substrate
F101	6～8	Flexographic/Gravure	Paper and polymer films
S101	6～8	Screen	Coated paper and polymer films
HS102	7～9	Screen	Coated paper and polymer films
S103	4～6	Screen	Coated paper and polymer films
S201	2～3	Screen	Coated paper and polymer films
S301	1	Screen	Coated paper and polymer films
S701	1～2	Screen	Coated paper and polymer films
S751	3～5	Screen	Coated paper and polymer films
R1010	50 ohm/sq (7μm)	Screen	Coated paper and polymer films
G305	3～4	Screen	Glass Surfaces

石墨烯應用於增強複合材料的導電性亦相當常見。Wu 與 Drzal 等人 [87] 發布一種運用石墨烯複合適當的分散助劑，發展一種不需黏結劑亦可成型石墨烯導熱紙的製程方法，並宣稱該導熱紙的導電度最高可達 2200S/cm，且基面方向的導熱係數可達 313W/mK。適當運用後，加壓製程可以有效提升石墨烯導熱紙的體密度，意即石墨烯的堆疊排列更為緊密，更易形成有效的導電通道，而使整體電性提升；導入樹脂後含浸加工製程，可在有效提升原石墨烯紙之機械強度 32MPa 的前提下，保持適當、良好的導電與導熱特性，同時亦可在含浸樹脂體

積分率達 30% 時，最終石墨烯複合材料的導電度仍可保持 700S/cm。另外，將石墨烯複合材料運用於碳纖維複合材料之製程開發中，發現石墨烯紙對於垂直於基面方向上的氣阻性具有顯著增加效果。Kim 與 Drzal 等人 [88] 以表面石蠟披覆處理的 xGnP 粉體，複合於線性低密度聚乙烯樹脂（Linear Low-Density PolyEthylene, LLDPE）製備導電複合材料。Kim 與 Drzal 等人提到，一般石墨烯導電塑料的製備上，通常需要超過 15wt% 方可有效提升複材的導電性，而透過表面披覆石蠟後，Kim 等人認為此有助於降低石墨烯導電複材的臨界添加含量，並於較低石墨烯含量（5wt%）下，產生較佳的電性表現。透過比較分開混合法（Separate solution mixing）及一次溶液混合法（Total solution mixing）兩種不同方法對複材之最終特性的影響，發現雖分開混合法可在石蠟添加量大幅增加下，不影響最終機械特性，但能有效添加的石墨烯含量過低，導致最終複材導電性無法有效提升；而運用一次溶液混合法則可有效控制石墨烯與石蠟的相對比例，而可在石墨烯添加量 5wt% 與石蠟添加量 10% 下，可獲得石墨烯導電複合材料電阻率達 $10^4\Omega\cdot cm$ 以下。透過複材斷面 SEM 觀察與 DSC 數據分析結果可知，石墨烯粉體與石蠟於 LLDPE 樹脂中產生明顯的相分離結構（Phase separation structure），最終可使石墨烯於低添加含量下，獲得顯著的複材特性提升。He 等人 [89] 運用水熱合成法於 PVDF 溶液中原位合成石墨烯／PVDF 複材，發現 PVDF 的導電特性會因添加之石墨烯而顯著增加。He 等人提到，相較於一般透過混摻法製備之石墨烯／PVDF 複材而言，原位合成之石墨烯／PVDF 複材可具較低的臨界添加含量（0.31vol%），作者認為，這是因為原位合成之石墨烯具有較大的寬厚比（Aspect ratio），且在基材中可產生較佳的分散性所致。Kim 等人 [90] 以不同混合法複合具不同官能化改質之石墨烯粉體，於 LLDPE 樹脂製備石墨烯／LLDPE 複合材料，探討石墨烯於不同官能化處理下的樹脂中之分散狀況。實驗結果發現，石墨烯雖易於在未改質的 PE 基材中產生明顯的聚集，但其導電性優於經改質後的 PE 基材，作者認為，這是因為石墨烯在未經改質的 PE 基材中，容易傾向於產生相分離結構所致。另外，改質後的 PE 複合石墨烯之複合材料，顯示出更佳的機械特性。

9.5.3 石墨烯於導熱複合材料之相關應用介紹

石墨烯在導熱相關應用的開發，一直是受到注目的議題，其原因不外乎石墨烯具有之優異導熱特性，使其在導熱複合材料應用上具有相當大的潛力。如同開發一般複合材料所使用的填料，石墨烯仍須在與基材複合的過程中克服分散、配向與介面間等課題，才能徹底發揮石墨烯的優異物性。另外，開發導熱相關材料的應用產品技術，必須反向從產品的應用角度思考材料選擇與設計原則，方能使石墨烯在導熱相關應用產品發揮最大效益。因此，本文將介紹從一般常見的導熱產品，包含熱介面材料、高導熱石墨紙及熱輻射塗料等不同導熱複合材料其散熱原理與產品設計原則，以及散熱材料之導熱性質的量測方法，最後歸納石墨烯於導熱方面相關應用與產品開發的現況。

9.5.3.1 熱介面材料基本介紹

熱介面材料（Thermal interface material, TIM）是目前相當普遍的導熱產品之一，它是一種置於發熱源與散熱器間、具有傳導熱量作用的複合材料，通常是由具有高玻璃轉移溫度、好的尺寸安定性、良好的流動性與成型性的高分子樹脂複合具高導熱特性之粉體而組成。Shahil 等人 [91] 提到，按傳統 CPU 封裝系統通常會含有兩層接觸介面（圖 9.25 所示），第一層介面在晶片（Chip）與外部封裝（IHS）間之介面處，此處的熱介面材料通常稱第一層導熱介面材料（TIM1）；第二層介面則在上方散熱器與封裝介面間的第二層導熱介面材料（TIM2）。以電子封裝與晶片間之介面而言，即使其表面平整度再好或施加再大的扣合壓力，在接合時仍無法達到緊密接觸，因此，中間存在的微細孔隙或孔洞將會阻礙熱傳遞的路徑，進而增加熱阻（Thermal resistane），意即兩者接合處的熱傳遞效率會在介面處大幅降低。因此，開發一適當的熱介面材料與製程發展，在近年隨消費性電子產業蓬勃發展與半導體製程技術日新月異兩項因素帶動下而與日俱增。

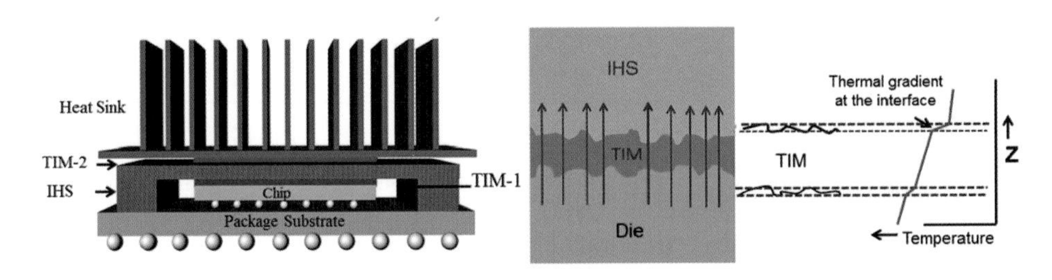

圖 9.25　熱介面材料（Thermal interface material, TIM）的構造與功能介紹

在熱介面材料的設計中，需要考慮的是，導入熱介面材料後，散熱模組的有效熱阻（Effectitive thermal resistance, R_{TIM}），其是由熱介面材料本體熱阻（Bulk thermal resis, R_{bulk}）及介面間的接觸熱阻（Thermal contact resistance, R_c）所組成，其數學表示式如下式 [92]：

$$R_{TIM}=\frac{BLT}{k_{TIM}}+R_{c_1}+R_{c_2}$$

其中 BLT 是指熱介面材料扣除不明整面的厚度，k_{TIM} 是熱介面材料的熱導率，Rc_1 及 Rc_2 是熱介面材料與介面間的接觸熱阻。實務設計上，減少接觸熱阻的方法，可以提升介面平整度來達成，對於散熱器而言，一般通常要求為表面平整度小於 $4\mu m$；而若要求更低接觸熱阻，表面粗糙度須介於 $1.27\mu m$ ～ $1.5\mu m$ 間。而選擇良好導熱特性與滿足適當加工條件的熱介面材料，亦是提升散熱模組之散熱能力特性的重要關鍵 [93]。

依據上述使用場域的應用特性及產品規格需求，可歸納出熱介面材料具有下列幾項特點：高熱傳特性與低熱阻、可壓縮性及柔韌性、表面濕潤性及適當黏性、易生產性、熱穩定性。依據上述材料特性需求與使用場域條件，可將產品樣態區分成下列幾項：

1. 導熱膏（Thermal grease）：導熱膏是以高流動性的聚矽氧烷樹脂或碳氫化合物複合添加高導熱特性的奈米粉體所構成。一般導熱膏的使用場域，多見於電子封裝的熱管理構裝系統內，透過藉由在膏體表面建立一適當壓力（約 300kPa）於元件發熱過程，使導熱膏黏度下降，而可順利填補元件縫隙內的維繫氣孔。導熱膏於製程上的考量點，在於選擇一適當流動性的高分子基材，此高分子基材除肩負起混合過程中提供適當黏度環境，以利於導熱粉體進行混合；其次，必須選用低介面熱阻係數的高分子介質，降低熱量傳遞過程中蓄積於導熱膏本體中；第三，高分子基材必須具有穩定的熱穩定性，以免在反覆操作過程中導熱膏高分子介質因流動而最終產生分布不均失效等問題。

2. 導熱墊片（Pads）：導熱墊片是以高導熱特性的奈米粉體混合於具有柔軟性的高分子基材中，經加溫固化後，形成一薄片狀的導熱介面材料。常見用於導熱墊片的高分子材料以矽膠為主，其強調質地柔軟、具高服貼性、絕佳的高壓縮性與自黏性，可於工作壓力 700kPa 下使用，其介面熱阻值約為 1.0 ～ 3.0kcm^2/W。

3. 導熱膠帶（Thermal tapes）：導熱膠帶是將具有黏著力的導熱膠體以塗佈方式，將膠體均勻分布於基材上，其作用在於填補發熱體與散熱器間的不平整空隙，以達到降溫與散熱的效果需求。常見的組成包含壓克力系或矽膠系的感壓膠（Pressure sensitive adhesive, PSA），依用途不同而有不同選擇，如塑膠接合介面常用矽膠系感壓膠體，而壓克力系感壓膠體則常見於瓷器或金屬接合介面等。

4. 導熱相變化材料（Thermal conductive phase change materials）：

導熱相變化材料是由熔點介於 50℃～ 80℃間的相變化材料結合導熱粉體，所開發而出的導熱材料，主要功能訴求在於使用具有在一定溫度可流動性的相變化材料作為基材，在元件發熱過程中產生熔融流動狀態，填補介面間因不平整縫隙而產生的微細孔洞，同時藉由內部複合的高導熱性粒子傳遞發熱元件的熱量。

Sarvar 等人 [93] 歸納出目前市售常見的各種不同熱介面材料優劣分析，整理如圖 9.26 所示。通常而言，一個具有良好性能的熱介面材料除須滿足穩定性與安裝性的需求外，實務上仍須滿足下列幾項要素：

1. 良好的導熱特性：熱介面材料的導熱特性，決定了散熱模組在介面傳遞熱能的效率。

2. 低熱阻特性：熱介面材料的熱阻值必須在模組工作溫度下，保持足夠低的熱阻表現。

3. 導電特性：在許多的熱介面材料的場合中，必須滿足絕緣性能的要求。

4. 相變化溫度：相變化溫度係指導熱相變化材料在達到轉變溫度時，必須由固態轉化成液態，並能填補於介面處的縫隙，排出導熱不良的空氣。因此，多數相變化溫度會設計低於工作溫度，但必須注意的是，相變化材料的流動性不宜過高，且耐熱度不宜過低。

5. 黏度：熱介面材料的黏度是其加工性與使用性的重要關鍵，在室溫下，熱介面材料的黏度不宜過高，否則會在塗佈過程中因不均勻所產生之縫隙，而降低其導熱性能；而熱介面材料的黏度在工作溫度下必須適中，過高無法順利產生足夠的填補效果，過低則易因膏體流出而使介面間的導熱填料不足，降低整體散熱效能。

6. 工作溫度範圍：必須滿足在使用場域的工作溫度範圍仍能保持穩定的導熱特性，如 Bergquist 公司之產品 Sil-Pad® 2000 的工作溫

TIM		Advantages	Disadvantages
Thermal Grease		• High thermal conductivity • Thin joint with minimal attach pressure therefore low thermal resistance • No curing required • Delamination not an issue • Low cost	• Thermal cycling can result in pump-out and phase separation • Can be messy and in a manufacturing environment can pollute assemblies and reflow baths • Dry-out over time reducing reliability • Thickness difficult to control • Excess grease can flow out beyond the edges
Phase Change Materials	Polymeric	• Increased stability and less susceptibility to pump-out • Easier application and handling compared to greases • No cure • Delamination not an issue • No dry-out • Lower thermal resistance than greases	• Lower thermal conductivity than greases • Surface resistance can be greater than greases. Can be reduced by thermal pre-treatment • Constant pressure required which can cause mechanical stresses • Voids can result with thermal cycles and subsequent phase changes that cannot be refilled
	Low Melting Alloys	• Easy to apply • All metal path • No cure required	• Dry-out causing voids at interfaces • Intermetallic growth at the interface • Oxidation/Corrosion at elevated temperature cycles
Filled Polymers		• Not messy • easy to handle • Eliminates problem of applying exact the amount of grease with each application • Conforms to surface irregularity before cure • No pump-out or migration • Resists humidity and other harsh environments • Good dielectric properties • Low modulus (stress) • Can be easily cut to size of mounting surfaces	• Curing required • Thermal conductivity lower than grease • Delamination can be a problem • Do not flow freely • Permanent clamping needed • Higher cost than grease

圖 9.26　各種不同熱介面材料的優劣分析 [90]

度範圍為 −60℃至 200℃間，而 Chomerics 公司之產品 ThermflowTM 的工作溫度範圍為 60℃至 125℃。

7. 外部壓力：一般熱介面材料在使用上，多會以上下夾緊扣合壓力提升密合度，不同熱介面材料，會隨材質或填充物需求不同的扣合壓力範圍。

8. 揮發成分氣體：在熱介面材料的組成配方設計上，需特別考慮基材受熱產生揮發氣體的因素，一般而言，若揮發氣氛過多，將造成使用過程中膏體內部因氣體揮發而遺留的空隙，導致導熱性能下降。因此，通常會要求在一般工作溫度區間，揮發成分必須小於一定比例以下，以確保熱介面材料的工作穩定性。

9. 表面平整度：通常就片狀型態的熱介面材料而言，在內部含有大量導熱粉體的情況下，容易造成表面粗糙度上升明顯，因而容易提升介面間的接觸熱阻，故選擇適當尺寸、適當匹配的填料系統，除可使導熱特性提升外，亦可幫助降低介面間的接觸熱阻。

10. 材料的加工性：一般而言，熱介面材料多呈現膏狀或液狀形態，不過在高含量的導熱粉體添加情況下，適當加工特性是一具有良好性能之熱介面材料的關鍵要素。

11. 穩定性與可靠度：通常而言，熱介面材料的使用週期相當長，實務上耐用年限須超過 7 ～ 10 年。

12. 成本因素：通常因為市場競爭因素與成本考量，會選擇性的採用成本容易控制的組成成分，以確保產品的市場競爭力。換言之，在多數散熱用市場中所使用的熱介面材料，以中低階規格且具成本競爭力的產品為主，而通常在高階市場中，才會有高階導熱產品的競爭空間。

9.5.3.2 導熱複合材料的開發概念

具有高導熱特性的高分子基熱介面材料之製程技術發展，可區分成兩種不同的思考概念，分別為開發提升內部結晶度的本質型導熱高分子材料，及透過複合適量之導熱粒子的填充型導熱高分子複合材料。本質型導熱膏分子材料的開發要點，在於經由分子設計之方式，開發一種具有高度對稱性的高分子系統，使最終的基材樹脂導熱特性增加。另一方面，填充型的導熱複合材料因製程簡便、可選擇性多、效果顯著及成本易於控制等優勢，而被大量開發出各式不同規格的導熱產品。一般而言，填充型導熱複合材料之常見的導熱增強機制，包含不同填充方法與材料選擇、不同粒子或基材表面處理方法及不同型態導熱粒子特有的導熱增強機制等，依據調和導熱粒子與基材間差異、堆疊方法及導熱機制最優化條件等因素，尋找開發填充型高導熱複合材料的最適化製程參數。

常見導熱填充粒子之種類，依不同特性而可區分成絕緣性導熱粉體，如氧化鋁、氮化鋁、氧化鎂及氮化硼等，且以成本較低純度及易控制的氧化鋁為大宗使用添加劑；金屬或金屬氫氧化物型導熱粉體，如超細銀粉、鎳粉等金屬粉末或氫氧化鋁、氫氧化鎂與氫氧化鎳等金屬氫氧化物等；不同結構特性之碳系列粉體，如熟知的碳黑、石墨粉、奈米碳管、碳纖維或石墨烯等。各常見的導熱填充粒子之室溫導熱係數如下表 9.2 所示。

表 9.2　常見的導熱填充粒子之室溫導熱係數一覽表

Material	Thermal Conductivety at 25℃ (W/mK)
Graphite	1600 (in plane), 10～40 (out plane)
Carbon black	6～174
Carbon nanotubes	2000～3000
Diamond	3200
PAN Carbon fiber	8～70 (along the axis)
PItch Carbon fiber	530～1100 (along the axis)
Copper	483
Silver	450
Gold	345
Aluminum	204
Nickel	158
Boron Nitride	250～300
Aluminum	20～29

Shahil 等人[91]針對上述常見的導熱填充物應用於導熱介面複合材料的研發成果整理製表，並將填充物區分成非碳材系填充物（Non-carbon filler）及碳系填充物（Carbon filler）兩類，且碳系填充物又再細分成奈米碳管系統、石墨烯或鑽石系統三類。Shahil 等人特別提到應用同具優良導電特性的導熱填充物，通常會使得最終的導熱複材之電阻率下降，特別如金屬系填充物之銅、銀及鎳等，或碳系的填充物如奈米碳管或石墨烯等，都具有同時提升導熱性及導電性的現象。Shahil 等人提到產生上述現象是由於使不具導電特性的基材提升電性的原因，多半是因為填充物添加量的比率達到臨界含量以上時，會於內部產生連續性的導電網絡，致使複材之導電特性隨之上升。因此，作者應用石墨烯複合粉體於低含量添加下不產生連續的導電網絡，但藉由適當的排列與控制石墨烯間的環氧樹脂厚度（厚度 <10nm[94、95]），使各介面間的介面熱阻不致顯著影響最終複材的導熱特性。

表 9.3　常見的導熱填充物應用於導熱介面複合材料的研發成果[91]

Filler	TCE (%)	K (W/mK)	Loading	Matrix	Measurement
Ni	566		<30%	Epoxy	Laser flash
Al2O3	-	0.35～0.65	50Wt%	Epoxy	Guarded flow
AlN	1900		60%	Epoxy	ASTM
BN	650		30Wt%	Epoxy	ASTM
Al2O3	-	0.18	10Wt%	PS	Laser flash
BN	-	0.8～1.2	0～35Wt%	Polyethylene	Hot disk
AlN	-	1.3	40vol%	Epoxy	Laser flash
Ag	-	3.0	28vol%	Epoxy	Laser flash
MWNT	150	-	1.0vol%	Oil	Hot wire
SWNTs	125	-	1.0Wt%	Epoxy	Comparative

Filler	TCE (%)	K (W/mK)	Loading	Matrix	Measurement
P-SWNTs	350		9.0Wt%	Epoxy	Laser flash
CNTs	65		3.8Wt%	Silicone	ASTM
SWNTs	50		1.0Wt%	PS	ASTM
SWNTs	55	-	7.0Wt%	PMMA	Guarded flow
SWNTs	-	4.8	-	-	-
MWNT	-	0.5	-	Epoxy	ASTM
SWNTs	-	0.61	2.3Wt%	Epoxy	Comparative
MWNT	-	0.43	-	-	ASTM
MWNT	-	1.21	-	-	ASTM
Diamond	-400	1.2	60Wt%	Epoxy	Laser flash
Carbon nanofiber	-905	1.845	40Wt%	Rubber epoxy	Hot disk
GnP	3000	-	25vol%	Epoxy	Laser flash
GON	30～80	-	5.0vol%	Glycol and Parrafin	Comparative
GnP	10	0.23	10vol%	Epoxy	Hot wire
GnP	700	1.4	20Wt%	Siloicone	Hot disk
Graphite	1800	-	20Wt%	Epoxy	Laser flash
GnP	990	1.909	20Wt%	Siloicione	Hot disk
Graphene-MLG	2300	5.1	10vol%	Epoxy	Laser flash

Fu 等人 [96] 直接探討常見之八個不同種類的導熱填充物製備之導熱介面材料的導熱性質差異，結果顯示，填充物的結構型態是決定複材之導熱特性的重要因素，特別是具有片狀型態的填充粒子，相對於球狀粒子而言，對複材的導熱係數會具有更佳的強化效果；反過來說，具有尖銳菱角之不規則型態的導熱填充粒子則因堆疊密度難以控制，致使複

材特性難以有效提升。Fu 等人藉成本與最終複材特性提升程度等因子綜合比較判斷，認為層狀結構特徵的石墨是具有最佳性價比的導熱填充料，且複材可於填充量達 40wt% 時，達到最佳導熱係數 1.7W/mK。

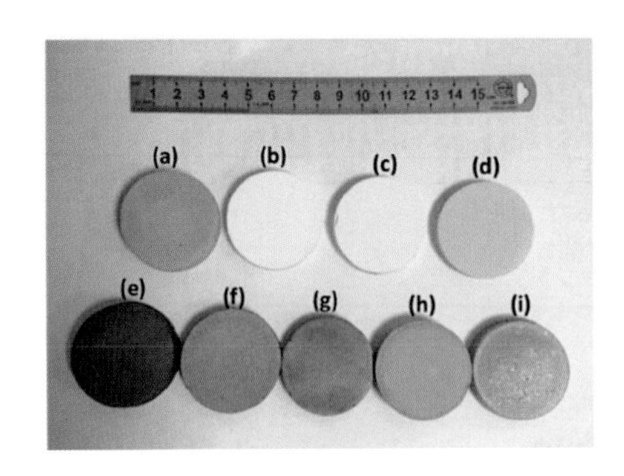

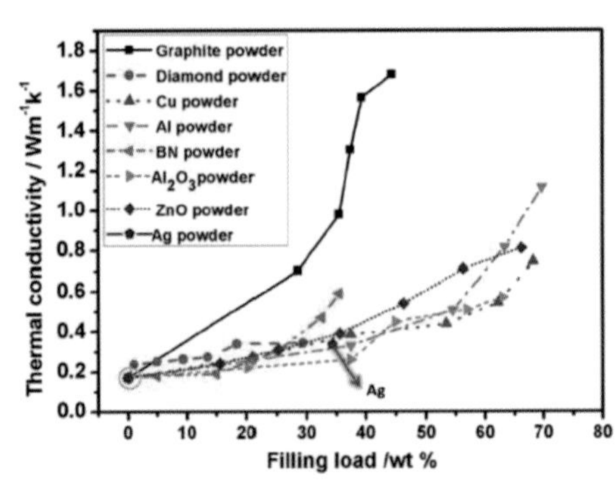

圖 9.27　不同種類導熱填充物製備之導熱介面材料的導熱性質之差異 [93]

運用適當的理論模型，可預測熱介面材料中填充物的分布與堆疊狀態，有利於開發適當的熱介面材料配方選擇。McNamara 等人 [97] 於「見奈米結構的熱介面材料之性質分析」（Characterization of nanostructured thermal interface materials-A review）一文中提到，有兩種不同類型的理論模型來解釋熱介面材料中因填料比例與堆疊狀態引起的微觀結構變化，及最後對應的導熱係數。預測的理論模型可分成兩大類：其一、運用奈米球體堆疊模型描繪等效熱阻預測模型，另一種則是運用分子模型概念預測等效熱阻 [97]。對於低體積分率的複合材料而言，常用 Maxwell 理論模型作為預測導熱填料含量與導熱係數變化的理論依據。Maxwell 理論模型的立論依據，在於假設填充物為均勻填充之奈米球體，且均勻分散於具有連續相特徵的高分子基材中，各填充球體兩兩不互相干擾，沒有介面上的熱阻抗，Maxwell 方程式如下式 [98]：

$$\frac{k}{k_b}=1+\frac{3\varphi(\delta-1)}{2+\delta-\varphi(\delta-1)}$$

其中，k_b 代表高分子基材的導熱係數，φ 代表導熱填料的體積百分比，$\delta(k_f / k_b)$ 代表導熱填料與高分子基材的比值。

若將導熱填料與高分子基材間的接觸熱阻納入計算，則原 Maxwell 方程式可修正成下列方程式：

$$\frac{k}{k_b}=\frac{(1+2\eta)+2\varphi(1-\eta)}{(1+2\eta)-\varphi(1-\eta)}$$

其中，$\eta=\frac{2R_d k_d}{d}$，R_d 代表介面熱阻，而 d 代表奈米球體的直徑。

對於高體積分率的複合材料而言，常用 Bruggeman 非對稱型模型作為預測導熱填料含量與導熱係數變化的理論依據 [99]，其方程式如下：

$$\frac{k}{k_b}=\left(\frac{\frac{k}{k_b}-\delta}{1-\delta}\right)^3(1-\varphi)^{-3}$$

上述列舉理論模型均為典型的導熱模型，且均將填充物以球型進行假設。不過，在實務上所使用的導熱填料，如氮化鋁、氮化硼、奈米碳管或石墨烯等，多數均非球型外觀。此外，考量填料與基材間的介面行為更可衍生出多樣化的變異性，故許多研究仍嘗試對上述方程式進行修正探討，以獲得更為精確的理論模型 [99]。

9.5.3.3 導熱特性的量測方法

就熱介面材料之導熱性質的量測方法而言，可大致區分成穩態法（Steady-state measurement）及動態法（Dynamic-state measurement）。McNamara 等人 [97] 歸納目前常見的量測方法，包含穩態量測法（Steady state measurement）、雷射閃光法（Laser flash measurement）、雷射光聲法（Photoacoustic technique）、三倍頻法（The 3ω method）、光熱反射法（Thermoreflectance）及紅外線影像技術（Infrared microscopy）等六種。以下即分別敘述各種不同量測方法的測試原理。

1. 穩態量測法（Steady-state measurement）

穩態量測法是一種以 ASTM D5470 規範為基礎，應用一維穩態導熱過程的基本原理來量測雙平板間的熱流傳遞狀態，並藉傅立葉關係式，推算出傳遞熱量、溫度及導熱係數的關係式 [100]。通常而言，量測設備中的下側平板會銜接於電子加熱設備作為發熱源，並將上端平板進行冷卻，因此，系統可在假設沒有側向熱量損失的前提下，量測到近乎均勻垂直傳遞的熱量變化，且藉由量測兩側平板間的溫度差，可計算整體的熱阻。在實務上，量測系統中通常會在上端板建立適當壓力，其目的除可模擬實際散熱模組封裝中的扣合壓力外，並可檢視熱介面材料在壓力與加熱的前提下所產生的形變與其對導熱特性的影響。此外，量測系統必須建立於一絕熱良好的體系中，並在測試過程中嚴格控管測試流程與參數，以降低因操作流程之不確定性而產生的結果誤差。

2. 雷射閃光法（Laser flash measurement）

閃光法是測定熱介面材料常見的量測方法之一，此方法是由 Parker 於 1961 年提出 [101]，該方法的優點包含：第一、測量結果準確，且其結果常用來作為其他測試方法的參考依據；第二、數據分析簡單，並可同時獲得三種不同材料導熱參數，分別為導熱係數、熱擴散係數及比熱容；第三、測試速度快，測量時所需能量很少。因此，基於上述優點，此量測方法雖已被提出超過半個世紀，閃光法仍繼續被人們改進和應用。

3. 雷射光聲法（Photoacoustic technique）

光聲法的量測方法是運用一特定頻率的雷射輻射加熱一待測區，當待測物因部分或全部吸收能量而被加熱時，待測物中部分熱能傳遞至周圍接觸的氣體薄層，使其溫度上升產生震動，向其餘氣體發射聲波，最終被麥克風接受器收集到一音頻改變，藉由在不同頻率下，量測出待測物之聲波相位可計算出材料的導熱係數[102]。

4. 三倍頻法（The 3ω method）

3ω 法是 Cahill 等人[103] 提出可運用於分析薄膜導熱特性的量測方法。該方法在待測樣品表面鍍上一層可同時作為加熱與測溫功能的薄金屬膜，並運用金屬的電阻率隨溫度的升高而增大的原理，於提供週期性正弦波的電流變化過程中，本身的溫度將包含有 1ω 及 2ω 的振盪變化，其中 2ω 的頻率變化阻值，將與頻率 ω 的交流電共同產生頻率為 3ω 的電壓。藉由放大器解讀訊號，並透過傳熱模型運算得到金屬膜的溫度變化曲線，而溫度變化曲線的斜率即為薄膜的導熱係數。

5. 光熱反射法（Thermoreflectance）

光熱反射法的測試原理，在於運用金屬反射率可於一定溫度範圍內與溫度呈現線性關係的原理來量測導熱係數。光熱反射法的測試流程，是在測試前須將待測物表面放置一層金屬薄膜，以脈衝雷射於一短時間內對樣品進行瞬間加熱，同時用另一強度低的探測雷射照射加熱區域，最後由訊號接受器同時接受上述兩者訊號評估加熱區域的溫度變化情況。由於入射的脈衝雷射加熱時間極短，材料內部的側向傳熱與空間中的對流散熱皆可被忽略，因此，材料內部的傳熱過程可由一維傳熱模型評估其導熱係數。

6. 紅外線影像技術（Infrared microscopy）

此種量測方法具有幾種好處，包含可以即時量測溫度的變化而不需置入溫度量測裝置，亦不如其他量測方法，需要了解密度或比熱等資訊，才可換算出材料的導熱係數。此外，紅外線影像技術可以記錄以時間為軸的熱能或熱量傳輸變化，以便研發人員於實務上開發導熱相關產品。

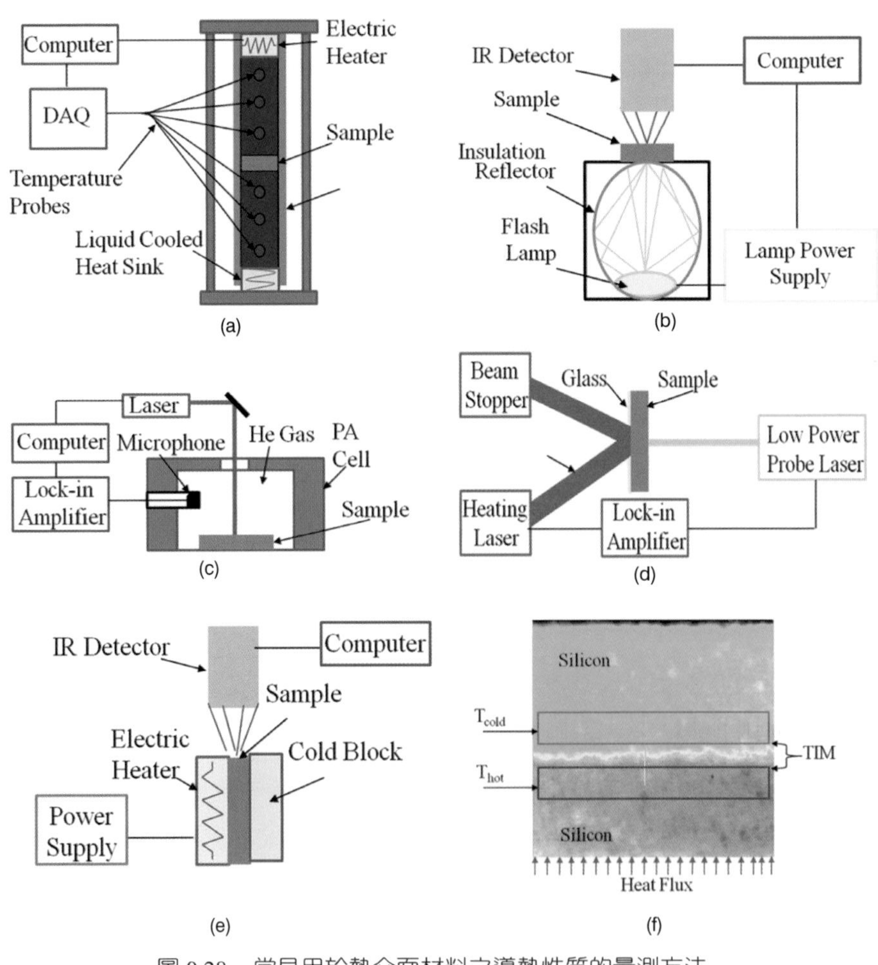

圖 9.28　常見用於熱介面材料之導熱性質的量測方法

9.5.3.4 石墨烯相關導熱應用的研究概況

眾所周知碳材料之導熱特性與其結構有著密不可分的關聯性，依照鍵結方式、結構特徵或結晶程度，可大致區分成以 sp^3 鍵結型式且具有面心立方結構（Face center cubic strcutre, FCC）單晶鑽石、同以 sp^3 鍵結型式但為多晶結構的多晶鑽石、以 sp^2 鍵結型式且具有層狀結構的石墨、同為 sp^2 鍵結型式但層數小於 5 層的石墨烯、具有一維管狀結構組成的奈米碳管、以 sp^2/sp^3 混成鍵結型式為主的類鑽碳、或不具明顯結晶結構的非晶碳等。Balandin 等人 [104] 將上述不同結構類型的碳系材料依導熱特性之分布進行分類，並歸納各類碳材料之導熱係數的範圍，與影響其導熱特性的關鍵因素。由圖 9.29 中可見，以鑽石材料而言，多晶鑽石材料的導熱係數大多介於 1W/mK ～ 1000W/mK 間，且導熱係數的變化隨著結晶晶粒大小的增加而提升；單晶鑽石的導熱係數一般高於多晶鑽石，而介於 1000W/mK ～ 2300W/mK 間，且其導熱係數與純度成正比關係。具有高異向性的石墨材料，則因平行或垂直基面方向而有顯著差異，一般平行基面方向具有高導熱係數，最大可達 2000W/mK，而垂直於基面方向則導熱特性較差；石墨的純度與晶粒大小是影響石墨材料導熱係數的重要關鍵，石墨之純度越高或晶粒越大，將於平行基面方向得到較佳的導熱特性。除晶粒大小與純度之因素外，分子鍵結型式或結晶程度亦是決定碳材料之導熱特性的主要因素。由 sp^2/sp^3 混成鍵結型式為主的類鑽碳導熱係數，一般落在 0.1W/mK ～ 10W/mK 間，且其導熱特性與密度呈現正相關；不具結晶性的非晶質碳，則導熱係數一般落於 0.01W/mK 附近。而由石墨烯層捲曲成管狀結構的奈米碳管，則被認為軸向的導熱係數可高達 3000W/mK。同具 sp^2 鍵結型式但層數小於 5 層的石墨烯，則被認為在平行基面方向具有超高的導熱特性 [104]。以單層石墨烯而言，其基面導熱係數高達 5300W/mK，且導熱係數與層數多寡成反比。

Balandin 等人 [104] 亦探討不同類型的碳材料於不同溫度下之導熱特性變化〔如圖 9.29(b) 所示〕，發現單晶鑽石與熱裂解石墨（一般可認為是單晶石墨）之基面導熱係數於溫度 0K ～ 500K 範圍內，出現先升後降之趨勢，且其導熱係數分別在約 70K（鑽石）～ 100K（石墨）處具有最大值。作者提到此導熱係數降低之特徵，源自於多晶結構的導熱係數受限於聲子發生反轉散射效應（Umklapp effect）所致（Phonon Umklapp scattering）；另一方面，在非晶碳體系中，其導熱係數隨溫度增加而提升，這可能是非晶材料中的熱傳遞發生局部散射（Localized excitations）所致。此外，對於多晶石墨材料（瀝青高溫燒結石墨）與單晶石墨材料於低溫下之導熱特性具有不同增加趨勢之現象，作者認為此不僅與聲子密度有關，石墨結晶晶粒大小與石墨材料的純度，都是影響其導熱係數變化之主因。

從上述討論可了解，由石墨材料演變而來的石墨烯，是一種具有高度異向性的二維板狀結構材料，其具有優異導熱特性之原因，源自於沿基面上以 sp^2 共價鍵組成高度對稱性六角碳環結構，使熱流可快速傳遞，

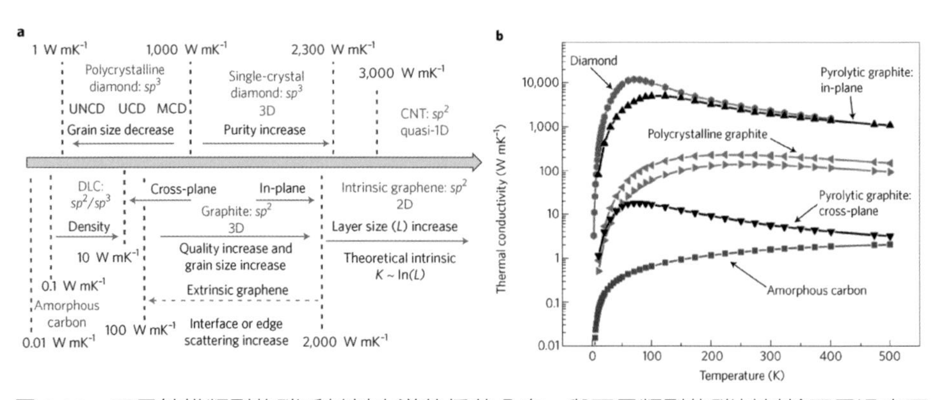

圖 9.29　不同結構類型的碳系材料之導熱係數分布，與不同類型的碳材料於不同溫度下之導熱特性變化

而垂直方向則因弱凡德瓦爾力而限制熱流移動[105]。因此，如何有效運用石墨烯開發相關導熱應用產品，需從其結構一致性、純度及排列優選方向等材料因素、中段製程方法、末端應用種類與場域等因素綜合考量，方能最大化運用石墨烯開發各種導熱應用產品。

不過，由於石墨烯的厚度是由單層乃至數層石墨烯所構成，在石墨烯厚度較薄的狀態下，容易出現皺褶與不平整的情況，此種結構變異容易對石墨烯的導熱特性產生顯著影響。Chu 等人[106]運用數值模擬方法，分析平整度對石墨烯的導熱係數之影響，發現，石墨烯的平整度對其導熱係數具有決定性的影響，同時因平整度而造成之二維結構特徵之變化，相較於其他材料特徵，如厚度、基面長度或介面熱阻等，對最終複材導熱係數的影響更為顯著。

1. 石墨烯於液態熱介面材料的應用

熱介面材料之技術研發，在導熱材料的產品開發中一直是相當主流的項目，其原因不外乎其具有一定市場規模、使用量大且穩定、生產製程流程簡便、工序少易於管控品質等因素。如前所述，熱介面材料依據其產品樣態，又可區分成液態與固態兩大類，液態型式的熱介面材料，包含導熱膏或導熱膠兩大類，固態型式的熱介面材料，則包含如具有固液相轉變特性的相變化導熱材料、導熱片、導熱橡膠、導熱膜或近來相當熱門的高導熱石墨紙等。液態熱介面材料的開發重點，著重於尋找適當的粉體種類、配比組合及適當黏度變化的高分子基材，透過適當的介面相容處理、研磨分散與混合脫泡的工序，即可得到性能與品質均一的液態熱介面材料。因此，具有優異導熱特性的石墨烯已廣為各界應用於熱介面材料的開發工作。Tian[107]以石墨烯為主體開發出應用於熱介面材料的導熱膏，並指出具有顯著相異方向特性的石墨烯在介層之排列度是影響熱量傳遞效率的關鍵因素。Tian 指出，石墨烯在介層中的排列度會有三種不同類型，如石墨烯垂直排列方式〔圖 9.30(b)〕、無特定排列方式〔圖 9.30(c)〕及平行排列方式〔圖 9.30(d)〕三種。Tian[107] 等人以符合 ASTM 規範 D5470 的穩態熱流測試法〔如圖 9.30(e) 所示〕，比較不同基材樹脂對石墨烯導熱膏之傳導特性的影響，發現

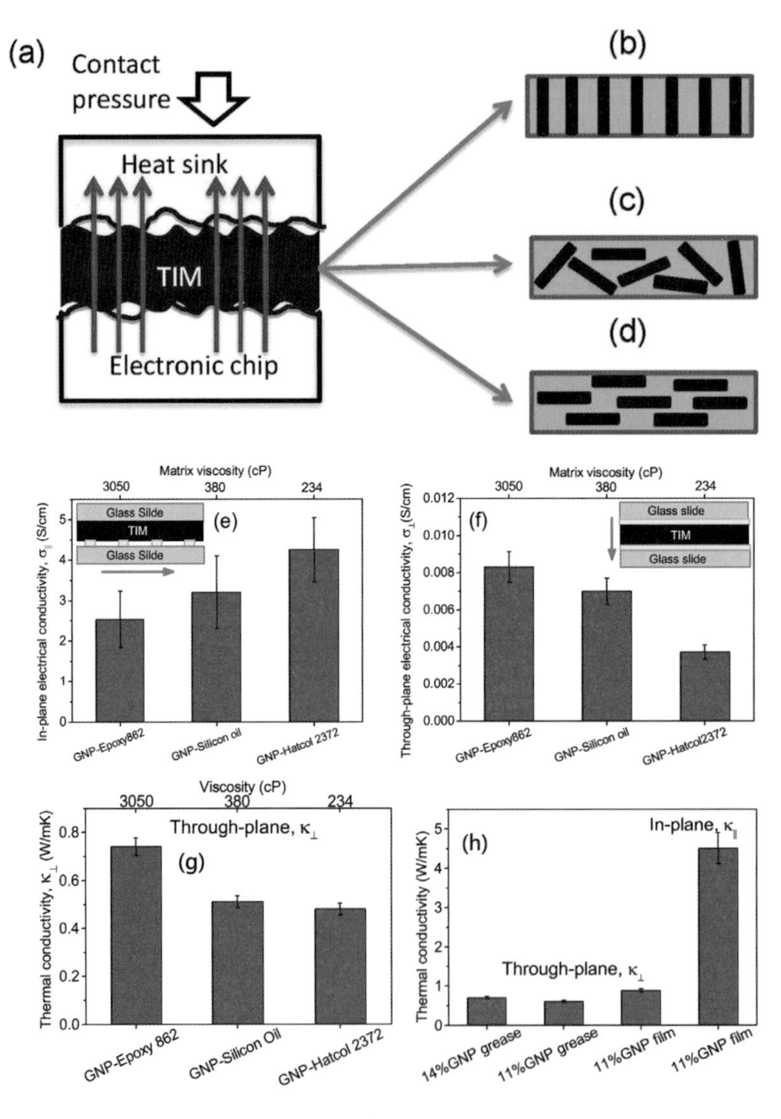

圖 9.30　石墨烯於熱介面材料中的排列方向與其對導熱特性的影響

其導電特性的異向性度隨基材樹脂之不同而有顯著增加。Tian 認為，由於石墨烯是一種具有明顯異向性的材料，導熱膏於不同量測方向下得到之異方向性電阻變化特徵，意謂著與石墨烯於膏體內部排列方向不同有關。因此，相對於導熱膏的熱阻特性變化，上述推論獲得很好的印證。以環氧樹脂為基底樹脂製備的導熱膏而言，其在導電特性上，具有最為顯著的垂直導電特性，因此其熱阻變化換算出的導熱係數具有相對較佳的表現（0.8W/mK）；且在後續比較實驗中，他們將相同複合石墨烯之環氧樹脂固化成膜後，量測其基面導熱特性，發現基面之導熱係數高達 4.5W/mK 以上，顯示受到扣合壓力作用下的石墨烯傾向在介面中產生一顯著的平行排列，使熱量在傳遞過程中無法運用傳遞能力最好的基面進行傳遞，故膏體熱阻表現並不如預期。

Yu 等人 [108] 認為，運用經過適當表面處理的還原石墨烯搭配乙二醇溶液，可製備具有良好導熱特性的導熱膏，其導熱係數可達 6.8 ± 0.8W/mK。Yu 等人提到，石墨烯片徑過短是造成此導熱膏特性無法有效提升的主要原因。另一方面，Yu 等人亦比較氧化石墨烯與還原石墨烯所製備之導熱膏的導熱特性之差異，認為氧化石墨烯表面的含氧官能基團及在製程中基面受強氧化作用下所產生的大量結構缺陷，會造成聲子在熱量傳遞過程中產生散射，使最終的導熱特性下降。

Yu 等人 [109] 以 5μm 及 0.7μm 兩種不同粒徑氧化鋁為主體原料，混合石墨烯於矽油中製備具有良好導熱特性的導熱膏。他們發現，石墨烯與不同粒徑氧化鋁於適當配比下，可產生優異的協同作用（Synergistic effects），並產生新的導熱複合結構〔如圖 9.31(a) 所示〕，且氧化鋁的出現是避免石墨烯於矽油中產生凝集與團聚的主要因素。更進一步而言，分散良好的石墨烯在此特殊堆疊結構下，可扮演良好的熱量傳遞架橋作用，故可在石墨烯於低含量（1wt%）添加下，得到更佳化導熱特性（3.45W/mK）。

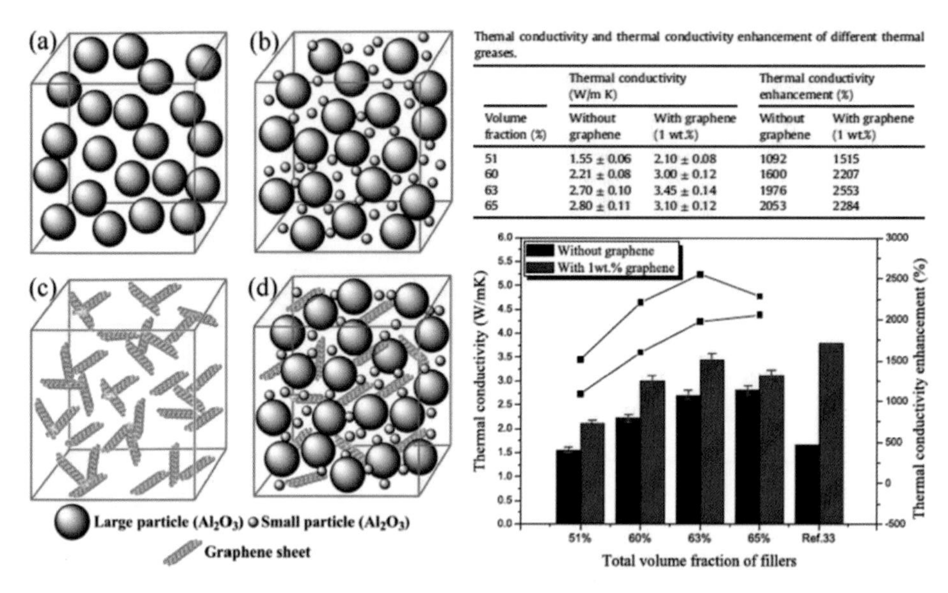

Themal conductivity and thermal conductivity enhancement of different thermal greases.

Volume fraction (%)	Thermal conductivity (W/m K) Without graphene	Thermal conductivity (W/m K) With graphene (1 wt.%)	Thermal conductivity enhancement (%) Without graphene	Thermal conductivity enhancement (%) With graphene (1 wt.%)
51	1.55 ± 0.06	2.10 ± 0.08	1092	1515
60	2.21 ± 0.08	3.00 ± 0.12	1600	2207
63	2.70 ± 0.10	3.45 ± 0.14	1976	2553
65	2.80 ± 0.11	3.10 ± 0.12	2053	2284

圖 9.31　石墨烯於複合導熱配方中所扮演的角色與增強效果

2. 石墨烯於具固／液態轉變性之導熱相變化材料的應用

導熱相變化材料屬熱介面材料產品中的一種，具有在室溫下是軟性固體及具黏貼性等特點，當加溫達到材料的相變化溫度時，會快速軟化呈現膏狀，可有效填補熱源與散熱器之間的縫隙，達到提升散熱模組熱量傳遞效率的功能需求。添加石墨烯於相變化材料基地中，除須扮演著有效提升複材導熱特性之功能外，更需避免降低原相變化材料基材的吸熱特性及高溫下的流變性，使其工作溫度範圍與高溫下流動性不會受到添加之石墨烯而有所影響。Yavari 等人 [110] 探討石墨烯複合十八烷醇（1-octadecanol, stearyl alcohol）製備之導熱相變化複合材料的液固相變化之熱焓值、結晶性及其導熱特性變化，發現添加低含量石墨烯（約 4wt%）可顯著提升導熱相變化複合材料之導熱係數達 2.5 倍，且液固相熱焓值僅減少 15.4%，此研究成果相對於文獻中報導奈米碳管及奈米銀線更具競爭力。Xiang 與 Drzal 等人 [111] 以 XG-science 公司生產之不同片徑大小之 xGnP1，並探討雙輥軸研磨成型法、直接鑄模成型法等不同製程對複材材料物性的影響。他們以二甲苯作為溶劑，在加熱過程中，將石墨烯粉體分散於溶融的石蠟液體中〔如圖 9.32(a)〕，藉由雙輥軸研磨成型法、直接鑄模成型法等不同製程方法，製成石墨烯／石蠟相變化複材，同時雙輥軸研磨成型法製備之複材的後加工方法，是將雙輥軸研磨輾壓成型的石墨烯／石墨薄紙連續堆疊成型製得〔如圖 9.32(b) 及 (c)〕。從其 SEM 照片中可見，不論添加之石墨烯片徑大小，以直接鑄模成型之相變化複材，其內部石墨烯的排列散亂較不規則〔如圖 9.32(d) 及 (f)〕，而經雙輥軸研磨輾壓堆疊成型之石墨烯相變化複材，其內部石墨烯排列則具有明顯排列度。就複材的導電特性與導熱特性而言，石墨烯的片徑大小是決定性的影響因子，片徑較小的石墨烯，需要較大的填充量才能發生臨界含量效應，最終的導電特性與導熱特性，亦比片徑大者差〔圖 9.32(h) 及圖 9.32(i) 所示〕；同時，由 C 軸方向的導熱係數變化亦可得知，直接鑄模法製備之石墨烯相變化複材，由於石墨烯不具排列性，故不論石墨烯添加量之多寡，其複材的導熱係數均明顯較大〔如圖 9.32(j) 所示〕。不過，以雙輥軸研磨輾壓堆疊成型之石墨烯相變化複材，雖在導熱特性的變化上具有明顯異向性，但其基面方向的導熱係數仍較直接鑄模所得之複材差，推測此時填充量仍應未達臨界含量，故導熱係數增幅並不明顯。

Shi 等人 [112] 同樣運用石墨烯粉體開發具有優良導熱係數及良好尺寸穩定性的石墨烯／石蠟（Paraffin）相變化複合材料，並比較不同厚度之石墨烯對複材導熱特性的影響。Shi 等人發展之製程方法為運用溶劑混合法於 80℃下，均勻混合石墨烯與石蠟高分子後，於高溫（130℃）下脫除溶劑，並真空鑄模成型製成石墨烯／石蠟（Paraffin）相變化複合材料。實驗結果指出，以 XG-science 公司生產之 xGnP 多

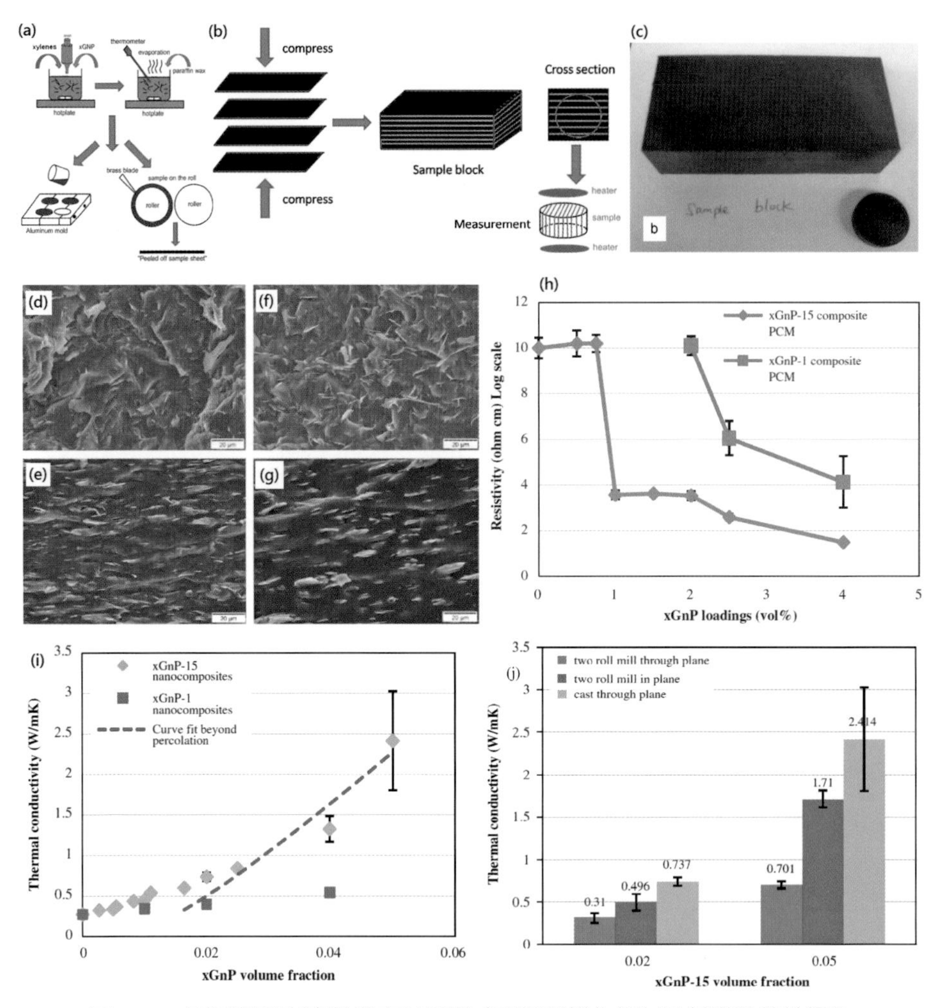

圖 9.32　不同製程方法製備之石墨烯／石蠟相變化複材及其導熱特性變化

層石墨烯粉體，可於添加量 10wt% 下，使相變化導熱複材之導熱係數提升 10 倍以上；而以單層石墨烯粉體作為填充物，雖可於較低含量下使複材的導電特性提升，但其導熱特性並未顯著改善。Shi 等人認為，雖運用導熱係數較佳的單層石墨烯作為導熱填充物之選擇，但由於單層石墨烯之基面尺寸過小，使複材內部熱量在傳遞上受到較大阻礙，而無法有效提升整體導熱特性。

運用模板法的概念複合石墨烯與相變化材料，製備具有高導熱特性的導熱相變化材料，亦是一種有效的製備方法。Zhong 等人 [113] 以氧化石墨烯為基底材料，經過水熱長晶法製備石墨烯氣凝膠（Graphene aerogel, GA），此石墨烯氣凝膠內部具有大量且均一的孔隙，其平均孔隙約為數個微米，且主要支架結構是由薄層石墨烯所組成；運用相變化材料之高溫熔融特性，將具有相變化特性的硬酯酸於熔融狀態滲透進入石墨烯氣凝膠的孔隙中，製得石墨烯／硬酯酸相變化複合材料。Zhong 等人提到此石墨烯／硬酯酸相變化複合材料具有良好的導熱特性，其導熱係數約為 2.635W/mK，且複材之熱焓值與硬酯酸的熱焓值僅損失 2%。

3. 石墨烯於固態導熱複材的應用

固態型式的導熱複材產品應用面向廣泛，諸如熱介面材料中的導熱墊片、導熱板，或應用於模組封裝的導熱塑膠等，都是屬於固態導熱複材的產品範疇。固態導熱複材的開發重點，多與使用場域有絕對關聯性，除與液態熱介面材料於開發時需探討粉體配比、混合與使用之黏度變化及介面相容處理等關鍵因子外，更有著因應用領域之差異而衍生出的材料需求，如應用於介面熱傳遞的高導熱矽膠片，通常需求具有柔軟的機械物性，以滿足上下扣合時能達到均勻服貼之需求；應用於高亮度 LED 的導熱塑膠，除具有良好的導熱特性外，必須具有足夠的強度與韌性、低的熱膨脹係數，以滿足封裝與使用中應力、收縮不均等問題。常見之固態導熱複材的樹脂選擇，可大致區分成兩類：第一種以熱固型樹脂為主，常見的樹脂包含環氧樹脂、矽膠樹脂及酚醛樹脂等，此類樹脂多以室溫下具有良好流動性而適於與粉體進行混合，並可於加熱過程中固化成型，以製備導熱複材；第二類以熱塑型樹脂為主，常見樹脂包含聚丙烯（PP）、聚乙烯（PE）、聚對苯二甲酸乙二酯（PET）、耐龍（PA）、聚碳酸酯（PC）、聚苯硫醚（PPS）、熱塑性聚氨酯（TPU）、液晶高分子（LCP）、聚對苯二甲酸丁二酯（PBT）等，透過適當捏合與混煉過程，可將適當的熱塑型高分子與導熱填充物進行混合，並以壓出造粒形成導熱母粒（Thermal conductive materbatch），最後經過射出製程製備出各式各樣的導熱塑膠。在導熱填料部分，一般依導電特性差異區分成絕緣導熱用途及導電導熱用途兩類，具有絕緣導熱特性的導熱填料以陶瓷填料為主，礦物如黏土、氧化鋁、氮化鋁、氧化鋅或氮化硼等，而具導電導熱特性的導熱填料，則包含金屬材料，如銀粉、銅粉、鋁粉或鎳粉等，或碳系填料如石墨、碳黑、短碳纖維及奈米碳管等，而同具優異導熱特性的石墨烯，亦被廣泛應用於固態導熱複材，如導熱片或導熱塑料的開發上。

Desai 及 Njuguna 等人 [114] 探討不同大小之膨脹石墨粉製備之石墨環氧樹脂複合材料之導熱特性差異，認為複材的導熱特性與石墨片於樹脂中之分布、導熱通道的建立狀態有關。因此，添加物含量與其外觀特徵是影響最終複材導熱特性的主要因素。由圖 9.33(a) 中可見，片徑較大的石墨粉具有較為明顯的臨界含量變異點，而可展現出較低的電阻率與更佳的導熱特性。他們另外比較不同熱剝離溫度下得到之石墨烯製備的導熱複合材料之導熱係數變化，並將其與一般常見的碳系填充物，如單壁奈米碳管、碳黑與膨脹石墨進行比較，發現複材的導熱係數隨著填料的添加量及剝離溫度增加，而有明顯強化效果。圖 9.33(b) 中顯示，以剝離溫度 800℃之石墨烯粉體而言，可在填充量 10vol% 時，導熱係數達約 3W/mK，並在填充量達 25vol% 時，達到最佳的導熱係數 6.87W/mK；不過，以奈米碳管為填充料，則未能在相同填充量（10vol%）下取得較佳導熱特性（約為 1.5W/mK）；或如碳黑為填充材料時，其複材導熱係數仍不達 1W/mK，顯示其強化效果有限。

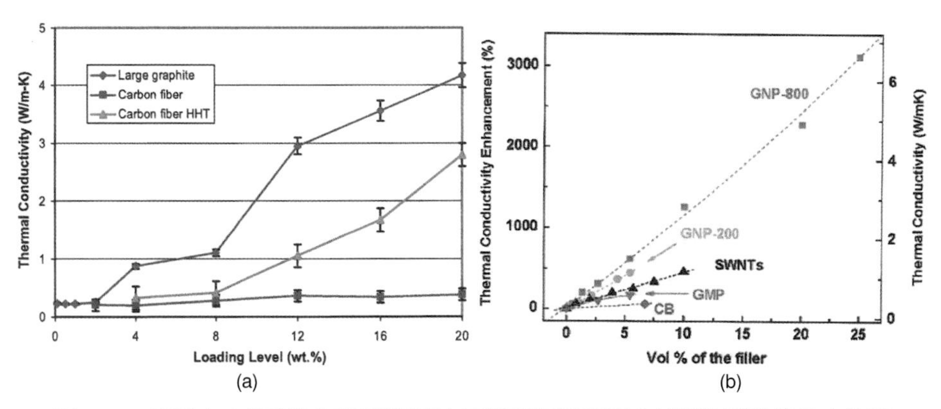

圖 9.33　不同大小的膨脹石墨粉製備之石墨環氧樹脂複合材料的導熱特性之差異

Shahil 及 Balandin 等人 [115] 以石墨烯／多層石墨烯複合粉體複合熱固性環氧樹脂，製備具有良好導熱特性的熱介面材料，發現在石墨烯添加量達 10wt% 時，可獲得導熱係數增加率（Thermal conductive enhancement, TCE）達 2300% 的石墨烯／環氧樹脂導熱複材。透過與系統化的實驗設計與理論推導，作者認為，石墨烯相對於各種不同特徵的奈米碳管而言，皆具有顯著提升功效〔如圖 9.34(c) 所示〕。作者認為添加石墨烯可大幅增加基材導熱係數主因有五：(1) 石墨烯本身具有優異的導熱係數；(2) 降低石墨烯與基材間的介面熱阻（或稱卡皮查阻抗，Kapitza resistance）；(3) 石墨烯自身的片狀結構體與高分子基材間具有較佳的匹配性，使聲子較易在介面間移動；(4) 層數小於 5 層的石墨烯，具有較佳的柔軟性；(5) 可透過調和適當基面大小與厚度的石墨烯，得到最佳的堆疊狀態等五項因素。此外，作者亦認為添加石墨烯更可降低複合材料的熱膨脹係數及獲得更佳機械特性。

Ganguli 等人 [116] 以化學改質石墨烯複合環氧樹脂製備具有良好導熱特性的導熱複合材料，發現當石墨烯的添加量達 4% 以上時，其複合膠體黏度過黏，且已超過樹脂真空轉鑄成型製程可容許的黏度範圍。同時，從機械性質的數據變化來看，作者認為，藉由化學改質已能有效改

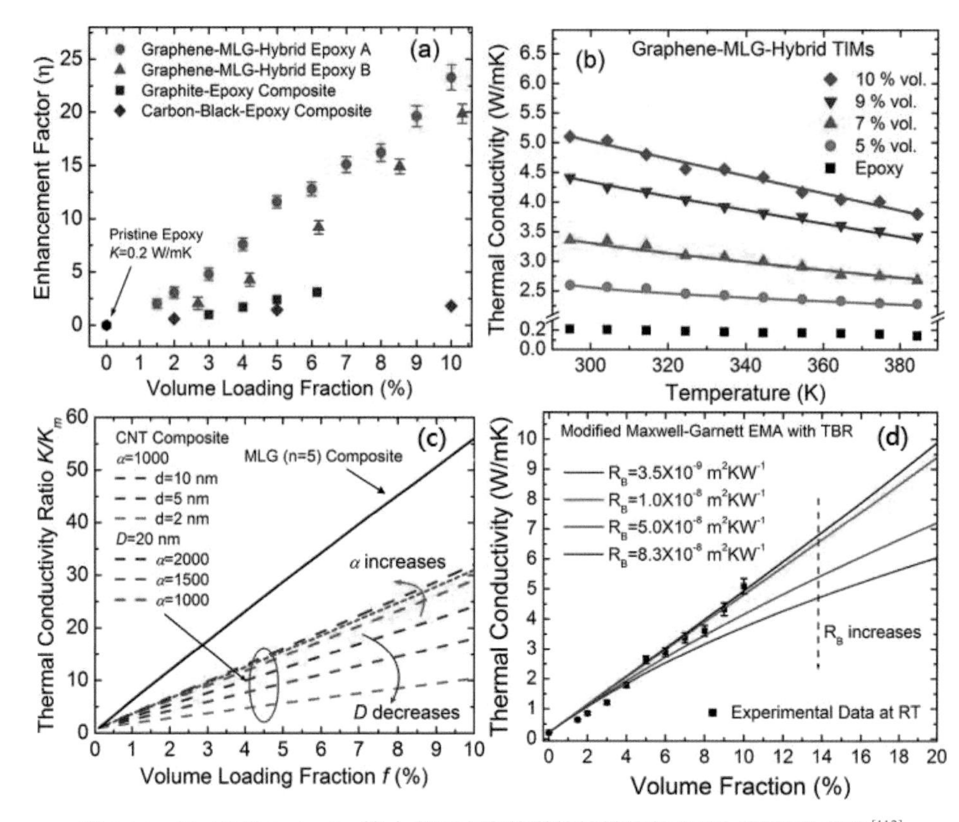

圖 9.34　Shahil 及 Balandin 等人發展之高效導熱特性的熱介面材料研發成果 [112]

善石墨烯與基材間的相容性，此外，就複材的導熱與導電特性來看，在石墨烯添加量達 20wt% 時，整體複材的體積電阻率可降達 $10^1\Omega\cdot cm$，且其導熱係數可達 5.8W/mK。

Song 等人 [117] 以可相容多種不同溶劑系統之 1- 芘丁酸（1-pyrene-butyric acid, PBA）為修飾劑，並運用非共價鍵修飾法調整石墨烯於環氧樹脂中的分散性與提升環氧樹脂的導熱特性。Song 等人 [117] 提到，由於 PBA 對低含氧性與低缺陷石墨烯表面的優異親和力，且其與許多溶劑、樹脂皆具有良好相容性，因此經由 PBA 表面處理的石墨烯，可在後續混合與攪拌後，仍可穩定分散於環氧樹脂中，更可在低含量下顯著提升環氧樹脂的機械特性及導熱特性。更明確而言，以 PBA 分散與介面調整的石墨烯／環氧樹脂複合材料，可於石墨烯添加量 1% 下，得到模數 1.03GPa，且於石墨烯添加量 10wt% 下，使複材的導熱係數提升至 1.53W/mK。

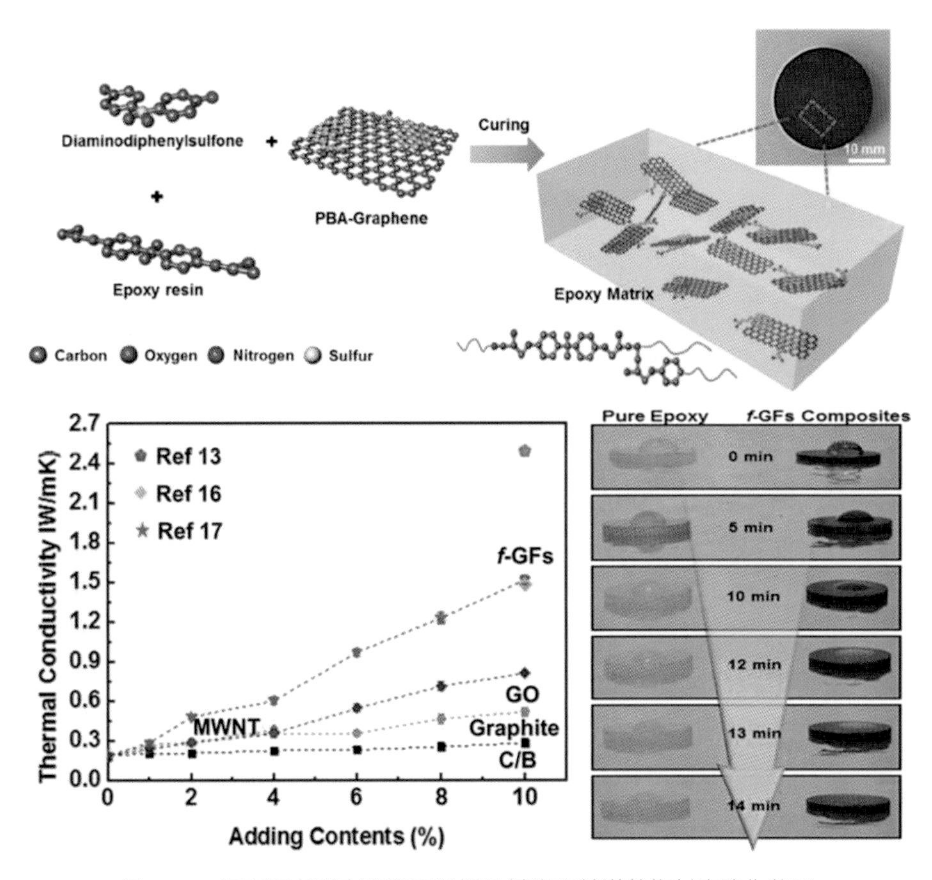

圖 9.35　經表面處理之改質石墨烯及其應用於導熱複材之強化效果

Song[118] 等人以聚乙烯－醋酸乙烯共聚物〔Poly (ethylene-vinyl acetate) copolymer , PEVA〕及聚醯亞胺（Polyimide, PI）為高分子樹脂基材，複合少層石墨烯粉體（Few-layer graphene nanosheets, GNs），

開發具有高導熱性與高導電性的高分子複合材料。實驗結果發現，不論最終製品的樣態為管狀或膜狀，其複材的導電特性與導熱特性大多遵循臨界滲流理論（Percolation theory），添加適量的石墨烯粉體，可有效提升高分子複合膜材的導電與導熱特性，且在石墨烯體積添加量為 40% 時，仍可使複材保持柔軟可撓的機械特性。以複材的導電特性而言，石墨烯的臨界添加量發生點較為明顯，而在石墨烯體積添加量達 30wt% 時，複材之導電度可達 10S/cm 以上；而複材的導熱特性之變化，則隨石墨烯體積添加量而呈線性增加，且重要的是，當石墨烯體積添加量達 80% 時，則複材的熱擴散係數仍只有純石墨烯膜的 40%，顯示對於複材之導熱特性而言，基材的出現雖可賦予較佳的機械特性，但對導熱特性的改善有限。

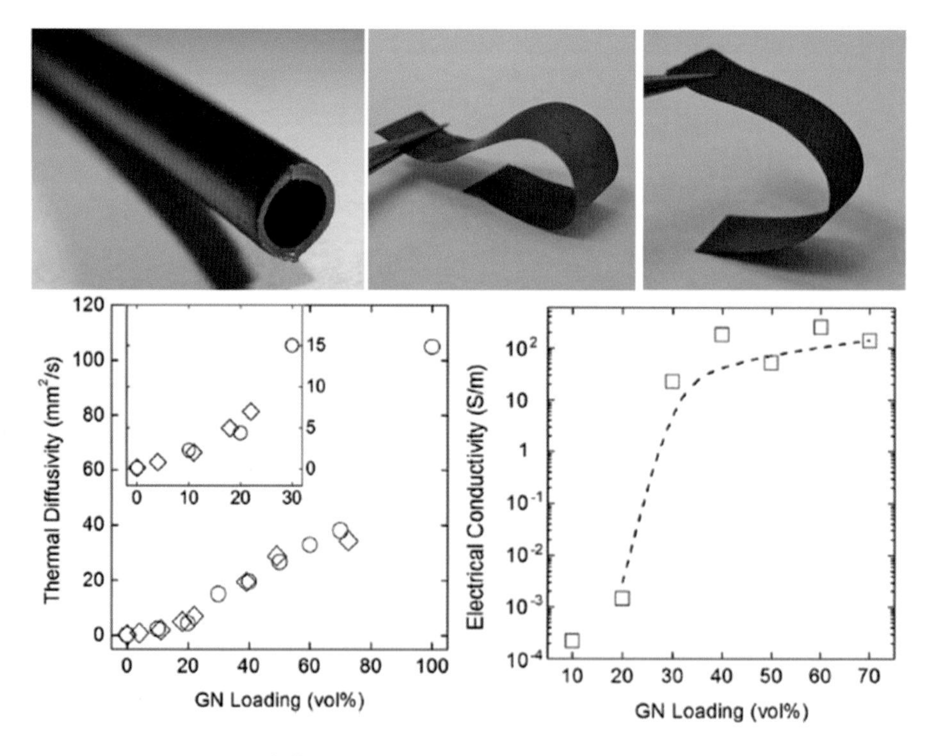

圖 9.36　Song[118] 等人開發之石墨烯導熱複合材料及導熱特性變化

4. 石墨烯於高導熱石墨烯紙的應用

高導熱石墨烯紙是近來為解決行動通訊裝置蓬勃發展下所衍生的熱管理問題所因應發展之新型導熱材料製程技術。由於多數行動通訊裝置在輕量化與高功能化的需求下，如何在極薄及有限空間下，滿足中央處理晶片、背光模組與電池等元件大量散熱需求，均考驗著材料設計與散熱模組設計開發人員的智慧與技術開發能力。高導熱石墨烯紙一般可區分成：由天然石墨或膨脹石墨輾壓壓合之天然石墨紙，或由聚醯亞胺經超高溫熱處理製得之人工合成石墨烯紙兩大類，其中人工合成石墨烯紙具有優越的熱傳導性能，其平面方向的導熱係數可高達 1600W/mK，並具有可撓曲的柔軟性與優異的導電特性，可做 EMI 遮蔽效果等多重用途而廣受各界注目。另一方面，由石墨材料演變而來的石墨烯，亦被視為開發高導熱石墨紙的潛力材料，逐漸有許多研發單位與產業界投入開發高導熱石墨烯紙之技術開發工作。Xiang 與 Drzal 等人 [119] 以 XG-science 公司生產之不同片徑大小的 xGnP 石墨烯粉體，開發無黏著劑之石墨烯導熱紙。作者以 PEI（Polyethyleneimine）水溶液均勻穩定地分散石墨烯，並藉由真空過濾法成型石墨烯導熱紙〔如圖 9.37(a)~(c)〕，發現石墨烯的基面大小是影響石墨烯紙的導熱與機械特性之主要因素，圖 9.37(d) 及 (f) 中，可見基面大小 15μm 製得之石墨烯紙，具有較為緻密的斷面結構特徵，各石墨烯間的交錯堆疊程度高，而基面大小 1μm 之石墨烯紙則是內部孔隙度較高，各石墨烯間的交錯堆疊程度則明顯較低；透過後續的熱處理與加壓製程，不僅可揮發殘存附著的 PEI 高分子，對石墨烯紙施予適當壓力，可降低紙內的孔洞比率，以圖 9.37(e) 及 (g) 之斷面而言，兩者在經過 340℃加熱，且經 100psi 冷壓後，內部孔隙率顯著下降，各石墨烯間的交錯堆疊程度大幅提升，兩者密度皆由原始的 0.7g/cm^3 提升至 1.15g/cm^3 以上。作者等人最後運用閃光雷射法量測此石墨烯紙的導

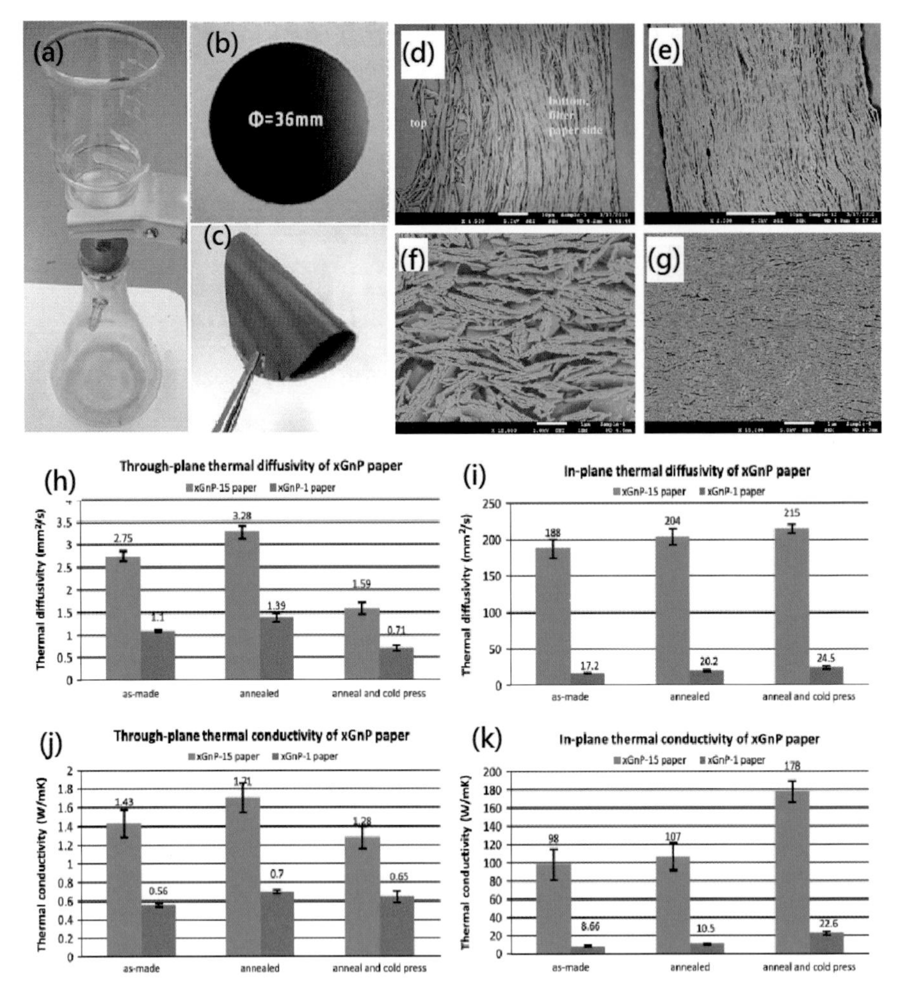

圖 9.37　Xiang 與 Drzal 等人 [116] 發展之無黏結劑之石墨烯導熱紙相關研究成果

熱係數變化，發現石墨烯紙在熱處理與加壓製程後，其基面導熱係數可達 178W/mK，且 C 軸方向的導熱係數降至 1.28W/mK，顯示此石墨烯紙的結構特徵會越接近石墨結構的導熱特徵。

Liang 等人 [120] 以真空過濾法製備導熱石墨烯紙，並探討石墨烯紙中的排列方向對導電及導熱特性變化之影響，並測試不同排列方向之導熱石墨烯紙於熱阻的變化。作者以每升 0.8g 的濃度配置具穩定分散特性的官能化石墨烯分散液（Functionalized multilayer graphene sheets suspension），在真空過濾下，產生石墨烯導熱紙，原分散良好的石墨烯會在真空過濾的過程中逐漸沿平行濾膜方向堆疊排列，最後可形成厚度均一（平均厚度為 1.05mm）且密度為 $1.6g/cm^3$ 的石墨烯紙，相關製作流程如圖 9.38(a)~(d) 所示。分析此具有顯著優選排列方向（Preferred orientation）特徵的石墨烯紙之平面與垂直方向的導電性及導熱特性

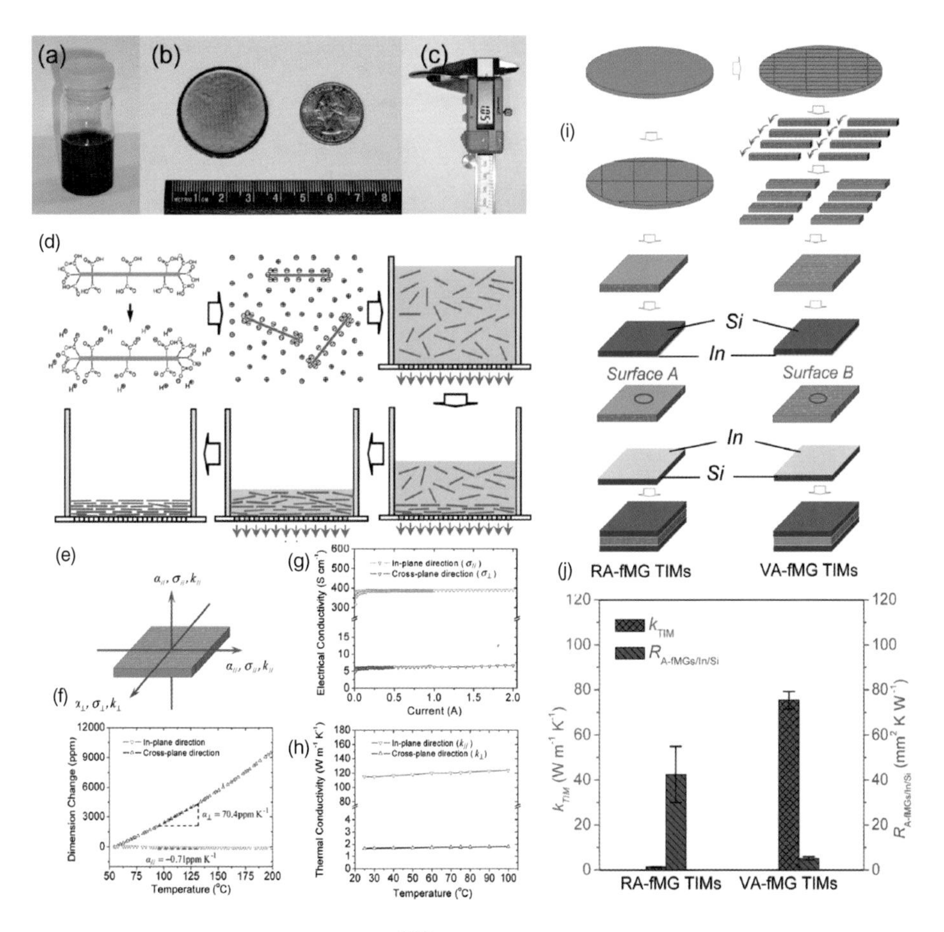

圖 9.38　Liang 等人 [117] 發展之導熱石墨烯紙的研究結果

可知，此石墨烯紙在不經過任何還原製程下，其平面方向仍具有優異的導電特性（約 386S/cm）及導熱特性（約 112W/mK），且其熱膨脹係數僅為 −0.71ppm/K，如圖 9.38(e)~(h) 所示。另一方面，探討石墨烯紙之不同排列方向量測其於散熱模組內熱阻變化可知，若將石墨烯紙裁切組合成垂直方向排列〔如圖 9.38(i) 所示〕，可獲得良好導熱特性的熱介面膜材，其熱阻值為 0.051K/W，且導熱係數可高達 75.5W/mK。

5. 紡織纖維端應用

雖然石墨烯目前較為主流的應用大多以能源類應用（鋰離子電池與超級電容器）或導電應用（透明導電膜或透明電極）等較為常見，但鑒於石墨烯優異的機械特性及其相關的物化特性，故許多研究仍嘗試將其應用於高強度之複合材料補強材料、感測器元件或導熱填充物等產品開發中。在紡織領域中，近來已有學者成功將石墨烯運用於開發具有高韌性複合性纖維的石墨烯纖維，並嘗試將此纖維運用於高性能複合材料、超導纖維材料或電子電容元件產品應用等。石墨烯纖維可視為一種不規則層狀結構纖維，由氧化石墨烯通過基面與層間的物理或化學交聯形成。相較於石墨材料，石墨烯纖維內部的結構較不規則，而且存在很多缺陷和化學官能基團，其層間距通常也大於石墨的層間距 3.354Å。不過，也因為石墨烯纖維存在著的不規則結構，使得各層間的結合力較石墨中各層間的凡德瓦爾力相互作用更為強烈，亦使得石墨烯纖維可與周圍包覆的高分子基材產生更佳的介面特性，可適用於製備高性能纖維強化複合材料。

中國浙江大學高超教授所帶領的石墨烯研究團隊，從石墨烯的液晶行為、石墨烯纖維的紡絲與後續應用，成功發表許多具有影響力的研究成果 [121-125]。Zu 及 Guo 等人 [121] 發現，水溶性單層石墨烯於水中具有顯著的向列型液晶特性（Nematic liquid crystallinity）。他們指出，氧化石墨烯的 Zeta 電位為 −64 mV，且其絕對值會隨鹽類含量增加而減少，此意謂著在表面具有負電荷之氧化石墨烯間的靜電排斥力，會主導氧化石墨烯液晶的排列特性。對於單層石墨烯而言，其平均片徑約為 2.1μm，且平均分布指數達 83%；且等向一向列性轉變的發生濃度為 0.025%，並可於 0.5% 時，產生穩定的向列型液晶相。氧化石墨烯水溶液的流變特性，呈現顯著的剪切流體行為，並同樣證實其等向一向列性的轉變性。最後，在氧化石墨烯的排列行為分析結果中可見，氧化石墨烯傾向於延長軸方向排列，此種行為與前述相關研究都將有助於開發後續有關長程或巨觀排列特徵的功能性應用，特別是石墨烯纖維的紡絲應用。

在高超等人發表的研究論文「石墨烯於巨觀下的排列行為：液晶結構凸顯式紡絲纖維」（Graphene in macroscopic order: liquid crystals and wet-spun fibers）一文[122]中，將具有液晶行為的石墨烯懸浮液

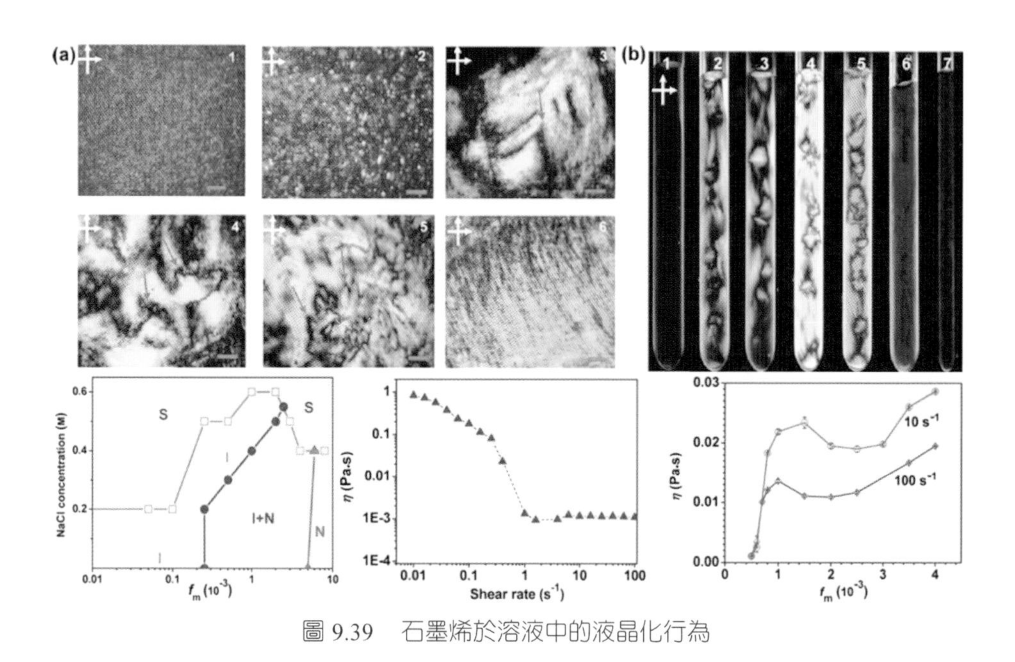

圖 9.39　石墨烯於溶液中的液晶化行為

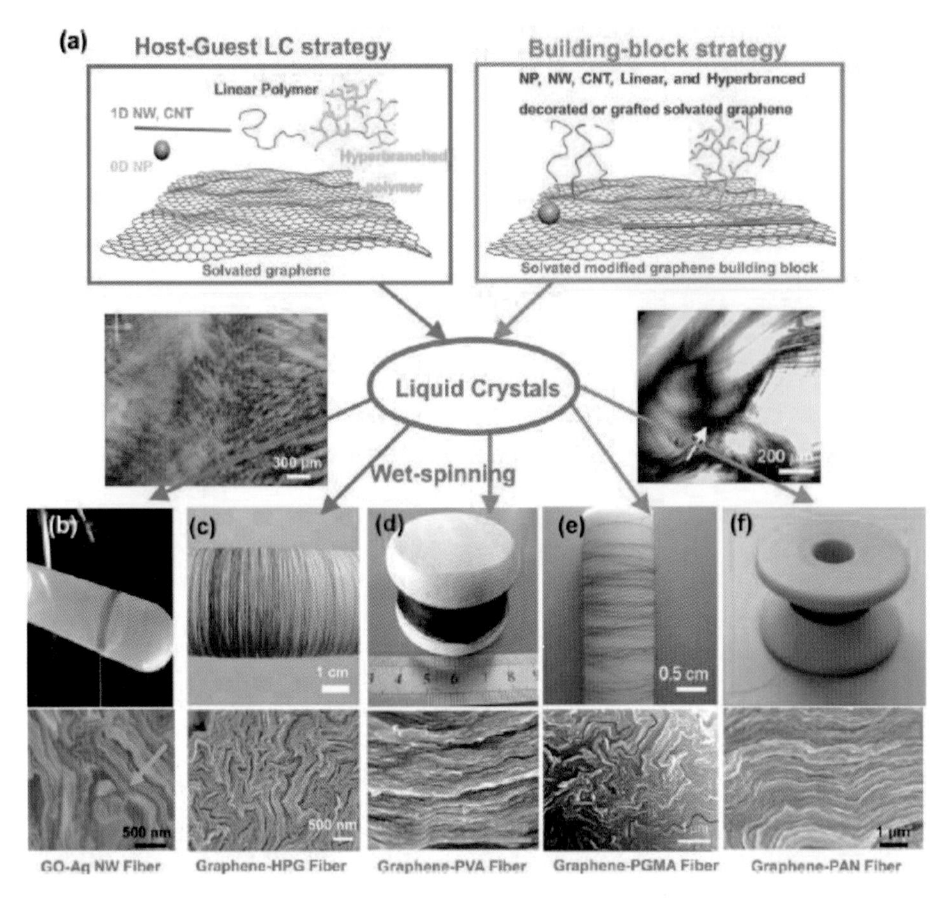

圖 9.40 高超等人運用具有液晶行為的石墨烯懸浮液發展的石墨烯纖維製程策略

發展成石墨烯纖維技術，區分成施體－受體液晶化策略（Host-guest LC strategy）、結構單元構件策略（Buiding-block strategy）等兩種不同策略。在施體－受體液晶化策略中，主要概念在於具有液晶化的石墨烯層間，可扮演容許適當匹配施體的受體處，使其可運用濕式紡絲法連續紡出石墨烯纖維。選擇可與氧化石墨烯匹配之高分子，可使石墨烯與基材高分子形成典型的磚牆仿生微結構〔"Brick and mortar (B&M)" biomimetic microstructures〕，在此微結構中，石墨烯扮演著磚塊（Brick）的角色，而高分子則扮演著黏合磚塊的水泥角色（Mortar）。上述製程手段解決了先前模板法（Template method）或積層法（Layer by layer method）中，需要模板成型的製程限制，大幅改善石墨烯的纖維化連續製程之門檻。同時，此石墨烯纖維的製程工法可透過後續導入其他功能性添加物，如奈米碳管、金屬奈米粒或奈米金屬線等，來賦予此石墨烯纖維最佳化的材料物性。另一方面，在結構單元構件策略中，於石墨烯表面複合適當線性高分子，如 PAN 或 PGMA，可與具有分支狀分子結構或線性分子結構的基材高分子產生良好的匹配性，因此，使得後續透過濕紡製出的石墨烯纖維具有良好機械特性（拉伸強度可達 450 ～ 500MPa）、可撓性、導電特性與韌性。除此之外，此石墨烯纖維所具有的特殊微觀結構，亦對強酸（如 98% 強硫酸）或強鹼（1M 氫氧化鈉溶液）具有良好的抵抗作用。

承上所述，石墨烯纖維特殊的微觀結構，是其纖維物性產生的關鍵因素。Kou 及 Gao 等人 [123] 以石墨烯複合聚乙烯醇〔Poly (vinyl alcohol), PVA〕溶液進行濕式連續紡絲製程，可成功紡出高固含量石墨烯纖維，且連續程度可達 1 公里以上。由圖 9.41(a) 至 (d) 中可見，Kou 及 Gao 等人先將氧化石墨烯（GO）與 PVA 均勻分散於水溶液中，藉由化學還原法，於水溶液中直接還原石墨烯（CRG）的過程中，PVA 會均勻披覆於還原石墨烯表面，形成石墨烯紡絲液〔如圖 9.41(b)〕，其後將此石墨烯紡絲液置於料桶中進行濕式連續紡絲製程〔圖 9.41(c) 及 (d)〕，紡絲凝固浴為丙酮溶液，且凝固時間為 15 分鐘，經過 80℃ 12 小時烘乾後，可獲得穩定連續的石墨烯纖維。作者藉由斷面型態觀察及 XRD 分析結果歸納推測，此石墨烯纖維的斷面特徵，可視為由具有高剛性的石墨烯與負責介面黏結 PVA 樹脂所組成的磚牆結構（“Brick and mortar” layered structure），其中 PVA 的厚度是以其與石墨烯的相對比例而定，而多介於 2.01nm 至 3.31nm 間。石墨烯纖維的機械強度是以

PVA 含量多寡而決定，最大可在 PVA 含量 65.8% 時，達到 161MPa。Kou 及 Gao 等人[123]提到，此石墨烯纖維可藉由後續經過氫碘酸後處理提升導電特性（350S/cm），以及表面披覆 5%PVA 後，可提升強度至 200MPa。

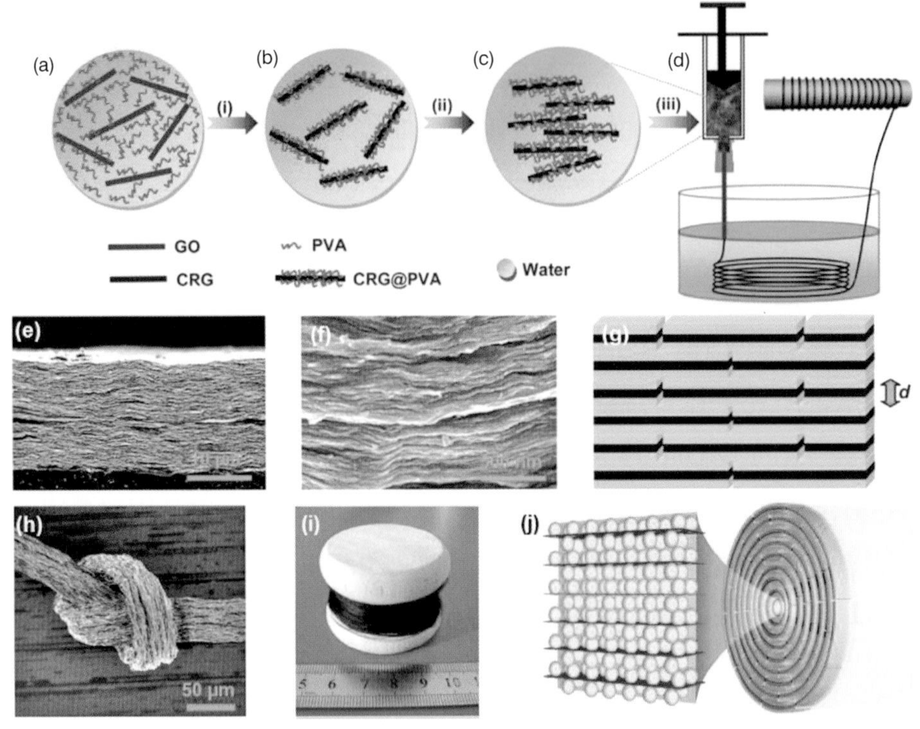

圖 9.41　Kou 及 Gao 等人發展之石墨烯纖維連續紡絲技術之流程示意圖[120]

Xu 及 Gao 等人認為，石墨烯纖維在濕紡成纖過程中，是一種由具有規則排列性的液體逐漸轉變為規則排列性固體的相轉變過程[124]。Xu 及 Gao 等人提到此相轉變過程牽涉到三步驟：首先，藉由流體移動及引發沿流動方向均勻指向排列石墨烯；第二，透過快速溶劑交換作用，使內部已呈均勻排列的石墨烯之紡絲液凝固形成石墨烯凝膠纖維，且在此步驟中透過適當的牽伸作用，可加強石墨烯於纖維中的排列狀態；第三，藉由後續加熱，使原本第二階段成型的石墨烯凝膠纖維，逐漸由徑向方向收縮形成石墨烯纖維。

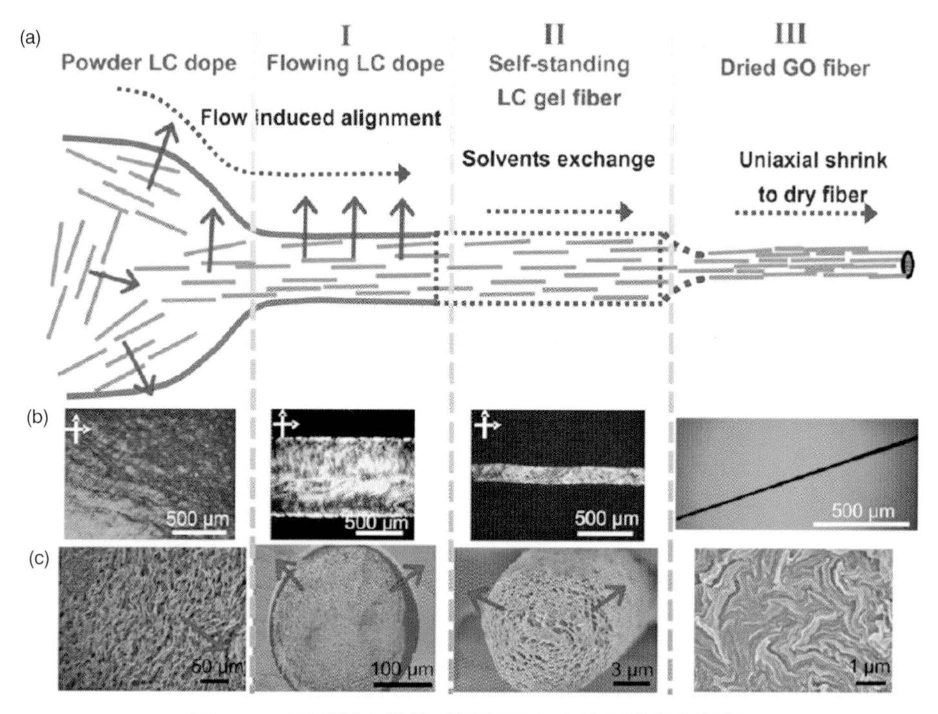

圖 9.42　石墨烯在濕紡成纖過程中之排列性變化過程

Xu 及 Gao 等人 [124] 以 SEM 分析此石墨烯連續纖維於受到外力作用下的型態變化，包含雙股打結〔如圖 9.43(c)〕或單股繩結〔圖 9.43(f)〕，並嘗試運用編織方法，將石墨烯纖維製成編織布。實驗結果可見，圖 9.43(a) 中以濕式紡絲法製備之石墨烯纖維，可大致捲曲於直徑 2 公分的鐵氟龍桶上，而纖維平均直徑為 50μm ～ 100μm；不過，圖 9.43(b) 及 (d) 中可見，此石墨烯纖維的表面極不平整，且斷面容易出現由石墨烯間隙產生的裂縫；而從圖 9.43(c) 及圖 9.43(f) 中可見，此石墨烯纖維可承受劇烈彎曲過程，意即此石墨烯纖維可透過適當編織法，應用於後續的特規布種開發上，如圖 9.43(g) 及圖 9.43(h)。

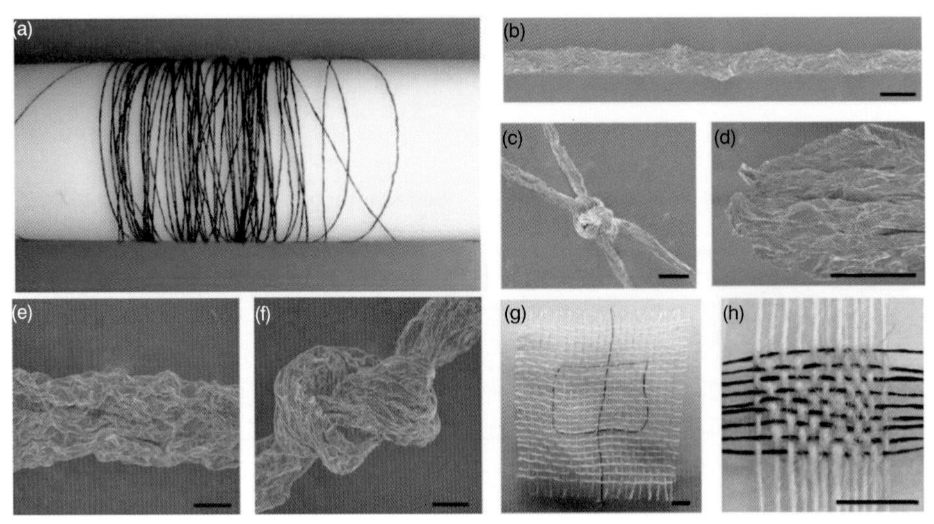

圖 9.43　Xu 及 Gao 等人 [121] 以不同織造法測試石墨烯纖維於外力下的變化

Hu 及 Guo 等人 [125] 以超支化聚合物（Hyperbranched polymer）與氧化石墨烯合成紡絲原料，宣稱是首次以濕紡法發展高強高模仿生複合纖維（Ultrastrong and tough biomimic composites fiber）技術。Hu 及 Guo 等人提到以超支化聚縮水甘油（Hyperbranched polyglycerol, HPG）為紡絲助劑，不僅可於添加後不改變氧化石墨烯於水中的液晶行為〔圖 9.44(a) 及 (b)〕，亦可於氧化石墨烯的層間扮演架橋作用〔圖 9.44(c)〕，促使各石墨烯間的交互作用力提升，最終可連續紡出高強高模石墨烯仿生纖維（GGO-HPG）〔圖 9.44(f)〕，並具有一定的編織性〔圖 9.44(g)〕。Hu 及 Guo 等人宣稱利用上述方法得到的石墨烯纖維具有目前最佳的拉伸強度，而可達 555MPa。Hu 及 Guo 等人另外導入適當的交聯劑如戊二醛（Glutaraldehyde），發現經戊二醛交聯後，可使石墨烯纖維（GGO-HPG-GA）織拉伸強度達 652GPa，強度提升率達 17.5%。

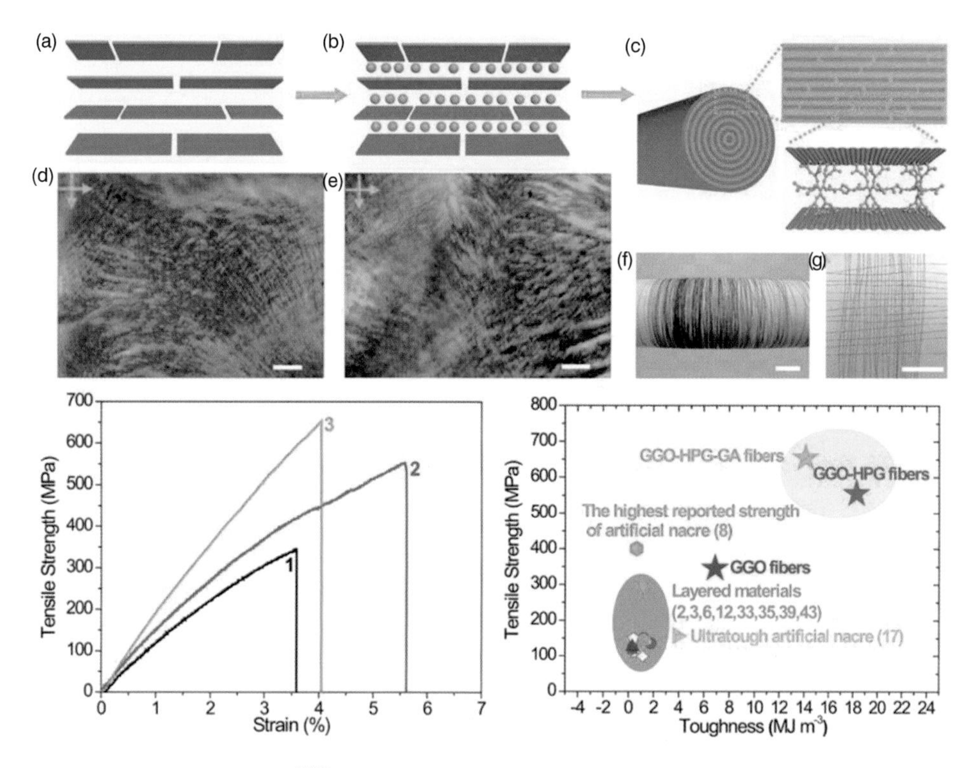

圖 9.44　Hu 及 Guo 等人 [122] 運用超支化聚合物（Hyperbranched polymer）複合氧化石墨烯，發展高強高模仿生複合纖維製程技術與相關研究成果

通過以奈米碳管或其他特殊功能性添加物，可結合石墨烯發展功能性複合纖維（Hybrid fiber），並應用於高強力纖維、超導電纖維或超電容纖維的技術開發。澳洲科學家 Spink、Gambhir 與 Wallace 於 2012 年發表的研究成果 [126] 中，提出以還原石墨烯（Reduced graphene oxide, RGO）混合單層奈米碳管（Single-walled carbon nanotubes, SWNTs）於聚乙烯醇（PVA）基材中，透過濕式紡絲法抽出具有特殊微結構的高韌性複合纖維，該複合纖維之韌性為 1000J/g，大於目前熟知較強韌的蜘蛛絲（175J/g）與 Kevelar 纖維（78J/g）。他們認為，該複合纖維的高韌性來自於奈米碳管與還原石墨烯之邊緣殘存官能基產生良好鍵

結，並於抽絲時產生順向排列，使奈米碳管與石墨烯於纖維中產生特定之紡錘狀結構，如圖 9.45(a) 所示，同時聚乙烯醇亦會於混合過程中均勻包覆於石墨烯外圍，並穩定最終的纖維結構，如圖 9.45(c) 所示。

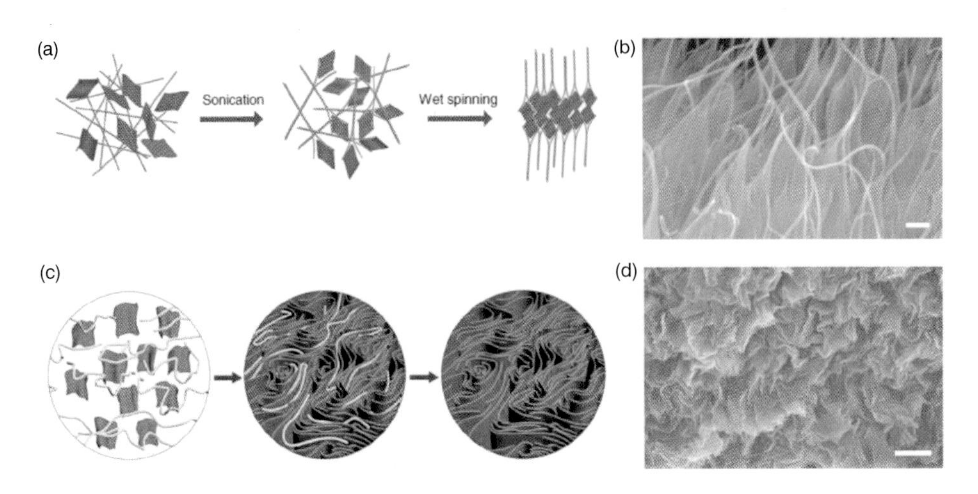

圖 9.45　應用奈米碳管及還原石墨烯開發之高韌性 PVA 複合纖維的組織結構示意圖與斷面觀察：(a) 奈米碳管與石墨烯混合體於濕紡後會形成紡錘狀構造示意圖；(b) 紡錘狀構造的 SEM 觀察照片；(c) 還原石墨烯複合於 PVA 基材中的組織示意圖；(d) 還原石墨烯於 PVA 基材中之 SEM 觀察 [123]

作者藉由複合纖維的機械強度測試與斷面變化照片，發現單純之還原石墨烯或奈米碳管抽出的 PVA 纖維韌性，皆不如奈米碳管／還原石墨烯之複合性纖維〔圖 9.46(a) 所示〕，同時在奈米碳管／氧化石墨烯的比例達 1/1 時，具有最佳的韌性表現〔圖 9.46(b) 所示〕。作者認為，奈米碳管／石墨烯／ PVA 複合纖維具有如此高韌性的原因，可能是由於在拉伸過程中，奈米碳管及還原石墨烯形成之紡錘狀結構與石墨烯表面的官能基限制了 PVA 分子鏈的延伸方向，並於延伸過程促使 PVA 基材大量吸收能量，達到增強韌性之效果，如圖 9.46(c) 所示。

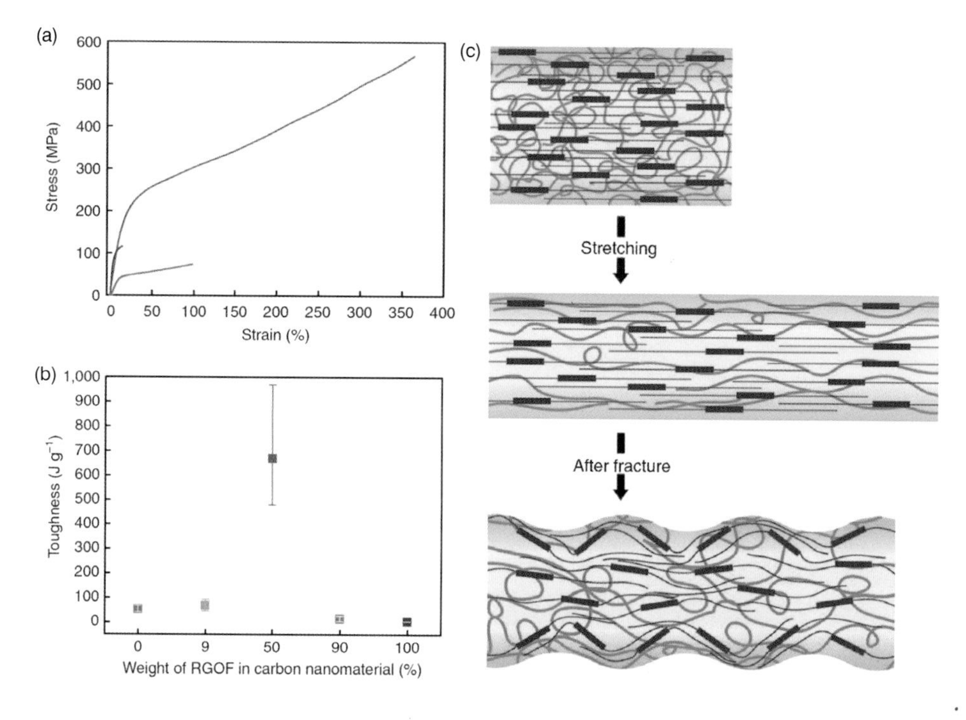

圖 9.46　複合纖維的機械強度測試與斷面變化示意圖

Sun 等人 [127] 以奈米碳管／石墨烯複合紡絲原料，製出高導電複合纖維，並描繪出以奈米碳管／石墨烯複合纖維的結構分布與電子於纖維內部可能之傳遞路徑示意圖，如圖 9.47(a) 所示。圖中表示電子的傳遞路徑除可沿奈米碳管的軸向方向傳遞外，外加的石墨烯，亦可在奈米碳管纖維內部作為電子傳遞的平台，使整體纖維的電阻下降。由 SEM 圖分析結果可見，奈米碳管／氧化石墨烯複合纖維的平均纖維直徑 $<17\mu m$，且纖維表面可觀察到氧化石墨烯存在於奈米碳管間的直接證據，如圖 9.47(b) 及 (c) 所示。經過適當的還原製程之後，奈米碳管／石墨烯複合纖維的平均直徑有些微收縮趨勢，Sun 等人認為，此應與經還原製程後的石墨烯及周圍的奈米碳管產生較強的 π-π 交互作用力，如圖 9.47(d) 及 (e) 所示；最後，藉由複合纖維的斷面 SEM 照片可見，還

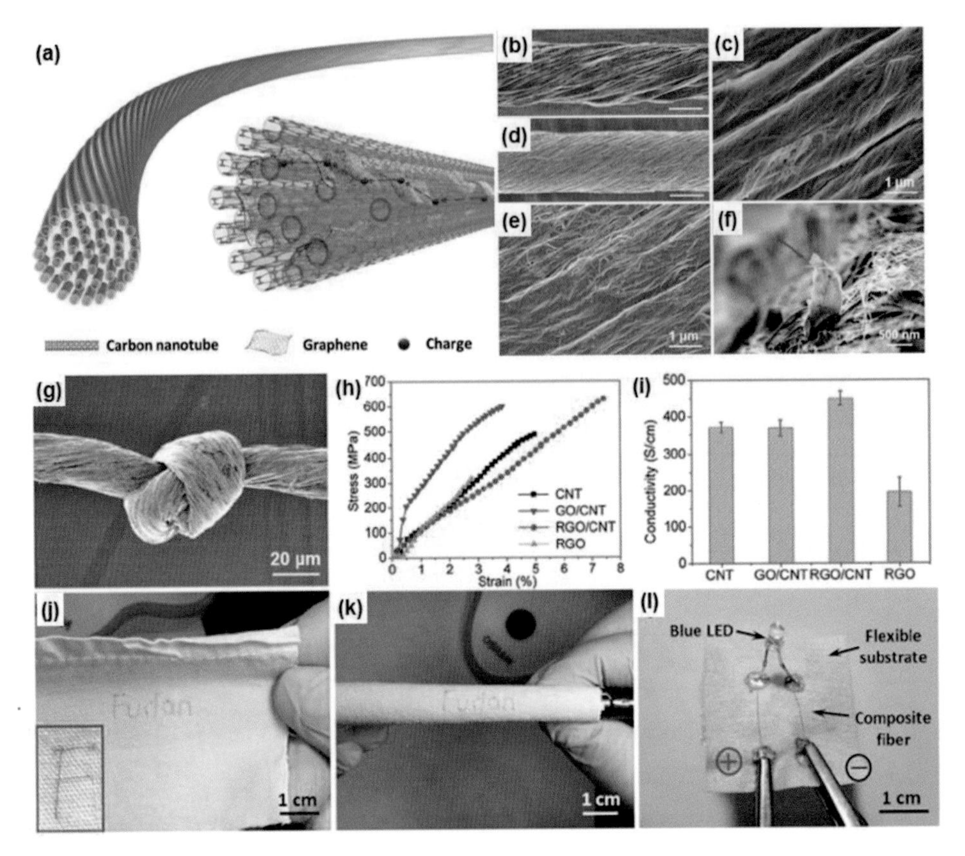

圖 9.47　Sun 等人發展之奈米碳管／石墨烯複合紡絲原料製出高導電複合纖維與相關研究成果 [124]

原後的石墨烯均勻複合於奈米碳管纖維基地（Matrix）間，並與奈米碳管有良好的介面特性〔圖 9.47(f)〕。Sun 等人 [127] 更進一步分析此奈米碳管／石墨烯複合纖維的機械與導電特性，並嘗試將此纖維衍生開發相關應用。一般而言，石墨烯在奈米碳管纖維基地間扮演架橋與應力傳遞等功能，故可有效增加奈米碳管／石墨烯複合纖維的機械特性，並可承受如打結般的劇烈扭曲變形，如圖 9.47(g) 所示。比較奈米碳管纖維、石墨烯纖維及奈米碳管／石墨烯複合纖維的機械物性可知，奈米碳管／

石墨烯複合纖維不僅具有最佳的拉伸強度（> 600MPa），其亦擁有相對較大的伸長量（達 8%）；另一方面，比較三者導電特性亦可得知，複合纖維亦較其他纖維具有較佳的導電度（>400S/cm）。基於奈米碳管／石墨烯複合纖維優異的機械物性，作者以藍光 LED 測試此導電纖維布的物性，發現在沒有應力變形狀態下，此導電纖維布可承受超過 5000 次以上的循環測試。

9.6 結語

本章綜合介紹了石墨烯於高分子複合材料之製備方法、石墨烯常見的介面改質方法與石墨烯於複合材料上的應用發展相關現況。雖然目前石墨烯在商業化的進程中，仍受限於價格、石墨烯於聚合物終難以均勻分散及產生較佳的相容性等因素，而無法大量應用於終端市場，不過，隨著石墨烯量化生產的技術逐漸突破，各式提升與改善石墨烯於基材間相容性、分散性的介面技術逐漸發展成熟，相信有朝一日，石墨烯應用於複材相關衍生商品之發展將會真實的到來。

參考文獻

[1] Twardowski TE. Introduction to Nanocomposite Materials: Properties, Processing, Characterization. Pennsylvania: DEStech Publication Inc; 2007.

[2] Camargo PHC, Satyanarayana KG, Wypych F. Nanocomposites: Synthesis, Structure, Properties and New Application Opportunities. Materials Research 2009; 12(1): 1-39.

[3] Zhong WH, Fargo ND, Maguire RG, Sangari SS, Major Trends in Polymeric Composites Technology. In: Durand LP. Composite Materials Research Progress. New York: Nova Science Publishers, Inc. 2008, pp. 109-128.

[4] 徐國財、張立德。奈米複合材料。五南圖書出版社；2003。

[5] Khare R, Bose S. Carbon Nanotube Based Composites- A Review. Journal of Minerals

& Materials Characterization & Engineering 2005; 4(1): 31-46.

[6] Spitalsky Z, Tasis D, Papagelis K, Galiotis C. Carbon nanotube–polymer composites: Chemistry, processing, mechanical and electrical properties. Progress in Polymer Science 2010; 35 : 357-401.

[7] Kuilla T, Bhadra S, Yao D, Kim NH, Bose S, Lee JH. Recent advances in graphene based polymer composites. Progress in Polymer Science 2010; 35 :1350-1375.

[8] Kotov NA. Carbon sheet solutions. Nature 2006; 442:254-5.

[9] Camargo PHC, Satyanarayana KG, Wypych F. Nanocomposites: Synthesis, Structure, Properties and New Application Opportunities. Materials Research 2009; 12(1): 1-39.

[10] Hussan F, Hojjati M, Okamoto M, Gorga RE. Review article: Polymer-matrix Nanocomposites, Processing, Manufacturing, and Application: An Overview. Journal of Composite Materials 2006; 40: 1511-75.

[11] Alexandre M, Dubois P. Polymer-layered silicate nanocomposites: preparation, properties and uses of a new class of materials. Materials Science and Engineering 2000; 28: 1-63.

[12] Paul DR, Robeson LM. Polymer nanotechnology: Nanocomposites. Polymer 2008; 49: 3187-3204.

[13] Stankovich S, Dikin DA, Dommett GHB, Kohlhaas KM, Zimney EJ, Stach EA, et al. Graphene-based composite materials. Nature 2006;442:282-6.

[14] Tantis I, Psarras GC, Tasis D. Functionalized graphene – poly(vinyl alcohol) nanocomposites: Physical and dielectric properties. eXPRESS Polymer Letters 2012; Vol.6(4): 283-92.

[15] Ramanathan T, Abdala AA, Stankovich S, Dikin DA, Alonso MH, Piner RD, et al. Functionalized graphene sheets for polymer nanocomposites. Nat Nanotechnol 2008;3:327-31.

[16] Kim HW, Abdala AA, Macosko CW. Graphene/Polymer Nanocomposites. Macromolecules 2010; 43: 6515-30

[17] Hong Soon Hyung. Status and prospect of carbon nanomaterials filled nanocomposites. Extended abstracts, Carbon 2014 (Jeju island, Korea): Korea Carbon Society, 2014.

[18] Ramirez C, Garzo n L, Miranzo P, Osendi MI, Ocal C. Electrical conductivity maps in graphene nanoplatelet/silicon nitride composites using conducting scanning force microscopy. Carbon 2011; 49: 3873-80.

[19] Fan YC, Wang LJ, Li JL, Li JQ, Sun SK, Chen F, Chen L, Jiang W. Preparation and electrical properties of graphene nanosheet/Al2O3composites. Carbon 2010; 48(6): 1743-9.

[20] Potts JR, Dreyer DR, Bielawski CW, Ruoff RS. Graphene-based polymer nanocomposites. Polymer 2011; 52: 5-25.

[21] Singh V, Joung D, Zhai L, Das S, Khondaker SI, Seal S. Graphene based materials: Past, present and future. Progress in Materials Science 2011; 56: 1178-1271.

[22] Kuilla T, Bhadra S, Yao D, Kim NH, Bose S, Lee JH. Recent advances in graphene based polymer composites. Progress in Polymer Science 2010; 35: 1350-75.

[23] Achby ME, Arrakhiz FE, Vaudreuil S, Vaudreuil S, Qaiss A, Bousmina M, Fassi-Fehri O. Mechanical, thermal, and rheological properties of graphene-based polypropylene nanocomposites prepared by melt mixing. Polymer composite 2012; 33(5): 733-44.

[24] Kim H, Macosko CW. Processing property relationships of polycarbonate/graphene composites. Polymer 2009; 50(15): 3797-809.

[25] Achby ME, Qaiss A. Processing and properties of polyethylene reinforced by graphene nanosheets and carbon nanotubes. Mater Des 2013; 44: 81-9.

[26] Sabzi M, Jiang L, Liu F, et al. Graphene nanoplate – lets as poly(1actic acid)modifier: Linear rheological behavior and electrical conductivity. J Mater Chem A 2013; 1(28): 8253-61.

[27] 陳春銀、趙彩霞、郭威男等。尼龍 11／石墨烯氧化物 納米複合材料的動態流變性能．塑膠（中國期刊）。2012(1)：67-70。

[28] Kumar P, Maiti UN, Lee KE, Kim SO. Rheological properties of graphene oxide liquid crystal. Carbon 2014; 80: 453-61.

[29] 楊永崗、陳成猛、溫月芳、楊全紅、王茂章。氧化石墨烯及其與聚合物的複合。新型炭材料（中國期刊）。2008；23(3)：193-200.

[30] Hummers W, Ofeema R. Preparation of graphite oxide. Journal of American chemistry society 1958; 80: 1339.

[31] Dikin DA, Stankovich S, Zimney EJ, Piner RD, Dommett GHB, Evmenenko G, Nguyen ST, Ruoff RS. Preparation and characterization of graphene oxide paper. Nature 2007; 448: 457-60.

[32] Boehm HP, Scholz W. New results on the chemistry of graphite oxide. Carbon 1968; 6(2): 226.

[33] Du JH, Cheng HM. The Fabrication, Properties, and Uses of Graphene/Polymer Com-

posites. Macromolecular Chemistry and Physics 2012; 213: 1060-77.

[34] Chen D, Zhu H, Liu TX. In Situ Thermal Preparation of Polyimide Nanocomposite Films Containing Functionalized Graphene Sheets. ACS Applied materials and interfaces 2010; 2(12): 3702-8.

[35] Patole AS, Patole SP, Kang H, Yoo JB, Kim TH, Ahn JH. A facile approach to the fabrication of graphene/polystyrene nanocomposite by in situ microemulsion polymerization. Journal of Colloid and Interface Science 2010; 350: 530-7.

[36] Li Y, Pan D, Chen S, Wang Q, Pan G, Wang TM. In situ polymerization and mechanical, thermal properties of polyurethane/graphene oxide/epoxy nanocomposites. Materials & Design 2013; 47: 850-6.

[37] Mu QH, Feng SY. Thermal conductivity of graphite/silicone rubber prepared by solution intercalation. Thermochimica Acta 2007; 462: 70-5.

[38] Liang J, Huang Y, Zhang L, Wang Y, Ma Y, Guo T, Chen Y. Molecular-level dispersion of graphene into poly (vinyl alcohol) and effective reinforcement of their nanocomposites. Adv Funct Mater 2009; 19: 2297-302.

[39] Kim S, Do I, Drzal LT. Thermal stability and dynamic mechanical behavior of exfoliated graphite nanoplatelets-LLDPE nanocomposites. Polym Compos 2009; 31: 755-61.

[40] Kalaitzidou K, Fukushima H, Drzal LT. Multifunctional polypropylene composites produced by incorporation of exfoliated graphite nanoplatelets. Carbon 2007; 45: 1446-52.

[41] Istrate OM, Paton KR, Khan U , O'Neill A, Bell AP, Coleman JN. Reinforcement in melt-processed polymer–graphene composites at extremely low graphene loading level. Carbon 2014, 78: 243-9.

[42] Ramanathan T, Abdala AA, Stankovich S, Dikin DA, Herrera-Alonso M, Piner RD, Adamson DH, Scgniepp FC, Chen X, Ruodd RS, Nguyen ST, Aksay IA, Prud' homme RK, Brinson LC. Functionalized graphene sheets for polymer nanocomposites. Nature nanotechnology 2008; 3: 327-331.

[43] Georgakilas V, Otyepka M, Bourlinos AB, Chandra V, Kim N, Christian Kemp K, Hobza P, Zboril R, Kim KS. Functionalization of Graphene: Covalent and Non-Covalent Approaches, Derivatives and Applications. Chmical Review 2012; 112(11): 6156-214.

[44] Haubner K, Morawski J, Olk P, Eng LM, Ziegler C, Adolphi B, Jaehne E. The route to functional graphene oxide. ChemPhysChem 2010; 11(10): 2131-9.

[45] Stankovich S, Piner RD, Nguyen ST,*, Ruoff RS. Synthesis and exfoliation of isocyanate-treated graphene oxide nanoplatelets. Carbon2006; 44: 3342-7.

[46] Wang X, Xing W, Zhang P, Song L, Yang H, Hu Y. Covalent functionalization of graphene with organosilane and its use as a reinforcement in epoxy composites. Composites Science and Technology 2012; 72: 737-43

[47] Yang HF, Li FH, Shan CS, Han DX, Zhang QX, Niu L, Ivaska A. Covalent functionalization of chemically converted graphene sheets via silane and its reinforcement. Journal of Materials Chemistry 2009; 19: 4632-8.

[48] Gong Lei, Yin B, Li LP, Yang MB. Nylon-6/Graphene composites modified through polymeric modification of graphene. Composite: Part B.2015; 73: 49-56.

[49] Niyogi, S., Bekyarova, E., Itkis, M. E., McWilliams, J. L., Hamon, M. A. and Haddon, R. C. Solution properties of graphite and graphene. Journal of the American Chemical Society 2006; 128(24): 7720-1.

[50] Paula A. A. P. Marques, Gil Gonçalves, Sandra Cruz, Nuno Almeida, Manoj K. Singh, José Grácio, Antonio C.M. Sousa. Functionalized Graphene Nanocomposites. In: Hashim A. editor. Advances in nanocomposite technology. Rijeka, InTech, 2011, 247-72.

[51] Wang S, Chia PJ, Chua LL, Zhao LH, Png RQ, Sivaramakrishnan S, Zhou M, Goh RGS, Friend RH, Wee ATS, Ho PKH. Band-like transport in surface-functionalized highly solution-processable graphene nanosheets. Advanced Materials, 2008; 20(18): 3440-6.

[52] Goncalves, G., Marques, P., Barros-Timmons, A., Bdkin, I., Singh, M. K., Emami, N. and Gracio, J. Graphene oxide modified with PMMA via ATRP as a reinforcement filler. Journal of Materials Chemistry 2010; 20(44) : 9927-34.

[53] Fang, M., Wang, K. G., Lu, H. B., Yang, Y. L. and Nutt, S. Single-layer graphene nanosheets with controlled grafting of polymer chains. Journal of Materials Chemistry 2010; 20(10): 1982-92.

[54] Shen JF, Hu YZ, Li C, Qin C, Ye MX. Synthesis of amphiphilic graphene nanoplatets. Small 2009; 5: 82-5.

[55] Zhang Q, Wu SY, SL, Lu J, Verproot F, Xing Z, Li J, Song XM. Fabrication of polymeric ionic liquid/graphene nanocomposite for glucose oxidase immobilization and direct electrochemistry. Biosensors and Bioelectronics 2011; 26(5): 2632-7.

[56] Liu N, Luo F, Wu HX, Liu YH, Zhang C, Chen L. One-step ionic-liquid-assis- ted electrochemical synthesis of ionic-liquid-functional- ized g raphene sheets directly

from graphite. Advanced Functional Materials 2008; 18:1518-25.

[57] 張利鋒、高玉雙、張金振、劉毅、郭守武。離子液體摻雜石墨烯的製備表徵及分散性研究。陝西科技大學學報 2015; 33(4): 41-44.

[58] Stankovich S, Piner RD, Chen X, Wu N, Nguyen ST, Ruoff RS. Stable aqueous dispersions of graphitic nanoplatelets via the reduction of exfoliated graphite oxide in the presence of poly (sodium 4-styrenesulfonate). J Mater Chem 2006; 16: 155-8.

[59] Hao R, QianW, Zhang L, HouY. Aqueous dispersions of TCNQ-anion stabilized graphene sheets. Chem Commun 2008: 6576-8.

[60] Yang H, Zhang Q, Shan C, Li F, Han D, Niu L. Stable, conductive supramolecular composite of graphene sheets with conjugated polyelectrolyte. Langmuir 2010; 26: 6708-12.

[61] Li XL, Zhang GG, Bai XD, Sun XM, Wang XR, Wang X, Dai HJ. Highly conducting graphene sheets and Langmuir–Blodgett films. Nature Nanotechnology 2008; 3: 538-42.

[62] Khan U, O'Neill A, Lotya M, De S, Coleman JN. High concentration solvent-exfoliation of graphene. Small 2010; 6(7): 864-71.

[63] Hernandz Y, Nicolosl V, Lotya M, Blighe FM, Sun Z, De S, McGovern IT, Holland B, Byrne M, Gun'ko YK, Boland JJ, Niraj P, Duesberg G, Krishbamurthy S, Goodhue R, Hutchison J, Scardaci V, Ferrari AC, Coleman JN. High-yield production of graphene by liquid-phase exfoliation of graphite. Nature Nanotechnology 2008; 3: 563-8.

[64] Nicolosi V, Chhowalla M, Kanatzidis MG, Strano MS, Coleman JN. Liquid Exfoliation of Layered Materials. Science 2013; 340: 1226419.

[65] Hernandez Y, Lotya M, Nicolosi V, Blighe FM, De S, Duesberg G, Coleman JN. Liquid phase production of graphene by exfoliation of graphite in surfactant/water solutions. Journal American Chemical Society 2009; 131 (10): 3611-20.

[66] Park S, An J, Jung I, Piner RD, An SJ, Li XS, Velamakanni A, Ruoff RS. Colloidal suspensions of highly reduced graphene oxide in a wide variety of organic solvents. Nano Letters 2009; 9(4): 1593-7.

[67] Konios D, Stylianakis MM, Stratakis E, Kymakis E. Dispersion behaviour of graphene oxide and reduced graphene oxide. Journal of Colloid and Interface Science 2014; 430: 108-12.

[68] 陳國華、蘇睿、趙立平。一種高濃度小片徑石墨烯分散液。CN103407998A，2013。

[69] 劉兆平、周旭峰、唐長林、秦志鴻、胡建國、趙永勝。石墨烯分散液及製備石墨烯材料粉體的方法。CN 104071778A，2014。

[70] 周元元、杜寧、孫培育、吳剛。一種石墨烯分散液及其製備方法。CN 103725046A，2012。

[71] 徐燕、葉雲花、張梁、蕭小月。一種石墨烯分散液製備方法。CN 103253656 A，2013。

[72] 何光裕、馬凱、陳海群、施健、席海濤、李丹、孫小強、汪信。一種石墨烯均勻分散液的製備方法。CN 102583335 B，2014。

[73] Aruna Zhamu, Bor Z. Jang. Mass production of prostine nano graphene materials. US8, 226, 801 B2, 2012.

[74] 杜新勝、焦宏宇。導電塗料的研究進展。中國塗料，2009；2：19-22。

[75] 石玉、孟祥飛、鄭建龍。導電塗料的研究現狀及發展趨勢。中國生漆，2008；27：35-8。

[76] 傅敏。導電塗料以及導電材料在導電塗料中的應用發展概況。塗料技術與文摘，2006；2：5-11。

[77] 李豔紅。環氧導靜電塗料的研究。中國西安工業大學，碩士學位論文，2009。

[78] Miyasaka K. Conductive mechanism of conductive composites. International Polymer Science and Technology 1986; 13: 41

[79] 李慶偉。淺析導電油墨。印刷世界，2013；1：37-9。

[80] 楊初。導電油墨的組分設計及流變性能研究。國防科學技術大學研究生院，碩士學位論文，2012。

[81] 蘇亞蘭。導電油墨的各組分構成對導電性能的影響。廣東印刷，2014；1：31-33。

[82] 黃俊宇。遮罩用導電塗料的配方設計。現代塗料與塗裝，2007；10(4)：8-11。

[83] 郭金明、王夢媚、陳麗娜、王德禧。石墨烯導電複合材料應用進展。塑料工業，2013；41：68-73。

[84] Lee CL, Chen CH, Chen CW. Graphene nanosheets as ink particles for inkjet printing on flexible board. Chemical Engineering Journal 2013; 230: 296-302.

[85] Torrisi F, Hasan T, Wu W, Sun Z, Lombardo A, Kulmala T, Hshieh GW, Jung SJ, Bonaccorso F, Paul PJ, Chu DP, Ferrari AC. Ink-Jet Printed Graphene Electronics. ACS Nano 2012; 6 (4): 2992-3006.

[86] Secor EB, Prabhumirashi PL, Puntambekar K, Geier ML, Hersam MC. Inkjet Printing of High Conductivity, Flexible Graphene Patterns. Journal of Physics Chemistry Let-

ters 2013; 4: 1347-1351.

[87] Wu H, Drzal LT. Graphene nanoplatelet paper as a light-weight composite with excellent electrical and thermal conductivity and good gas barrier properties. Carbon 2012, 50; 1135-45.

[88] Kim S, Seo J, Drzal LT. Improvement of electric conductivity of LLDPE based nanocomposite by paraffin coating on exfoliated graphite nanoplatelets. Composites: Part A 2010; 41: 581-587.

[89] He LX and Tjong SC. Low percolation threshold of graphene/polymer composites prepared by solvothermal reduction of graphene oxide in the polymer solution. Nanoscale Research Letters 2013; 8: 132.

[90] Kim HW, Kobayashi S, AbdurRahim MA, Zhang MJ, Khusainova A, Hillmyer MA, Abdala AA, Macosko CS. Graphene/polyethylene nanocomposites: Effect of polyethylene functionalization and blending methods. Polymer 2011; 52: 1837-46.

[91] Shahil KMF, Balandin AA. Thermal properties of graphene and multilayer graphene: Applications in thermal interface mate. Solid State Communications, 2012: 152, 1331-40.

[92] R. Prasher, Surface chemistry and characteristic based model for the thermal contact resistance of fluidic interstitial thermal interface materials. Journal of heat transfer 2001; 123: 969-75.

[93] Sarvar F, Whalley DC, Conway PP. Thermal Interface Materials - A Review of the State of the Art. ESTC 2006 1st Electronics Systemintegration Technology Conference, Sept. 5-7 Dresden, Germany

[94] Shenogina N, Shenogin S, Xue L, Keblinski P. On the lack of thermal percolation in carbon nanotube composites Applied Physics Letter 2005; 87: 133106.

[95] Shenogin S, Xue LP, Ozisik R, Keblinski P, Cahill DG. Role of thermal boundary resistance on the heat flow in carbon-nanotube composites. Journal of Applied Physics 2004; 95: 8136.

[96] Fu YX, He ZX, Mo DC, Lu SS. Thermal conductivity enhancement with different fillers for epoxy resin adhesives. Applied Thermal Engineering 2014; 66: 493-8.

[97] McNamara AJ, Joshi Y, Zhang ZM. Characterization of nanostructured thermal interface materials- A review. International Journal of Thermal Sciences 62 (2012) 2-11.

[98] Hasselman D, Johnson L. Effective thermal conductivity of composites with interfacial thermal barrier resistance, Journal of composite Material 1987; 21: 508.

[99] Every A, Tzou Y, Hasselman D, Raj R. The effect of particle size on the thermal conductivity of ZnS/diamond composites. Acta Metall. Mater. 1992; 40: 123-9.

[100] 鐘昌宏。高 K 值熱界面材料之研發。民 98 年，碩士論文。

[101] Parker W J , Butler C P. Flash method of determining thermal diffusivity, heat capacity, and thermal conductivity. J Appl Phys, 1961, 32: 1679

[102] 王培吉、周忠祥、梁偉、張奉軍、張仲、范素華。利用激光光聲技術量測薄膜材料的熱擴散率。激光雜誌（台灣期刊），2006；27(2)：24-5。

[103] D.G. Cahill. Thermal conductivity measurement from 30 to 750 K: the 3-omega method, Rev. Sci. Instrum. 2009; 61: 802-8.

[104] Balandin AA. Thermal properties of graphene and nanostructured carbon materials. Nature materials 2011; 10: 569-81.

[105] Pop E , Varshney V, Roy AK. Thermal properties of graphene: Fundamentals and applications. MRS Bulletin 2012; 37: 1273-81.

[106] Chu K, Li WS, Tang FL. Flatness-dependent thermal conductivity of graphene-based composites. Physics Letters A 2013; 377: 910-4.

[107] Tian XJ, Itkis ME, Bekyarova EB, Haddon RC. Anisotropic Thermal and Electrical Properties of Thin Thermal Interface Layers of Graphite Nanoplatelet-Based Composites. Scientific reports; 2013; 3: 1710-1 – 1710-6.

[108] Yu W, Xie HQ, Wang XP, Wang XW. Significant thermal conductivity enhancement for nanofluids containing graphene nanosheets. Physics Letters A 2011; 375: 1323-8.

[109] Yu W, Xie HQ, Yin LQ, Zhao JC, Xia L, Chen LF. Exceptionally high thermal conductivity of thermal grease: Synergistic effects of graphene and alumina. International Journal of Thermal Sciences 2015; 91: 76-82.

[110] Yavari F, Raeisi Fard H, Pashayi K, Rafiee MA, Zamiri A, Yu ZZ, Ozisik R, Borca-Tasciuc T, Koratkar N. Enhanced Thermal Conductivity in a Nanostructured Phase Change Composite due to Low Concentration Graphene Additives. The journal of physics and chemistry C 2011; 115: 8753-8.

[111] Xiang JL, Drzal LW. Investigation of exfoliated graphite nanoplatelets (xGnP) inimproving thermal conductivity of paraffin wax-based phase change material. Solar Energy Materials & Solar cells 2011; 95: 1811-8.

[112] Shi JN, Ger MD, Liu YM, Fan YC, Wen NT, Lin CK, Pu NW. Improving the thermal conductivity and shape-stabilization of phase change materials using nanographite additives. Carbon 2013; 51: 365-72.

[113] Zhong Y, Zhou M, Huang FQ, Lin TQ, WanDY. Effect of graphene aerogel on thermal behavior of phase change materials for thermal management. Solar Energy Materails & Solar cells 2013; 113: 195-200.

[114] Desai S and Njuguna J. Enhancement of thermal conductivity of materials using different forms of natural graphite. Materials Science and Engineering 2012; 40: 012017

[115] Shahil KMF, Balandin AA. Graphene Multilayer Graphene Nanocomposites as Highly Efficient Thermal Interface Materials. Nano Lett. 2012; 12: 861-7.

[116] Ganguli S, Roy AK, Anderson DP. Improved thermal conductivity for chemically functionalized exfoliated graphite/epoxy composites. Carbon 2008; 46: 806-17.

[117] Song SH, Park KH, Kim BH, Choi YW, Jun GH, Lee DJ, Kong BS, Paik KW, Jeon SK. Enhanced Thermal Conductivity of Epoxy–Graphene Composites by Using Non-Oxidized Graphene Flakes with Non-Covalent Functionalization. Advanced Materials 2013; 25(5): 732-7.

[118] Song WL, Veca LM, Kong CY, Ghose S, Connell JW, Wang P, Cao L, Lin Y, Meziani MJ, Qian HJ, LeCroy GE, Sun YP. Polymeric nanocomposites with graphene sheets e Materials and device for superior thermal transport properties. Polymer 2012; 53: 3910-6.

[119] Xiang JL, Drzal LT. Thermal conductivity of exfoliated graphite nanoplatelet paper. Carbon 2011; 49: 773-8.

[120] Liang QZ, Yao XX, Wang W, Liu Y, Wong CP. A three-dimensional vertically aligned functionalized multilayer graphene architecture: an approach for graphene-based thermal Interfacial Materials. ACS Nano 2011; 5(3): 2392-401.

[121] Xu Z and Gao C. Aqueous Liquid Crystals of Graphene Oxide. ACS Nano 2011; 5(4): 2908-11

[122] Xu Z and Gao C. Graphene in Macroscopic Order: Liquid Crystals and Wet-Spun Fibers. Acc. Chem. Res. 2014; 47 (4): 1267-76.

[123] Kou L and Gao C. Bioinspired design and macroscopic assembly of poly (vinyl alcohol) -coated graphene into kilometers-long fibers. Nanoscale 2013; 5: 4370-8.

[124] Xu Z & Gao C. Graphene chiral liquid crystals and macroscopic assembled fibres. Nature Communications 2011; 2: 571

[125] Hu XZ, Xu Z, Liu Z Gao C. Liquid crystal self-templating approach to ultrastrong and tough biomimic composites. Scientific Reports 2013; 3: 2374.

[126] Shin MK, Lee B, Kim SH, Lee JA, Spinks GM, Gambhir S, Wallace GG, Kozlov ME, Baughman RH, Kim SJ. Synergistic toughening of composite fibres by self-alignment of reduced graphene oxide and carbon nanotubes. Nature Communications 2012; 3: 650.

[127] Sun H, You X, Deng J, Chen XL, Yang ZB, Ren J, Peng HS. Novel Graphene/Carbon Nanotube Composite Fibers for Efficient Wire-Shaped Miniature Energy Devices. Adv. Mater. 2014; 26, 2868-73

第十章 石墨烯專利地圖分析

作者　許淑婷　張峰碩

10.1 石墨烯之美國專利統計分析

10.1.1 檢索策略說明

由於無論取得核准與否，已公開或已公告專利所記載之資訊，皆已公諸於世，代表其他相同技術將無法申請獲准專利，加上美國地區在許多技術領域中，係具有較為龐大之市場規模，導致許多重要技術皆會至美國地區進行專利申請，因此在本章節將以美國地區作為主要檢索範圍。此外，為增加本次分析之完整性，將同時針對美國公開及公告專利進行檢索，但由於在此希望以整體觀之角度來了解目前石墨烯技術領域的發展概況，因此在後續進行公開專利分析統計時，並不特別將已公告之公開專利剔除，而是整體進行統計。

根據相關文獻資料指出，石墨烯係由單層碳原子緊密堆積成蜂窩狀的晶格結構，被認為是碳的同素異形體（Carbon allotrope），具有二維結構（2-dimensional），同時也是其他碳同素異形體的基本結構組成單元（Basic structural element），包含有零維結構的碳 60、一維結構的奈米碳管及三維結構的石墨，其中碳 60 及奈米碳管可視為是單層石墨烯透過特定方式捲曲而成，石墨則是透過凡得瓦爾力（Van der Waals force）將多層石墨烯以有次序方式推疊而成，如圖 10.1 所示 [1]。

目前已有多種石墨烯製備方法被開發出來，包含脫層法（Exfoliation）、磊晶法（Epitaxy）、奈米管切片法（Nanotubes slicing）、二氧化碳還原法（Carbon dioxide reduction）、旋轉塗佈法（Spin coating）及超音波噴塗法（Supersonic spray），其中較常用的為脫層法。在脫層法中，係以石墨作為製備原料，當石墨與其他化合物進行反應時，化合物將會進入石墨中之各石墨烯層之間，此時將形成一石墨層間化合物（Graphite intercalation compound，簡稱 GIC）。由於化合物中的原子

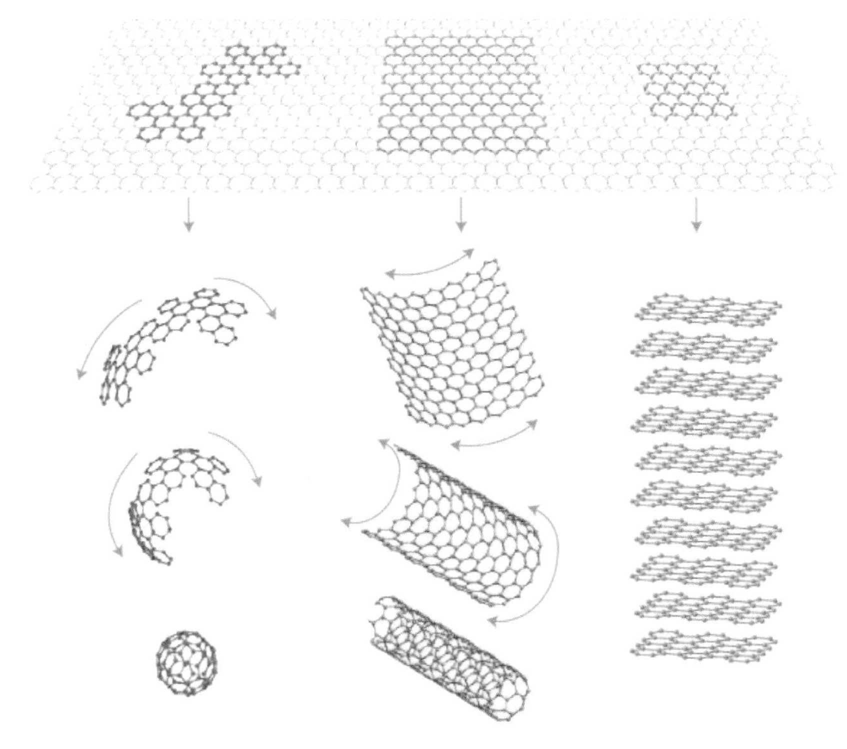

圖 10.1 石墨烯所組成之各種不同維度的碳同素異形體

資料來源：石墨烯的價值，中文百科在線，2011/1/26

係以插入的方式進入各石墨烯層之間，且會使各石墨烯層之間的距離拉大，減弱各石墨烯層之間的凡得瓦爾力，若後續再進一步利用加熱等其他處理反應，各石墨烯層之間的凡得瓦爾力甚至會被打斷，形成一脫層狀態，因此科學家便以多種不同名稱來稱呼該石墨層間化合物，包括插層石墨（Intercalated graphite，氧化石墨也視為一種插層石墨是在各石墨烯層之間插入氧原子）、膨脹石墨（Expanded graphite）或脫層石墨（Exfoliated graphite，又稱為 Exfoliated graphite nano-platelets，簡稱 xGnP）[2-4]。

儘管插層石墨、膨脹石墨及脫層石墨皆包含石墨烯，但根據IUPAC的定義可得知，石墨烯係指一種單層且獨立之二維碳原子結構[5]，由於插層石墨及膨脹石墨的各石墨烯層之間的凡得瓦爾力並未被打斷，僅是各石墨烯層之間的間距拉大，整體而言仍是一類似石墨結構之三維結構，因此與插層石墨及膨脹石墨相關之美國公開及公告專利並不納入此次分析範圍內。脫層石墨的各石墨烯層之間的凡得瓦爾力雖已被打斷，但經利用脫層石墨相關關鍵字進行初步確認後發現，脫層石墨一般需再經過一特殊處理（如：加熱或超音波震盪）或分散（如：溶液、介面活性劑或高分子材料），才會進一步形成石墨烯，此時會用「多層石墨烯（Multilayered graphene）」來稱呼，此時便會直接出現與石墨烯相關之關鍵字，因此，對於僅提及脫層石墨之美國公開及公告專利，同樣也不納入此次分析範圍中。

綜上所述，本章節所包含的石墨烯，除IUPAC所定義的單層石墨烯外，還進一步包含針對脫層石墨進行處理或分散而得之多層石墨烯，但其中並不包含插層石墨、膨脹石墨及脫層石墨，可視為是廣義的石墨烯，相關專利資料收錄範圍說明如下。在此需注意由於專利之公告版本和公開版本的內容可能不同，導致關鍵字可能僅出現於該專利之公告版本或公開版本，而非兩個版本都會出現，使得後續在分析檢索結果時，僅會針對該專利的公告版本或公開版本進行統計，基於本次分析標的係以關鍵字是否出現在特定欄位來判斷專利與石墨烯之相關程度，因此，對於關鍵字未出現於特定欄位之公告版本或公開版本，將不特別納入統計標的。

10.1.2 專利資料收錄範圍

表 10-1　美國專利資料收錄範圍

專利類型	可檢索欄位
公開及公告專利	標題、摘要、所有申請專利範圍及說明書內容

資料來源：網路公開專利檢索資料庫，參考時間：2014/07；好德智權整理，2014/07

10.1.3 美國公開及公告專利數量分布概況

經檢索並篩選相關美國公開及公告專利後，目前共計獲得 4383 篇美國公開及公告專利。分析美國公告專利數量概況可知，在 4383 篇美國公開及公告專利中，公告專利共計有 988 篇，占有比率為 22.54%，公開專利則有 3395 篇，占有比率為 77.46%，如圖 10.2 所示。由此可知，目前雖與石墨烯相關之美國公開專利數量相當多，但公告專利數量仍較為偏少，顯見石墨烯技術領域已開始受到許多申請人的重視，但現階段尚處於初期成長階段，未來仍有相當大的發展空間。

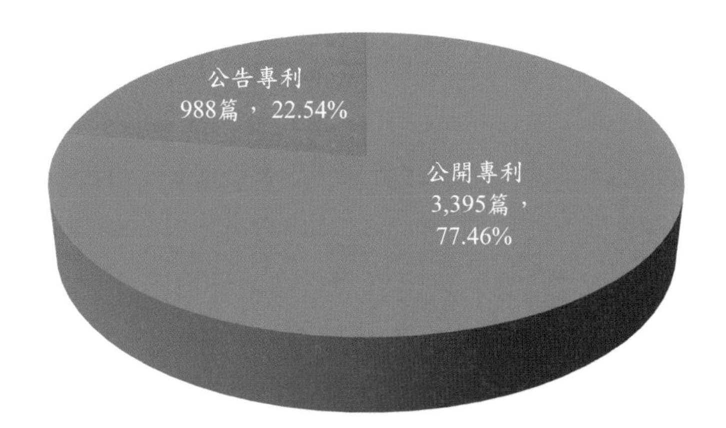

圖 10.2　美國公開及公告專利數量概況

資料來源：好德智權整理，2014/07

10.1.4 美國公開及公告專利數量歷年分布趨勢

由於美國專利係自 2001 年開始才實行早期公開制度，使得在 2001 年前所申請之美國專利，需通過核准才會被查詢到，因此在 2001 年之前，僅會出現美國公告專利，美國公開專利最早係於 2001 年後才會開始出現，而這也使得申請人真正開始投入石墨烯技術領域之時間點較無法被明確得知。

分析美國公開及公告專利數量歷年分布趨勢可知，在公告專利方面，最早係於 1977 年即有石墨烯相關專利成功通過核准，公告號為 US4017673，但檢視專利內容後卻發現，該篇專利係揭露一種可將碳化合物進行石墨化的方法及其設備，並未與石墨烯相關，會出現在該專利中，主要是因在請求項 2 中，誤將 Graphitizing 記載為 Graphetizing 所致，進一步觀察 1994 年至 2002 年間核准的 7 篇美國專利，同樣也與石墨烯無太大直接關係，真正將石墨烯作為直接應用材料之相關美國專利，則是在 2003 年成功通過核准的 US6559375B1，係由德國 Dieter Meissner 於 2001 年 9 月 7 日所申請，並於 2003 年 5 月 6 日通過核准，該篇專利係揭露一種有機太陽能電池，其中包含一具有石墨烯物質之中間層，如表 10-2 所示。

在美國公開專利方面，最早係於 2002 年出現石墨烯相關專利，共計 33 篇，進一步檢視專利內容後發現，皆與石墨烯相關。在 1977 年至 2001 年無相關公開專利出現的原因，係由於美國自 2001 年才開始實施早期公開制度（18 個月公開），使得在表 10-2 中除 US6538892B2 有相對應的公開專利 US20020167800A1 外，其餘公告專利並不會有相對應的公開專利存在。

由此可知，自1994年起，即有申請人開始在專利中提及石墨烯結構，並成功取得專利，但此時尚未直接利用石墨烯，直到2002年開始，才有申請人將石墨烯作為直接應用材料，並在2003年成功取得石墨烯相關專利。

表10-2　1977年至2002年間與石墨烯相關之美國公告專利

公告號	申請／公開公告日	技術標的	石墨烯相關敘述（參考Claim）
US6559375B1	2001.09.07（國家階段） 2003.05.06	一種有機太陽能電池或發光二極體	15. Component with a first layer (30) which consists essentially of a first material, a second layer (60) which consists essentially of a second material, and at least one intermediate layer (40, 50) which is located between the first layer (30) and the second layer (60), characterized in that the intermediate layer (40, 50) contains the first material and/or the second material and that in the intermediate layer (40, 50) at least one substance is colloidally dissolved and that the substance has a conductivity less than the first material or the second material,wherein the substance contains at least one carbon modification which has a band gap. 18. Component as claimed in claim 15, wherein the substance contains a graphite carbon modification. 19. Component as claimed in claim 18, wherein the substance contains graphene.

公告號	申請／公開公告日	技術標的	石墨烯相關敘述（參考Claim）
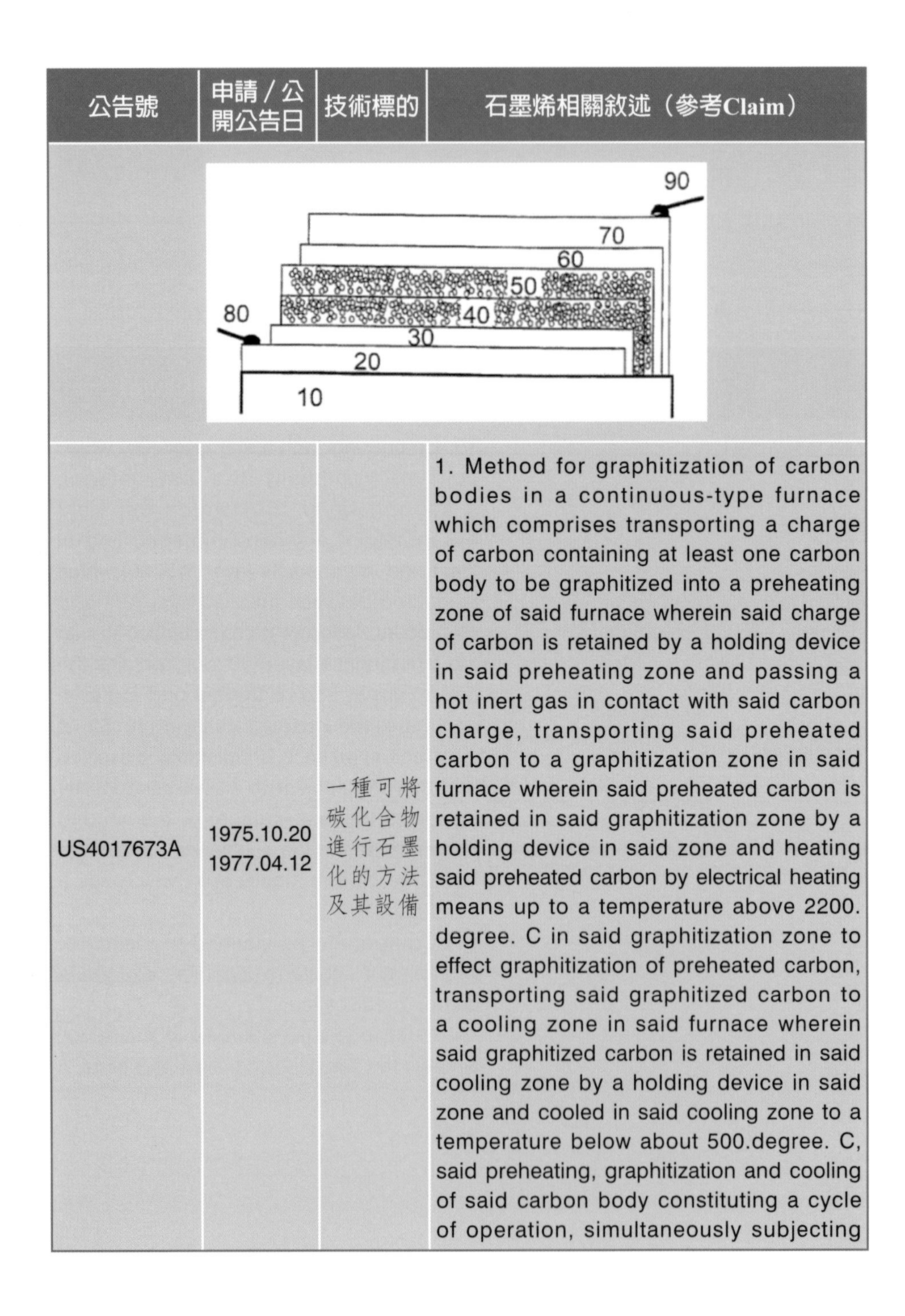 			
US4017673A	1975.10.20 1977.04.12	一種可將碳化合物進行石墨化的方法及其設備	1. Method for graphitization of carbon bodies in a continuous-type furnace which comprises transporting a charge of carbon containing at least one carbon body to be graphitized into a preheating zone of said furnace wherein said charge of carbon is retained by a holding device in said preheating zone and passing a hot inert gas in contact with said carbon charge, transporting said preheated carbon to a graphitization zone in said furnace wherein said preheated carbon is retained in said graphitization zone by a holding device in said zone and heating said preheated carbon by electrical heating means up to a temperature above 2200. degree. C in said graphitization zone to effect graphitization of preheated carbon, transporting said graphitized carbon to a cooling zone in said furnace wherein said graphitized carbon is retained in said cooling zone by a holding device in said zone and cooled in said cooling zone to a temperature below about 500.degree. C, said preheating, graphitization and cooling of said carbon body constituting a cycle of operation, simultaneously subjecting

公告號	申請／公開公告日	技術標的	石墨烯相關敘述（參考Claim）
			in furnace a carbon charge to preheating, another previously preheated carbon body to graphitization, and a third previously preheated and graphitized carbon body to cooling, and after each cycle removing the cooled graphite body from the holding device in the cooling zone and transporting it out of the cooling zone, removing the graphitized body from the holding device in the graphitizing zone and transporting it to the cooling zone, removing the preheated carbon from the holding device in the preheating zone and transporting it to the graphitizing zone, transporting a new charge of carbon into the preheating zone, and continuing the simultaneous preheating, graphitization and cooling of three different carbon charges and between cycles moving the carbon bodies from the holding devices and transporting the graphite carbon out of the cooling zone, transporting the graphitized carbon to the cooling zone, transporting the preheated carbon to the graphitization zone, and transporting a new charge to the preheating zone. 2. Method of graphitizing carbon bodies in a continuous-type furnace which comprises preheating a cyclical flow of groups of carbon bodies, respectively, consisting of at least one carbon body, counter to aflow of hot inert gas, heating the groups of carbon bodies in a graphetizing zone electrically heated to a temperature above 2200.degree. C, cooling the heated groups of carbon bodies, respectively, in a cooling zone to a temperature below 500.degree. C, and wherein in the graphitization zone each carbon body therein is held by two holding

公告號	申請／公開公告日	技術標的	石墨烯相關敘述（參考Claim）
			members which are connected electrically with a source of electric current thereby heating said carbon body.
US5376450A	1992.09.30 1994.12.27	一種插層石墨的製備方法	1. A process for manufacturing particles of intercalated graphite having no greater than about 1.5% average titratable surface acid by weight comprising the steps of (a) treating particles of graphite with an intercalant comprising a solution of one or more members selected from the group consisting of nitric acid sulfuric acid, potassium chlorate, chromic acid, potassium permanganate, potassium chromate, potassium dichromate, perchloric acid, hydrogen peroxide, iodic acid, periodic acid, ferric chloride and other metal halides to provide intercalated particles of graphite having edge separated layer planes with acid intercalant therebetween in graphene galleries; (b) washing said intercalated particles of graphite with water to substantially close the edges of said layer planes and remove exposed surface acid therefrom; (c) drying said washed particles; and (d) contacting said particles of graphite before said drying step with an effective amount of an agent composed of an organic molecule having a long chain hydrocarbon group with at least eight carbon atoms and a polar functional end group such that at least a minimum concentration of 0.35 pph of said agent is present on said particles during said drying step so that said closed edges of said layer planes remain substantially closed and the exposure of acid intercalant therebetween is essentially avoided.

公告號	申請／公開公告日	技術標的	石墨烯相關敘述（參考Claim）
US5543021A	1995.08.08 1996.08.06	一種可用以重複充電式鋰電池之電極，其中該電極包含一碳化合物	1. An electrode based on carbonaceous material for rechargeable electrochemical lithium generators, comprising a carbonaceous material and a binder, wherein said carbonaceous material is a pitch coke with a mosaic texture pre-lithiated. 3. The electrode according to claim 1, wherein said carbonaceous material is a coal tar pitch coke with a fine mosaic texture, whose common-orientation zones of the graphene planes have dimensions of less than 5 .mu.m.
US6031711A	1997.05.15 2000.02.29	一種具有奈米纖維之電容	1. A capacitor having an electrode comprising nanofibers having a surface area greater than about 100 m.sup.2 /gm. 4. The capacitor of claim 1, wherein said nanofibers are functionalized. 5. The capacitor of claim 4, wherein said nanofibers are functionalized with one or more functional groups selected from quinone, hydroquinone, quaternized aromatic amines, mercaptans or disulfides. 6. The capacitor of claim 5, wherein the functional groups are contained in a ladder polymer of the formula 結構式（請參考專利）wherein G is CH or N, or are a graphenic analogue of one or more of結構式（請參考專利）.
US6087765A	1997.12.03 2000.07.11	一種電子發射薄膜	1. An electron-emissive film comprising a surface defining a plurality of emissive clusters uniformly distributed over the surface, wherein each of the plurality of emissive clusters is generally star-shaped, wherein each of the plurality of emissive clusters includes a plurality of dendrites

公告號	申請／公開公告日	技術標的	石墨烯相關敘述（參考Claim）
			extending from a central point, and wherein each of the plurality of dendrites includes a ridge having a radius of curvature that is less than 10 nm. 7. The electron-emissive film of claim 1, wherein the plurality of dendrites are comprised of carbon. 8. The electron-emissive film of claim 7, wherein each of the plurality of dendrites is comprised of a plurality of graphene sheets having a lattice spacing within a range of 0.342-0.350 nanometers.
US6099960A	1997.05.13 2000.08.08	一種奈米碳纖維	1. A high surface area carbon nanofiber, comprising: a nanofiber, having an outer surface having an effective surface area; and a high surface area layer formed onto said outer surface of said nanofiber; wherein said high surface area layer contains pores including mesopores, macropores or micropores, and wherein at least a portion of said pores are of a sufficient size to increase the effective surface area of said nanofiber. 12. The high surface area nanofiber recited in claim 1, wherein said high surface area nanofiber is functionalized with one or more functional groups selected from the group consisting of --SO.sub.3, --R'COX, --R'(COOH).sub.2, --CN, --R'CH.sub.2 X, .dbd.O, --R'CHO, --R'CN, and a graphenic analogue of one or more of 結構式（請參考專利）wherein R' is a hydrocarbon radical, and wherein X is --NH.sub.2, --OH or a halogen.

公告號	申請/公開公告日	技術標的	石墨烯相關敘述（參考Claim）
US6400091B1	2000.03.14 2002.06.04	一種電容	1. A capacitor comprising: a first electrode comprising nanofibers having a surface area greater than about 100 m2/gm; a second electrode having a surface area greater than about 100 m2/gm and having a redox potential different from said first electrode; and an electrode separator disposed between said electrodes, said electrode separator comprising an electrically nonconductive and ionically conductive material, wherein redox reactions occur only at surfaces of said first and second electrodes. 4. The capacitor of claim 1 wherein the nanofibers in said first electrode are functionalized. 5. The capacitor of claim 4 wherein the nanofibers in said first electrode are functionalized with one or more functional groups selected from the group consisting of quinone, hydroquinone, quarternized aromatic amines, mercaptans and disulfides. 6. The capacitor of claim 5, wherein the functional groups are contained in a ladder polymer of the formula wherein G is CH or N. or are a graphenic analogue of one or more of結構式（請參考專利）
US6414836B1	1999.10.01 2002.07.02	一種電子發射元件	1. An electron emission element, comprising: a cathode; an anode opposed to the cathode; an electron emission member disposed on the cathode; and a control electrode disposed between the cathode and the anode,

公告號	申請／公開公告日	技術標的	石墨烯相關敘述（參考Claim）
			wherein, during emission of electrons, an equipotential surface in a space immediately above the electron emission member has a curvature that is convex toward the electron emission member and an electric field intensity immediately above the electron emission member is lower than electric field intensity between the control electrode and the anode. 4. An electron emission element according to claim 1, wherein the electron emission member contains an allotrope of carbon. 6. An electron emission element according to claim 4, wherein the allotrope includes an allotrope of carbon having a graphene structure. Examples of an allotrope having a graphene structure include graphite and a carbon nanotubes.
US6538892B2	2001.05.02 2003.03.25	一可用於電子元件之加熱裝置	1. A radial finned heat sink assembly for an electrical component, comprising: a base constructed from graphite material; a plurality of spaced parallel planar fin members supported by the base, each fin member including a planar fin of an anisotropic graphite material having graphene layers aligned primarily with the plane of the fin, so that each fin has a thermal conductivity in directions parallel to the plane of the fin substantially greater than a thermal conductivity perpendicular to the plane of the fin, wherein each fin member has an opening defined therethrough; and a plurality of stacked connector members, each one of the connector members being closely received through the opening of an

公告號	申請／公開公告日	技術標的	石墨烯相關敘述（參考Claim）
			associated one of the fin members, each of the connector members being formed from a graphite material including graphene layers aligned primarily in a direction perpendicular to the planes of the fins.

資料來源：好德智權整理，2014/07

進一步觀察可發現，在 2002 年至 2009 年期間，美國公開專利數量相對較為偏低，最多僅在 2009 年達到 71 篇，而美國公告專利同樣也較為偏少，僅在 2006 年達到 15 篇，但自 2010 年起，美國公開及公告專利皆開始出現明顯的成長趨勢。在 2010 年時，美國公開專利數量已達 200 篇，美國公告專利數量也來到 56 篇，至 2012 年時，皆已分別迅速成長至 757 篇及 170 篇，在 2013 年時，更進一步成長至 1073 篇及 343 篇，已經遠高於 2010 年至 2012 年期間的美國公開及公告專利數量。由此可知，目前申請人正相當積極於石墨烯技術領域中進行專利佈局，且已展現出一定程度的技術成果。

在一般情況下，專利申請案係於申請日後 18 個月（1 年半）才會公開，由於本次檢索時間為 2014 年 7 月，在 2013 年 1 月後之專利申請案應尚未公開，無法進行查詢，因此在表 10-3 及圖 10.3 中，2014 年的美國公告專利數量及公開專利數量僅供參考，並非代表實際美國公告專利數量及公開專利數量。

表 10-3　美國公開及公告專利數量歷年分布統計

公開／公告年份	1977	1994	1996	2000	2002	2003	2004	2005	2006
公告專利數量	1	1	1	3	2	3	4	9	15
公開專利數量	0	0	0	0	33	16	11	17	32
公開／公告年份	2007	2008	2009	2010	2011	2012	2013	2014	總計
公告專利數量	11	14	9	56	86	170	343	260	988
公開專利數量	26	29	71	200	457	757	1073	673	3395

資料來源：好德智權整理，2014/07

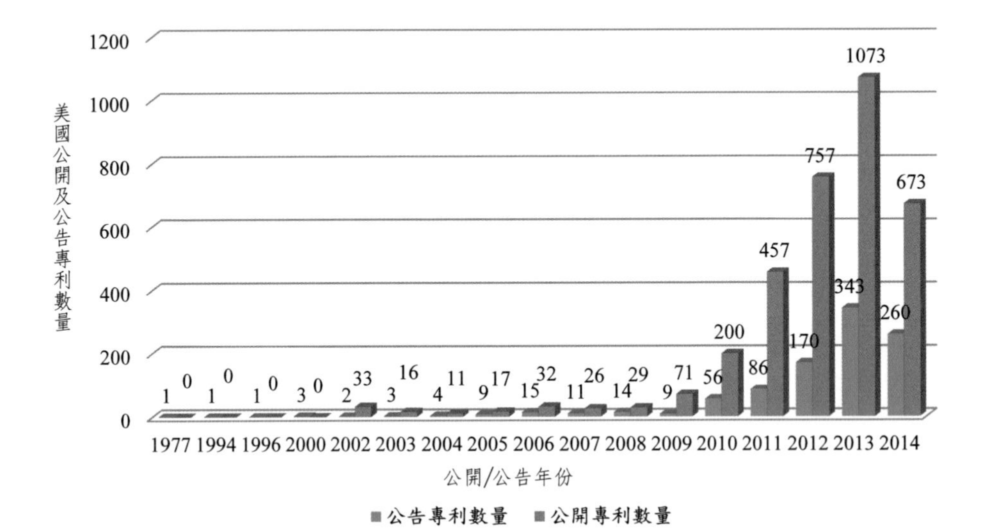

圖 10.3　美國公開及公告專利數量歷年分布趨勢

資料來源：好德智權整理，2014/07

10.1.5 申請人美國公開及公告專利數量分布概況

分析前 25 名申請人之美國公開及公告專利數量分布概況可知，共計有 17 位申請人屬於公司申請人，8 位申請人屬於研究單位申請人，其中具有最多美國公開專利數量之申請人為美國 International Business

Machines Corporation，共計有 197 篇，其次則為南韓 Samsung Electronics Co., Ltd.，共計有 173 篇，至於具有最多美國公告專利數量之申請人，同樣也為美國 International Business Machines Corporation，共計有 95 篇，其次同樣為南韓 Samsung Electronics Co., Ltd.，共計有 65 篇。值得注意的是，屬於研究單位的中國清華大學亦具有為數不少的美國公開專利數量（53 篇），台灣也分別有 2 位申請人進入前 25 名，分別為鴻海科技集團及工業技術研究院，其美國公開專利數量分別共計 54 篇及 22 篇，美國公告專利數量則分別為 11 篇及 6 篇。

表 10-4　前 25 名申請人之類型說明

申請人	申請人類型
International Business Machines Corporation（美國）	公司
Samsung Electronics Co., Ltd.（南韓）	公司
Sandisk 3D LLC（美國）	公司
Nanotek Instruments, Inc.（美國）	公司
Xerox Corporation（美國）	公司
Canon Kabushiki Kaisha（日本）	公司
Korea Institute of Science and Technology（韓國科學技術研究所，KIST，南韓）	研究
Baker Hughes Incorporated（美國）	公司
The Regents of the University of California（加州大學董事會，美國）	研究
Kabushiki Kaisha Toshiba（日本）	公司
Massachusetts Institute of Technology（麻省理工學院，美國）	研究
HON HAI PRECISION INDUSTRY CO., LTD.（台灣）	公司
Tsinghua University（清華大學，中國）	研究
Nokia Corporation（芬蘭）	公司

申請人	申請人類型
Northwestern University（西北大學，美國）	研究
Georgia Tech Research Corporation（美國）	公司
William Marsh Rice University（萊斯大學，美國）	研究
Empire Technology Developement LLC（美國）	公司
Korea Advanced Institute of Science and Technology（韓國先進科學技術研究所，KAIST，南韓）	研究
Electronics & Telecommunications Research Institute（南韓）	公司
Industrial Technology Research Institute（工業技術研究院，台灣）	研究
SEMICONDUCTOR ENERGY LABORATORY CO., LTD.（日本）	公司
Sony Corporation（日本）	公司
VORBECK MATERIALS CORP.（美國）	公司
SAMSUNG ELECTRO-MECHANICS CO., LTD.（南韓）	公司

資料來源：好德智權整理，2014/07

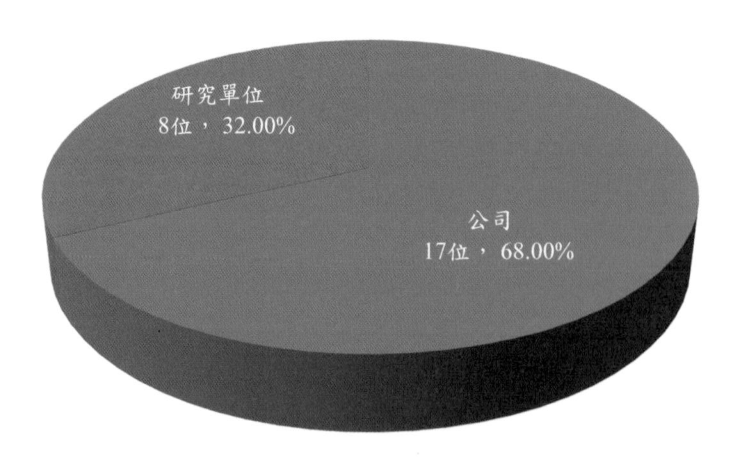

圖 10.4　前 25 名申請人之類型分布概況

資料來源：好德智權整理，2014/07

值得注意的是，南韓 SAMSUNG ELECTRO-MECHANICS CO.,

LTD. 雖然具有 50 篇美國公開專利，但美國公告專利數量僅 1 篇，如表 10-5 所示。由此可知，目前在石墨烯技術領域中，係以美國 International Business Machines Corporation 及南韓 Samsung Electronics Co., Ltd. 為主要領導廠商，不論是專利佈局程度或是技術成果的取得，皆位居前兩名，美國 Baker Hughes Incorporated 及台灣 HON HAI PRECISION INDUSTRY CO., LTD. 的專利佈局程度則緊追在後，工業技術研究院在專利佈局上，也已展現相當優秀的成果。

表 10-5　前 25 名申請人之美國公開及公告專利數量分布統計

申請人	公告專利數量	申請人	公開專利數量
International Business Machines Corporation（美國）	95	International Business Machines Corporation（美國）	197
Samsung Electronics Co., Ltd.（南韓）	65	Samsung Electronics Co., Ltd.（南韓）	173
Sandisk 3D LLC（美國）	45	Baker Hughes Incorporated（美國）	57
Nanotek Instruments, Inc.（美國）	41	HON HAI PRECISION INDUSTRY CO., LTD.（台灣）	54
Xerox Corporation（美國）	32	Xerox Corporation（美國）	53
Canon Kabushiki Kaisha（日本）	17	Tsinghua University（清華大學，中國）	53
Korea Institute of Science and Technology（韓國科學技術研究所，KIST，南韓）	15	SEMICONDUCTOR ENERGY LABORATORY CO., LTD.（日本）	50
Baker Hughes Incorporated（美國）	12	William Marsh Rice University（萊斯大學，美國）	42
The Regents of the University of California（加州大學董事會，美國）	12	Electronics & Telecommunications Research Institute（南韓）	42

申請人	公告專利數量	申請人	公開專利數量
Kabushiki Kaisha Toshiba（日本）	12	SAMSUNG ELECTRO-MECHANICS CO., LTD.（南韓）	39
Massachusetts Institute of Technology（麻省理工學院，美國）	12	The Regents of the University of California（加州大學董事會，美國）	37
HON HAI PRECISION INDUSTRY CO., LTD.（台灣）	11	Sandisk 3D LLC（美國）	36
Tsinghua University（清華大學，中國）	11	Korea Institute of Science and Technology（韓國科學技術研究所，KIST，南韓）	33
Nokia Corporation（芬蘭）	10	Kabushiki Kaisha Toshiba（日本）	27
Northwestern University（西北大學，美國）	10	VORBECK MATERIALS CORP.（美國）	26
Georgia Tech Research Corporation（美國）	10	Massachusetts Institute of Technology（麻省理工學院，美國）	24
William Marsh Rice University（萊斯大學，美國）	9	Empire Technology Developement LLC（美國）	24
Empire Technology Developement LLC（美國）	7	Nokia Corporation（芬蘭）	22
Korea Advanced Institute of Science and Technology（韓國先進科學技術研究所，KAIST，南韓）	7	Industrial Technology Research Institute（工業技術研究院，台灣）	22
Electronics & Telecommunications Research Institute（南韓）	6	Sony Corporation（日本）	21
Industrial Technology Research Institute（工業技術研究院，台灣）	6	Korea Advanced Institute of Science and Technology（韓國先進科學技術研究所，KAIST，南韓）	18

申請人	公告專利數量	申請人	公開專利數量
SEMICONDUCTOR ENERGY LABORATORY CO., LTD.（日本）	5	Northwestern University（西北大學，國）	17
Sony Corporation（日本）	4	Georgia Tech Research Corporation（美國）	15
VORBECK MATERIALS CORP.（美國）	3	Canon Kabushiki Kaisha（日本）	12
SAMSUNG ELECTRO-MECHANICS CO., LTD.（南韓）	1	Nanotek Instruments, Inc.（美國）	2

資料來源：好德智權整理，2014/07

10.2 申請人美國公開及公告專利數量歷年分布趨勢

分析前 25 名申請人之美國公開專利數量歷年分布趨勢可知，自美國專利開始實行早期公開制度後，於 2002 年時，即有申請人進行專利佈局，係為美國萊斯大學，共計 12 篇，接著在 2004 年時，日本 Canon Kabushiki Kaisha 也開始進行佈局，共計 2 篇，美國 International Business Machines Corporation 自 2006 年開始進行佈局，南韓 Samsung Electronics Co., Ltd. 及日本 Sony Corporation 則於 2008 年才開始進行佈局，時間相對較晚，至於鴻海科技集團及工業技術研究院分別於 2011 年、2009 年開始進行佈局，中國清華大學則於 2011 年才開始進行佈局，其餘申請人則自 2010 年才陸續開始進行佈局，如表 10-6 及圖 10.5 所示。

進一步觀察可發現，美國公開專利數量明顯呈現出增加趨勢的申請人有美國 International Business Machines Corporation、南韓 Samsung Electronics Co., Ltd.、 南韓 Electronics & Telecommunications Research

Institute、南韓 SAMSUNG ELECTRO-MECHANICS CO., LTD. 及美國 Baker Hughes Incorporated，其中又以美國 International Business Machines Corporation 及南韓 Samsung Electronics Co., Ltd. 成長速度最快，其餘申請人則呈現出持平或略微下降的趨勢，如表 10-8 及圖 10.8 所示。

分析前 25 名申請人之美國公告專利數量歷年分布趨勢可知，最早成功取得相關專利之申請人係為美國 William Marsh Rice University（萊斯大學），於 2004 年通過核准，共計 1 篇，公告號為 US6683783B1，該篇專利主要將一包含石墨烯結構之單壁奈米碳管應用於碳纖維中。接著，2004 年日本 Canon Kabushiki Kaisha 也成功取得專利，但其專利核准時間僅集中於 2004 年至 2009 年期間，近年來則未有專利再被核准。具有最多美國公開專利數量之美國 International Business Machines Corporation 及南韓 Samsung Electronics Co., Ltd. 則是分別自 2008 年及 2011 年才開始取得相關專利。至於鴻海科技集團及工業技術研究院，則分別於 2013 年、2012 年才成功取得專利，時間上相對較晚。

進一步觀察可發現，在 2004 年至 2009 年期間，成功取得專利之申請人相對較少，儘管在 2010 年至 2012 年期間，開始陸續有其他申請人成功取得專利，但主要集中於美國 Nanotek Instruments, Inc.、美國 Sandisk 3D LLC、美國 International Business Machines Corporation 及南韓 Samsung Electronics Co., Ltd.，直到 2013 年時，才有越來越多的申請人開始取得相關專利，其中又以美國 International Business Machines Corporation 的成長速度最快，南韓 Samsung Electronics Co., Ltd. 次之，如表 10-7 及圖 10.6 所示。

由此可知，目前在石墨烯技術領域成果的取得上，係以美國 International Business Machines Corporation 及南韓 Samsung Electronics Co., Ltd. 具有最佳表現，鴻海科技集團及工業技術研究院雖公告專利數量較少，但也已經成功取得一定程度的成果。

表 10-6　前 25 名申請人之美國公開專利數量歷年分布統計

申請人	2002	2004	2005	2006	2007	2008	2009	2010	2011	2012	2013	2014	總計
International Business Machines Corporation（美國）	0	0	0	1	0	0	0	5	21	50	65	55	197
Samsung Electronics Co., Ltd.（南韓）	0	0	0	0	0	1	4	12	34	39	54	39	173
Baker Hughes Incorporated（美國）	0	0	0	0	0	0	0	0	3	17	29	8	57
HON HAI PRECISION INDUSTRY CO., LTD.（台灣）	0	0	0	0	0	0	0	0	7	27	18	2	54
Xerox Corporation（美國）	0	0	0	0	0	0	1	3	6	23	12	8	53
Tsinghua University（清華大學，中國）	0	0	0	0	0	0	0	0	5	27	18	3	53
SEMICONDUCTOR ENERGY LABORATORY CO., LTD.（日本）	0	0	0	0	0	0	0	0	0	12	31	7	50
William Marsh Rice University（萊斯大學，美國）	12	0	0	0	0	0	0	2	2	9	5	12	42
Electronics & Telecommunications Research Institute（南韓）	0	0	0	0	0	0	0	2	3	10	22	5	42
SAMSUNG ELECTRO-MECHANICS CO., LTD.（南韓）	0	0	0	0	0	0	0	0	1	8	24	6	39

申請人	2002	2004	2005	2006	2007	2008	2009	2010	2011	2012	2013	2014	總計
The Regents of the University of California（加州大學董事會，美國）	0	0	0	0	0	0	3	6	8	5	6	9	37
Sandisk 3D LLC（美國）	0	0	0	0	0	0	3	23	6	2	2	0	36
Korea Institute of Science and Technology（韓國科學技術研究所，KIST，南韓）	0	0	0	0	0	0	0	1	2	15	10	5	33
Kabushiki Kaisha Toshiba（日本）	0	0	0	0	0	0	0	0	6	8	9	4	27
VORBECK MATERIALS CORP.（美國）	0	0	0	0	0	0	0	1	10	8	4	3	26
Massachusetts Institute of Technology（麻省理工學院，美國）	0	0	0	0	0	0	0	5	4	7	5	3	24
Empire Technology Developement LLC（美國）	0	0	0	0	0	0	0	0	0	6	13	5	24
Nokia Corporation（芬蘭）	0	0	0	0	0	0	0	2	3	7	9	1	22
Industrial Technology Research Institute（工業技術研究院，台灣）	0	0	0	0	0	0	1	0	0	4	8	9	22
Sony Corporation（日本）	0	0	0	0	0	1	0	1	2	8	6	3	21

申請人	2002	2004	2005	2006	2007	2008	2009	2010	2011	2012	2013	2014	總計
Korea Advanced Institute of Science and Technology（韓國先進科學技術研究所，KAIST，南韓）	0	0	0	0	0	0	1	0	2	6	6	3	18
Northwestern University（西北大學，美國）	0	0	0	0	0	0	1	3	5	2	5	1	17
Georgia Tech Research Corporation（美國）	0	0	0	0	0	0	1	0	4	4	2	4	15
Canon Kabushiki Kaisha（日本）	0	2	3	4	1	1	0	0	0	0	0	1	12
Nanotek Instruments, Inc.（美國）	0	0	0	0	0	0	0	0	0	1	1	0	2

資料來源：好德智權整理，2014/07

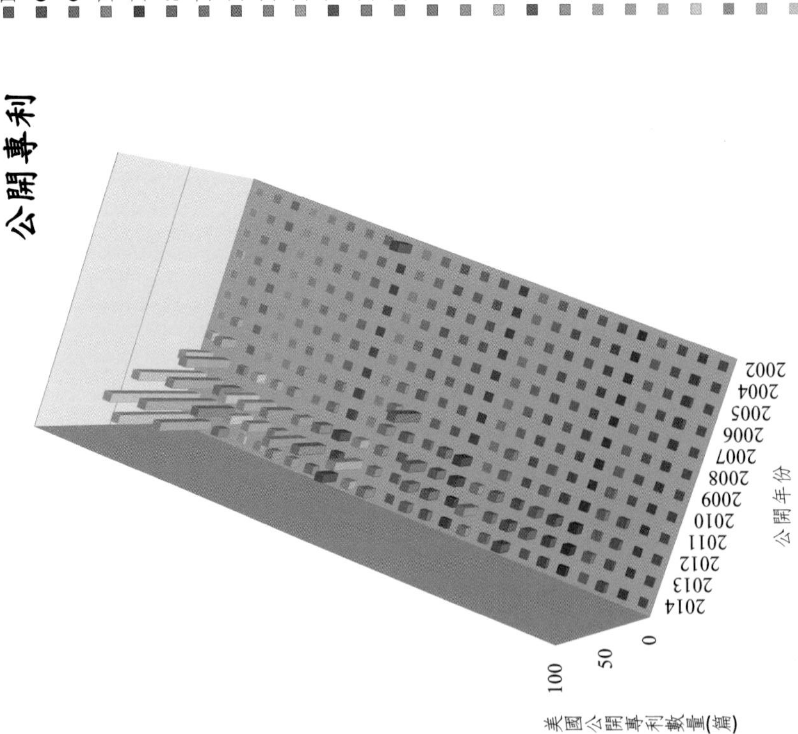

圖 10.5　前 25 名申請人之美國公開專利數量歷年分布概況

資料來源：好德智權整理，2014/07

表 10-7　前 25 名申請人之美國公告專利數量歷年分布統計

申請人	2004	2005	2006	2007	2008	2009	2010	2011	2012	2013	2014	總計
International Business Machines Corporation（美國）	0	0	0	0	1	0	2	5	12	40	35	95
Samsung Electronics Co., Ltd.（南韓）	0	0	0	0	0	0	0	9	13	24	19	65
Sandisk 3D LLC（美國）	0	0	0	0	0	0	10	16	7	9	3	45
Nanotek Instruments, Inc.（美國）	0	0	1	1	0	2	5	5	11	6	10	41
Xerox Corporation（美國）	0	0	0	0	0	0	0	1	10	11	10	32
Canon Kabushiki Kaisha（日本）	0	4	3	6	2	0	2	0	0	0	0	17
Korea Institute of Science and Technology（韓國科學技術研究所，KIST，南韓）	0	0	0	0	0	0	1	0	5	7	2	15
Baker Hughes Incorporated（美國）	0	0	0	0	0	0	2	0	2	5	3	12
The Regents of the University of California（加州大學董事會，美國）	0	0	0	0	0	0	1	3	2	2	4	12
Kabushiki Kaisha Toshiba（日本）	0	0	0	0	0	0	0	0	1	8	3	12

申請人	2004	2005	2006	2007	2008	2009	2010	2011	2012	2013	2014	總計
Massachusetts Institute of Technology（麻省理工學院，美國）	0	0	0	0	0	0	0	0	1	5	6	12
HON HAI PRECISION INDUSTRY CO., LTD.（台灣）	0	0	0	0	0	0	0	0	0	6	5	11
Tsinghua University（清華大學，中國）	0	0	0	0	0	0	0	0	0	6	5	11
Nokia Corporation（芬蘭）	0	0	0	0	0	1	0	1	0	7	1	10
Northwestern University（西北大學，美國）	0	0	0	0	0	0	0	2	1	3	4	10
Georgia Tech Research Corporation（美國）	0	0	1	0	1	0	0	2	2	3	1	10
William Marsh Rice University（萊斯大學，美國）	1	0	1	0	0	0	0	0	1	4	2	9
Empire Technology Developement LLC（美國）	0	0	0	0	0	0	0	0	0	3	4	7
Korea Advanced Institute of Science and Technology（韓國先進科學技術研究所，KAIST，南韓）	0	0	0	0	0	0	0	0	0	3	4	7
Electronics & Telecommunications Research Institute（南韓）	0	0	0	0	0	0	0	0	1	3	2	6

申請人	2004	2005	2006	2007	2008	2009	2010	2011	2012	2013	2014	總計
Industrial Technology Research Institute（工業技術研究院，台灣）	0	0	0	0	0	0	0	0	1	3	2	6
SEMICONDUCTOR ENERGY LABORATORY CO., LTD.（日本）	0	0	0	0	0	0	0	0	0	1	4	5
Sony Corporation（日本）	0	0	0	0	0	0	1	0	0	2	1	4
VORBECK MATERIALS CORP.（美國）	0	0	0	0	0	0	0	0	1	1	1	3
SAMSUNG ELECTRO-MECHANICS CO., LTD.（南韓）	0	0	0	0	0	0	0	0	0	0	1	1

資料來源：好德智權整理，2014/07

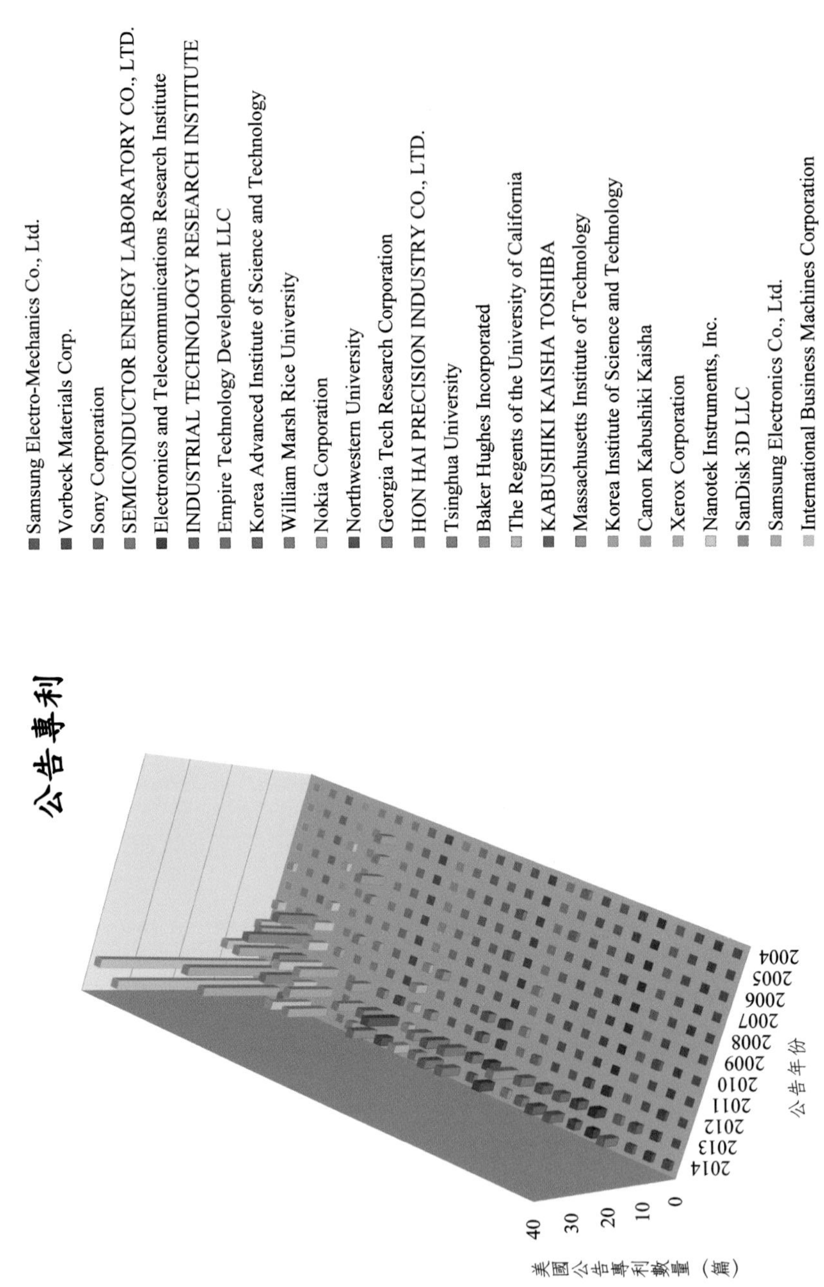

圖 10.6 前 25 名申請人之美國公告專利數量歷年分布概況

資料來源：好德智權整理，2014/07

10.3 石墨烯之各次分類美國專利統計分析

10.3.1 各次分類之專利數量分布概況

在本章節中，將透過相關關鍵字及四階 IPC 方式進行人工分類，藉此希望可發現更多現階段雖專利佈局程度較低，但未來可做為研究者進行專利佈局之應用領域參考。在進行人工分類時，係以專利名稱、摘要及申請專利範圍作為主要分類參考依據，說明書內容則作為輔助參考之用，因此對於可能僅在說明書內容中簡易提及，但在專利名稱、摘要及申請專利範圍卻未加以描述之應用領域，將不視為該專利之應用領域次分類。由於單篇專利可能涵蓋多個應用領域，因此以下將針對各專利之所有應用領域進行統計分析，其中將會出現重複計算的情況。

分析石墨烯應用領域次分類之美國公開及公告專利分布統計可得知，目前共計可分為 30 類，其中值得注意的是，除目前已知專利佈局程度較高之半導體裝置、奈米或微米複合材料的開發、電子電路、基本電子元件或裝置、感測裝置及電池裝置外，石墨烯還可進一步應用至醫藥試驗、晶體生長、醫療器材、微生物、酶或基因物質、磁性材料、黏合材料及潤滑材料等其他應用領域中，如圖 10.7 所示。由此可知，石墨烯具有相當高度的市場應用潛力，未來勢必將會有更多研究者持續投入開發。

進一步觀察可發現，在公開專利方面，具有最多專利數量之應用領域係為奈米或微米複合材料，共計 1106 篇，其次則為半導體裝置，共計 959 篇，具有 300 至 400 篇之應用領域則有材料表面處理、電池裝置、基本電子元件或裝置及導電材料，分別位居第 3 至 6 名，其餘應用領域之公開專利數量則在 300 篇以下，其中液體分離係排名第 14 名，公開專利數量較為偏少，僅 59 篇；在公告專利方面，具有最多專利數

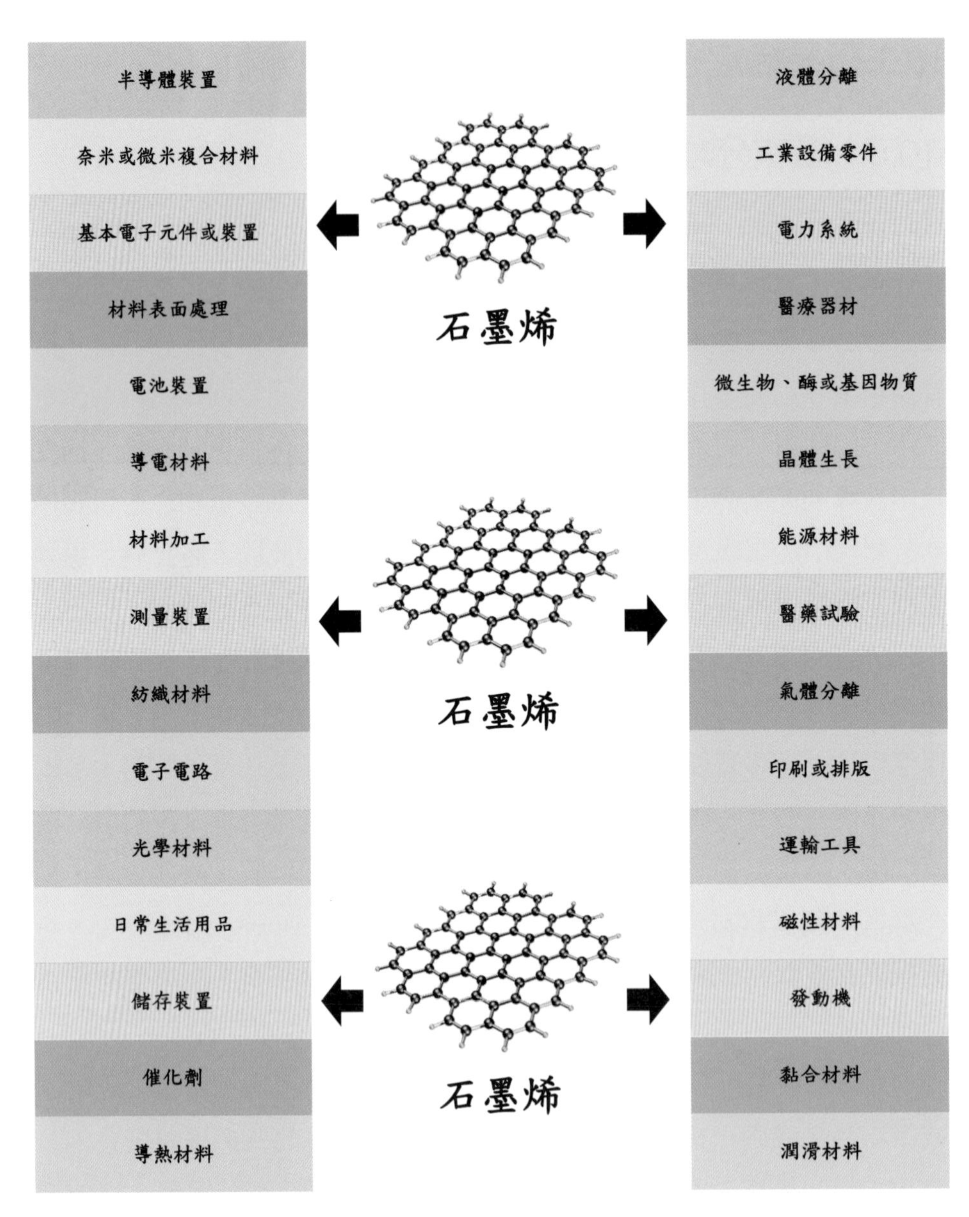

圖 10.7　石墨烯之應用領域次分類

資料來源：好德智權整理，2014/07

量之應用領域則為半導體裝置，共計 359 篇，其次則為基本電子元件或裝置，共計 120 篇，奈米或微米複合材料則排名第 3，共計 107 篇，其餘應用領域之公告專利數量則在 100 篇以下，其中液體分離係排名第 18 名，僅共計 8 篇，如表 10-8 及圖 10.8 所示。由此可知，目前石墨烯主要被應用於奈米或微米複合材料、半導體裝置、材料表面處理、電池裝置、基本電子元件或裝置及導電材料等應用領域中，其中在半導體裝置、基本電子元件或裝置、奈米或微米複合材料應用領域中，已取得相當不錯的技術成果。

表 10-8　各應用領域次分類之美國公開及公告專利分布統計

應用領域次分類	公開專利數量	應用領域次分類	公告專利數量
奈米或微米複合材料	1106	半導體裝置	359
半導體裝置	959	基本電子元件或裝置	120
材料表面處理	444	奈米或微米複合材料	107
電池裝置	421	電池裝置	72
基本電子元件或裝置	416	材料表面處理	61
導電材料	321	材料加工	55
材料加工	261	測量裝置	55
測量裝置	225	紡織材料	53
紡織材料	111	導電材料	50
電子電路	110	儲存裝置	34
光學材料	96	電子電路	29
導熱材料	75	日常生活用品	28
日常生活用品	68	光學材料	26
液體分離	59	催化劑	18
催化劑	58	運輸工具	11

應用領域次分類	公開專利數量	應用領域次分類	公告專利數量
工業設備零件	56	工業設備零件	10
儲存裝置	48	印刷或排版	8
電力系統	45	液體分離	8
醫療器材	36	氣體分離	8
微生物、酶或基因物質	36	電力系統	7
晶體生長	32	能源材料	6
醫藥試驗	27	晶體生長	5
能源材料	27	發動機	4
印刷或排版	20	潤滑材料	4
氣體分離	20	醫藥試驗	3
磁性材料	18	磁性材料	3
發動機	15	醫療器材	2
黏合材料	15	微生物、酶或基因物質	2
運輸工具	14	導熱材料	1
潤滑材料	10	黏合材料	0
其他	296	其他	82

資料來源：好德智權整理，2014/07

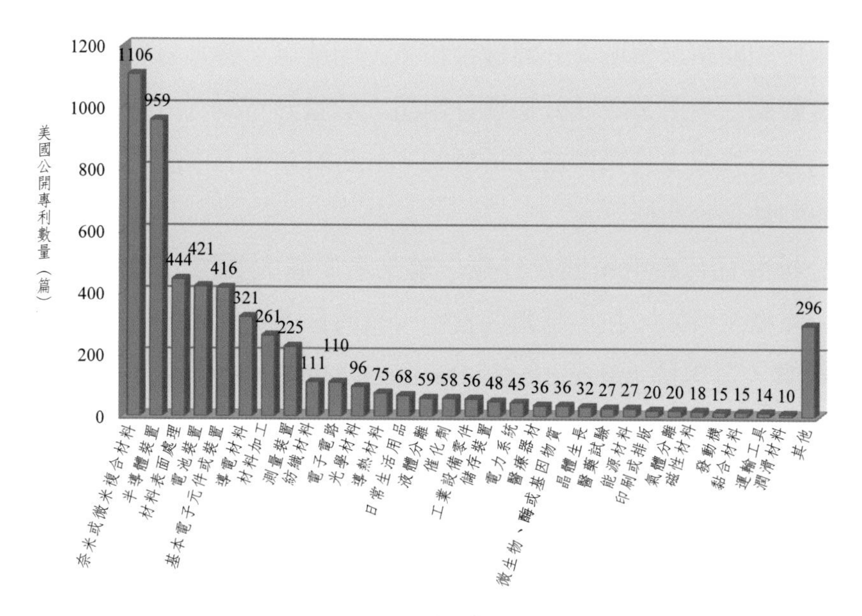

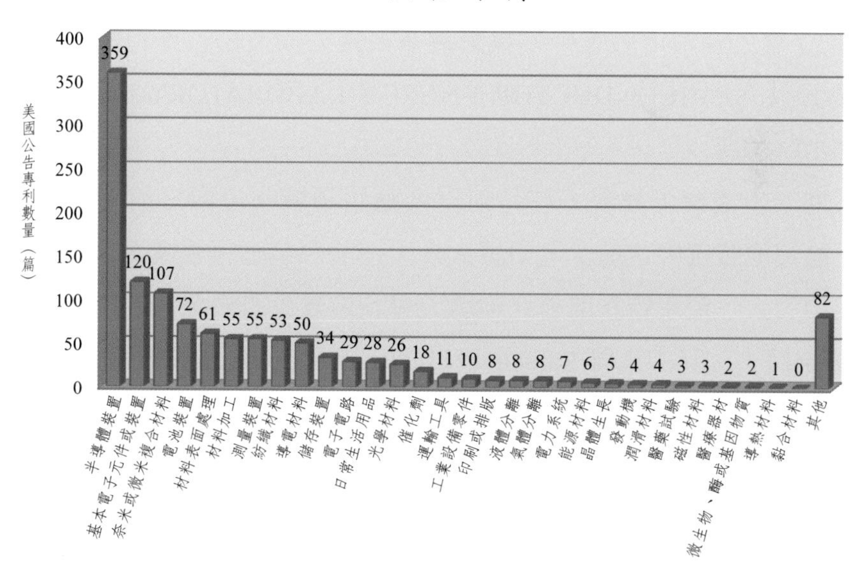

圖 10.8　各應用領域次分類之美國公開及公告專利分布概況

資料來源：好德智權整理，2014/07

10.3.2 前五名次分類之申請人專利數量分布概況

由於相關應用領域次分類數量較多，因此以下將針對現階段專利佈局程度較高之應用領域次分類進行申請人數量分布概況分析，在此係以前五名應用領域次分類作為分析標的，分析其前十名申請人美國公開及公告專利數量分布概況。

分析前五名應用領域次分類之前十名申請人美國公開及公告專利數量分布概況可知，在半導體裝置中，具有最多美國公開及公告專利數量之申請人為美國 International Business Machines Corporation，共計 252 篇；在奈米或微米複合材料中，具有最多美國公開及公告專利數量之申請人為南韓 Samsung Electronics Co., Ltd.，共計 71 篇；在材料表面處理中，具有最多美國公開及公告專利數量之申請人為南韓 Samsung Electronics Co., Ltd.，共計 26 篇；在基本電子元件或裝置中，具有最多美國公開及公告專利數量之申請人為日本 Canon Kabushiki Kaisha，共計 27 篇；在電池裝置中，具有最多美國公開及公告專利數量之申請人為日本 SEMICONDUCTOR ENERGY LABORATORY CO., LTD.，如表 10-9 所示。

進一步觀察可發現，在各前五名應用領域次分類之前十名申請人中，除電池裝置中之前十名申請人外，在前四名應用領域次分類中之前十名申請人，幾乎皆為前述「申請人專利數量分布概況」中所提及的前 25 名申請人，其中南韓 Samsung Electronics Co., Ltd. 在所有前五名應用領域次分類中，皆排名在前十名申請人中，顯見其不只積極的進行專利佈局，且佈局的應用領域也相當廣，相當值得注意，如表10-9所示。

表 10-9　前五名應用領域次分類之前十名申請人美國公開及公告專利數量分布統計

前五名次分類	各次分類之前十名申請人	公告專利數量	公開專利數量	所有專利數量
半導體裝置	International Business Machines Corporation（美國）	87	165	252
	Samsung Electronics Co., Ltd.（南韓）	33	90	123
	Sandisk 3D LLC（美國）	31	29	60
	Kabushiki Kaisha Toshiba（日本）	10	21	31
	Electronics & Telecommunications Research Institute（南韓）	5	18	23
	Korea Institute of Science and Technology（韓國科學技術研究所，KIST，南韓）	5	12	17
	William Marsh Rice University（萊斯大學，美國）	2	14	16
	Georgia Tech Research Corporation（美國）	7	8	15
	Nokia Corporation（芬蘭）	5	10	15
	The Regents of the University of California（加州大學董事會，美國）	4	11	15
奈米或微米複合材料	Samsung Electronics Co., Ltd.（南韓）	7	64	71
	International Business Machines Corporation（美國）	0	64	64
	Xerox Corporation（美國）	9	30	39
	HON HAI PRECISION INDUSTRY CO., LTD.（台灣）	3	29	32
	Tsinghua University（清華大學，中國）	3	28	31
	Baker Hughes Incorporated（美國）	0	27	27
	William Marsh Rice University（萊斯大學，美國）	3	24	27
	Korea Institute of Science and Technology（韓國科學技術研究所，KIS，南韓）	3	18	21

前五名次分類	各次分類之前十名申請人	公告專利數量	公開專利數量	所有專利數量
	SEMICONDUCTOR ENERGY LABORATORY CO., LTD.（日本）	0	20	20
	VORBECK MATERIALS CORP.（美國）	1	15	16
材料表面處理	Samsung Electronics Co., Ltd.（南韓）	6	20	26
	Xerox Corporation（美國）	4	14	18
	Baker Hughes Incorporated（美國）	0	14	14
	Empire Technology Developement LLC（美國）	2	9	11
	HON HAI PRECISION INDUSTRY CO., LTD.（台灣）	3	7	10
	VORBECK MATERIALS CORP.（美國）	0	10	10
	International Business Machines Corporation（美國）	3	6	9
	Korea Institute of Science and Technology（韓國科學技術研究所，KIST，南韓）	3	6	9
	Tsinghua University（清華大學，中國）	3	6	9
	SAMSUNG ELECTRO-MECHANICS CO., LTD.（南韓）	0	8	8
基本電子元件或裝置	Canon Kabushiki Kaisha（日本）	16	11	27
	SAMSUNG ELECTRO-MECHANICS CO., LTD.（南韓）	1	20	21
	HON HAI PRECISION INDUSTRY CO., LTD.（台灣）	6	14	20
	Tsinghua University（清華大學，中國）	6	14	20
	Samsung Electronics Co., Ltd.（南韓）	5	10	15
	William Marsh Rice University（萊斯大學，美國）	1	13	14

前五名次分類	各次分類之前十名申請人	公告專利數量	公開專利數量	所有專利數量
	Electronics & Telecommunications Research Institute（南韓）	0	9	9
	Nokia Corporation（芬蘭）	3	6	9
	SEMICONDUCTOR ENERGY LABORATORY CO., LTD.（日本）	0	7	7
	KOREA UNIVERSITY RESEARCH AND BUSINESS FOUNDATION（南韓）	2	4	6
	Nanotek Instruments, Inc.（美國）	6	0	6
電池裝置	SEMICONDUCTOR ENERGY LABORATORY CO., LTD.（日本）	5	41	46
	BATTELLE MEMORIAL INSTITUTE （美國）	8	11	19
	Nanotek Instruments, Inc.（美國）	16	2	17
	William Marsh Rice University（萊斯大學，美國）	1	14	15
	LG CHEM, LTD. （南韓）	2	7	9
	Northwestern University（西北大學，美國）	3	6	9
	Samsung SDI Co., Ltd. （南韓）	1	8	9
	SHOWA DENKO K.K. （日本）	4	5	9
	GSI Creos Corporation （日本）	3	4	7
	Nanosys, Inc. （美國）	3	4	7
	Samsung Electronics Co., Ltd.（南韓）	1	6	7
	Searete LLC （美國）	0	7	7
備註1：本表係以各應用領域次分類之美國公開及公告專利數量總和作為排序依據。				

資料來源：好德智權整理，2014/07

10.4 石墨烯專利檢索與分析之結論彙整及建議

以下將根據上述各章節內容，提出相關結論彙整與建議，以供讀者未來在進行專利佈局時作為參考，在此共計提出 9 點相關結論彙整與建議，如下所述：

1. 目前雖與石墨烯相關之美國公開專利數量相當多，但公告專利數量仍較為偏少，顯見石墨烯技術領域已開始受到許多申請人的重視，但現階段尚處於初期成長階段，未來仍有相當大的發展空間。

2. 石墨烯技術領域雖在 2002 年至 2009 年間之美國公開專利數量及美國公告專利數量相對偏少，但自 2010 年起，皆開始出現明顯的成長趨勢，至 2013 年時，已分別成長至 1073 篇及 343 篇，遠高於 2010 年至 2012 年間的美國公開專利數量及美國公告專利數量。

3. 在美國公告專利中，具有 2 位以上申請人的占有比率為 6.29%，但在美國公開專利中，則占 7.96%，主要是由於美國專利可以容許公開專利不需公開申請人的真實名稱，因此僅顯示發明人為申請人，而一般發明人多為複數，而導致公開專利中 2 位以上申請人的占有比例偏高，然而無論是 6.29%，還是 7.96%，顯見在石墨烯技術領域中，有一定比例的申請人係採取共同合作申請策略來進行專利佈局，而這也代表石墨烯技術領域相當廣泛，許多廠商透過彼此之間的合作開發，方能發揮到最大價值。

4. 在前 25 名申請人中，共有 8 位申請人屬於研究單位申請人，研究單位申請人的占有比率將近 32%，其中包含南韓韓國科學技術研究所（KIST, Korea Institute of Science and Technology）、美國加州大學董事會（The Regents of the University of California）、美國麻省理工學院（Massachusetts Institute of Technology）、中國清華大學（Tsinghua University）、美國西北大學（Northwestern University）、美國萊

斯大學（William Marsh Rice University）、南韓韓國先進科學技術研究所（Korea Advanced Institute of Science and Technology, KAIST）及台灣工業技術研究院（Industrial Technology Research Institute）。

5. 美國公開專利數量明顯呈現出增加趨勢的申請人有美國 International Business Machines Corporation、南韓 Samsung Electronics Co., Ltd.、南韓 Electronics & Telecommunications Research Institute、南韓 SAMSUNG ELECTRO-MECHANICS CO., LTD. 及美國 Baker Hughes Incorporated，其中又以美國 International Business Machines Corporation 及南韓 Samsung Electronics Co., Ltd. 成長速度為最快，美國公告專利數量主要係集中於美國 Nanotek Instruments, Inc.、美國 Sandisk 3D LLC、美國 International Business Machines Corporation 及南韓 Samsung Electronics Co., Ltd.，其中又以美國 International Business Machines Corporation 的成長速度最快，南韓 Samsung Electronics Co., Ltd. 次之。

6. 目前石墨烯已佈局於多個應用領域，其中半導體裝置、奈米或微米複合材料的開發、電子電路、基本電子元件或裝置、感測裝置及電池裝置為專利佈局程度較高之應用領域，至於醫藥試驗、晶體生長、醫療器材、微生物、酶或基因物質、磁性材料、黏合材料及潤滑材料等應用領域之專利佈局程度則相對較低。

參考文獻

[1] 石墨烯的價值，中文百科在線，2011/1/26 (http://www.zwbk.org/MyLemmaShow.aspx?zh=zh-tw&lid=112308)。

[2] Graphite, Wikipedia, 2014/06/30 (http://en.wikipedia.org/wiki/Graphite#Expanded_graphite).

[3] Graphene, Wikipedia, 2014/07/18 (http://en.wikipedia.org/wiki/Graphene#Exfoliation).

[4] Graphite intercalation compound, Wikipedia, 2014/07/18 (http://en.wikipedia.org/wiki/Graphite_intercalation_compound).

[5] graphene layer, IUPAC Gold Book, 參考時間：2014/07/20 (http://goldbook.iupac.org/G02683.html).

第十一章

石墨烯在半導體材料之應用

作者　邱鈺蛟　蕭碩信

11.1 半導體科技的演進

近幾年來，人類不管在食、衣、住、行、育、樂，各方面，都一直在尋求進步，其中最重要的就屬半導體工業。半導體時代剛好開始於 1947 年的聖誕節前夕，美國貝爾（BELL）實驗室的兩位科學家 J. Bardeen 及 H. W. Brattain 利用鍺元素，製作了第一個可將訊號放大的點接觸電晶體 [1]。接著在 1949 年，W. Schockley 改良點接觸電晶體，發表了關於 p-n 接面和雙載子電晶體的經典理論，此一突破不僅讓他們三人在 1956 年得到諾貝爾物理獎，亦將人類文明帶進現代的電子紀元〔圖 11.1(a)〕。

由於受到軍事和民生對於電子元件大量需求的驅策，半導體產業在 50 年代快速地發展。基於體積小、耗電量低、工作溫度低與反應速度快等因素，以鍺為原料的電晶體，很快就取代多數電子產品中的真空管。但因氧化鍺易溶於水，且鍺的表面不易形成緻密的氧化層，容易產生漏電流，所以逐漸地被擁有良好氧化層品質的矽元素給取代。矽可經高溫氧化形成二氧化矽表面保護層，兼具不溶於水、質硬和優良絕緣體等特性，因此以矽為主的電晶體很快就被工業界採納。

對先進的積體電路而言，最重要的元件是在 1960 年由 D. Kahng 和 M. Atalla 發表的金氧半場效電晶體（Metal oxide semiconductor field effect transistor, MOSFET）〔圖 11.1(b)〕。由於金氧半場效電晶體可大量縮小其體積、耗電量低、穩定性高、容易大量生產，因此在微電子的應用上，不論在產量或者用途方面，都遠遠地超過其他任何一種電子元件。不過，雖然元件製程的技術已經逐漸成熟且開始量產，但仍需以人力將製作出的元件焊接在基板上來組成電路。在 1959 年 J. Kilby 提出積體電路（Integrated circuits）的雛形〔圖 11.1(c)〕，它包含了一個雙載子電晶體、三個電阻和一個電容，所有元件都是由鍺做成，並由接線連成一個混合電路。接著在 1960 年，R. Noyce 製造了第一個矽積體電路晶片〔圖 11.1(d)〕，它是由一個 2/5 英寸的矽晶圓所製成，使用現代積體電路晶片的基礎製程技術，這項發明不但省去許多人力成本，也使電路的體積得以縮小，奠定日後微電子工業的快速成長。

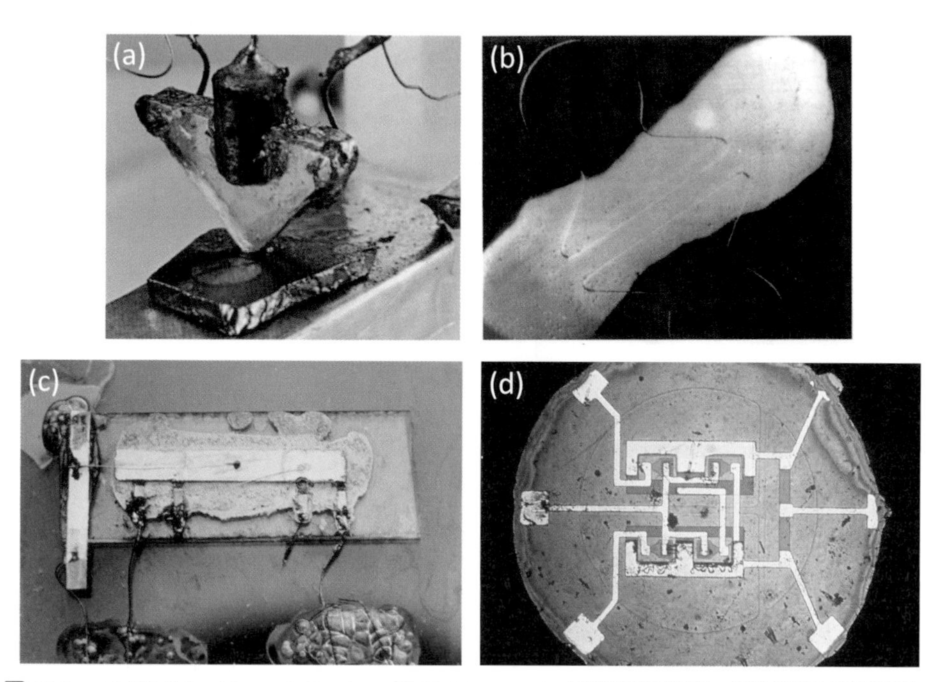

圖 11.1 (a) W. Schockley、J. Bardeen 及 H. W. Brattain 用鍺製作的第一顆雙載子接面電晶體 [2]；(b) D. Kahng 和 M. Atalla 製作的第一顆金氧半場效電晶體（MOSFET）[3]；(c) J. Kilby 建構出積體電路（Integrated Circuits）的雛形 [4]；(d) R. Noyce 製造的第一個矽積體電路晶片 [5]

隨著科技的進步，元件必須要有更高的效能且更低的成本，因此，人們不斷地微縮電晶體尺寸以提高晶圓集成度。英特爾公司的創始人之一摩爾（Gordon Moore）提出了「摩爾定律」：大概每隔 18 ～ 24 個月單顆積體電路上的電晶體數目便會增加一倍（亦就是電晶體的線寬會縮小 0.7 倍），這樣不僅可以降低電晶體的成本，其效能也會加倍。過去五十年來，半導體工業發展的腳步皆如摩爾定律所預測，今年也邁向 20 奈米的世代。然而，在元件不斷微縮的同時，微影技術將會面臨許多瓶頸，且各種難以控制的物理現象亦會逐漸浮現，像是短通道效應（Short channel effects）、汲極引發能帶降低效應（Drain-induced barrier lowering, DIBL）、熱載子效應（Hot carrier effect）等問題，已不是古典物理可以單獨解決的，必須引進一些量子物理的觀念來描述。

為了持續增進電晶體的效能，亦能夠解決微縮尺寸時所引發的問題，各家半導體大廠及頂尖學者仍不斷地發展新技術或是尋求新的材料。在技術層面上，出現了新的電晶體結構，如三面閘極立體結構（Trigate、FinFET）可以更有效地降低漏電流。在材料層面上，以碳材料為基礎的奈米結構便備受關注，如奈米碳管（Carbon nanotubes）、

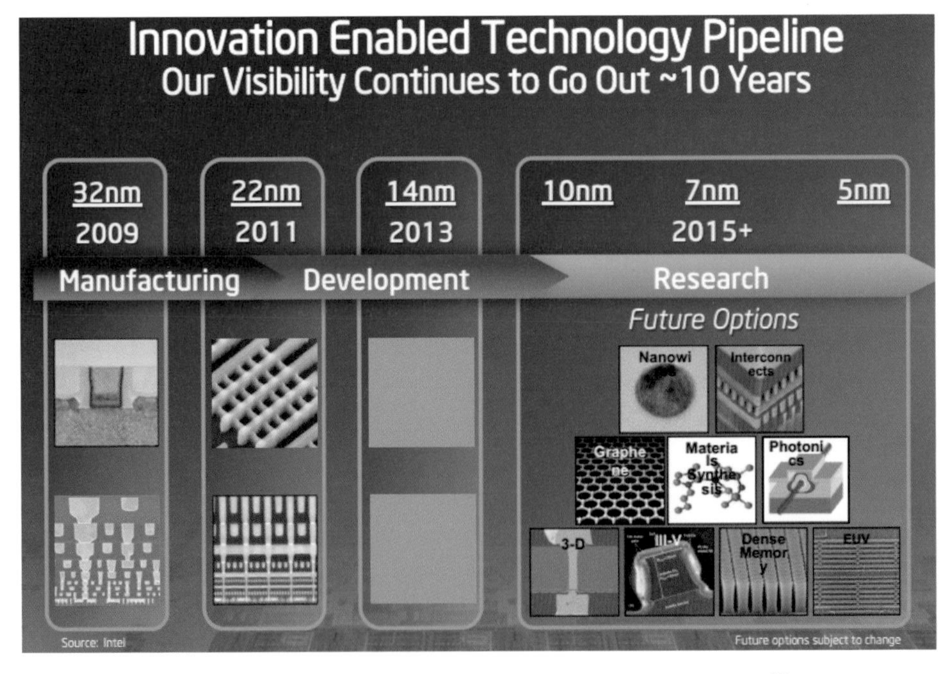

圖 11.2　英特爾（Intel）提出的未來可能半導體技術方向 [6]

奈米線（Nanowires）或是近年來非常夯的單層石墨（Graphene）等低維度（Low-dimensional）奈米材料。且 ITRS 在 2008 年會議亦表示，在未來十年內，以「碳材料」為基礎的奈米電子，將會在半導體產業上占有舉足輕重的地位。

11.2 碳材料的起源與發展

碳是少數幾個自遠古就被發現的元素之一，從基礎生命的演化、燃料能源的發展到人類文明史，皆與碳元素息息相關。碳原子有四顆能夠進行鍵合的電子，為週期表中 IV 族裡最輕的元素，可構成的同素異型體有許多種，在自然界中常以石墨和鑽石的型態存在著，其它還有像是富勒烯、奈米碳管或石墨烯等，在人類科技的發展上，亦陸續開始被重視。

11.2.1 零維度—富勒烯（Fullerene-C_{60}）

在 1985 年，英國天文學家 Harold Kroto 為了研究在星際光譜中無法被解釋的吸收波段，與物理學家 Robert Curl 和 Richard Smalley 兩人合作，利用雷射單點的高能量聚焦在石墨上，將表面氣化成一系列的碳原子簇，發現分子量為 720 的 C_{60} 和 840 的 C_{60} 較其他碳原子簇穩定，因此證明了 C_{60} 的存在。其結構和建築師 Fuller 的代表作相似，所以又稱為富勒烯。富勒烯是由 60 個碳原子構成的分子，具有 60 個頂點、90 條邊和 32 個面，其中 12 個面為正五邊形，20 個面為正六邊形。富勒烯的發現，極大地拓展了碳的同素異形體數目，其化學和物理性質引起了科學家們強烈的興趣 [7]，亦有人應用在超導體 [8] 和有機太陽能電池 [9] 上。

11.2.2 一維度—奈米碳管（Carbon nanotubes, CNTs）

奈米碳管的概念是在 1991 年時，由日本筑波 NEC（Nippon Electric Company）實驗室的飯島澄男（S. Iijima）博士所提出的。他利用高解析度穿透式電子顯微鏡，發現在富勒烯的上頭存在著中空結搆的碳管，衍生出之後的多壁奈米碳管（multi-walled carbon nanotubes, MWCNTs）[10] 及單壁奈米碳管（single-walled carbon nanotubes, SWNTs）[11] 的研究發展。奈米碳管可以視為一層或數層二維石墨層所捲起來的管狀結構，是以 sp^2 混成軌域為主。碳原子在碳管中的排列結構可以產生不同的管徑及旋度，改變不同的電子能態，讓碳管同時具有半導體和導體的特性，使它在電子材料應用上有特殊地位。對於金屬性的奈米碳管，可以承載相當高的電流（～ 10^9A/cm，銅與金導線在這種程度下的電流早已蒸發），其散熱能力亦和金剛石相當，因此在半導體後段製程的導線連接上有很高的應用性 [12]。若將半導體性的奈米碳管當作載子通道應用在電晶體中，不僅可以將元件微縮至更小的尺寸，亦可獲得良好的特性。目前在高頻元件 [13] 及邏輯電路 [14] 的應用上，皆可發現奈米碳管的蹤跡。

11.2.3 二維度—石墨烯（Graphene）

石墨烯（Graphene）的英文命名來自於石墨（Graphite）及烯類（-ene），是碳原子以蜂巢狀結構鍵結的單原子層二維材料。且石墨烯更是構成許多碳同素異型體的基本單元，例如：石墨、富勒烯和奈米碳管。在發現石墨烯之前，大多數物理學家認為，任何穩定的二維結構僅能存在於絕對零度，在有限溫度下，是不允許任何二維晶體存在的。不過在 2004 年，英國曼徹斯特大學的 A. K. Geim 和 K. S. Novoselov 利用機械剝離法（mechanical exfoliation）的方式，成功地將單層石墨從高定向熱裂解石墨（highly orientatated pyrolytic graphite, HOPG）塊材上給剝離下來 [15]，且其結構性相當穩定。這不僅是人類史上第一次由實驗中得到的單層石墨，亦在學術界上開啟了新的研究舞台。

石墨烯的問世，引起了全世界研究熱潮，最主要的因素是它具有線性的電子能帶結構，在石墨烯中傳輸的載子幾乎不具有質量，所以擁有相當高的載子遷移率（Mobility）。在室溫下，石墨烯的載子遷移率在二氧化矽基板上可達 15000 $cm^2/V \cdot s$[15]，在低溫懸空的狀態甚至可以高達 200000 $cm^2/V \cdot s$ 以上 [16]，比目前已知的導體都還要快。除此之外，石墨烯還有許多優秀的特性：

(1) 高電流承載能力（High current density）：最大電流密度 > 109 A/cm^2[17]。

(2) 高導熱效率（High thermal conductivity）：熱傳導係數 5300W/mK[17]。

(3) 高機械強度（High stiffness）：楊氏係數 1000 GPa[18]。

(4) 低電阻率（Low resistivity）：1×10 ～ 6Ω·cm。

(5) 極佳透光率（High transmittance）：可見光吸收率 2.3%（單層石墨）[19]。

(6) 可撓曲（Stretchable material）。

因為石墨烯擁有這些優異且獨特的性質，讓它被應用在許多領域上。近年來，由於石墨烯的高載子遷移率，讓它在微波元件的應用上備受矚目 [20]。

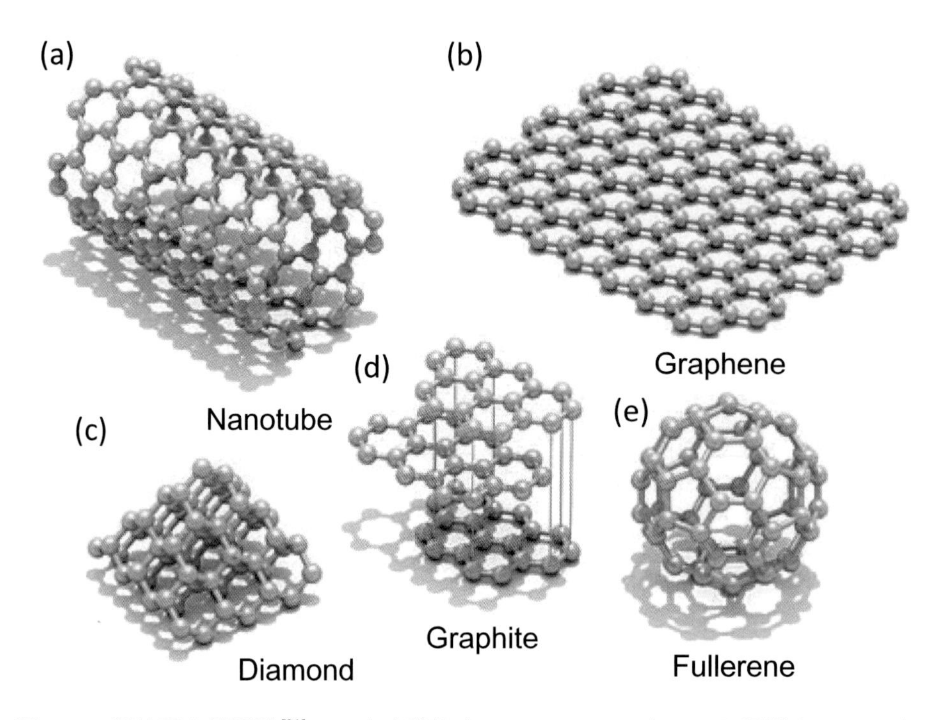

圖 11.3　碳的同素異型體 [21]：(a) 奈米碳管（Carbon nanotubes）；(b) 石墨烯（Graphene）；(c) 鑽石（Diamond）；(d) 石墨（Graphite）；(e) 富勒烯（Fullerene）

11.3 微波的介紹與石墨烯高頻元件應用

微波（Microwave）是指波長介於紅外線和特高頻（UHF）之間的射頻電磁波。因為有較寬的頻譜（300MHz ～ 300GHz），且可穿過對流層和電離層，在無線通訊上，占有十分重要的地位。近二十年來，微波的服務領域不斷擴大，從軍方的雷達、飛機、ADS 射線武器；到民間的微波爐、手機通訊、無線網路、全球定位系統（GPS）、感測器等，均有廣泛應用。特別是一般市民行動通訊系統的市場需求量近年來大幅成長的趨勢。

石墨烯擁有高載子遷移率、高電流承載力、高飽和速度及載子濃度易受閘極調變等優異特性，已經有許多人將它應用在高頻元件上作為載子通道，且得到不錯的成效。雖然石墨烯缺乏能隙，導致 I_{on} / I_{off} 比一般傳統有能隙的半導體還要低許多，在低漏電流要求非常高的邏輯電路上較沒有實用性；但是在部份對 on/off 要求不高的高頻元件應用上，則有一定價值。近年文獻亦指出，由於石墨烯的超高載子遷移率，讓它的截止頻率在相同通道長度下已超越現今以矽為主的高頻電晶體。此外，可撓式的特性讓石墨烯電晶體在軟性基板上亦有不錯的表現[22]。目前截止頻率最高的石墨烯高頻元件是以碳化矽（SiC）為基板[23]，不過在低成本考量下，我們選用氧化鋁（Al_2O_3）和氮化鋁（AlN）基板為主，來製作高頻元件，其性能與實現於碳化矽基板上的石墨烯高頻元件不相上下，以下介紹石墨烯在高頻元件上的應用。

11.3.1 低雜訊微波放大器（Low noise amplifier, LNA）

微波放大器主要用於通訊系統中，將接收自天線的訊號放大，以便後級的電子設備去作處理。訊號在放大時，並不希望連同雜訊也跟著放大，所以訊雜比對放大器來說十分重要。由於石墨烯是 X、Y 二維平面 sp^2 鍵結的結構，電子在傳輸時，較不易受到晶格本身的散射，具有很長的平均自由路徑（Mean free path），呈現彈道傳輸（Ballistic transport），適合拿來製作低雜訊放大器（圖 11.4）[24-26]。

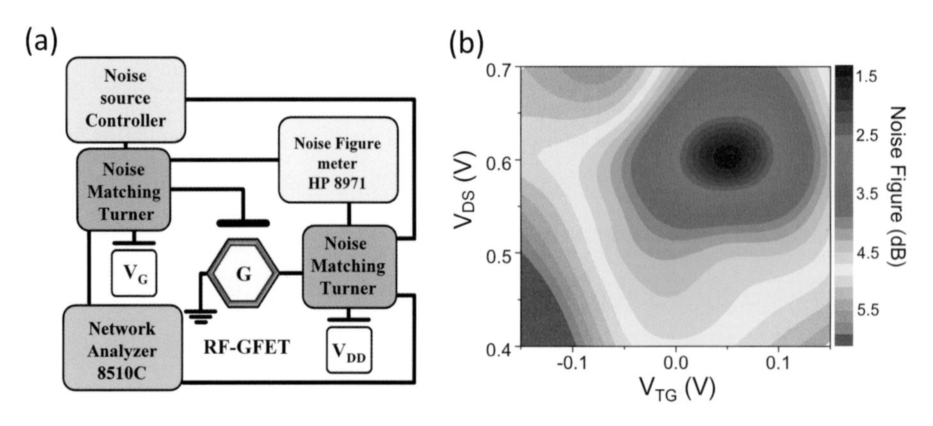

圖 11.4　石墨烯高頻元件在低雜訊放大器（LNA）上的應用：(a) 低雜訊放大器的量測示意圖；(b)Fmin vs. VTG、VDS 的雜訊指數等高線二維平面圖

11.3.2 混波器（Mixer）

混波器可轉換訊號的頻率，經常使用在解調（Demodulation）時的降頻或調變時的升頻（Modulation）。一般混波器的原理是輸入兩個不同的訊號（f_{RF} 和 f_{LO}），再利用二極體或電晶體的非線性特性，使輸出響應產生二階、甚至更高階項的和頻或差頻訊號，來達到升頻或降頻的目的。在一般情況下，基頻（Fundamental）常是被拿來當作下一級電路的處理訊號，但是混波器會產生許多諧波或不必要的乘積項，所以會搭配濾波器來得到所要的頻率成分 [27-29]。圖 11.5 即為石墨烯混波器的應用。

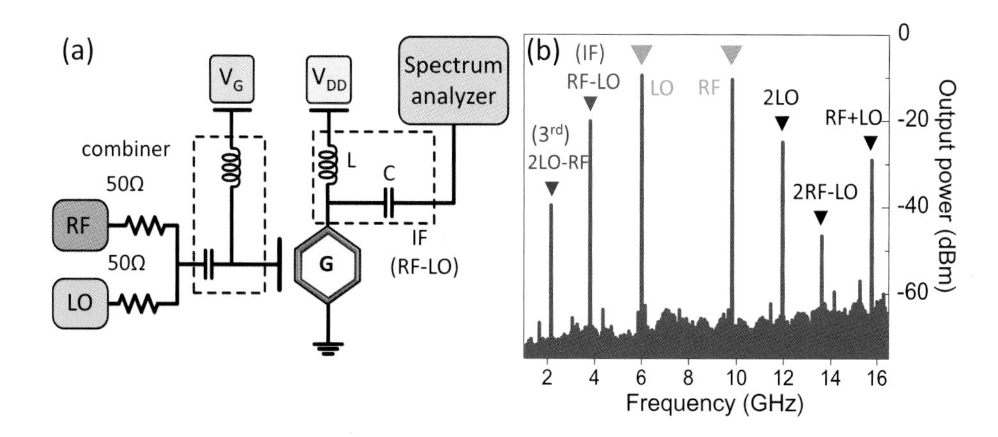

圖 11.5　石墨烯高頻元件在混波器（Mixer）上的應用：(a) 混波器的量測示意圖；(b) 輸出訊號的頻率響應圖

11.3.3 倍頻器（Doubler）

倍頻器常被用在無線電接收器上，可將訊號轉成特定較高的頻率發送出去。傳統的倍頻方式是將元件操作在非線性區，可將單頻訊號利用傅立葉轉換得到許多高階項的頻率，之後再經由濾波器濾出所要的頻率。不過這種方式會將輸入能量分散到很多不需要的高階項，導致真正所需的頻率能量就很小。如圖 11.6(b) 所示，因為石墨烯擁有特殊雙極性（Ambipolar）的傳導特性，將輸入訊號給在狄拉克點的位置上時，正半週期可由電子傳導；負半週期可由電洞傳導，讓整段訊號皆能受到整流及倍頻的作用。此外，石墨烯倍頻器不太需要濾波器就可將訊號倍頻輸出，頻率轉換效率較傳統倍頻方式還來得高 [30-32]。

如前面所提，石墨烯有著超高載子遷移率（$200000cm^2/V\cdot s$）及高電流承載力（$108A/cm^2$）等優勢，讓它在高頻元件的應用上已如火如荼地展開。至今為止，已有人讓石墨烯高頻元件的本質電流增益截止頻率（Intrinsic current gain cut-off frequency, f_{T_int}）超越了 400 GHz[33]，與理論值 500GHz 相去不遠。因此，石墨烯在高頻領域上不僅提供了新穎的發展，在未來的通訊系統上，說不定可以和目前正在發展且以矽材料為主的三維立體結構 IC 電路整合在一起。

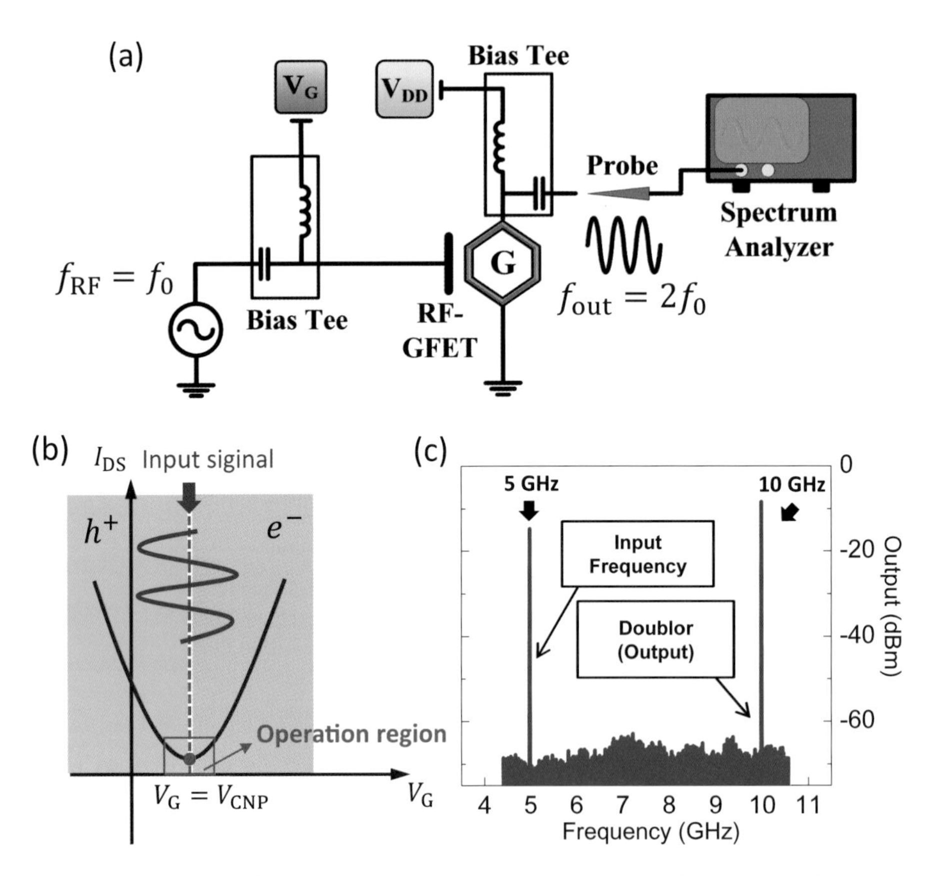

圖 11.6　石墨烯高頻元件在倍頻器（Doubler）上的應用：(a) 倍頻器的量測示意圖；(b) 訊號輸入至狄拉克點附近；(c) 輸出訊號的頻率響應圖

參考文獻

[1] J. Bardeen and W. H. Brattain, "The transistor, a semi-conductor triode," Phys. Rev., vol. 74, pp. 230-231, 1948.

[2] "The first bipolar junction transistor," http://ece.uprm.edu/ mtoledo/6055/.

[3] "The first metal-oxide-semiconductor FET," http://materias.fi.uba.ar/6648DS/.

[4] "The first integrated circuit," http://en.wikipedia.org/wiki/Integrated_circuit.

[5] "The first silicon integrated circuit chip," http:// www.swinnovation.co.uk/ 2011/05/ southwest-celebrates-50-years-of-the-silicon-microchip/.

[6] "Intel roadmap," http:// www.zdnet.com/ intels-moores-law-may-ultimately-meeteconomic-limits-7000005781/.

[7] H. Park, J. Park, A. K. L. Lim, E. H. Anderson, A. P. Alivisatos, and P. L. McEuen,"Nanomechanical oscillations in a single-C60 transistor," Nature, vol. 407, pp. 57-60, 2000.

[8] C. M. Varma, J. Zaanen, and K. Raghavachari, "Superconductivity in the fullerenes," Science, vol. 254, pp. 989-992, 1991.

[9] P. Peumans and S. R. Forrest, "Very-high-efficiency double-heterostructure copper phthalocyanine/C60 photovoltaic cells," Appl. Phys. Lett., vol. 79, pp. 126-128, 2001.

[10] S. Iijima, "Helical microtubules of graphitic carbon," Nature, vol. 354, pp. 56-58, 1991.

[11] S. Iijima and T. Ichihashi, "Single-shell carbon nanotubes of 1-nm diameter," Nature, vol. 364, pp. 737-737, 1993.

[12] F. Kreupl, A. P. Graham, M. Liebau, G. S. Duesberg, R. Seidel, and E. Unger, "Carbon nanotubes for interconnect applications," IEEE Int. Electron Devices Meet. Tech. Dig., pp. 683-686, 2004.

[13] H. Zhang, J. A. Payne, A. A. Pesetski, J. E. Baumgardner, W. Miller, K. Krishnaswamy, A. Jazairy, J. X. Przybysz, and J. D. Adam, "High performance carbon nanotubes RF electronics," Device Res. Conf., pp. 13-14, 2008.

[14] L. Ding, Z. Y. Zhang, S. B. Liang, T. Pei, S. Wang, Y. Li, W. W. Zhou, J. Liu, and L. M. Peng, "CMOS-based carbon nanotubes pass-transistor logic integrated circuits," Nat. Commun., vol. 3, 2012.

[15] K. S. Novoselov, A. K. Geim, S. V. Morozov, D. Jiang, Y. Zhang, S. V. Dubonos, I. V.

Grigorieva, and A. A. Firsov, "Electric field effect in atomically thin carbon films," Science, vol. 306, pp. 666-669, 2004.

[16] K. I. Bolotin, K. J. Sikes, Z. Jiang, M. Klima, G. Fudenberg, J. Hone, P. Kim, and H. L. Stormer, "Ultrahigh electron mobility in suspended graphene," Solid State Commun., vol. 146, pp. 351-355, 2008.

[17] R. Murali, Y. X. Yang, K. Brenner, T. Beck, and J. D. Meindl, "Breakdown current density of graphene nanoribbons," Appl. Phys. Lett., vol. 94, 2009.

[18] C. Lee, X. D. Wei, J. W. Kysar, and J. Hone, "Measurement of the elastic properties and intrinsic strength of monolayer graphene," Science, vol. 321, pp. 385-388, 2008.

[19] R. R. Nair, P. Blake, A. N. Grigorenko, K. S. Novoselov, T. J. Booth, T. Stauber, N. M. R. Peres, and A. K. Geim, "Fine structure constant defines visual transparency of graphene," Science, vol. 320, no. 5881, p. 1308, 2008.

[20] T. Palacios, A. Hsu, and H. Wang, "Applications of graphene devices in RF communications," IEEE Commun. Mag., vol. 48, pp. 122-128, 2010.

[21] "Carbon family," http:// spectrum.ieee.org/ semiconductors/ materials/ grapheneelectronics-unzipped.

[22] N. Petrone, I. Meric, J. Hone, and K. L. Shepard, "Graphene field-effect transistors with gigahertz-frequency power gain on flexible substrates," Nano Lett., vol. 13, pp. 121-125, 2013.

[23] Z. L. Guo, R. Dong, P. S. Chakraborty, N. Lourenco, J. Palmer, Y. K. Hu, M. Ruan, J. Hankinson, J. Kunc, J. D. Cressler, C. Berger, and W. A. de Heer, "Record maximum oscillation frequency in C-face epitaxial graphene transistors," Nano Lett., vol. 13, pp. 942-947, 2013.

[24] Y. Q. Wu, K. A. Jenkins, A. Valdes-Garcia, D. B. Farmer, Y. Zhu, A. A. Bol, C. Dimitrakopoulos, W. J. Zhu, F. N. Xia, P. Avouris, and Y. M. Lin, "State-of-the-art graphene high-frequency electronics," Nano Lett., vol. 12, pp. 3062-3067, 2012.

[25] S. Das and J. Appenzeller, "An all-graphene radio frequency low noise amplifier," IEEE Radio Freq. Integr. Circ. Symp., pp. 1-4, 2011.

[26] S. J. Han, K. A. Jenkins, A. V. Garcia, A. D. Franklin, A. A. Bol, and W. Haensch, "Highfrequency graphene voltage amplifier," Nano Lett., vol. 11, pp. 3690-3693, 2011.

[27] H. Wang, A. Hsu, J. Wu, J. Kong, and T. Palacios, "Graphene-based ambipolar RF mixers," IEEE Electron Device Lett., vol. 31, pp. 906-908, 2010.

[28] O. Habibpour, S. Cherednichenko, J. Vukusic, K. Yhland, and J. Stake, "A subharmonic graphene FET mixer," IEEE Electron Device Lett., vol. 33, pp. 71-73, 2012.

[29] J. S. Moon, H. C. Seo, M. Antcliffe, D. Le, C. McGuire, A. Schmitz, L. O. Nyakiti, D. K. Gaskill, P. M. Campbell, K. M. Lee, and P. Asbeck, "Graphene FETs for zero-bias linear resistive FET mixers," IEEE Electron Device Lett., vol. 34, pp. 465-467, 2013.

[30] H. Wang, D. Nezich, J. Kong, and T. Palacios, "Graphene frequency multipliers," IEEE Electron Device Lett., vol. 30, pp. 547-549, 2009.

[31] H. Wang, A. Hsu, K. Ki Kang, J. Kong, and T. Palacios, "Gigahertz ambipolar frequency multiplier based on CVD graphene," IEEE Int. Electron Device Meet., pp. 23.6.1-23.6.4, 2010.

[32] H. Wang, A. Hsu, B. Mailly, K. Ki Kang, J. Kong, and T. Palacios, "Towards ubiquitous RF electronics based on graphene," IEEE Int. Micoro. Symp. Dig., pp. 1-3, 2012.

[33] R. Cheng, J. Bai, L. Liao, H. Zhou, Y. Chen, L. Liu, Y.-C. Lin, S. Jiang, Y. Huang, and X. Duan, "High-frequency self-aligned graphene transistors with transferred gate stacks," Proc. Natl. Acad. Sci., vol. 109, pp. 11588-11592, 2012.

國家圖書館出版品預行編目資料

石墨烯技術／劉偉仁等著. — 初版. — 臺北市：五南, 2015.11
冊； 公分.
ISBN 978-957-11-8178-3
1.石墨礦 2.工程材料
440.342 104011302

5DJ1

石墨烯技術

主　　編 — 劉偉仁(343.6)
作　　者 — 劉偉仁　蘇清源　江偉宏　郭信良　吳定宇
陳貴賢　許新城　孫嘉良　許淑婷　沈　駿
邱鈺蛟　蕭碩信　張峰碩
發 行 人 — 楊榮川
總 編 輯 — 王翠華
主　　編 — 王者香
封面設計 — 簡愷立
出 版 者 — 五南圖書出版股份有限公司
地　　址：106台北市大安區和平東路二段339號4樓
電　　話：(02)2705-5066　　傳　　真：(02)2706-6100
網　　址：http://www.wunan.com.tw
電子郵件：wunan@wunan.com.tw
劃撥帳號：01068953
戶　　名：五南圖書出版股份有限公司
法律顧問　林勝安律師事務所　林勝安律師
出版日期　2015年11月初版一刷
2017年 4 月初版二刷
定　　價　新臺幣790元

凝煉知識品味閱讀